普通高等教育"十一五"国家级规划教材

高等职业技术教育机电类专业规划教材

计算机辅助绘图与设计

——AutoCAD 2012

第 4 版

主　编　赵国增

副主编　孟利华　富国亮　谢风春

参　编　武秋俊　张振山　杨玉昆

　　　　孙大鹏　赵　聪

主　审　董振珂

机械工业出版社

本书以 AutoCAD 2012 中文版为依据，全面介绍了目前在计算机辅助绘图与设计领域应用最为广泛的 AutoCAD 系统。全书分为三篇，共 18 章。第一篇为基础部分，介绍了 AutoCAD 基本知识，系统的实用命令，实体绘图命令，图形编辑命令，绘图工具与绘图环境设置，图形显示控制和图形参数查询，文本、字段，表格及图案填充；第二篇为提高部分，介绍了图层的使用、管理、特性修改及属性匹配，尺寸标注，块及其属性，三维图形环境设置及显示，三维图形绘制，三维图形的编辑、尺寸标注和文字注写，图形的输入、输出与打印；第三篇为定制与开发部分，介绍了 AutoCAD 设计中心、工具选项板、AutoCAD 标准文件，参数化绘图，动态块，AutoLisp 语言等内容。

本书可作为高等职业技术教育院校机械类、计算机类、电子类、电气类、建筑类、地理类、轻工类及交通类等专业的教材，也可作为相关专业的中等职业学校教材，同时也可供从事 AutoCAD 应用与开发的技术人员和自学人员参考。

为了方便教学，本书配备电子课件等教学资源。凡选用本书作为教材的教师均可登录机械工业出版社教育服务网 www.cmpedu.com 下载，或发送电子邮件至 cmpgaozhi@ sina.com 索取。咨询电话：010-88379375。

图书在版编目（CIP）数据

计算机辅助绘图与设计：AutoCAD 2012/赵国增主编. —4 版. —北京：机械工业出版社，2014.5（2022.1 重印）

普通高等教育"十一五"国家级规划教材. 高等职业技术教育机电类专业规划教材

ISBN 978-7-111-46503-4

Ⅰ. ①计… Ⅱ. ①赵… Ⅲ. ①AutoCAD 软件—高等职业教育—教材 Ⅳ. ①TP391.72

中国版本图书馆 CIP 数据核字（2014）第 082793 号

机械工业出版社（北京市百万庄大街 22 号　邮政编码 100037）
策划编辑：王玉鑫　责任编辑：王玉鑫　范成欣
版式设计：赵颖喆　责任校对：张　薇
封面设计：张　静　责任印制：张　博
涿州市般润文化传播有限公司印刷
2022 年 1 月第 4 版第 8 次印刷
184mm×260mm·26 印张·737 千字
11301—12800 册
标准书号：ISBN 978-7-111-46503-4
定价：54.00 元

第4版前言

本书是《计算机辅助绘图与设计》教材的第4版，是在第3版的基础上的再一次修订。对原教材进行修订主要考虑了以下几个方面：

1. 新的 AutoCAD 版本的推出，功能更加强大和完善，并经过市场检验，充分体现快捷方便、实用高效、以人为本的设计原则。

2. 各职业院校急需以功能最为成熟、应用最为广泛的新 AutoCAD 版本为基础编写的教材。

3. 近几年职业教育教学改革不断深入，教学理念不断提升、教学模式不断变化，急需符合职业教育教学规律、满足教学要求的计算机辅助绘图与设计教材。

作者编写的高等职业教育《计算机辅助绘图与设计》教材自出版以来，在选材内容、编写体系上符合职业教育要求，教材质量受到了同行和专家的高度好评，被多所高职院校采用。相信经过修订的教材也必将成为计算机辅助绘图与设计课程教学的理想教材。

在本书的编写中，注重按照学生的学习规律，经过精心组织、归纳、总结，由浅入深，重点介绍了软件的绘图使用方法及技巧，并介绍了常用的软件定制、二次开发工具及方法，突出了软件新功能的介绍，并配以实用的典型实例，突出了学生实际应用能力的培养，加强了实践性教学环节，充分体现了新知识、新技术、新工艺和新方法，强调以学生职业能力培养为本位，注重学生的创新能力和创业精神培养，力求做到循序渐进、通俗易懂、系统全面。本书既可作为教科书，也可作为工作参考手册。

全书分为三篇。第一篇为基础部分，介绍了 AutoCAD 基本知识，系统的实用命令，实体绘图命令，图形编辑命令，绘图工具与绘图环境设置，图形显示控制和图形参数查询，文本、字段，表格及图案填充；第二篇为提高部分，介绍了图层的使用、管理、特性修改及属性匹配，尺寸标注，块及其属性，三维图形环境设置及显示，三维图形绘制，三维图形的编辑、尺寸标注和文字注写，图形的输入、输出与打印；第三篇为定制与开发部分，介绍了 AutoCAD 设计中心、工具选项板、AutoCAD 标准文件，参数化绘图，动态块，AutoLisp 语言等内容。

另外，为了解决学生理论和应用脱节的问题，还编写了与本书配套的教材《计算机辅助绘图与设计——AutoCAD 2012 上机指导》，使学生通过上机实训把 AutoCAD 理论与应用紧密地结合起来。

参加本书编写的有赵国增（绪论、第一、十、十二、十四、十五、十七章）、孟利华（第四章）、富国亮（第六、七章）、谢风春（第九章）、武秋俊（第二、三章）、张振山（第十一章）、杨玉昆（第十三、十六章）、孙大鹏（第五、八章）、赵聪（第十八章）。赵国增任主编，孟利华、富国亮、谢风春任副主编。

本书主审董振珂教授认真审阅了书稿，提出了许多建设性的意见，在此表示衷心感谢。本书在编写过程中得到了作者所在单位的领导和同行的大力支持，在此一并表示感谢。

尽管作者在本书的编写过程中倾注了大量心血，但难免存在错误及不妥之处，恳请读者不吝指教。

编　者

第 3 版前言

随着计算机技术的飞速发展，计算机辅助绘图与设计技术也与之同步日新月异，并已广泛应用于工程界中的各个领域，它也是技术人员必备的技能之一。

在众多的计算机辅助绘图与设计应用软件中，由美国 AutoDesk 公司研制的 AutoCAD 软件应用最为广泛，它是一种开放型人机对话交互式软件包。随着软件版本的不断升级，它不仅具有很强的二维绘图编辑功能，而且具备了较强的三维绘图及实体造型功能。因此广泛地应用于机械、电子、建筑、地理、服装、广告、交通、电力、工业造型设计、图案设计等各个行业，并且还可以进行有关专业 CAD 系统的二次开发。它占领了在 PC 上的基本图形处理软件的大部分市场。

目前，最新的版本是 AutoCAD 2006，因此各职业院校急需以最新版本为基础编写的并符合教学规律、满足教学要求的计算机辅助绘图与设计教材。作者编写的高等职业教育《计算机辅助绘图与设计——AutoCAD 2000 第 2 版》教材，在内容选材、编写体系上，符合职业教育要求，教材质量受到了同行和专家的高度好评，被很多高职院校采用。该教材获得"2004 年度河北省教学成果三等奖"。相信本书的问世，也必将成为计算机辅助绘图与设计课程教学的理想教材。

在编写中，注重按照学生的学习规律，经过精心组织、归纳、总结，由浅入深，重点介绍了软件的绘图使用方法及技巧，并介绍了常用的软件定制、二次开发工具及方法，突出了软件新功能的介绍，并配以丰富实用的典型实例，突出了学生实际应用能力培养，加强了实践性教学环节，充分体现了新知识、新技术、新工艺和新方法，强调以学生能力培养为本位，注重学生的创新能力和创业精神培养。力求做到循序渐进、通俗易懂，系统全面。它既可作为教科书，也可作为工作参考手册。

在本次修订中，着重调整的内容有：

1）将原教材 AutoCAD 2000 英文版本改为 AutoCAD 2006 中文版本，便于学生学习和掌握。

2）增强了实体创建、编辑功能、三维功能、文本注写、设计中心、打印输出等功能。

3）改进了布局、图案填充、图层管理、作图工具、尺寸标注、Internet 等功能。

4）增加了图样集管理、文档保密、工具选项板、创建字段和表格、动态输入、动态块、AutoCAD 标准文件、个性化工作空间和用户界面的定制等功能。

5）删去了内容陈旧的知识，削减了不常用的功能的介绍等。

另外，为解决学生理论和应用脱节，同时还编写了与本书配套的教材《计算机辅助绘图与设计——AutoCAD 2006 上机指导第 3 版》，学生通过上机实训把 AutoCAD 理论与应用紧密地结合起来，达到上机目的明确，可操作性强，理论联系实际，保障技能的培养。

参加本书编写的有赵国增（绪论、第一章、第十三章、第十五至二十一章）、陈健（第二至三章)、路大勇(第四章)、孙跃爽(第六章、第八章)、王振京(第五章、第九章)、陈永利(第七章、第十四章)、李祥林(第十章)、杨进荣(第十一章)、胡占稳(第十二章)。赵国增任主编，陈健、路大勇、孙跃爽任副主编。

本书主审王明耀认真审阅了书稿，提出了许多建设性的意见，在此表示衷心感谢。本书在编写过程中得到了作者所在单位的领导和同行的大力支持，在此一并表示感谢。

尽管作者在本书的编写过程中倾注了大量心血，但难免有疏漏之处，恳请读者不吝指教。

编　者

目　　录

第 4 版前言

第 3 版前言

绪论 …………………………………………… 1

第一篇　AutoCAD 基础部分

第一章　AutoCAD 基本知识 …………………… 5
第一节　AutoCAD 2012 系统的启动和工作
界面 ……………………………………… 5
第二节　AutoCAD 坐标系统 ………………… 15
第三节　命令输入的常用方法 ………………… 16
第四节　数据的输入方法 ……………………… 19
思考题 …………………………………………… 22

第二章　系统的实用命令 ……………………… 23
第一节　创建图形文件命令 …………………… 23
第二节　打开图形文件命令 …………………… 24
第三节　保存图形文件命令 …………………… 25
第四节　关闭图形文件命令 …………………… 27
第五节　图形文件的检查修复和清理无用
符号表 …………………………………… 27
思考题 …………………………………………… 29

第三章　实体绘图命令 ………………………… 30
第一节　几个常用的基本命令 ………………… 31
第二节　点实体的绘制命令 …………………… 34
第三节　直线实体的绘制命令 ………………… 35
第四节　单向构造线和双向构造线的绘制
命令 ……………………………………… 36
第五节　矩形的绘制命令 ……………………… 37
第六节　正多边形的绘制命令 ………………… 38
第七节　圆的绘制命令 ………………………… 39
第八节　圆弧的绘制命令（ARC） …………… 42
第九节　椭圆（椭圆弧）及圆环的绘制
命令 ……………………………………… 44
第十节　二维多义线（多段线）的绘制
命令 ……………………………………… 47
第十一节　样条曲线和修订云线的绘制
命令 …………………………………… 49
第十二节　多重平行线（多线）绘制和多重
平行线定义命令 ……………………… 51

第十三节　徒手绘制图形和区域覆盖实体的
绘制 …………………………………… 55
第十四节　创建螺旋和添加选定对象命令 …… 56
思考题 …………………………………………… 57

第四章　图形编辑命令 ………………………… 58
第一节　编辑目标的选择 ……………………… 59
第二节　实体擦除命令和擦除恢复命令 ……… 66
第三节　实体移动、实体复制和实体镜像
命令 ……………………………………… 67
第四节　实体阵列和编辑阵列命令 …………… 69
第五节　实体打断和实体点打断命令 ………… 75
第六节　实体修剪和实体延伸命令 …………… 75
第七节　实体旋转和对齐命令 ………………… 77
第八节　实体等距线、光顺曲线和实体对象
倒角命令 ………………………………… 79
第九节　实体对象缩放、拉伸和拉长命令 …… 81
第十节　合并线段、实体对象分解、取消、
多重取消及重作命令 …………………… 83
第十一节　编辑多线、编辑多段线和编辑
样条曲线命令 ………………………… 85
第十二节　利用剪贴板功能实现图形编辑
操作 …………………………………… 88
第十三节　使用夹点编辑图形 ………………… 92
思考题 …………………………………………… 94

第五章　绘图工具和绘图环境设置 …………… 95
第一节　用户坐标系 …………………………… 95
第二节　栅格显示、捕捉及正交 ……………… 97
第三节　精确绘图设置 ………………………… 99
第四节　设置图形单位及精度 ………………… 107
第五节　设置绘图界限命令 …………………… 108
第六节　设置系统环境 ………………………… 110
思考题 …………………………………………… 115

第六章　图形显示控制和图形参数
查询 …………………………………… 116
第一节　图形缩放与平移 ……………………… 116
第二节　重画、重新生成、自动重新生成与
可视实体的打开与关闭 ………………… 119
第三节　图形参数查询 ………………………… 121
思考题 …………………………………………… 128

第七章　文本、字段、表格及图案
**　　　　填充** ················ 129
　第一节　创建文字样式 ··············· 129
　第二节　单行文本及段落文本注写 ····· 132
　第三节　文本编辑与文本替换. ········ 139
　第四节　字段 ······················· 141
　第五节　创建表格样式和表格插入 ····· 143
　第六节　编辑表格 ··················· 148
　第七节　创建图案填充和渐变色 ······· 152
　第八节　边界生成、图案填充（渐变色）
　　　　　编辑 ······················· 156
　思考题 ····························· 159

第二篇　AutoCAD 提高部分

第八章　图层的使用、管理、特性修改及
**　　　　属性匹配** ················ 160
　第一节　图层的基本概念 ············· 160
　第二节　图层的创建与管理 ··········· 165
　第三节　颜色设置 ··················· 171
　第四节　线型设置、线型比例设置和线宽
　　　　　设置 ······················· 173
　第五节　图层转换器 ················· 176
　第六节　实体特性修改和属性匹配 ····· 178
　思考题 ····························· 181

第九章　尺寸标注 ················ 182
　第一节　尺寸标注样式的创建及管理 ··· 185
　第二节　长度型尺寸标注 ············· 194
　第三节　半径型尺寸标注、直径型尺寸标注、
　　　　　折弯半径标注、圆心标记及快速
　　　　　标注 ······················· 198
　第四节　多重引线标注及管理 ········· 201
　第五节　尺寸标注编辑 ··············· 207
　第六节　形位公差标注 ··············· 213
　思考题 ····························· 216

第十章　块及其属性 ·············· 217
　第一节　创建块 ····················· 218
　第二节　插入块 ····················· 220
　第三节　块的插入基点设置和块存盘 ··· 223
　第四节　属性的基本概念、特点及其定义 ··· 225
　第五节　修改属性定义、属性显示控制、
　　　　　块属性的编辑 ··············· 228
　思考题 ····························· 232

第十一章　三维图形环境设置及显示 ··· 233
　第一节　用户坐标系定义和基面设置 ··· 235

　第二节　三维模型的显示观察 ········· 242
　第三节　三维图形的渲染 ············· 257
　第四节　轴测图的绘制 ··············· 265
　思考题 ····························· 266

第十二章　三维图形绘制 ··········· 268
　第一节　概述 ······················· 268
　第二节　三维线框实体 ··············· 271
　第三节　三维曲面实体 ··············· 272
　第四节　三维实体造型 ··············· 283
　第五节　面域造型 ··················· 287
　思考题 ····························· 288

第十三章　三维图形的编辑、尺寸标注
**　　　　　和文字注写** ············· 289
　第一节　概述 ······················· 289
　第二节　三维实体（或面域）布尔
　　　　　运算和三维图形的尺寸
　　　　　标注及文字注写 ············· 293
　第三节　三维图形操作 ··············· 296
　第四节　三维实体边、面与体的
　　　　　编辑 ······················· 303
　思考题 ····························· 311

第十四章　图形的输入、输出与打印 ··· 312
　第一节　图形的输入、输出 ··········· 312
　第二节　模型空间和图纸空间 ········· 314
　第三节　多视口管理 ················· 315
　第四节　创建和管理布局 ············· 320
　第五节　出图设备的配置管理及出图样式
　　　　　设置管理 ··················· 329
　第六节　图形打印（PLOT） ·········· 333
　思考题 ····························· 337

第三篇　AutoCAD 定制与开发部分

第十五章　AutoCAD 设计中心、工具
**　　　　　选项板、AutoCAD 标准**
**　　　　　文件** ··················· 338
　第一节　AutoCAD 设计中心简介 ······ 338
　第二节　AutoCAD 设计中心的应用 ····· 341
　第三节　工具选项板 ················· 344
　第四节　AutoCAD 标准文件 ··········· 348
　思考题 ····························· 352

第十六章　参数化绘图 ············· 353
　第一节　添加几何约束 ··············· 355
　第二节　添加标注约束 ··············· 358
　第三节　编辑约束 ··················· 361

思考题 ……………………… 365

第十七章　动态块 ……………………… 366

第一节　动态块的基本知识 ……………… 366

第二节　向动态块中添加约束 …………… 370

第三节　向动态块中添加动作和参数 …… 373

思考题 ……………………… 387

第十八章　AutoLisp 语言 ……………… 388

第一节　AutoLisp 语言基础知识 ………… 388

第二节　AutoLisp 语言常用函数介绍 …… 390

第三节　AutoLisp 语言的编程实例 ……… 402

思考题 ……………………… 407

参考文献 ……………………… 408

绪 论

一、计算机辅助绘图与设计概述

计算机辅助绘图与设计以计算机为主要手段产生各种数字与图形信息，并运用这些信息进行产品设计。它主要包括计算机辅助建模、计算机辅助结构分析计算、计算机辅助工程数据管理等内容。

自从 20 世纪 50 年代世界上第一台自动绘图机诞生以来，计算机辅助绘图与设计的发展迅速，目前已进入了广泛的应用阶段。20 世纪 50 年代首先在美国开始，当时根据数控加工机床的原理，生产出了世界上第一台平台式绘图机。在 1959 年又根据打印机的原理研制出了世界上第一台滚筒式绘图机，这样人工绘图就开始进入了计算机辅助绘图。日本是在 20 世纪 60 年代开始研制的，1963 年日本从美国引进专利生产出了第一台平台式绘图机，次年生产出了第一台滚筒式绘图机。德国和法国也是生产绘图机较早的国家之一。早期的计算机辅助绘图与设计都是被动式的静态绘图，人们需要使用软件进行编程，然后输入计算机中进行编译、调试，再由绘图机输出，在绘图过程中人们无法干预。从 20 世纪 70 年代开始，人机对话式的交互式图形软件包开始使用，图形输入与输出设备的更新与发展，使计算机绘图与设计进入了一个新的时代。

我国计算机辅助绘图与设计是从 20 世纪 60 年代后期开始的，1967 年开始研制，1969 年生产出了 LZ-5 平台式小型绘图机，1974 年生产出了大型平台式绘图机。目前我国已能生产出几种型号的绘图机。现在，随着科学和技术的发展，我国计算机辅助绘图与设计发展非常迅速，在工程界已进入了广泛的应用阶段。

进入 20 世纪 70 年代以后，随着计算机硬件质量的迅速提高和成本的降低，再加上先进的软件不断地推出，并同计算机辅助制造（CAM）相结合，在工程界，计算机辅助绘图与设计已进入一个迅速发展并广泛应用的时代。它大体上沿着以下几个方面发展。

1. 由静态向动态方向发展

计算机辅助绘图与设计初期所使用的都是非交互式静态软件包，人们根据绘图软件用高级语言编程，然后将程序输入计算机进行编译、连接，由绘图机输出图形，在绘图过程中人们无法进行干预，因此人们处于被动的或者说是静态的情况。随着硬件的迅速发展，软件也开始向人机对话式即交互式动态绘图方向发展，在绘图过程中通过人机对话，完成图形的绘制、修改等操作。目前大多数绘图软件系统均已由过去的静态绘图转变为交互式动态绘图。

2. 由二维图形向三维图形方向发展

目前一般计算机辅助绘图与设计同人们手工绘图一样，是在平面上进行的，也就是在二维空间完成的。但进行设计时，首先在人们的思维中建立的是三维物体模型，它更直观、更全面地反映了设计对象。然后从三维图形生成二维图形，如视图、剖视图、剖面图等以及进行其他工程分析，如强度计算、有限元分析、工艺分析等。因此，计算机辅助绘图与设计正在由二维平面绘图向三维空间实体造型方向发展。

3. 由独立系统向一体化方向发展

早期的计算机辅助绘图与计算机辅助设计（CAD）、计算机辅助制造（CAM）是独立的、分离的系统。随着计算机硬件、软件的发展，目前已逐步将这三者有机地结合在一起，形成了一体化系统。把绘图、设计、制造集于一体，完成产品的几何造型、设计、绘图、分析直至最后生成数控加工代码，目前已有多种该类软件投放市场。因此，CAD、CAM 一体化，已成为未来各行业设计必然的发展趋势。

4. 由大型计算机工作站向独立微机工作站方向发展

随着计算机硬件的高速发展，微型计算机的容量和运算速度完全能够满足计算机辅助绘图、设计、制造的工作。因此，计算机辅助绘图与设计及制造工作，大部分将在微机工作站上完成，使每个技术人员具备自己独立的工作站。

二、计算机辅助绘图与设计——AutoCAD 软件简介

在众多的计算机辅助绘图与设计应用软件中，由美国 AutoDesk 公司研制的 AutoCAD 软件应用最为广泛，它是一种开放型人机对话交互式软件包。随着软件版本的不断升级，它不仅具有很强的二维绘图编辑功能，而且具备了较强的三维绘图及实体造型功能，广泛地应用于机械、电子、建筑、地理、航天、服装、广告、交通、电力、冶金、气象、工业造型设计、图案设计、石油化工等领域，并且还可以进行有关专业 CAD 系统的二次开发。在我国，很多 CAD 工作站上都采用该软件系统。在世界上，它占领了 PC 工作站基本图形处理软件的大部分市场。

该软件自 1982 年首次推出 1.0 版本后，其版本不断更新，功能不断增强，到目前为止，相继推出了 1.3，1.4，2.0，2.17，2.18，2.5，2.6，9.0，10.0，11.0，12.0，13.0，14.0，15.0、2000、2002、2004、2005、2006、2007、2008、2009、2010、2011、2012 等版本，并且从 2004 以后推出了中文版。

每一次新版本的推出都增加了一些新的功能，但其基本的绘图功能是相似的。不同版本的 AutoCAD 系统在屏幕菜单上有一些区别，10.0 以后的版本增强了三维绘图及实体造型功能，较原来的版本有了较大突破，14.0 以后版本改为 Windows 操作系统支持。

三、AutoCAD 软件的基本功能

为了满足绘图和设计的需要，AutoCAD 软件提供了所需的各种功能，并且随着版本的升级，功能不断增强和完善，下面简单介绍该软件的基本功能。

1. 多种用户接口

由于 AutoCAD 系统是一个人机对话式的软件包，可通过多种用户接口与 AutoCAD 系统对话，如键盘接口、鼠标器接口、数字化仪接口、图形输出设备接口等。

2. 绘图功能

（1）二维基本实体绘图功能　系统提供了二维基本实体的绘图功能。所谓实体，就是指预先定义好的图形元素，可以用有关命令将它们插入到图形中，如点、直线、构造线、圆、圆弧、椭圆、区域填充、多义线、文本、正多边形、圆环、尺寸标注、填充图案等。

（2）三维绘图功能

1）系统提供了绘制三维图形的功能。三维图形一旦生成后，只要改变视点的位置，就能生成与观察方向一致的相应的三维图形，并能自动消除隐藏线。

2）系统提供了三维实体造型功能。它提供了三维实体模型的生成功能；通过布尔运算，由三绘基本实体模型生成复合三维实体模型；三维实体编辑、查询、显示等功能以及由三维实体模型生成二维图形，如视图、剖视图和剖面图等功能。

3. 图形编辑功能

AutoCAD 系统具有强大的编辑功能，如对图形的缩放、移动、镜像、复制、阵列、旋转、修剪、线段等分、等距线、拉伸、倒角及图形删除等，完成图形的编辑。

4. 注写文字与绘制表格功能

AutoCAD 系统拥有强大的文字注写功能，用于图形的标注说明。为了使用方便，AutoCAD 系统将文字分为多行文字和单行文字。

AutoCAD 系统可以直接绘制表格，通过设置表格样式，可以得到所需要的表格。在表格中，可以使用简单的公式，也可以通过链接表格数据创建表格。

5. 标注图形尺寸功能

AutoCAD 系统提供了一套完整的尺寸标注和编辑命令，使用它们可以在图形的各个方向上创建各种类型的标注，也可以方便、快捷地以一定格式创建符合行业或项目标准的标注。

6. 数据库管理功能

在 AutoCAD 中，可以将图形实体与外部数据库中的数据进行关联，而这些数据库是由独立的 AutoCAD 的其他数据库管理系统（如 Access、Oracle 、FoxPro 等）建立的。

7. 二次开发编程功能

从 2.6 版本起，该软件已具有比较完整的嵌入式 AutoLisp 编程语言，随着计算机技术的飞速发展，目前，AutoCAD 系统中提供的开发的语言有 AutoLisp、Visual Lisp、VBA 和 ObjectARX 四种。这样就为用户提供了功能更加强大的二次开发工具，可以开发各类专用软件。

8. 与高级语言的接口功能

AutoCAD 系统为用户提供了图形交换文件，以实现与其他高级语言编写的程序之间交换信息。它实际上是一个与高级语言连接的接口，经高级语言处理过的程序送给 AutoCAD 系统，就能生成图形。

9. 对 IGES 的支持功能

提供了输入/输出格式支持基本图形交换标准文件（Initial Graphics Exchanges Standard），由支持 IGES 的其他 CAD、CAM 系统绘制的图形可以转换到 AutoCAD 系统中，也可以将 AutoCAD 系统生成的图形转换到其他系统中，提供了各种 CAD、CAM 系统之间的图形转换。

10. 其他辅助功能

AutoCAD 系统还提供了一些作图的辅助功能，如文件管理、询问、图层、求助等功能，还提供了一些提高绘图精度和效率的绘图工具等功能。

11. Internet 功能

AutoCAD 提供了强大的 Internet 工具，使设计者之间能够共享资源和信息，同步进行设计、讨论、演示、发布消息，即时获得业界新闻，得到有关帮助。

12. 输出与打印图形

AutoCAD 不仅允许将所绘图形以不同样式通过绘图仪和打印机输出，还能够将不同格式的图形导入 AutoCAD 或将 AutoCAD 图形以其他格式输出，增强了灵活性。因此，当图形绘制完成之后可以使用多种方法将其输出。例如，可以将图形打印在图纸上，或创建成文件以供其他应用程序使用。

四、本课程的性质、任务和教学方法

1. 本课程的性质和任务

计算机辅助绘图与设计是工程技术和一线操作人员必须掌握的知识和技能，它是一门实践性很强的技术基础课。在绘图和设计过程，不仅可以提高工作效率，而且还可以使技术人员从繁重的手工劳动中解脱出来。

该课程的主要任务是，培养学生掌握计算机辅助绘图的操作技能和基本的二次开发能力。通过学习达到甩掉图板，用计算机绘制各种工程领域的图样及完成辅助设计，具备今后从事技术工作的基本技能。学生学完本课程后，应达到以下要求：

1）了解计算机辅助绘图与设计的发展概况和趋势。

2）熟练掌握使用 AutoCAD 系统绘制零件图和装配图的方法和技能。

3）基本掌握三维图形的绘制。

4）掌握图形的输出方法。

5）初步掌握 AutoCAD 系统的开发知识和能力。

2. 教学方法

1）在教学安排上，本课程应安排在学生学完计算机应用基础和机械制图课之后开设。

2）在教学内容上，应以计算机辅助绘图为主，同时介绍计算机辅助设计的有关知识。

3）在教学方法上，应采用理论教学与上机操作并重的教学方法，一般理论授课与上机操作按1:1进行较好，建议采用现场教学方式。

4）学生在掌握理论知识后，应及时上机操作，完成相应的实验内容，通过大量的上机实践，掌握绘图及设计技能。

第一篇 AutoCAD 基础部分

第一章 AutoCAD 基本知识

第一节 AutoCAD 2012 系统的启动和工作界面

一、AutoCAD 2012 系统的启动

启动 AutoCAD 2012 系统的常用方法有以下几种：

1）单击快捷图标。

①用鼠标双击 Windows 桌面上的 AutoCAD 2012 系统快捷图标，如图 1-1 所示。

②用鼠标双击已存盘的图形文件图标，如图 1-2 所示。

图 1-1　AutoCAD 2012 系统快捷图标

图 1-2　图形文件图标

2）单击"开始"→"所有程序"→Autodesk→AutoCAD 2012-Simplified Chinese→AutoCAD 2012-Simplified Chinese，如图 1-3 所示。

图 1-3　单击"开始"按钮启动 AutoCAD 2012 的过程

二、AutoCAD 2012 工作空间

当启动 AutoCAD 2012 系统后，进入其工作空间。工作空间是由菜单、工具栏、选项板和功能区控制面板组成的集合，使用户可以在专门的、面向任务的绘图环境中工作。使用工作空间时，只会显示与任务相关的菜单、工具栏和选项板，但在各个工作空间中都包含"菜单浏览器"按钮、快速访问工具栏、标题栏、绘图窗口、命令窗口、状态栏等。

在进行二维绘图时，经常使用"草图与注释"工作空间；在进行三维绘图时，经常使用"三维基础"或"三维建模"工作空间。对于有 AutoCAD 基础的用户，常常习惯使用"AutoCAD 经典"工作空间，但无论使用何种工作空间，仅仅是调用命令的方式有所变化和使用习惯不同而已。

1. 切换工作空间

AutoCAD 2012 系统提供了多个工作空间，包括"草图与注释""三维基础""三维建模""AutoCAD 经典"及自定义工作空间等工作空间。绘图时，用户可以根据自己的绘图习惯和需要，在 AutoCAD 的多个工作空间界面之间进行切换，具体操作方法如下：

1）单击"工具"→"工作空间"，在弹出的下拉菜单中选择所需的工作空间，如图 1-4 所示。

2）单击"工作空间"→"工作空间控制"下拉列表箭头，在弹出的下拉列表中选择所需的工作空间，如图 1-5 所示。

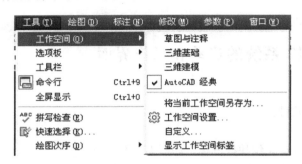
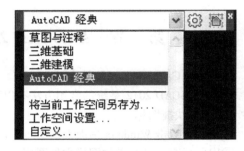

图 1-4　通过"工具"下拉菜单选择"工作空间"　　图 1-5　通过"工作空间"下拉菜单选择"工作空间"

3）单击"状态栏"上的"切换工作空间"按钮，在弹出的下拉菜单中选择所需的工作空间，如图 1-6 所示。

4）通过"快速访问工具栏"，单击"工作空间"右侧的下拉箭头，在弹出的下拉列表中选择所需要的工作空间，如图 1-7 所示。

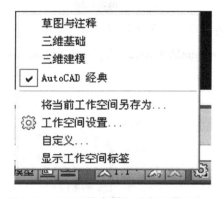

图 1-6　通过"状态栏"选择工作空间　　　　　图 1-7　通过"快速访问工具栏"选择工作空间

2. "草图与注释"工作空间

在进行二维绘图时，经常使用"草图与注释"工作空间，如图 1-8 所示。

3. "AutoCAD 经典"工作空间

对于有 AutoCAD 基础的用户，常常习惯使用"AutoCAD 经典"工作空间，如图 1-9 所示。

4. 工作空间组成

（1）"菜单浏览器"按钮　"菜单浏览器"按钮位于工作界面的左上角，单击该按钮，可以打开应用程序菜单，如图 1-10 所示。通过"菜单浏览器"按钮可以方便地访问不同的项目，包括命令和文档。当十字光标在文档名上停留时，会自动显示一个预览图形和其他文档信息。

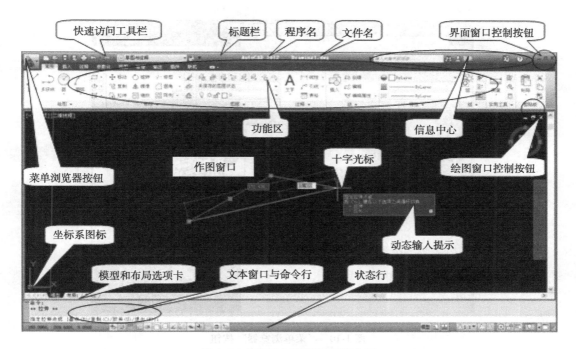

图1-8 "草图与注释"工作空间

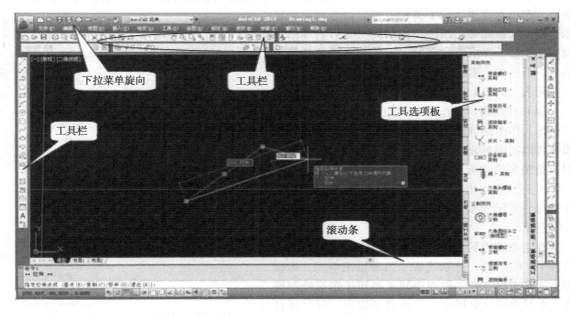

图1-9 "AutoCAD 经典"工作空间

（2）标题栏 标题栏用于显示当前正在运行的 AutoCAD 版本号、文件名、信息中心及界面窗口控制按钮等。

在信息中心中提供了多种信息来源。在文本框中输入需要帮助的问题，然后单击"搜索"按钮，就可以获取相关的帮助；单击"通讯中心"按钮，可以获取最新的软件更新、产品支持通告和其他服务的直接连接；单击"帮助"按钮，可以获取 AutoCAD 系统帮助信息。

单击标题栏右端的"界面窗口控制"按钮，可以最小化、最大化或关闭应用程序窗口。

图 1-10 "菜单浏览器"按钮

（3）快速访问工具栏 快速访问工具栏包含最常用操作的快捷按钮，用于快速访问常用的一些命令。可以在快速访问工具栏上控制命令按钮的显示、添加、删除等。单击快速访问工具栏右端的下拉列表按钮，弹出下拉列表，用于设置快速访问工具栏以及添加、删除命令按钮。快速访问工具栏及下拉列表，如图 1-11 所示。

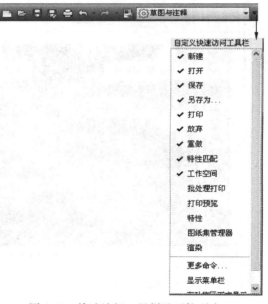

（4）作图窗口 作图窗口用于显示、绘制和编辑图形。作图窗口是一个无限大的区域，通过显示操作可以在屏幕显示任意大小的图形。当移动鼠标时，绘图区会显示出一个随光标移动的十字符号（即十字光标），用于选择对象、输入点坐标及命令操作等。不同的操作，光标的形式也不相同，如图 1-12 所示。

在绘图窗口区的左下部有 3 个标签（即模型、布局 1、布局 2），分别代表了两种绘图空间，即模型空间和布局空间。模型空间主要用于图形绘制操作，布局空间主要用于图形的打印输出。可以通过单击标签完成操作空间的切换。

图 1-11 快速访问工具栏及下拉列表

在绘图区左下角有一个坐标系图标，显示了当前绘图时所使用的坐标系形式。

在绘图区右下方和右侧各有一个滚动条，单击水平或垂直滚动条上带箭头的按钮或拖动滚动条上的滑块，可使绘图区水平或垂直移动。

（5）下拉菜单栏 AutoCAD 2012 下拉菜单栏的主菜单由"文件""编辑""视图"等 12 个菜单项组成，几乎包含了 AutoCAD 中的大部分功能和命令，是调用命令的重要方式。它是"AutoCAD 2012 经典"窗口的重要组成部分，该下拉菜单是一种级联的层次结构，如图 1-13 所示。

图 1-12　光标的不同形式及说明

使用下拉菜单时应注意以下内容：

1）当拾取选项右面没有标记的选项后，即执行该选项操作。

2）当选项呈现灰色时，表示该选项在当前状态下不可使用。

3）当选项后跟有快捷键时，表示按快捷键即可执行该选项。

4）当选项后跟有组合键时，表示按组合键即可执行该选项。

5）当选择的某个选项右面有标记"▶"时，将出现下一级菜单，如图 1-13 所示。

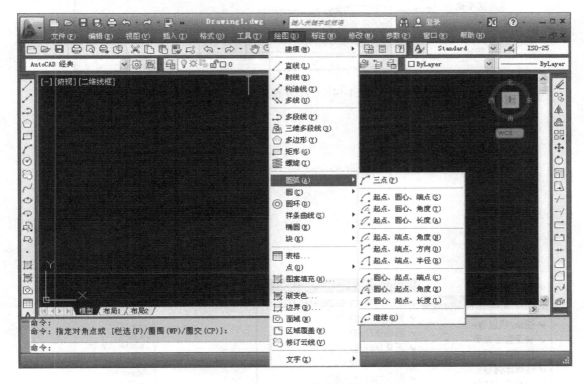

图 1-13　AutoCAD 2012 下拉菜单的层次结构

6）当选择某个选项右面有标记"…"时，屏幕上将弹出一个对话框，通过对弹出的对话框的选择、输入等操作，完成该选项的选择操作。图 1-14 所示是一个"打印-模型"对话框。对话框一般包括对话框标题、按钮、列表框、文本框、滚动条及相应的一些提示等。

（6）快捷菜单　快捷菜单又称为上下文相关菜单。在绘图区域、工具栏、状态栏、模型与布局选项卡以及一些对话框上单击鼠标右键时，将弹出一个不同的快捷菜单。该菜单的命令选项与 AutoCAD 系统所处的状态相关，可以在不启动菜单栏的情况下快速高效地完成某些操作。单击状态行上没有选项的部位时弹出快捷菜单，如图 1-15 所示。

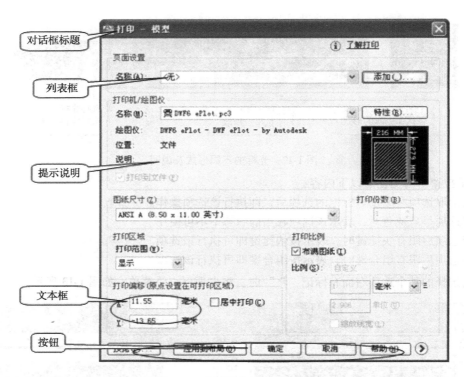

图 1-14 "打印-模型"对话框

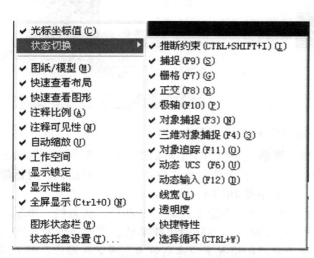

图 1-15 状态行上弹出的快捷菜单

图 1-16 工具条快捷菜单

（7）工具条　工具条由若干个图标按钮组成，这些图标按钮分别代表了一些常用的命令。直接单击工具条中的图标按钮就能够快捷、方便地实现相应命令的调用。在默认的"AutoCAD 经典"工作界面状态下，"标准""特性""绘图"和"修改"等工具条处于打开状态。

如果要显示或关闭某一工具条，则可将光标放置在任一工具条上，单击鼠标右键，在弹出的工具栏快捷菜单中选择某一选项，即可打开或关闭相应的工具条，如图 1-16 所示。

（8）状态行　状态行位于操作界面的最底部，它由当前光标位置坐标值、辅助功能区、应用程序状态栏菜单按钮、工作空间切换按钮、全屏显示按钮等组成，如图 1-17 所示。

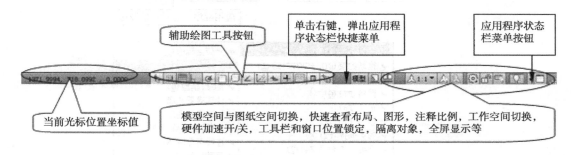

图 1-17　状态行及其说明

在打开的应用程序状态栏菜单上可以设置显示或隐藏各辅助功能按钮。

1）坐标区。在绘图窗口移动光标时，状态行的"坐标"区将动态显示当前坐标值，有"相对""绝对"和无 3 种显示坐标值的形式。

2）绘图辅助按钮区。绘图辅助按钮区包括 14 个绘图状态切换按钮，以设置绘图时的功能状态，如图 1-18 所示。在状态行上弹出的应用程序状态栏菜单中的"状态切换"级联菜单中可以设置按钮状态，如图 1-15 所示。也可以在绘图辅助按钮区按钮上的快捷菜单中的"显示"级联菜单中设置按钮状态，如图 1-18 所示。当菜单选项前有"√"符号时，表示该选项处于打开状态，否则处于关闭状态。

3）绘图管理按钮区。绘图管理按钮区包括模型空间与图纸空间切换，快速查看布局、图形，注释比例，切换工作空间，硬件加速开/关，工具栏和窗口位置锁定，隔离对象/隐藏对象，应用程序状态栏按钮、全屏显示开/关等，如图 1-19 所示。

（9）命令行与文本窗口　命令行一般位于绘图窗口的底部，用于显示命令提示符"命令"和命令操作的交互式信息提示，一般有 3 行，也可以根据需要改变其大小。

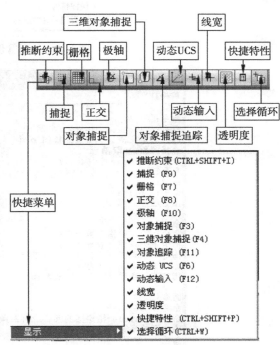

图 1-18　绘图辅助按钮区及其说明

文本窗口是记录 AutoCAD 命令及操作过程的窗口，是放大的命令提示区，按〈F2〉键切换文本窗口，如图 1-20 所示。

（10）工具选项板窗口　当选用工具选项板窗口选项时，在屏幕上会显示工具选项板窗口。系

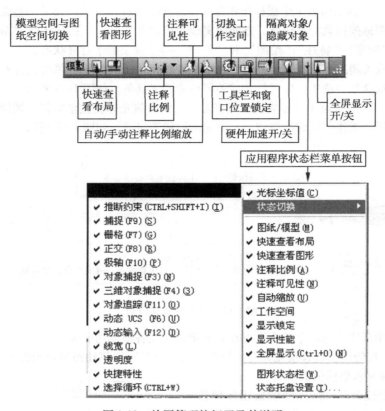

图 1-19　绘图管理按钮区及其说明

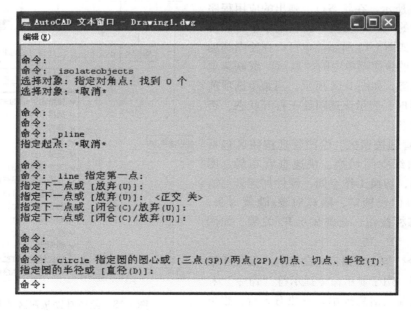

图 1-20　文本窗口

统提供的"工具选项板—所有选项板"窗口形式，如图 1-21 所示。工具选项板提供了组织图块、图案填充和常用命令的有效方法。可以将常用的图块、图案填充和命令组织到指定的工具选项板中。通过拖动图标或用光标选择，在绘图时可以方便地使用选择的图块、图案填充和命令等。

（11）功能区 "功能区"是以面板的形式，将有关操作工具按钮分门别类地集合在选项卡中，如图1-22所示。在调用某一命令时，选择功能区相应的选项卡，然后在展开的相应的面板上单击工具按钮即可调用该命令。

如果某个面板中没有足够空间显示所有的工具按钮，单击下面的"展开"按钮，可展开折叠区域，显示其他相关的命令按钮。单击展开面板左下角的"固定/折叠"转换按钮，可使展开区域固定或折叠（见图1-22）。如果面板上的某个命令按钮还带有一个小三角形，则表明该按钮下面还包括其他命令或选项按钮，单击该命令或按钮可弹出显示其他命令或选项按钮的菜单（见图1-22）。

将光标在功能区选项卡上，单击鼠标右键，将弹出一功能区快捷菜单，可以设置工具选项板中的选项、设置显示和隐藏选项卡、设置显示和隐藏选择的某一选项卡中的面板、设置功能区为浮动以及关闭功能区等，如图1-23所示。

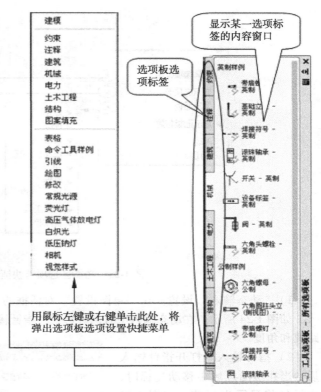

图1-21 "工具选项板—所有选项板"机械选项标签窗口形式

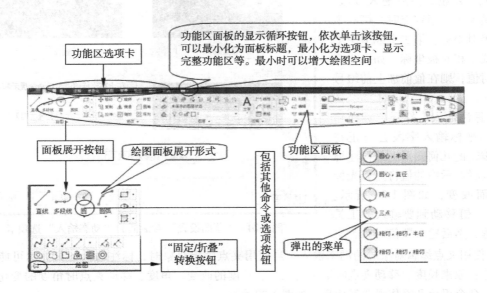

图1-22 功能区"常用"选项卡面板形式及说明

（12）动态输入 动态输入可以在指针位置处显示坐标、标注输入、指针输入、命令提示和操作说明等信息，可以直接在光标处快速启动命令、读取提示和输入数值，从而极大地方便了绘图。在状态栏中单击"动态输入"按钮或按〈F12〉键，可以打开或关闭"动态输入"功能。

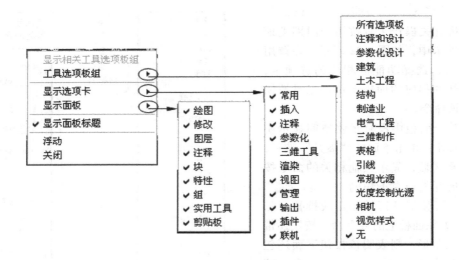

图 1-23　功能区选项卡快捷菜单及级联菜单

1）"动态输入"设置。在"草图设置"对话框的"动态输入"选项卡中，可以自定义动态输入，如图 1-24 所示。在动态输入中有两种形式：指针输入，用于输入坐标值；标注输入，用于输入距离和角度。

2）指针输入。打开指针输入后，当在绘图区域中移动光标时，光标处将显示坐标值，如图 1-25所示。按〈Tab〉键移动到要输入的工具栏提示框，然后输入数值。在初始情况下，指定点时，第一个坐标是绝对坐标，第二个或下一个点的格式是相对极坐标。如果需要输入绝对值，则在值前加上前缀号（#）。

3）标注输入。打开"标注输入"后，坐标输入字段会与正在创建或编辑的几何图形上的标注绑定。工具栏提示中的值将随着光标的移动而改变，如图 1-26 所示。按〈Tab〉键移动到要输入的工具栏提示框，然后输入数值。

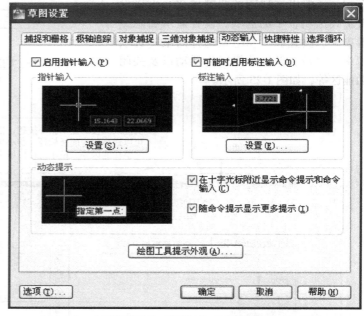

图 1-24　"草图设置"对话框的"动态输入"选项卡

4）使用夹点编辑对象时的动态输入。当使用夹点编辑对象时，标注输入工具提示可能会显示以下信息：原来长度、移动夹点时更新的长度、长度的改变、角度、移动夹点时角度的变化、圆弧的半径、命令提示和操作说明等信息，如图 1-27 所示。

光标旁边显示的工具栏提示信息将随着光标的移动而动态更新。可在创建和编辑几何图形时动态查看标注值，如长度和角度，通过〈Tab〉键可在它们之间进行转换。当某个命令处于活动状态时，可以在工具栏提示中输入值，如图 1-27 所示。如果提示包含多个选项，可通过键盘上的上、下箭头键查看和选择这些选项。

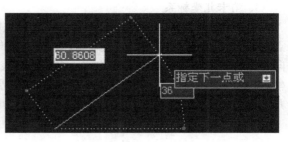

图 1-25　动态指针输入形式　　　　　　　　　图 1-26　动态标注输入形式

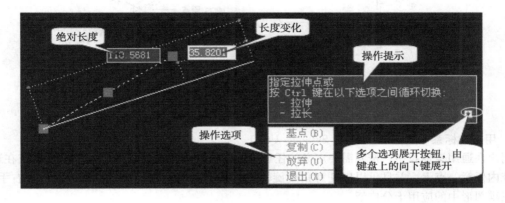

图 1-27　夹点编辑对象的动态输入与说明

（13）命令信息提示快捷菜单和面板　当十字光标在"命令"图标按钮上停顿时，先后出现包含该按钮名称、功能及英文命令名的快捷菜单和在快捷上添加说明及图示的面板，如图 1-28 所示。

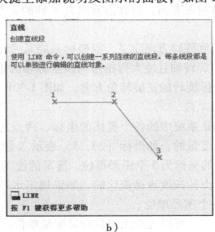

a)　　　　　　　　　　　　　　　　　　　b)

图 1-28　命令信息提示快捷菜单和面板
a) 快捷菜单　b) 面板

第二节　AutoCAD 坐标系统

AutoCAD 系统提供了两种坐标系统。

1. 笛卡儿坐标系

AutoCAD 系统是采用笛卡儿坐标系来确定点的位置的，用 X、Y、Z 表示 3 个坐标轴，坐标原点（0，0，0）位于绘图区的左下角，X 轴的正向为水平向右，Y 轴的正向为垂直向上，Z 轴的正向为垂直屏幕指向外侧。用（X，Y，Z）坐标表示一个空间点。在二维平面作图时，用（X，Y）坐标表示一个平面点。在 AutoCAD 系统中的世界坐标系（World Coordinate System，WCS）与笛卡儿坐标系是相同的。它是恒定不变的，一般称为通用坐标系，如图 1-29 所示。

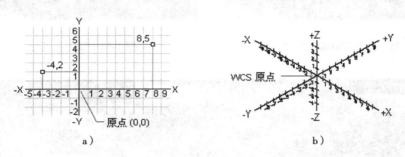

图 1-29　笛卡儿坐标系
a）平面坐标系　b）空间坐标系

2. 用户坐标系（User Coordinate System，UCS）

用户在通用坐标系中，按照需要定义的任意坐标系统称为用户坐标系。这种坐标系统在通用坐标系统内任意一点上，并且可以以任意角度旋转或倾斜其坐标轴。该坐标系坐标轴符合右手定则。它在三维图形中的应用十分广泛。

3. 坐标系右手定则

AutoCAD 坐标系统的坐标轴方向和旋转角度方向是用右手定则来定义的。规定如下：

（1）坐标轴方向定义　把右手伸成如图 1-30a 所示，沿大拇指方向为 X 轴的正方向，沿食指方向为 Y 轴的正方向，沿中指方向为 Z 轴正方向。

（2）角度旋转方向定义　当坐标系绕某一坐标轴旋转时，用右手"握住"旋转轴且使大拇指指向该坐标轴的正向，四指弯曲的方向就是绕坐标旋转的正旋转角方向，如图 1-30b 所示。

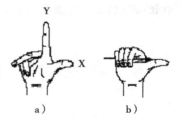

图 1-30　坐标系右手定则
a）坐标方向　b）旋转方向

4. 图形单位

AutoCAD 系统中的各个实体的坐标、两点之间的距离等都是以图形单位来度量的，如坐标（20，5）表示 X 轴的坐标为 20 个图形单位，Y 轴的坐标为 5 个图形单位。屏幕的绘图范围中的图形单位的数量可以任意确定，因此它在屏幕显示器上的长度也是变化的。如果规定水平方向为 20 个图形单位，则图形显示区水平方向的 1/20 就是一个图形单位。

在绘图时，可以为绘图单位设置度量单位。在图形输出时，也可以指定绘图比例，以得到所需图形的大小。

第三节　命令输入的常用方法

AutoCAD 系统提供了多种命令的输入方法，常用的方法如下。

1. 键盘输入

在命令提示区出现"命令："提示时（在命令执行过程中，按〈Esc〉键可中断命令，返回到

"命令:"状态），用键盘输入命令名，然后按〈Enter〉键，执行该命令。

AutoCAD 系统中的一些命令可以省略输入，即输入命令的第一个英文字母即可。

2. 菜单输入

（1）下拉菜单　在下拉菜单中，用鼠标单击命令选项，完成命令的输入。

（2）快捷菜单　将光标放置在绘图窗口的任意位置，单击鼠标右键，弹出一个与当前操作状态相关的快捷菜单（或将光标放置在工作空间的选项、图标及空白处，单击鼠标右键，弹出一个快捷菜单），在快捷菜单上选择相应的选项，完成命令的输入。

3. 工具条输入

在工具条中，用鼠标单击工具条命令按钮，完成命令的输入。

4. 功能区输入

在调用某一命令时，选择功能区相应的选项卡，然后在展开的相应的面板上单击工具按钮即可调用该命令。

5. 动态输入

在动态输入的指针位置处快速启动命令。

6. 自动完成功能输入

在命令提示中，可输入系统变量或命令的前几个字母，然后按〈Tab〉键循环显示所有的有效命令，查找需要的命令，按〈Enter〉键完成命令的输入。

7. 工具选项板窗口输入

通过工具选项板窗口中的工具选项卡形式，单击或拖动某一命令名，即完成命令的输入。

8. 功能键及控制键输入

系统提供了功能键及控制键两种快捷键的命令输入方法。表 1-1 和表 1-2 分别说明了 AutoCAD 2012 系统中的功能键、控制键及其功能。另外，Windows 系统经常使用的一些快捷键仍然有效。

表 1-1　功能键及其功能

键	功　　　能	有关命令或按钮
F1	获得帮助窗口	HELP 命令
F2	实现作图窗口与文本窗口的切换	
F3	控制是否实现对象自动捕捉（Osnap）	OSNAP 命令和按钮
F4	数字化仪控制（Tablet mode）	TABLET MODE 按钮
F5	等轴测平面切换（Isoplane modes）	ISOPLANE 命令
F6	控制状态行上坐标显示方式（Coordinate display mode）	
F7	栅格显示模式控制（Grid mode）	GRID 命令和按钮
F8	正交模式控制（Ortho mode）	ORTHO 命令和按钮
F9	栅格捕捉模式控制（Snap mode）	SNAP 命令和按钮
F10	极坐标追踪模式控制（Auto Tracking）	POLAR 命令和按钮
F11	对象轨道追踪模式控制（Object Snap Tracking）	OTRACK 命令和按钮

表 1-2　控制键及其功能

键	功　　　能	相　关　命　令
Ctrl + A	对象编辑组开/关切换	GROUP
Ctrl + B	栅格捕捉模式开/关切换	SNAP
Ctrl + C	将选择的对象复制到剪贴板中	COPYCLIP

（续）

键	功　能	相 关 命 令
Ctrl + D	状态行上坐标的显示开/关切换	
Ctrl + E	等轴测平面切换	ISOPLANE
Ctrl + F	对象连续捕捉模式开/关切换	OSNAP
Ctrl + G	栅格显示模式开/关切换	GRID
Ctrl + H	与退格键功能相同	
Ctrl + J	重复执行前一个命令	
Ctrl + K	超级链接	HYPERLINK
Ctrl + L	正交模式开/关切换	ORTHO
Ctrl + M	打开"选项"对话框	
Ctrl + N	创建新图形文件	NEW
Ctrl + O	打开图形文件	OPEN
Ctrl + P	打印图形文件	PLOT
Ctrl + S	保存图形文件	QSAVE、SAVE AS、SAVE
Ctrl + T	数字化仪控制切换	
Ctrl + U	极坐标自动追模式开/关控制	
Ctrl + V	粘贴剪切板上的内容	PASTECLIP
Ctrl + W	对象追踪模式开/关控制	
Ctrl + X	剪切所选择的对象至剪切板中	CUTCLIP
Ctrl + Y	重新执行刚被取消的操作	REDO
Ctrl + Z	连续取消前一次操作，直至最后一次保存文件状态	UNDO
Ctrl + 1	打开特性功能	PROPERTIES
Ctrl + 2	打开设计中心	ADCENTER
Ctrl + 3	打开工具选项板窗口	TOOLPALETTES
Ctrl + 4	打开图纸集管理器	SHEETSET
Ctrl + 5	打开信息选项板	ASSIST
Ctrl + 6	打开数据库连接管理器	DBCONNECT
Ctrl + 7	打开标记集管理器	MARKUP
Ctrl + 8	打开快速计算器	QUICKCALC
Ctrl + 9	打开是否隐藏命令行窗口提示窗口	COMMANDLINEHIDE

9. 命令的重复

在命令输入过程中，当完成一个命令的操作后，接着在命令提示符再现后再按空格键或〈Enter〉键，就可以重复刚刚执行的命令。

10. 嵌套命令的输入

嵌套（或称透明）命令允许在一条命令运行中间执行另外一条命令。当执行完一条嵌套命令后，又继续执行被中断的原命令。输入嵌套命令的方法是在该命令名前加一个撇号（'）。

1）使用方法。例如，在 LINE 命令的执行过程中，使用嵌套 ZOOM 命令，其操作过程如下。

命令:LINE↓

指定第一点：

指定下一点或［放弃(U)］：

指定下一点或［放弃(U)］：

指定下一点或［闭合(C)/放弃(U)］：

指定下一点或［闭合(C)/放弃(U)］：'ZOOM↓

〉〉指定窗口角点，输入比例因子（nX or nXP），或者

［全部(A)/中心(C)/动态(D)/范围(E)/上一个(P)/比例(S)/窗口(W)/对象(O)］〈实时〉：

W↓

〉〉指定第一角点：(输入窗口第一个角点)〉〉；指定对角点：(输入窗口第二个角点)

正在执行恢复 LINE 命令。

2）说明。在 AutoCAD 命令列表清单中，只有前面带撇号（'）的命令才能作为嵌套（或称透明）命令使用，当系统要求输入文本时不允许使用嵌套命令，不允许同时执行两条或两条以上的嵌套命令，不允许使用命令的同名嵌套命令。

第四节　数据的输入方法

AutoCAD 系统中执行一个命令时，通常还需要为命令的执行提供附加信息，如坐标点、数值和角度等。

在数据输入时，可以使用下列字符：

+ － 0 1 2 3 4 5 6 7 8 9 E " ' .

下面介绍几种数据的输入方法。

一、点坐标的输入

在调用命令后，出现输入点提示时，需要输入某个点坐标。可以用不同的方式输入点坐标。

1. 绝对坐标输入

绝对坐标是指相对于当前坐标系坐标原点的坐标。当以绝对坐标的形式输入一个点时，可以采用直角坐标、极坐标、球面坐标和柱面坐标的方式实现。

（1）直角坐标输入　用直角坐标系中的 X、Y、Z 坐标值（即 X，Y，Z）表示一个点。在键盘上按顺序直接输入数值，各数之间用英文逗号（,）隔开。二维点可直接输入（X，Y）的数值。例如，某点的 X 轴坐标为 8、Y 轴坐标为 6、Z 轴坐标为 5，则该点的直角坐标的输入格式为（8，6，5），如图 1-31 所示。

（2）极坐标输入　对一个二维点进行输入时，也可以采用极坐标输入。极坐标通过输入某点距当前坐标系原点的距离及它在 XOY 平面中该点与坐标原点的连线与 X 轴正向的夹角来确定该点的位置，其形式为"距离＜角度"，如图 1-32 所示。例如，某点与原点的距离为 15、与 X 轴的正向夹角为 30°，则该点的极坐标的输入格式为 15＜30。

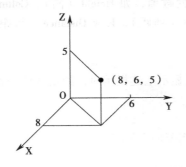
图 1-31　直角坐标系点的绝对坐标输入

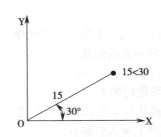
图 1-32　极坐标系点的绝对坐标输入

（3）球面坐标输入　对一个空间三维点进行输入时，可以采用球面坐标输入。空间三维点的球面坐标表达形式为：空间点距当前坐标系原点的距离、该点在 XOY 平面的投影同坐标系原点的连线与 X 轴正向的夹角，以及该点与 XOY 坐标平面的夹角，同时三者之间用"＜"号隔开，如图 1-33 所示。例如，某点与原点的距离为 15、在 XOY 平面上与 X 轴的正向夹角为 45°，与 XOY 平面的夹角为 30°，则该点的球面坐标的输入格式为 15＜45＜30。

（4）柱面坐标输入　对一个空间三维点进行输入时，也可以采用柱面坐标输入。空间三维点的柱面坐标表达形式为：空间点距当前坐标系原点的距离、该点在 XOY 平面的投影同坐标系原点的连线与 X 轴正向的夹角，以及该点的 Z 坐标值。距离与角度值之间用"＜"号隔开，角度值与 Z 坐标值之间以英文逗号（,）隔开，如图 1-34 所示。例如，某点与原点的距离为 10、在 XOY 平面上与 X 轴的正向夹角为 45°，该点的 Z 坐标值为 15，则该点的柱面坐标的输入格式为 10＜45，15。

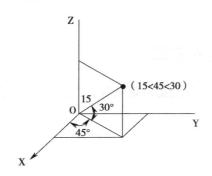

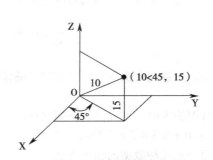

图 1-33　球面坐标系点的绝对坐标输入　　　图 1-34　柱面坐标系点的绝对坐标输入

2. 相对坐标输入

相对坐标是指给定点相对于前一个已知点的坐标增量。相对坐标也有直角坐标、极坐标、球面坐标和柱面坐标 4 种方式，输入格式与绝对坐标相同，但要在相对坐标的前面加上符号"@"。例如，已知前一点的坐标为（10，13，8），如果在点输入提示符"Point："后输入：@3，−4，2，则等于输入该点的绝对坐标为（13，9，10）。

3. 用光标直接输入

移动光标到某一位置后，按鼠标左键，就输入了光标所处位置点的坐标。

4. 目标捕捉输入

可用目标捕捉方式输入一些特殊点。

5. 直接距离输入

对于二维点，通过移动光标指定方向，然后直接输入距离，即完成了该点坐标的输入。

二、距离的输入

在 AutoCAD 系统中，许多提示符后面要求输入距离的数值，如 Height（高）、Column（列）、Width（宽）、Row（行）Radius（半径）、Column Distance（列距）、Row Distance（行距）、Value（数值）等。

（1）直接输入一个数值　用键盘直接输入一个数值。

（2）指定一点的位置　当已知某一基点时，可在系统显示上述提示时，指定另外一点的位置。这时，系统自动测量该点到某一基点的距离。

三、位移量的输入

位移量是从一个点到另一个点之间的距离。一些命令需要输入位移量。

1. 从键盘上输入位移量

输入两个位置点的坐标，这两点的坐标差即为位移量；输入一个点的坐标，用该点的坐标作为位移量。

2. 用光标确定位移量

在提示符下，用光标拾取一点，此时移动光标时，屏幕上出现与拾取点连接的一橡皮筋线，并出现提示符，用光标拾取另一点，则两点间的距离即为位移量。

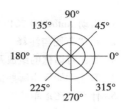

图1-35　角度和方向的对应关系

四、角度的输入

当出现输入角度提示符时，需要输入角度值。一般规定，X 轴的正向为 0°方向，逆时针方向为正值，顺时针方向为负值。角度和方向的对应关系，如图 1-35 所示。

1. 直接输入角度值

在角度提示符后，用键盘直接输入其数值，一般角度默认为度（°），根据需要也可设置为弧度。

2. 通过输入两点确定角度值

通过输入第一点与第二点连线方向确定角度值，其大小与输入点的顺序有关。规定第一点为起始点，第二点为终点，角度数值是指从起点到终点的连线与起始点为原点的 X 轴正向，逆时针转动所夹的角度。例如，起始点为（0，0），终点为（0，10），其夹角为 90°；起始点为（0，10），终点为（0，0），其夹角为 270°，如图 1-36 所示。

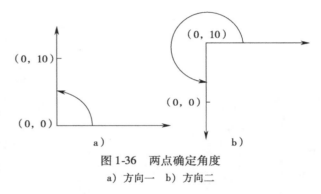

图1-36　两点确定角度
a）方向一　b）方向二

五、快捷菜单输入命令或数据

在需要输入命令或数据时，可以从快捷菜单中选择"最近的输入"选项，输入最近使用的命令或数据。最近命令或数据的快捷菜单，如图 1-37 和图 1-38 所示。

图1-37　最近的命令输入快捷菜单

图1-38　最近的数据输入快捷菜单

思 考 题

1. 启动 AutoCAD 2012 系统后，如何切换工作空间？
2. 在"草图与注释"工作空间中，工作界面由哪几部分组成？
3. 简述对话框的组成及使用方法。
4. 简述功能区由哪些面板组成？
5. 什么是图形单位？
6. 在 AutoCAD 系统中，常用命令的调用方法有哪几种？
7. 什么是嵌套命令？如何使用嵌套命令？
8. 点坐标输入有几种方式？
9. 如何输入位移量？
10. 如何输入角度？

第二章　系统的实用命令

第一节　创建图形文件命令

图形文件是用于保存图形的数据库。在屏幕上显示的图形对象的可视信息和图形的属性（颜色、线型、图层、文字式样等）非可视信息，都保存在图形文件中。

（1）功能　设置绘图环境，建立一个新的图形文件。

（2）调用方式

1）键盘输入命令：New（或 Qnew）↓（表示回车，下同）。

2）"菜单浏览器"菜单：在"菜单浏览器"菜单中选择"新建"。

3）工具条：在"标准"工具条中单击"新建"按钮，或在"快速访问"工具条中单击"新建"按钮。

4）下拉菜单：单击"文件"→"新建"。

5）组合键：按〈Crtl + N〉键。

此时，弹出"选择样板"对话框，如图 2-1 所示。

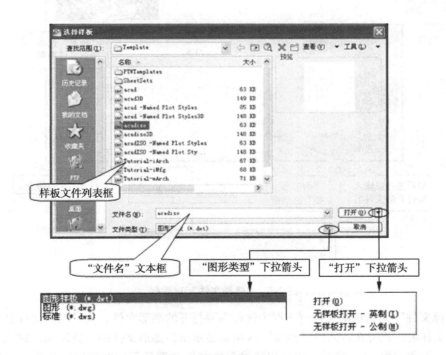

图 2-1　"选择样板"对话框

在该对话中，选择某一样板文件，单击"打开（O）"按钮，即可调用该样板文件。另外，单击该对话框右下角的"打开"下拉箭头，在弹出的下拉菜单中有 3 个选项："打开（O）"选项，打开已选择的样板文件；"无样板打开-英制（I）"选项，以英制单位打开系统默认的图形样板，默认图形边界（称为图形界限）为 12in×9in；"无样板打开-公制（M）"选项，以公制单位打开系统默认的图形样板，默认图形边界为 429mm×297mm。

第二节　打开图形文件命令

（1）功能　打开一个已存在的图形文件。

（2）调用方式

1）键盘输入命令：New（或 Qnew）↓。

2）"菜单浏览器"菜单：在"菜单浏览器"菜单中选择"打开"。

3）工具条：在"标准"工具条中单击"打开"按钮，或在"快速访问"工具条中单击"打开"按钮。

4）下拉菜单：单击"文件"→"打开"。

5）组合键：按〈Crtl＋O〉键。

6）双击图标：用鼠标双击需要打开的图形文件图标。

此时，弹出"选择文件"对话框，如图 2-2 所示。

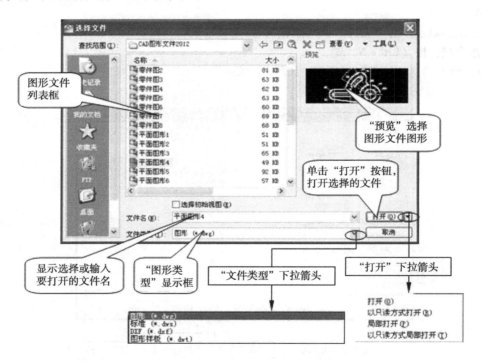

图 2-2　"选择文件"对话框

在"选择文件"对话框的文件列表框中选择需要打开的图形文件，也可以在文件名文本框中输入要打开的文件名，此时在右面的"预览"区中将显示出该图形文件的预览图像。默认情况下，打开的图形文件的类型为 .dwg 格式，也可以通过单击文件类型显示框右侧的下拉箭头，在弹出的下拉列表框中选择文件的类型。

在打开图形文件时，可以单击对话框右下角的"打开（O）"按钮右侧的下拉箭头，在弹出的下拉列表中选择文件打开方式，共有"打开（O）""以只读方式打开（R）""局部打开（P）"和"以只读方式局部打开（T）"4 种方式。

以只读方式打开图形时，无法对打开的图形进行编辑修改。

以"局部打开"和"以只读方式局部打开"方式打开图形时，将弹出"局部打开"对话框，如图 2-3 所示。

可以在"要加载几何图形的视图"列表框中选择要打开的视图，在"要加载的几何图形的图层"选项组中选择要打开的图层，然后单击"打开"按钮，即可在选定的视图中打开选中图层上的实体。

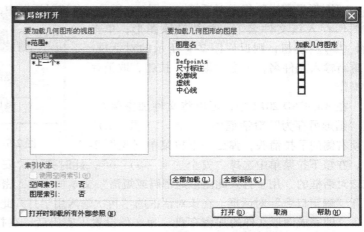

图 2-3 "局部打开"对话框

第三节 保存图形文件命令

新绘制或修改图形后，要以文件的形式进行存盘。系统提供了 3 种文件存盘命令：Qsave（文件快速保存命令）、Save（文件保存命令）、Saveas（文件另存为命令）。当文件没有命名时，这 3 个命令的操作相同，即在弹出的"图形另存为"对话框中设置文件的存储路径、文件的类型和输入文件名后，单击"保存（S）"按钮，完成文件的命名存储，如图 2-4 所示。

在存盘时，若输入文件的存储路径、文件的类型和输入文件名与已存在的图形文件相同，则会

图 2-4 "图形另存为"对话框

弹出"图形另存为"提示对话框，如图2-5所示。在该对话框中，单击"是（Y）"按钮，系统把当
前图形存入该文件名下，并替换原图形；单击
"否（N）"按钮，则返回图2-4所示的对话框，
可重新输入文件名；单击"取消"按钮，取消存
盘操作。

　　在AutoCAD 2012中，可以将文件加密保存。
在"图形另存为"对话框中，单击"工具（L）"
选项右侧的下拉箭头，弹出一下拉菜单（见图2-

图2-5　"图形另存为"提示对话框

4），在该下拉菜单中选择"安全选项（S）…"，此时弹出"安全选项"对话框，如图2-6所示。
在该对话框的"用于打开此图形的密码或短语"文本框中输入密码，然后单击"确定"按钮，此时
打开"确定口令"对话框。在该对话框的"再次输入用于打开此图形的口令"文本框中确认输入的
口令，即完成图形文件的加密存盘。为文件设置了密码后，在打开文件时，将需要在弹出的"口
令"对话框中输入正确的密码，否则将无法打开图形文件。

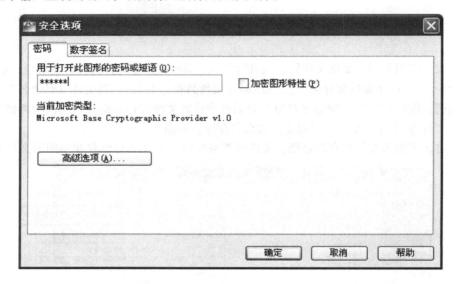

图2-6　"安全选项"对话框

一、Save 命令

1. 功能

将当前未命名的图形文件命名并存盘，可将已命名的图形文件另外存储在一个图形文件中，不
改变当前所在的图形文件。

2. 调用方式

键盘输入命令：Save↓，将弹出"图形另存为"对话框，如图2-4所示。在该对话框中设置文
件的存储路径、文件的类型和输入文件名后，单击"保存（S）"按钮，完成文件的存盘。

二、Qsave 命令

1. 功能

将当前未命名的图形文件命名并存盘，并继续处于当前的图形文件状态下；对已命名的图形文
件及时存盘。

2. 调用方式

1）键盘输入命令：Qsave↓。

2）"菜单浏览器"菜单：在"菜单浏览器"菜单中选择"保存"。

3）工具条：在"标准"工具条中单击"保存"按钮，或在"快速访问"工具条中单击"保存"按钮。

4）下拉菜单：单击"文件"→"保存"。

5）组合键：按〈Crtl + S〉键。

在弹出的"图形另存为"对话框，对未命名的文件进行命名并存盘（见图2-4）；对命名的文件快速存盘。

三、Saveas 命令

1. 功能

将当前未命名的图形文件命名并存盘，将已命名的图形文件另外存储在一个图形文件中，并把新的图形文件作为当前的图形文件。

2. 调用方式

1）键盘输入命令：Saveas↓。

2）"菜单浏览器"菜单：在"菜单浏览器"菜单中选择"另存为"。

3）工具条：在"快速访问"工具条中单击"另存为"按钮。

4）下拉菜单：单击"文件"→"另存为"。

5）组合键：按〈Crtl + Shift + S〉键。

在弹出"图形另存为"对话框中完成文件的另存（见图2-4）。

第四节　关闭图形文件命令

1. 功能

存储或放弃已作的图形文件的绘制、修改，退出 AutoCAD 系统。

2. 调用方式

1）键盘输入命令：Quit（Exit、Close）↓。

2）"菜单浏览器"菜单：在"菜单浏览器"菜单中选择"关闭"或"退出 AutoCAD 2012"。

3）工具条：在"标准"工具条中单击"保存"按钮，或在"快速访问"工具条中单击"保存"按钮。

4）下拉菜单：单击"文件"→"关闭"。

5）关闭按钮：单击标题栏右端的"关闭"按钮。

若已命名的图形文件未改动，则立即退出 AutoCAD 系统。若已命名的图形有改动或文件没有命名，则弹出"AutoCAD"退出提示对话框，如图2-7所示。单击"是（Y）"按钮，对已命名的文件存盘并退出 AutoCAD 系统；对未命名的文件，则弹出"图形另存为"对话框"

图2-7　AutoCAD 退出提示对话框

对话框（见图2-4）。单击"否（N）"按钮，放弃对图形所作的绘制、修改并退出 AutoCAD 系统。单击"取消"按钮，取消退出操作并返回图形绘制、编辑状态。

第五节　图形文件的检查修复和清理无用符号表

一、图形文件的检查修复

在绘图过程中，由于硬件、操作系统和 AutoCAD 自身的原因，或因为停电或非法操作，可能导致文件的破坏。打开文件后，在出现询问是否要恢复文件的对话框时，单击"是"按钮，系统会自动修复损坏的文件。另外，使用"核查（Audit）"和"修复（Recover）"命令，选择文件名后，也可以纠正图形错误，对损坏的文件进行修复。

1. 核查（Audit）命令

（1）功能　对图形中的错误进行检查，并对其进行修复。

（2）调用方式

1）键盘输入命令：Audit↓。

2）下拉菜单：单击"文件"→"绘图实用工具"→"检查"。

在命令提示区提示："是否更正检测到的任何错误？［是（Y）/否（N）］〈N〉:"，输入 Y 或 N 来决定是否修复错误。

2. 修复（Recover）命令

（1）功能　当图形文件中存在错误，而用 Audit 命令不能修复时，则可使用该命令进行修复。

（2）调用方式

1）键盘输入命令：Recover↓。

2）"菜单浏览器"菜单：在"菜单浏览器"菜单中选择"图形实用工具"→"修复（修复损坏的图形文件）"→"修复"。

3）下拉菜单：单击"文件"→"绘图实用工具"→"修复"。

此时，弹出"选择文件"对话框，如图 2-8 所示。在该对话框中选择要修复的图形文件，单击"打开"按钮，系统将进行文件修复并尝试打开图形文件，显示核查结果，如图 2-9 所示。

图 2-8　"选择文件"对话框　　　　　　　　　图 2-9　核查结果文本框

二、清理无用符号表（Purge）命令

1. 功能

在图形中，有时会存在定义了块或创建了一个图层却从未用过。这些符号表对象毫无价值，却占用了大量的磁盘空间并影响系统的运行速度，可以使用该命令清除这些无用的符号表。

2. 调用方式

1）键盘输入命令：Purge↓。

2）"菜单浏览器"菜单：在"菜单浏览器"菜单中选择"图形实用工具"→"清理"。

3）下拉菜单：单击"文件"→"绘图实用工具"→"清理"。

此时，弹出"清理"对话框，在该对话框中可以清理所选择的无用符号表，如图 2-10 所示。

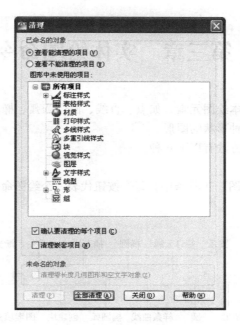

图 2-10 "清理"对话框

思 考 题

1. 试创建一新图形文件，文件名为"XinJian1. dwg"。
2. 如何打开题 1 所创建的图形文件"XinJian1. dwg"?
3. 简述存盘命令"Save""Qsave"和"Saveas"的异同点。
4. 如何退出"AutoCAD"系统?
5. 如何对已出错的文件进行修复?

第三章　实体绘图命令

实体是预先定义好的基本绘图元素，如点、直线、圆、圆弧、椭圆、文本等，可由有关命令将它们绘制到图形中，构成各种形状的图形。

常用的绘图命令的调用方法有以下几种。

1. 绘图命令工具条

在工作界面显示的"绘图"工具条中，每个按钮代表一个绘图命令，单击按钮即可完成相应命令的输入，如图 3-1 所示。

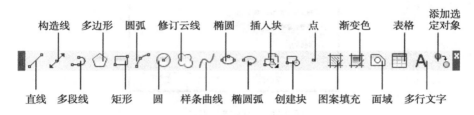

图 3-1　"绘图"工具条

2. 功能区面板

在功能区的"常用"选项卡中的"绘图"面板中，单击按钮即可完成相应命令的输入，如图 3-2 所示。

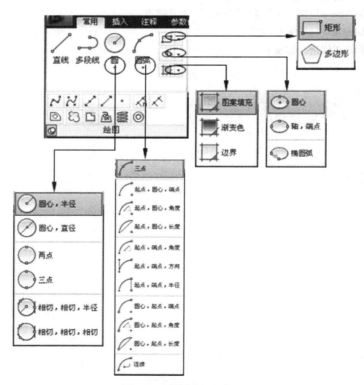

图 3-2　"绘图"面板

3. 下拉菜单

在下拉菜单中单击"绘图"选项，弹出实体绘图命令的下拉菜单，单击各选项可完成命令的输入，如图 3-3 所示。

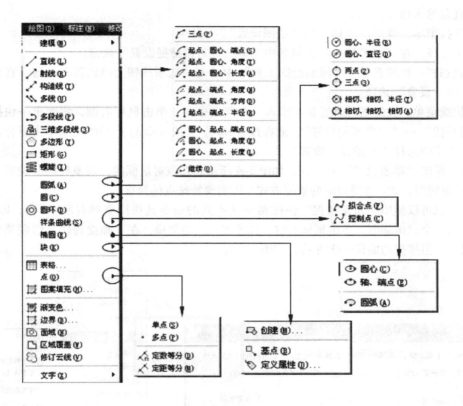

图 3-3　"绘图"下拉菜单

4. 键盘输入

通过键盘输入绘图命令，完成相应实体绘图命令的输入。

第一节　几个常用的基本命令

为了便于上机绘图操作，首先简单介绍几个常用的 AutoCAD 命令。

一、删除命令（ERASE）

1. 功能

删除拾取到的图形实体。

2. 调用方式

1）键盘输入命令：Erase↓。

2）功能区面板：在功能区的"常用"选项卡中的"修改"面板中，单击"删除"按钮。

3）工具条：在"修改"工具条中单击"删除"按钮。

4）下拉菜单：单击修改（M）→删除（E）。

按照提示选取删除目标，按〈Enter〉键完成操作。

二、特殊点捕捉设置

1. 功能

在单击状态行上的对象捕捉按钮后，在绘图和编辑过程中，当出现输入一点提示时，可利用已设置的对象捕捉功能连续、准确地捕捉到某些特殊点。

2. 调用方式

1）键盘输入命令：Osnap↓。

2）下拉菜单：单击"工具"→"绘图设置"。

3）工具条：在"对象捕捉"工具条中，单击"对象捕捉设置"按钮。

4）状态栏：在状态栏上"辅助绘图工具"中的有关选项按钮上单击鼠标右键，在弹出的快捷菜单中选择"设置"选项。

5）快捷菜单：在绘图时，当要求输入一个点坐标时，单击鼠标右键，将弹出一快捷菜单，选择"捕捉替代"→"对象捕捉设置"；或在按〈Shift〉（或〈Ctrl〉）键的同时单击鼠标右键，在弹出的快捷菜单中选择"对象捕捉设置"。

此时，弹出"草图设置"对话框，如图3-4所示。在该对话框的"对象捕捉"选项卡中，提供了13种对象捕捉方式。选择相应的捕捉方式，可实现特殊点的捕捉。

另外，也可以使用"对象捕捉"快捷菜单（不同的命令其快捷菜单有所不同），即在绘图时，当要求输入一个点坐标时，单击鼠标右键，将弹出一快捷菜单，在"捕捉替代"级联菜单中选择需要的捕捉点，但捕捉功能仅一次有效，如图3-5所示。

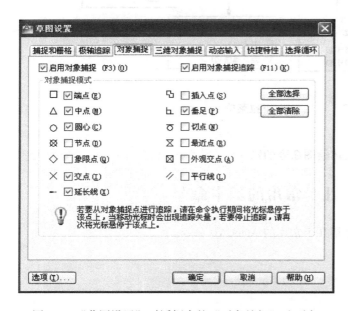

图3-4 "草图设置"对话框中的"对象捕捉"选项卡　　　　图3-5 "对象捕捉"快捷菜单

三、图形缩放命令（ZOOM）

1. 功能

改变图形实体在视窗中显示的大小，从而方便地观察当前视窗中太大或太小的图形。

2. 调用方式

1）键盘输入命令：Zoom↓。

提示：指定窗口的角点，输入比例因子（nX 或 nXP），或者

［全部（A）/中心（C）/动态（D）/范围（E）/上一个（P）/比例（S）/窗口（W）/对象（O）］〈实时〉：（输入选择项）

选项说明如下。

①A（All）：将当前图形文件中的所有图形实体都显示在当前视窗。

②E（Extents）：将当前图形文件中的全部图形最大限度地充满当前视窗。

③W（Window）：用光标选择一个矩形窗口，将该窗口内的图形充满当前视窗。

其他各选项将在以后章节中进行介绍。

2）功能区面板：在功能区的"视图"选项卡中的"二维导航"面板中，单击"缩放"按钮，弹出级联菜单，如图 3-6 所示。

3）下拉菜单：单击"视图"→"缩放"，如图 3-7 所示。在该菜单中选择相应的选项，可以完成图形缩放命令的操作。

图 3-6 "缩放"弹出级联菜单

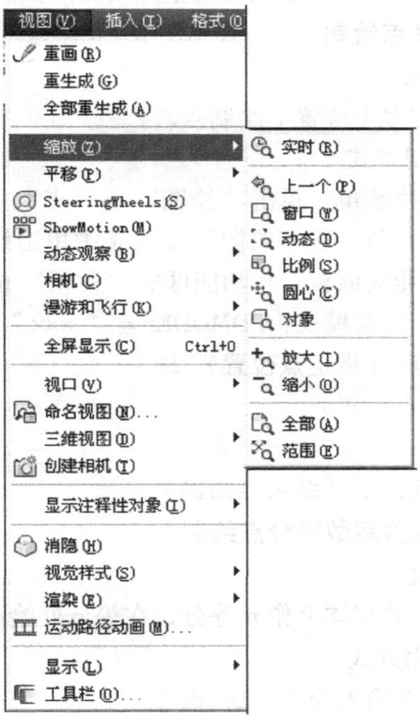

图 3-7 "缩放"选项

四、设置绘图界限

1. 功能

确定绘图的工作区域和图幅边界。

2. 调用方式

1）键盘输入命令：Limits↓。

2）下拉菜单：单击"格式"→"图形界限"。

重新设置模型空间界限：

指定左下角点或［开（ON）/关（OFF）]〈0.0000,0.0000〉：（输入左下角点）↓。

指定右上角点〈420.0000,297.0000〉：（输入右上角点）↓。

第二节　点实体的绘制命令

在 AutoCAD 系统中，点实体有单点、多点、定数等分和定距等分等。

一、单点绘制命令

1. 功能

在指定位置绘制一个点。

2. 调用方式

1）键盘输入命令：Point↓。

2）下拉菜单：单击"绘图"→"点"→"单点"，如图 3-3 所示。

提示：当前模式：PDMODES＝"×××"PDSIDE＝"×××"（显示点的类型和大小）

指定点：（用光标或输入坐标指定点位置）↓

二、多点绘制

1. 功能

一次在多个位置上绘制点。

2. 调用方式

1）下拉菜单：单击"绘图"→"点"→"多点"，如图 3-3 所示。

2）工具条：在"绘图"工具条中单击绘制"点"按钮，如图 3-1 所示。

3）功能区面板：在功能区的"常用"选项卡中的"绘图"面板中，单击"多点"按钮。

提示：当前模式：PDMODES＝"×××"PDSIDE＝"×××"（显示点的类型和大小）

指定点：（指定点位置）↓

（指定点位置）↓

　……

指定点：↓（结束点绘制）

三、实体定数等分点绘制

1. 功能

在选定的实体上作 n 等分，在等分处绘制点标记或插入块。

2. 调用方式

1）键盘输入命令：Divide↓。

2）下拉菜单：单击"绘图"→"点"→"定数等分"，如图 3-3 所示。

3）功能区面板：在功能区的"常用"选项卡中的"绘图"面板中，单击"定数等分"按钮。

提示如下。

选择要定数等分的对象：（选择对象）

输入线段数目或［块（B）］：（输入选择项）↓

3. 各选项说明

直接输入插入点等分数目，在等分处插入点的标记，为默认选项；选择 B（Block）后，在等分点处插入一个块标记（在以后有关章节中详细说明）。

四、实体定距等分点绘制

1. 功能

在选定的实体上按给定的长度作等分，在等分点处绘制点标记或插入块。

2. 调用方式

1）键盘输入命令：Measure↓。

2）下拉菜单：单击"绘图"→"点"→"定距等分"，如图3-3所示。

3）功能区面板：在功能区的"常用"选项卡中的"绘图"面板中，单击"测量"按钮。

提示如下。

选择要定距等分的对象：（选择对象）

指定线段长度或［块（B）］：（输入选择项）↓

3. 各选项说明

直接输入线段长度，按该长度作选择对象的等分，在等分处插入点标记，为默认选项；选择B（Block）后，在等分点处插入一个块标记（在以后有关章节中详细说明）。

五、点的类型和大小设置

在AutoCAD系统中提供了20种点的标记符号，用于设置点标记符号。

调用方式如下。

1）键盘输入命令：DDPTYPE↓。

2）下拉菜单：单击"格式"→"点样式"。

3）功能区面板：在功能区的"常用"选项卡中的"实用工具"面板中，单击"点样式"按钮。

此时，弹出"点样式"对话框，如图3-8所示。通过对该对话框进行操作，可以设置点的类型和大小。

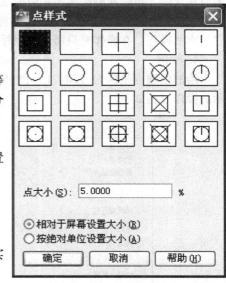

图3-8 "点样式"对话框

第三节 直线实体的绘制命令

1. 功能

绘制一条直线段或连续的折线段，每段线段都是一个实体。

2. 调用方式

1）键盘输入命令：Line↓。

2）下拉菜单：单击"绘图"→"直线"。

3）工具条：在"绘图"工具条中，单击绘制"直线"按钮。

4）功能区面板：在功能区的"常用"选项卡中的"绘图"面板中，单击"直线"按钮。

提示如下。

指定第一点：（确定第一个点）↓

指定下一个点或［放弃（U）］：（确定下一个点或取消上一点）↓

指定下一个点或［放弃（U）］：（确定下一个点或取消上一点）↓

指定下一个点或［闭合（C）/放弃（U）］：（确定下一个点或封闭线段/取消上一点）↓

……

指定下一个点或［闭合（C）/放弃（U）］：↓（结束操作）

3. 说明

1）在提示"指定第一点："下，直接按〈Enter〉键，系统以上一次绘制的直线的终点为本线段的起始点。

2）提示"指定下一个点或［闭合（C）/放弃（U）］："下，输入C将当前"直线"命令中所绘制的几条相连的线段封闭为一个多边形。

3）提示"指定下一个点或［闭合（C）/放弃（U）］："下，直接输入长度数值，沿上一个点与当前光标所处位置连线（常称"橡皮筋"）方向按给定长度绘制线段，该方法在绘图时非常有用。

4）输入 U，将当前"直线"命令所画的最后一条线段删除并可继续绘制线段，当连续使用 U 响应提示时，可依次删除多条相应的线段。

5）可以在提示下单击鼠标右键，弹出"直线"命令的快捷菜单，如图 3-9 所示。选取各选项完成直线操作。在操作时只需使用鼠标就可以完成命令的操作，不需要通过键盘输入。

4. 举例

绘制由端点坐标为（20，15），（50，15），（70，50），（30，50）组成的四边形，如图 3-10 所示。操作过程如下。

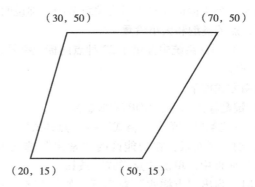

图 3-9　"直线"命令的快捷菜单　　　　图 3-10　用"直线"命令绘制的四边形

在"绘图"工具条中单击"直线"按钮，提示如下。

指定第一点：20，15↓

指定下一个点或［放弃（U）］：@30，0↓

指定下一个点或［放弃（U）］：70，50↓

指定下一个点或［闭合（C）/放弃（U）］：30，50↓

指定下一个点或［闭合（C）/放弃（U）］：C↓

第四节　单向构造线和双向构造线的绘制命令

一、单向构造线绘制命令（RAY）

1. 功能

绘制从始点开始向确定方向无限延长的直线（即射线），主要用于作图辅助线。

2. 调用方式

1）键盘输入命令：Ray↓。

2）下拉菜单：单击"绘图"→"射线"。

3）功能区面板：在功能区的"常用"选项卡中的"绘图"面板中，单击"射线"按钮。

提示：指定起点：（输入起始点）↓

指定通过点：（输入射线上通过的点）↓

……

指定通过点：↓（结束）

二、构造线绘制命令

1. 功能

绘制过一点向两个方向无限延长的直线。它常用于绘图时的构造线和辅助线等。

2. 调用方式

1）键盘输入命令：Xline。

2）下拉菜单：单击"绘图"→"构造线"。

3）工具条：在"绘图"工具条中，单击绘制"构造线"按钮。

4）功能区面板：在功能区的"常用"选项卡中的"绘图"面板中，单击"构造线"按钮。

提示如下。

指定点或[水平（H）/垂直（V）/角度（A）/二等分（B）/偏移（O）]：（输入选择项）↓

3. 选项说明

（1）指定点　直接确定构造线通过的一个点，为默认选项。

（2）水平（H）　过一点绘制一条无限延长的水平线。

（3）垂直（V）　过一点绘制一条无限延长的垂直线。

（4）角度（A）　过一点绘制一条给定倾斜角的无限长直线。

（5）二等分（B）　绘制平分给定角的无限长直线。

（6）偏移（O）　绘制偏置给定距离的无限长直线。

构造线的画法，如图 3-11 所示。

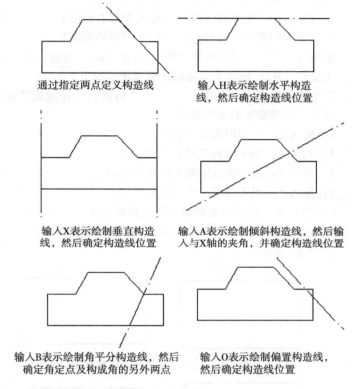

通过指定两点定义构造线

输入H表示绘制水平构造线，然后确定构造线位置

输入X表示绘制垂直构造线，然后确定构造线位置

输入A表示绘制倾斜构造线，然后输入与X轴的夹角，并确定构造线位置

输入B表示绘制角平分构造线，然后确定角定点及构成角的另外两点

输入O表示绘制偏置构造线，然后确定构造线位置

图 3-11　构造线的画法

第五节　矩形的绘制命令

1. 功能

根据已知的两个角点或矩形的长和宽绘制矩形。

2. 调用方式

1）键盘输入命令：Rectangle↓。

2）下拉菜单：单击"绘图"→"矩形（G）"。

3）工具条：在"绘图"工具条中，单击绘制"矩形"按钮。

4）功能区面板：在功能区的"常用"选项卡中的"绘图"面板中，单击"矩形"按钮。

指定第一个角点或[倒角（C）/标高（E）/圆角（F）/厚度（T）/宽度（W）]：（输入选择项）

3. 各选项说明

1）在提示"指定第一个角点："下，输入第一个角度位置后，系统提示如下。

指定另一个角点或[面积（A）/尺寸（D）/旋转（R）]：

①指定另一个角点，直接输入第二个角点，完成矩形的绘制。

②面积（A），输入矩形面积选项，后续提示：

输入以当前单位计算的矩形面积〈当前值〉：（输入矩形面积）↓

计算矩形标注时依据［长度（L）/宽度（W）］〈长度〉：L（或W）↓

输入矩形长度（或宽度）〈当前值〉：（输入数值）↓

③尺寸（D），输入尺寸选项，后续提示如下。

指定矩形的长度〈当前值〉：（输入矩形的长度）↓

指定矩形的宽度〈当前值〉：（输入矩形的宽度）↓

指定另一个角点或［面积（A）/尺寸（D）/旋转（R）］：（指定的矩形的另一个角点）↓

④旋转（R），输入旋转选项，后续提示如下。

指定旋转角度或［拾取点（P）］〈当前值〉：（指定旋转角度或通过拾取点确定旋转角度）

以确定绘制矩形的旋转角度。

2）输入C：用于设置矩形倒角。

3）输入E：用于设置三维矩形的高度。

4）输入F：用于设置矩形倒圆角的半径。

5）输入T：用于设置三维矩形的厚度。

6）输入W：用于设置构成矩形的直线宽度。

各种选项绘制的矩形样式，如图3-12所示。

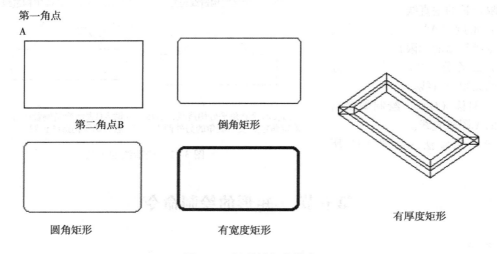

图3-12　矩形的各种样式

第六节　正多边形的绘制命令

1. 功能

绘制由3~1024条边组成的正多边形。正多边形的大小可由与其内接、外切圆的半径或以边的长度来确定。

2. 调用方式

1）键盘输入命令：Polygon↓。

2）下拉菜单：单击"绘图（D）"→"正多边形（Y）"。

3）工具条：在"绘图"工具条中，单击绘制"多边形"按钮。

4）功能区面板：在功能区的"常用"选项卡中的"绘图"面板中，单击"多边形"按钮。

提示：输入边的数目〈默认值〉：（输入正多边形的边数）↓

指定正多边形的中心点或［边（E）］：（输入选择项）↓

指定正多边形的中心点或［边（E）］：

3. 举例

（1）按边长方式绘制正多边形 绘制某一边的两个端点坐标为（20，30），（50，30）的正五边形，如图3-13所示。操作过程如下：

调用"多边形"绘制命令。

提示：输入边的数目〈默认值〉：5↓

指定正多边形的中心点或［边（E）］：E↓

指定边的第一个端点：20，30↓

指定边的第二个端点：50，30↓

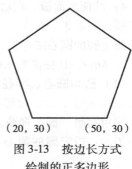

（20，30） （50，30）

图3-13 按边长方式
绘制的正多边形

（2）按外接圆方式绘制正多边形（I） 绘制中心坐标为（40，40），外接圆半径为20的正六边形，如图3-14所示。操作过程如下：

调用"多边形"绘制命令。

提示：输入边的数目〈默认值〉：6↓

指定正多边形的中心点或［边（E）］：40，40↓

输入选项［内接于圆（I）/外切于圆（C）］〈默认值〉：I↓

指定圆的半径：20↓

（3）按内切圆方式绘制正多边形（C） 绘制中心坐标为（40，40），内切圆半径为20的正六边形，如图3-15所示。操作过程如下：

调用"多边形"绘制命令。

提示：输入边的数目〈默认值〉：6↓

指定正多边形的中心点或［边（E）］：40，40↓

输入选项［内接于圆（I）/外切于圆（C）］〈默认值〉：C↓

指定圆的半径：20↓

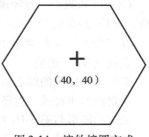

（40，40）

图3-14 按外接圆方式
绘制的正多边形

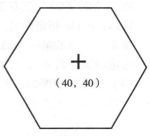

（40，40）

图3-15 按内切圆方式
绘制的正多边形

4. 说明

1）如果选择选项I，则多边形顶点位于输入半径值的圆上，且按底边为水平方向绘制出正多边形。如果不输入半径值，而输入一个点坐标，则以该点作为多边形的一个顶点来确定多边形，该点到中心的距离即为半径值。

2）如果选择选项C，则多边形的中点位于输入半径值的圆上，且按底边为水平方向绘制出正多边形。如果不输入半径值，而输入一个点坐标，则以该点作为多边形的一个顶点来确定多边形。

3）以边长法绘制多边形时，两个端点坐标确定多边形点的边长，两点的输入顺序确定多边形的位置，即按两点顺序逆时针方向构成多边形。

第七节 圆的绘制命令

1. 功能

绘制圆。

2. 调用方式

1）键盘输入命令：Circle↓。

2）下拉菜单：单击"绘图"→"圆"，如图3-3所示。

3）工具条：在"绘图"工具条中，单击绘制"圆"按钮。

4）功能区面板：在功能区的"常用"选项卡中的"绘图"面板中的"圆"展开菜单中选择相应选项，如图3-2所示。

指定圆的圆心或［三点（3P）/两点（2P）/切点、切点、半径（T）］：（输入选项）↓

3. AutoCAD提供的6种画圆的方法。

（1）已知圆心、半径画圆（Center，Radius）　绘制圆心坐标为（50，40），半径为20的圆，如图3-16所示。操作过程如下：

调用绘制"圆"命令。

提示：指定圆的圆心或［三点（3P）/两点（2P）/相切、相切、半径（T）］：50，40↓

指定圆的半径或［直径（D）]〈默认值〉：20↓

（2）已知圆心、直径画圆（Center，Diameter）　绘制圆心坐标为（50，40），直径为40的圆。操作过程如下：

在"绘图"下拉菜单中选择"圆"选项，在弹出的下拉菜单中选择"圆心、直径（D）"选项。

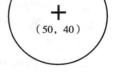

图3-16　已知圆心、半径画圆

提示：指定圆的圆心或［三点（3P）/两点（2P）/相切、相切、半径（T）］：50，40↓

指定圆的半径或［直径（D）］：_d 指定圆的直径：40↓

完成的图形与图3-16相同。

（3）已知两点画圆（2Points）　该画圆方式实际上是确定圆的直径的两个端点画圆。绘制通过坐标为（20，30），（40，60）两点的圆，如图3-17所示。操作过程如下。

在"绘图（D）"工具条中单击绘制"圆"按钮。

提示：circle 指定圆的圆心或［三点（3P）/两点（2P）/相切、相切、半径（T）］：2p↓

指定圆直径的第一个端点：20，30↓

指定圆直径的第二个端点：40，60↓

（4）已知三点画圆（3 Points）　由圆周上三个点定一个圆。绘制通过坐标为（50，25），（80，20），（70，50）三点的圆，如图3-18所示。

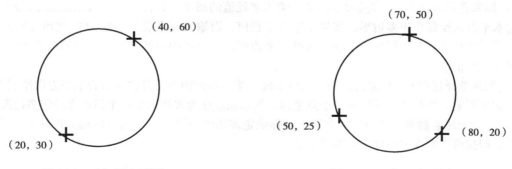

图3-17　已知两点画圆　　　　　　　图3-18　已知三点画圆

操作过程如下：

在功能区的"常用"选项卡中的"绘图"面板中的"圆"展开菜单中选择"三点"。

提示：_circle 指定圆的圆心或［三点（3P）/两点（2P）/相切、相切、半径（T）］：_3p

指定圆上的第一个点：50，25↓

指定圆上的第二个点：80，20↓

指定圆上的第三个点：70，50↓

（5）已知半径和公切条件画圆（Radius，Tan，Tan）　绘制一个给定半径并与两个已知实体相切的圆。绘制半径为 10，并与已知直线 A、圆 B 相切的圆，如图 3-19 所示。操作过程如下。

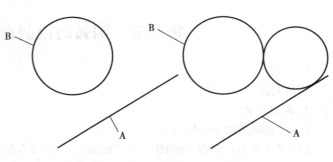

命令：Circle ↓

提示：指定圆的圆心或［三点（3P）/两点（2P）/相切、相切、半径（T）］：T↓

指定对象与圆的第一个切点：（选择相切目标 A）

指定对象与圆的第二个切点：（选择相切目标 B）

指定圆的半径〈默认值〉：10↓

图 3-19　绘制与已知直线和圆公切的圆

a）已知图形　b）完成的图形

（6）画已知三个实体的公切圆（Tan，Tan，Tan）　该画圆方式是绘制一个同已知三个实体相切的圆，用 Tan、Tan、Tan 方式或用 3P 方式画圆。绘制与已知直线 A、圆 B 和圆弧 C 相切的圆，如图 3-20 所示。操作过程如下。

在绘图（D）下拉菜单中选择"圆（C）"→"相切、相切、相切（A）"。

提示：_circle 指定圆的圆心或［三点（3P）/两点（2P）/相切、相切、半径（T）］：_3p

指定圆上的第一个点：_tan 到（选择相切目标 A）

指定圆上的第二个点：_tan 到（选择相切目标 B）

指定圆上的第三个点：_tan 到（选择相切目标 C）

或在绘图（D）下拉菜单中选择"圆（C）"→"三点"。

提示：_circle 指定圆的圆心或［三点（3P）/两点（2P）/相切、相切、半径（T）］：_3p

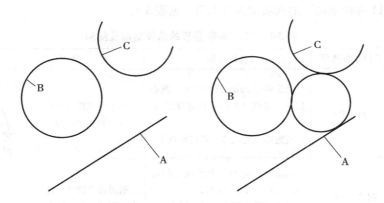

图 3-20　绘制与已知三个实体相切的圆

a）已知图形　b）完成的图形

指定圆上的第一个点：tan↓

到（选择相切目标 A）

指定圆上的第二个点：tan↓

到（选择相切目标 B）

指定圆上的第三个点：tan↓

到（选择相切目标 C）

第八节　圆弧的绘制命令（ARC）

1. 功能

绘制圆弧。

2. 调用方式

1）键盘输入命令：Arc↓。

2）下拉菜单：单击"绘图"→"圆弧"，如图 3-3 所示。

3）工具条：在"绘图"工具条中，单击"圆弧"按钮。

4）功能区面板：在功能区的"常用"选项卡中的"绘图"面板中的"圆弧"展开菜单中选择相应选项，如图 3-2 所示。

提示：指定圆弧的起点或［圆心（C）］：（输入选择项）↓

……

输入的选项不同，会出现不同的提示。

该命令提供了 11 种绘制圆弧的方式，绘图时，应根据已知条件，灵活运用。

3. 绘制圆弧的规定

在绘制圆弧时，AutoCAD 系统有以下规定：

1）从始点到终点沿逆时针方向画圆弧。

2）夹角为正值时，按逆时针方向画圆弧；夹角为负值时，按顺时针方向画圆弧；角度值以°为单位。

3）弦长为正值时，绘制一小段圆弧（小于180°）；弦长为负值时，绘制一大段圆弧。

4）半径为正值时，绘制一小段圆弧（小于180°）；半径为负值时，绘制一大段圆弧。

4. 绘制圆弧的各种选项功能

系统提供的 11 种绘制圆弧的选项功能及图例，见表 3-1。

表 3-1　11 种绘制圆弧的选项功能及图例

起始条件	下拉菜单选项	操作过程	功　能	图　例
起点 提示：指定圆弧的起点或［圆心（C）］：指定起点↓	三点（P）	指定圆弧的第二个点或［圆心（C）/端点（E）］：指定第二个点↓ 指定圆弧的端点：指定端点↓	通过给定圆弧的三个点绘制一个圆弧	
	起点、圆心、端点（S）	指定圆弧的第二个点或［圆心（C）/端点（E）］：C↓ 指定圆弧的圆心：指定圆心↓ 指定圆弧的端点或［角度（A）/弦长（L）］：指定端点↓	通过指定圆弧的起点、圆心和端点绘制圆弧	
	起点、圆心、角度（T）	指定圆弧的第二个点或［圆心（C）/端点（E）］：C↓ 指定圆弧的端点或［角度（A）/弦长（L）］：A↓ 指定包含角：输入角度值↓	通过指定圆弧的起点、圆心和角度绘制圆弧	

（续）

起始条件	下拉菜单选项	操作过程	功 能	图 例
起点 提示：指定圆弧的起点或［圆心（C）］：指定起点↓	起点、圆心、长度（A）	指定圆弧的第二个点或［圆心（C）/端点（E）］：C↓ 指定圆弧的端点或［角度（A）/弦长（L）］：L↓ 指定弦长：输入弦长↓	通过指定圆弧的起点、圆心和弦长绘制圆弧	
	起点、端点、角度（N）	指定圆弧的第二个点或［圆心（C）/端点（E）］：E↓ 指定圆弧的端点：指定端点↓ 指定圆弧的圆心或［角度（A）/方向（D）/半径（R）］：A↓ 指定包含角：输入角度值↓	通过指定圆弧的起点、端点和角度绘制圆弧	
	起点、端点、方向（D）	指定圆弧的第二个点或［圆心（C）/端点（E）］：E↓ 指定圆弧的端点：指定端点↓ 指定圆弧的圆心或［角度（A）/方向（D）/半径（R）］：D↓ 指定圆弧的起点切向：指定切线方向↓	通过指定圆弧的起点、端点和圆弧在起点处的切线方向来绘制圆弧	
	起点、端点、半径（R）	指定圆弧的第二个点或［圆心（C）/端点（E）］：E↓ 指定圆弧的端点：指定端点↓ 指定圆弧的圆心或［角度（A）/方向（D）/半径（R）］：R↓ 指定圆弧的半径：输入半径值↓	通过指定圆弧的起点、端点和半径绘制圆弧	
圆心 提示：指定圆弧的起点或［圆心（C）］：C↓	圆心、起点、端点（C）	指定圆弧的圆心：指定圆心↓ 指定圆弧的起点：指定起点↓ 指定圆弧的端点或［角度（A）/弦长（L）］：指定端点↓	通过指定圆弧的圆心、起点和端点绘制圆弧	
	圆心、起点、角度（E）	指定圆弧的圆心：指定圆心↓ 指定圆弧的起点：指定起点↓ 指定圆弧的端点或［角度（A）/弦长（L）］：A↓ 指定包含角：输入角度值↓	通过指定圆弧的圆心、起点和角度绘制圆弧	
	圆心、起点、长度（L）	指定圆弧的圆心：指定圆心↓ 指定圆弧的起点：指定起点↓ 指定圆弧的端点或［角度（A）/弦长（L）］：L↓ 指定弦长：指定弦长↓	通过指定圆弧的圆心、起点和弦长绘制圆弧	

（续）

起始条件	下拉菜单选项	操作过程	功　能	图　例
继续 提示：指定圆弧的起点或［圆心（C）］：↓	继续（O）	指定圆弧的端点：指定圆弧端点↓	系统以最后一次绘制的直线、圆弧或多义线的最后一个点作为新圆弧的起始点，以最后所绘线段方向或圆弧终止点的切线方向为新圆弧的起始点处的切线方向，然后再指定一点绘制出圆弧	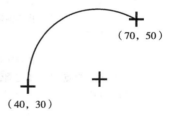

5. 举例

例1　绘制起点坐标为（80，30），圆心坐标为（55，30），圆心角为180°的圆弧，如图3-21所示。操作过程如下。

在"绘图"工具条中单击"圆弧"按钮。

提示：指定圆弧的起点或［圆心（C）］：80，30↓

指定圆弧的第二点或［圆心（C）/端点（E）］：C↓

指定圆弧的圆心：55，30↓

指定圆弧的端点或［角度（A）/弦长（L）］：A↓

指定包含角：180↓

例2　绘制起点坐标为（40，30），终点坐标为（70，50），圆心角为 −130°的圆弧，如图 3-22所示。操作过程如下。

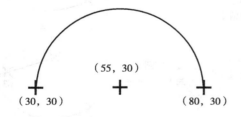

图 3-21　已知起点、圆心、圆心角绘圆弧　　　　图 3-22　已知起点、终点、圆心角绘圆弧

在"绘图（D）"下拉菜单中单击"圆弧（A）"→"起点、端点、角度（N）"选项。

提示：指定圆弧的起点或［圆心（C）］：40，30↓

指定圆弧的第二点或［圆心（C）/端点（E）］：E↓

指定圆弧的端点：70，50↓

指定包含角：−130↓

第九节　椭圆（椭圆弧）及圆环的绘制命令

一、椭圆（椭圆弧）命令

1. 功能

绘制椭圆（或椭圆弧）。

2. 调用方式

1）键盘输入命令：Ellipse↓。

2）下拉菜单：单击"绘图"→"椭圆"，如图 3-3 所示。

3）工具条：在"绘图"工具条中，单击"椭圆"（或"椭圆弧"）按钮。

4）功能区面板：在功能区的"常用"选项卡中的"绘图"面板中的"椭圆"展开菜单中选择相应的选项，如图 3-2 所示。

提示：指定椭圆的轴端点或［圆弧（A）/中心点（C）］：（输入选项）↓

3. 举例

（1）按轴、端点方式绘制椭圆。

例 1 绘制由坐标（35，30），（60，60），（40，80）三点所确定的椭圆，如图 3-23 所示。操作过程如下。

在"绘图"工具条中单击"椭圆"按钮。

提示：指定椭圆的轴端点或［圆弧（A）/中心点（C）］：35，30↓

指定轴的另一个端点：60，60↓

指定另一条半轴长度或［旋转（R）］：40，80↓

以该方式画椭圆时，前两点的距离确定椭圆一个轴的长度，第三点确定椭圆另一个轴的半轴长度，它到椭圆中心的距离即为该轴的半轴长度。因此，三个坐标点的输入顺序不同将绘出不同的椭圆。

例 2 绘制经过两点坐标（35，30），（60，60），旋转角度为 45°的椭圆，如图 3-24 所示。操作过程如下。

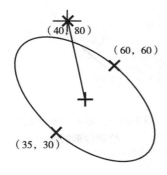

图 3-23　给定三点画椭圆

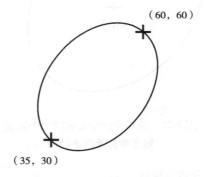

图 3-24　按旋转方式画椭圆

命令：Ellipse↓

提示：指定椭圆的轴端点或［圆弧（A）/中心点（C）］：35，30↓

指定轴的另一个端点：60，60↓

指定另一条半轴长度或［旋转（R）］：R↓

指定绕长轴旋转的角度：45↓

AutoCAD 系统允许输入的旋转角度范围在 0°～89.4°，若超过该范围，则系统拒绝执行。这种画椭圆的方式实际上是把两点间的距离作为圆的直径，并使圆绕该直径旋转一定角度后向显示平面投影而形成的椭圆。这种操作也可用"拖动"的方式来完成。

（2）按中心点（C）绘制椭圆

例 3 绘制经过中心坐标（45，45），一个半轴的端点坐标（60，60），另一半轴端点坐标（25，65）所确定的椭圆，如图 3-25 所示。操作过程如下。

单击"绘图（D）"→"椭圆（E）"→"中心点（C）"

提示：指定椭圆的轴端点或［圆弧（A）/中心点（C）］：C↓

指定椭圆的中心点：45，45

指定轴的另一个端点：60，60↓

指定另一条半轴长度或［旋转（R）］：25，65↓

（3）绘制椭圆弧　绘制椭圆弧时，可以采用椭圆的绘制命令中的绘制椭圆弧的选项，也可以在"绘图"工具条中单击"椭圆弧"按钮，还可以通过单击"绘图（D）"→"椭圆（E）"→"圆弧（A）"，或在功能区的"椭圆"展开菜单中选择"椭圆弧"选项，来绘制椭圆弧。

例4　绘制经过两点坐标（30，20），（60，60），椭圆弧旋转角度为60°，椭圆弧起始角度为30°、终止角度为270°的椭圆弧，如图3-26所示。操作过程如下。

在"绘图"工具条中，单击"椭圆弧"按钮。

提示：确定椭圆弧的轴端点或［中心点（C）］：30，20↓

指定轴的另一端点：60，60↓

指定另一条半轴长度或［旋转（R）］：R↓

指定绕长轴旋转的角度：60↓

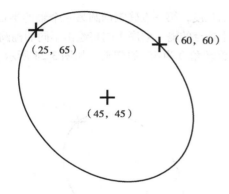

图3-25　按椭圆的中心和两个半轴的
端点坐标绘制的椭圆

图3-26　按起始角和终止角
绘制的椭圆弧

指定起始角度或［参数（P）］：30↓

指定终止角度或［参数（P）/包含角度（I）］：270↓

选择参数P（Parameter）选项，通过确定起点和终点参数，也可以完成椭圆弧的绘制。

提示如下。

指定起始角度或［参数（P）］：P↓

指定起始参数或［角度（A）］：

此时，如果选择"角度（A）"选项，则切换到用角度来确定椭圆弧的方式；如果输入参数，则执行默认项，系统将使用公式：$p(n) = c + a * \cos(n) + b * \sin(n)$ 来计算椭圆弧的起始角。其中，n 是指输入的参数，c 是椭圆的中心点，a 和 b 分别是椭圆的长轴和短轴。

二、圆环的绘制命令

1. 功能

绘制实心或空心的圆或圆环。

2. 调用方式

1）键盘输入命令：Donut↓。

2）下拉菜单：单击"绘图"→"圆环"。

3）功能区面板：在功能区的"常用"选项卡中的"绘图"面板中，单击"圆环"按钮。

提示：指定圆环的内径〈默认值〉：（输入内径值）↓

指定圆环的外径〈默认值〉：（输入外径值）↓

确定圆环的中心点或〈退出〉：（输入圆心或按〈Enter〉键结束命令）

3. 举例

绘制内径为25，外径为30，圆心坐标为（40，40）的圆环，如图3-27a所示。操作过程如下。

命令：Donut↓

指定圆环的内径〈默认值〉：25↓

指定圆环的外径〈默认值〉：30↓

确定圆环的中心点或〈退出〉：40，40↓

……（可连续绘制多个相同的圆环或圆）

确定圆环的中心点或〈退出〉：↓（结束）

当内径为0时，可绘制出实心（或空心）圆，如图3-27b所示。

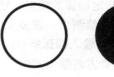

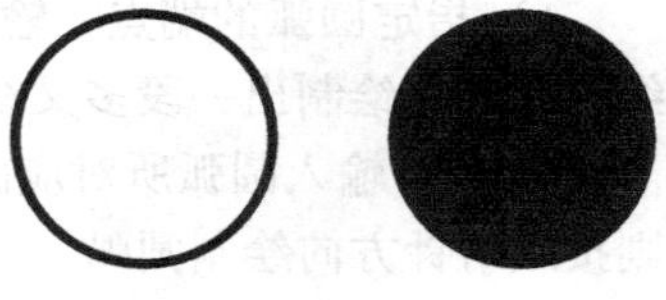

a)　　　　　b)

图3-27　实心圆环和圆

a）实心圆环　b）实心圆

第十节　二维多义线（多段线）的绘制命令

1. 功能

绘制出由直线段和弧线段连续组成的一个图形实体，即多义线。它可由不同的线型、不同的宽度组成，并且可以进行各种编辑。

2. 调用方式

1）键盘输入命令：Pline↓。

2）下拉菜单：单击"绘图"→"多段线"。

3）工具条："在"绘图"工具条中，单击绘制"多段线"按钮。

4）功能区面板：在功能区的"常用"选项卡中的"绘图"面板中，单击"多段线"按钮。

提示如下。

指定起点：（输入多义线起点）

当前线宽为×××　（默认宽度）

指定下一个点或［圆弧（A）/半宽（H）/长度（L）/放弃（U）/宽度（W）］：（输入各选项）

3. 说明

（1）直线方式绘制多义线　提示：指定下一个点或［圆弧（A）/闭合（C）/半宽（H）/长度（L）/放弃（U）/宽度（W）］：（输入各选项）

1）指定下一个点：输入多义线的另一端点，绘制多义线。输入一点后，AutoCAD以当前线宽和线型绘制出一段多义线，然后重复提示，可以绘制多段直线段，为默认选项。

2）A：使多义线绘制方式从绘制直线方式切换到绘制圆弧的方式。

3）C：绘制由当前位置到多义线起始点的直线段，构成一个封闭图形，并结束多义线命令。

4）H：输入的数值为线宽的一半。后续提示如下。

指定起点半宽〈默认值〉：

指定端点半宽〈默认值〉：

5）L：绘制以前一条线段的末端为始点，按指定长度绘制直线段。当前一条线段为直线时，绘出的直线段与其方向相同；当前一条线段为弧线时，绘出的直线段与该圆弧相切。

6）U：删除多义线上最后绘出的线段。它可以重复使用，直至全部删除多义线，并退出多义线命令。

7）W：设定多义线的线宽。后续提示与 H（Halfwidth）相同，但输入的数值为多义线的宽度。

（2）圆弧方式绘制多义线　在直线方式绘制多义线提示中，选择 A 选项后，出现圆弧提示方式绘制多义线。

提示：指定圆弧的端点或［角度（A）/圆心（CE）/闭合（CL）/方向（D）/半宽（H）/直线（L）/半径（R）/第二个点（S）/放弃（U）/宽度（W）］：（输入选项）

1）指定圆弧的端点：输入圆弧的另一端点，绘制圆弧多义线。输入一点后，AutoCAD 以当前线宽和线型绘制出一段多义线，然后重复提示，可以绘制多段圆弧。该选项为默认选项。

2）A：输入圆弧所对应的圆心夹角，绘制圆弧。当角度为正值时，以逆时针方向绘制圆弧，否则按顺时针方向绘制圆弧。

3）CE：给定圆心绘制圆弧。此时，绘制的圆弧不一定与上一线段保持相切。

4）CL：绘制从当前位置到多义线起始点的圆弧线段，构成封闭的图形，且终止多义线命令。

5）D：根据圆弧起点的切线方向绘制圆弧。此时，绘制的圆弧不一定与上一线段保持相切。

6）R：根据半径绘制圆弧。

7）S：用三点方式绘制圆弧，第一点为多义线上一端点，可继续输入第二、第三点。

8）L：多义线由圆弧绘制方式转变为直线绘制方式。

9）H、U、W 的选项含义及操作与直线方式相同。

在多义线圆弧绘制方式中，绘制的圆弧线段总是以上一条线段的终点作为起始点，除选项 CE、D 以外，与上一条线段相切。

4. 举例

例1　绘制一条多义线，如图 3-28 所示。操作过程如下。

命令：Pline↓

指定起点：20，30↓

当前线宽为 0.0000

指定下一个点或［圆弧（A）/半宽（H）/长度（L）/放弃（U）/宽度（W）］：50，30↓

指定下一个点或［圆弧（A）/半宽（H）/长度（L）/放弃（U）/宽度（W）］：W↓

指定起始点宽度〈0.0000〉：3↓

指定端点宽度〈3.0000〉：↓

指定下一个点或［圆弧（A）/半宽（H）/长度（L）/放弃（U）/宽度（W）］：80，30↓

指定下一个点或［圆弧（A）/半宽（H）/长度（L）/放弃（U）/宽度（W）］：W↓

指定起始点宽度〈3.0000〉：8↓

指定端点宽度〈8.0000〉：0↓

指定下一个点或［圆弧（A）/半宽（H）/长度（L）/放弃（U）/宽度（W）］：100，30↓

指定下一个点或［圆弧（A）/半宽（H）/长度（L）/放弃（U）/宽度（W）］：↓

例2　用 Pline 命令绘制一宽度为 0，起始点为（20，40），终点为（40，40）的直线，接着绘制一凸起的、半径为 15、内含角为 -180°的弧线，再继续沿直线方向绘制一终点为（90，40）的直线，如图 3-29 所示。操作过程如下。

单击"绘图"→"多段线"。

指定起点：20，40↓

当前线宽为 0.0000

指定下一个点或［圆弧（A）/半宽（H）/长度（L）/放弃（U）/宽度（W）］：40，40↓

指定下一个点或［圆弧（A）/半宽（H）/长度（L）/放弃（U）/宽度（W）］：A↓

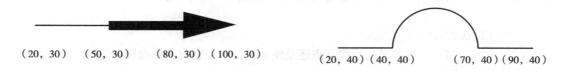

（20，30）　（50，30）　（80，30）（100，30）　　　　（20，40）（40，40）　　（70，40）（90，40）

图 3-28　多义线图例（一）　　　　　　　图 3-29　多义线图例（二）

指定圆弧的端点或［角度（A）/圆心（CE）/闭合（CL）/方向（D）/半宽（H）/直线（L）/半径（R）/第二个点（S）/放弃（U）/宽度（W）］：R↓

指定圆弧的半径：15↓

指定圆弧的端点或［角度（A）］：A↓

指定包含角：－180↓

指定圆弧的弦方向〈41〉：0↓

指定圆弧的端点或［角度（A）/圆心（CE）/闭合（CL）/方向（D）/半宽（H）/直线（L）/半径（R）/第二个点（S）/放弃（U）/宽度（W）］：L↓

指定下一个点或［圆弧（A）/半宽（H）/长度（L）/放弃（U）/宽度（W）］：90，40↓

指定下一个点或［圆弧（A）/半宽（H）/长度（L）/放弃（U）/宽度（W）］：↓

第十一节　样条曲线和修订云线的绘制命令

一、样条曲线的绘制命令

1. 功能

绘制一条平滑相连的样条曲线。

2. 调用方式

1）键盘输入命令：Spline↓。

2）下拉菜单：单击"绘图"→"样条曲线"，如图 3-3 所示。

3）工具条：在"绘图"工具条中，单击绘制"样条曲线"按钮。

4）功能区面板：在功能区的"常用"选项卡中的"绘图"面板中，单击"样条曲线"按钮。

样条曲线使用拟合点或控制点进行定义。默认情况下，拟合点与样条曲线重合，而控制点定义控制框，如图 3-30 所示。

提示：

①对于使用拟合点方法创建的样条曲线提示如下。

指定第一个点或［方式（M）/阶数（K）/对象（O）］：

②对于使用控制点方法创建的样条曲线提示如下。

指定第一个点或［方式（M）/节点（K）/对象（O）］：

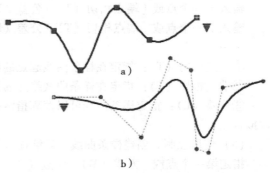

图 3-30　不同方式绘制的样条曲线

a）用拟合点方式绘制的样条曲线

b）用控制点方式绘制的样条曲线

3. 选项说明

（1）指定样条曲线的第一个点　后续提示如下。

输入下一个点：（指定下一个点）

输入下一个点或［放弃（U）］：（指定下一个点或放弃（U））

输入下一个点或［闭合（C）/放弃（U）］：（指定下一个点或闭合（C）/放弃（U））

……

以系统默认方式绘制样条曲线。

（2）方式（M）　控制是使用拟合点还是使用控制点来创建样条曲线。

后续提示如下。

输入样条曲线创建方式［拟合（F）/控制点（CV）］〈CV〉：

1）拟合：通过指定样条曲线必须经过的拟合点来创建 3 阶（三次）B 样条曲线。在公差值大于 0 时，样条曲线必须在各个点的指定公差距离内。

2）控制点：通过指定控制点来创建样条曲线。使用此方法创建 1 阶（线性）、2 阶（二次）、3 阶（三次）直到最高为 10 阶的样条曲线。通过移动控制点调整样条曲线的形状通常可以提供比移动拟合点更好的效果。

如果要创建与三维 NURBS 曲面配合使用的几何图形，则此方法为首选方法。

（3）对象（O）　将二维（或三维）的二次（或三次）样条曲线拟合多段线转换成等效的样条曲线。

后续提示如下。

选择多段线：

……

（4）使用拟合点创建样条曲线　后续提示如下。

指定第一个点或［方式（M）/节点（K）/对象（O）］：

1）节点（K）。后续提示如下。

输入节点参数化［弦（C）/平方根（S）/统一（U）］〈弦〉：（输入选项）

①弦（或弦长方法）：均匀隔开连接每个零部件曲线的节点，使每个关联的拟合点对之间的距离成正比。

②平方根（或向心方法）：均匀隔开连接每个零部件曲线的节点，使每个关联的拟合点对之间的距离的平方根成正比。此方法通常会产生更"柔和"的曲线。

③统一（或等间距分布方法）：均匀隔开每个零部件曲线的节点，使其相等，而不管拟合点的间距如何。此方法通常可生成泛光化拟合点的曲线。

2）指定第一点。后续提示如下。

输入下一个点或［起点切向（T）/公差（L）］：（指定一点）

输入下一个点或［端点相切（T）/公差（L）/放弃（U）］：（指定一点）

输入下一个点或［端点相切（T）/公差（L）/放弃（U）/闭合（C）］：（指定一点）

……

①起点切向（T）：指定在样条曲线起点的相切条件。

②端点相切（T）：指定在样条曲线终点的相切条件。

③公差（L）：指定样条曲线可以偏离指定拟合点的距离。公差值 0 要求生成的样条曲线直接通过拟合点。

（5）使用控制点创建样条曲线　后续提示如下。

指定第一个点或［方式（M）/阶数（D）/对象（O）］：d

输入样条曲线阶数〈3〉：

阶数（D）：设置生成的样条曲线的多项式阶数。使用此选项可以创建 1 阶（线性）、2 阶（二次）、3 阶（三次）直到最高 10 阶的样条曲线。

二、修订云线的绘制命令

1. 功能

绘制一条由连续圆弧组成的多段线，常用于图形某个部位的提示。

2. 调用方式

1）键盘输入命令：Revcloud↓。

2）下拉菜单：单击"绘图"→"修订云线"。

3）工具条：在"绘图"工具条中，单击绘制"修订云线"按钮。

4）功能区面板：在功能区的"常用"选项卡中的"绘图"面板中，单击"修订云线"按钮。

提示如下。

最小弧长：15 最大弧长：15 样式：普通

指定起点或［弧长（A）/对象（O）/样式（S）]〈对象〉：

沿云线路径引导十字光标…

反转方向［是（Y）/否（N）]〈否〉：N（确定云线的反转方向）

修订云线完成。

3. 选项说明

1）弧长（A）：指定云线中圆弧的长度。最大弧长不能大于最小弧长的3倍。

2）对象（O）：指定要转换为云线的对象。

3）样式（S）：指定修订云线的样式，是普通（N）还是手绘（C）。

可以通过拖动光标创建新的修订云线，也可以将闭合对象（如椭圆或多段线）转换为修订云线。

第十二节 多重平行线（多线）绘制和多重平行线定义命令

一、多重平行线（多线）的绘制命令

1. 功能

可绘制多行平行线，最多可达16条，常用于绘制建筑图中的墙体、电子线路图等平行线。

2. 调用方式

1）键盘输入命令：Mline↓。

2）下拉菜单：单击"绘图"→"多线"。

提示：当前设置：对正 =（当前对正方式），比例 =（当前比例值），样式 =（当前样式）

指定起点或［对正（J）/比例（S）/样式（ST）]：（输入各选择项）

3. 选项说明

（1）指定起点 确定多行平行线的起点，系统一直提示输入点，根据需要可按〈Enter〉键结束命令。该选项为默认选项。

（2）J 设定多行平行线的对齐方式。系统的后续提示如下。

输入对正类型［上（T）/无（Z）/下（B）]〈默认值〉。

T：以顶部线为基准，使有最大的正偏移量的那条线通过输入的端点。

Z：以中轴线为基准，使平等多行平行线对于输入的端点为0偏移。

B：以底部线为基准，使有最大负数偏移量的那条线通过输入的端点。

（3）S 设定多行平行线绘制的比例因子。

（4）ST 用来设置平行线的样式。系统后续提示如下。

输入多线样式名或［?］：（当输入？后，屏幕以文本形式显示当前图形文件中的多重平行线的

名称及说明）

二、多重平行线的定义命令

1. 功能

定义多重平行线的样式。在使用多重平行线时，首先应根据需要定义多重平行线的样式。

2. 调用方式

1）键盘输入命令：MLSTYLE↓。

2）下拉菜单：单击"格式"→"多线样式"。

此时，弹出"多线样式"对话框，如图3-31所示。

3. 对话框说明

（1）"置为当前"按钮 在"样式"列表框中选择需要使用的多线样式后，单击该按钮，可以将其设置为当前样式。

（2）"新建"按钮 单击该按钮，打开"创建新的多线样式"对话框，可以命名新的多线样式名字，选择新创建多线样式的基础样式，如图3-32所示。

在该对话框中，单击"继续"按钮，打

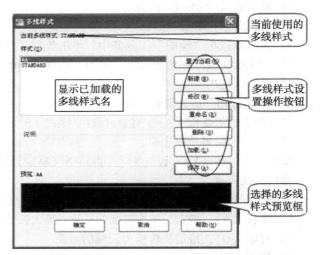

图3-31 "多线样式"对话框

开"新建多线样式"对话框可以创建新多线样式的封口、填充、图元特性等内容，如图3-33所示。

图3-32 "创建新的多线样式"对话框

1）添加说明：该对话框中的"说明"文本框用于输入多线样式的说明信息。当在"多线样式"对话框的列表框中选中该多线时，说明信息将显示在"说明"区域中。

2）设置封口模式：该对话框中的"封口"选项组，用于控制多线起点处的样式。可以为多线的每个端点选择一条直线或弧线，并输入角度。其中，"直线"穿过整个多线的端点，"外弧"连接最外层元素的端点，"内弧"连接成对元素，如果有奇数个元素，则中心线不相连，如图3-34所示。

如果选中"新建多线样式"对话框中的"显示连接"复选框，则可以在多线的拐角处显示连接线，否则不显示，如图3-35所示。

3）设置填充颜色：该对话中的"填充"选项组用于设置是否填充多线的背景。可以从"填充颜色"下拉列表框中选择所需的填充颜色作为多线的背景。如果不使用填充颜色，则在"填充颜色"下拉列表框中选择"无"。

4）设置组成图元的特性：在该对话框的"图元"选项组中，可以设置多线样式的元素特性，包括多线的线条数目、每条线的颜色和线型等特性。其中，"图元"列表框中列举了当前多线样式中各条元素及其特性，包括线条元素相对于多线中心线的偏移量、线条颜色和线型。如果要增加多

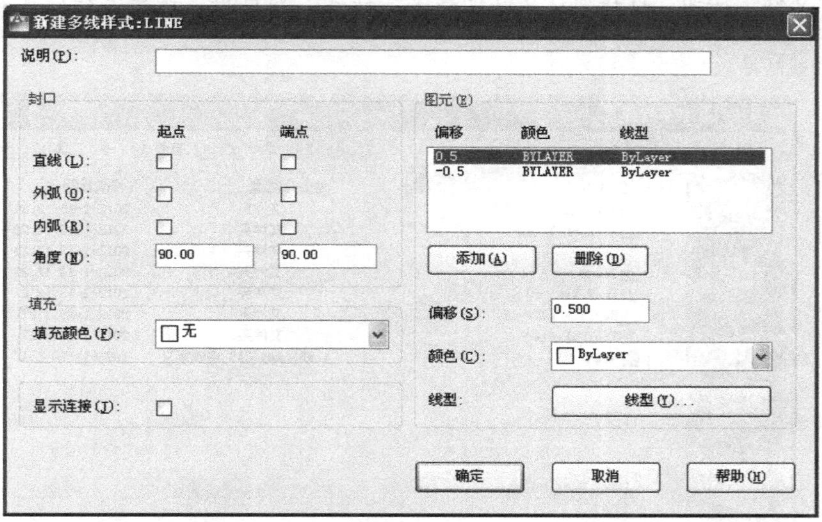

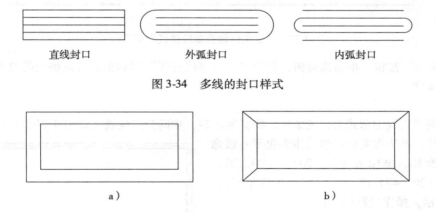

图 3-33　"新建多线样式"对话框

直线封口　　　　　　　　　外弧封口　　　　　　　　　内弧封口

图 3-34　多线的封口样式

a）　　　　　　　　　　　　　　b）

图 3-35　不显示连接线与显示连接线对比

a）不显示连接线　b）显示连接线

线中线条的数目，则可单击"添加"按钮，在"图元"列表中将加入一偏移量为 0 的新线条元素；通过"偏移"文本框，设置线条元素的偏移量；在"颜色"下拉列表框中，设置当前线条的颜色；单击"线型"按钮，打开"选择线型"对话框，可以设置线元素的线型。

（3）"修改"按钮　单击该按钮，打开"修改多线样式"对话框，可以修改创建的多线样式。它与"新建多线样式"对话框的内容完全相同。

（4）"重命名"按钮　重新命名在"样式"列表框中选中的多线样式。

（5）"删除"按钮　删除"样式"列表框中的多线样式。

（6）"加载"按钮　单击该按钮，打开"加载多线样式"对话框，如图 3-36 所示。可以从该对话框中选取多线样式将其加载到当前图形中，

图 3-36　"加载多线样式"对话框

也可以单击"文件"按钮，打开"从文件加载多线样式"对话框，选择多线样式文件，如图3-37
所示。

图3-37　"从文件加载多线样式"对话框

　　（7）"保存"按钮　单击该按钮，打开"保存多线样式"对话框，可以将当前的多线样式保存
为一个多线文件。

　　4. 举例

　　绘制多重平行线的形式为：三条线，线宽为0.24，中间为点画线（ISO 04W100）居中，以中心
线为基准偏移，两边为实线。然后用多重平行线命
令绘制比例为10，坐标为（20，20），（80，20），
（80，40），（20，40）所确定的矩形多重平行线，
如图3-38所示。操作过程如下：

　　（1）设置多重平行线的样式

　　1）调出"多线样式"对话框：通过输入命令
Mlstyle或单击"格式（O）"→"多线样式（M）…"，
打开"多线样式"对话框（见图3-31）。

图3-38　矩形多重平行线

　　2）为新建多线样式命名：在"多线样式"对话框中，单击"新建"按钮，弹出"创建新的多
线样式"对话框。在该对话框的"新样式名"文本框中输入A。

　　3）打开"新建多线样式"对话框：在"创建新的多线样式"对话框中单击"继续"按钮，弹
出"新建多线样式"对话框。

　　在该对话框中的"封口"选项组中，选择直线的起点、端点复选框；在"图元"选项组中单击
"添加"按钮，在"图元"列表框中增加一个偏移量为0的新线条元素，将光标放置在该元素上，
单击"线型"按钮，弹出"选择线型"对话框。在该对话框中，单击"加载"按钮，弹出"加载
或重载线型"对话框。在该对话框中选择ISO04W100线型，并单击"确定"按钮，返回到"选择
线型"对话框，此时线型变为所选择的线型。

　　按同样的方法将两边直线设置为"实线"，并在偏移文本框中分别设置0.12和－0.12两个偏
移量，单击"元素特性"对话框的"确定"按钮，结束多重平行线元素特性的设置。当单击"多

线样式"对话框中的"保存…"按钮后,弹出"保存多线样式"对话框。单击该对话框中的"保存(S)"按钮,将 A 样式保存在 ACAD. MLN 文件中。将设置的多线样式 A 置为当前。

（2）绘制多重平行线

命令：Mline↓

当前设置：对正 = 当前对正方式,比例 = 当前比例值,样式 = A

指定起点或［对正（J）/比例（S）/样式（ST）］：S↓

输入多线比例〈20.00〉：10↓

指定起点或［对正（J）/比例（S）/样式（ST）］20, 20↓

指定下一点：80, 20↓

指定下一点或［放弃（U）］：80, 40↓

指定下一点或［放弃（U）］：20, 40↓

指定下一点或［放弃（U）］：C↓

完成多重平行线的绘制,如图 3-38 所示。

第十三节 徒手绘制图形和区域覆盖实体的绘制

一、徒手绘制图形

1. 功能

通过移动鼠标生成一系列线段或图形实体,相当于手工绘图中的徒手绘图。在徒手绘制之前,指定对象类型（直线、多段线或样条曲线）、增量和公差。

2. 调用方式

键盘输入命令：Sketch↓。

提示：

类型 =（默认）   增量 =（默认）   公差 =（默认）

指定草图或［类型（T）/增量（I）/公差（L）］：（输入选项）

3. 说明

（1）指定草图 徒手开始画图。

（2）类型（T） 指定徒手画线的对象类型。后续提示如下。

输入草图类型［直线（L）/多段线（P）/样条曲线（S）］〈直线〉：（输入选项）

（3）增量（I） 定义每条手画直线段的长度。后续提示如下。

指定草图增量〈1.0000〉：

（4）公差（L） 对于样条曲线,指定样条曲线的曲线布满手画线草图的紧密程度。后续提示如下。

指定样条曲线拟合公差〈0.5000〉：

二、区域覆盖实体的绘制

1. 功能

创建一个多边形区域,并使用当前的背景色来遮挡位于它下面的实体。

2. 调用方式

1）键盘输入命令：Wipeout↓。

2）下拉菜单：单击"绘图"→"区域覆盖"。

3）功能区面板：在功能区的"常用"选项卡中的"绘图"面板中,单击"区域覆盖"按钮。

提示：指定第一点或［边框（F）/多段线（P）］〈多段线〉：（输入选项）

3. 选项说明

1）指定第一点，为默认选项。后续提示如下。

指定下一点：

指定下一点或［放弃（U）］：

指定下一点或［闭合（C）/放弃（U）］：

通过指定一系列点来定义擦除的边界。

2）F：用于确定是否显示擦除实体的边界。后续提示如下。

输入模式［开（ON）/关（OFF）］〈ON〉：

其中：ON 可显示边界，OFF 隐藏边界。

3）P：可以使用以封闭多段线创建的多边形作为擦除实体的边界。后续提示如下。

是否要删除多段线？［是（Y）/否（N）］〈否〉：

其中：Y 表示可以删除被用来创建擦除实体的多段线；N 表示保留该多段线。

第十四节 创建螺旋和添加选定对象命令

一、创建螺旋对象命令

1. 功能

创建二维螺旋或三维弹簧。

2. 调用方式

1）键盘输入命令：_Helix↓。

2）下拉菜单：单击"绘图"→"螺旋"。

3）工具条：在"建模"工具条中，单击绘制"螺旋"按钮。

4）功能区面板：在功能区的"常用"选项卡中的"绘图"面板中，单击"螺旋"按钮。

提示：

圈数 = 3.0000（默认）　　扭曲 = CCW（逆时针，默认）

指定底面的中心点：（指定底面中心点）

指定底面半径或［直径（D）］〈1.0000〉：（指定底面半径、输入 d 指定直径或按〈Enter〉键指定默认的底面半径值）

指定顶面半径或［直径（D）］〈1.0000〉：（指定顶面半径、输入 d 指定直径或按〈Enter〉键指定默认的顶面半径值）

指定螺旋高度或［轴端点（A）/圈数（T）/圈高（H）/扭曲（W）］〈1.0000〉：（输入选项）

1）指定螺旋高度：直接输入指定螺旋高度。

2）轴端点（A）：指定螺旋轴的端点位置，轴端点可以位于三维空间的任意位置。轴端点定义了螺旋的长度和方向。后续提示如下。

指定轴端点：（指定点）

3）圈数（T）：指定螺旋的圈（旋转）数。螺旋的圈数不能超过 500。后续提示如下。

输入圈数：输入数值

4）圈高（H）：指定螺旋内一个完整圈的高度。

当指定圈高值时，螺旋中的圈数将相应地自动更新。如果已指定螺旋的圈数，则不能输入圈高的值。后续提示如下。

指定圈间距〈默认值〉：（输入数值以指定螺旋中每圈的高度）

5）扭曲（W）：指定以顺时针（CW）方向还是逆时针方向（CCW）绘制螺旋。螺旋扭曲的默认方向是逆时针。后续提示如下。

　　输入螺旋的扭曲方向［顺时针（CW）/逆时针（CCW）］〈逆时针〉：（指定螺旋的扭曲方向）

二、添加选定对象命令

1. 功能

根据选定对象的对象类型和常规特性创建新对象。

2. 调用方式

1）键盘输入命令：Addselected↓。

2）工具条：在"绘图"工具条中，单击"添加选定对象"按钮。

3）快捷菜单：选择单个对象，单击鼠标右键，在弹出快捷菜单中单击"添加选定对象"。

提示如下。

选择对象：

根据选择的对象，按照提示（对象不同提示也不同）完成新对象的创建。

思 考 题

一、问答题

1. 如何绘制点、直线、构造线、多重平行线？

2. 点的标记符号有多少种？如何改变点的形式？

3. 有几种画圆和圆弧的方法？最常用的绘制方法有哪些？

4. 如何绘制椭圆、圆环？

5. 如何绘制矩形和多边形？

6. 掌握多义线、样条曲线的绘制方法。

7. 如何进行不规则线的绘制？

8. 掌握修订云线的绘制、创建螺旋和添加选定对象命令的应用。

9. 掌握多重平行线（多线）绘制和多重平行线定义命令的应用。

10. 掌握创建螺旋实体命令的应用。

二、填空题

1. "点"实体由_____、_____、_____和_____组成。

2. 绘制圆弧有_____种方法，分别是_____、_____、_____、_____、_____、_____、_____、_____、_____。

第四章　图形编辑命令

在绘图时，经常需要对图形中的某些实体进行修改编辑处理，如对实体进行删除、移动、复制等，或对现有图样进行重新修改设计，以最终构成所需图形。AutoCAD 系统提供了大量的图形修改编辑命令，使图形的修改十分方便、快捷，大大提高了绘图的准确性和效率。

常用的图形编辑命令的调用方法：

1. 图形编辑（修改）工具条

常用的图形编辑命令集中在"修改（M）"工具条中，如图 4-1 所示。单击该工具条中的任一按钮，便可完成该编辑命令的输入。

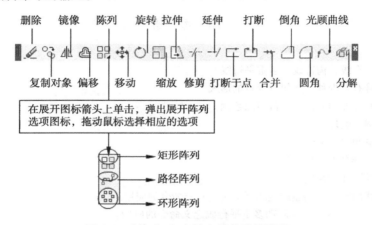

图 4-1　"修改（M）"工具条及其说明

2. 功能区面板

在功能区的"常用"选项卡中的"修改"面板中单击按钮可完成相应命令的输入，如图 4-2 所示。

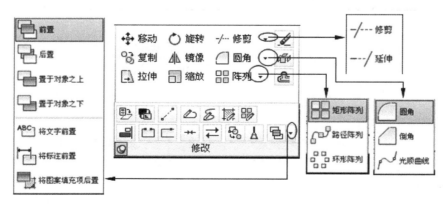

图 4-2　"修改"面板

3. 下拉菜单

在下拉菜单项中单击"修改"选项，弹出实体修改命令的下拉菜单，单击各选项可完成命令的输入，如图 4-3 所示。

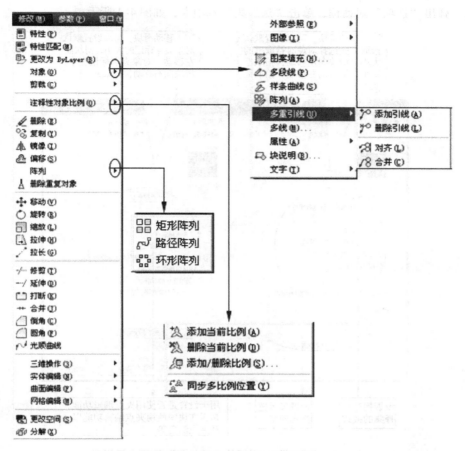

图 4-3 "修改（M）"下拉菜单

4. 键盘输入

通过键盘输入编辑命令，完成相应实体编辑命令的输入。

第一节　编辑目标的选择

图形编辑是针对编辑目标进行的，也就是针对图形中的一个或一些实体进行的。因此，在进行编辑命令操作时，应针对编辑目标，即选择要编辑的一个或一些实体，被选择的实体通常称为选择集。可以采用不同的方法选择编辑目标，被选中的实体对象以"醒目"方式（即变为虚线）显示。

一、设置对象的选择模式（Ddselect）

1. 功能

用于设置选择对象时的各种模式。

2. 格式

1）键盘输入命令：Ddselect↓。

2）下拉菜单：单击"工具"→"选项"。

3）浏览器按钮菜单：在打开的浏览器按钮菜单中选择"选项"。

4）功能区面板：在功能区的"视图"选项卡中的"窗口"面板中，单击右下角处的"选项"。

5）快捷菜单：当等待命令输入时，在绘图窗口单击鼠标右键，在弹出的快捷菜单中选择"选项"。

此时，弹出"选项"对话框，单击"选择集"选项卡，如图 4-4 所示。

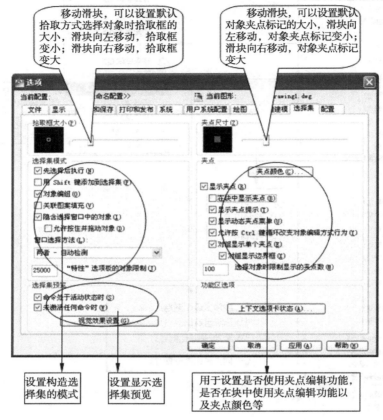

图 4-4 "选项"对话框的"选择集"选项卡及说明

3. 对话框说明

（1）"选择集模式"选项组 用于设置构造选择集的模式。

1）"先选择后执行"复选框：用于设置是否可以先选择对象。选中该复选框，可以先选择编辑目标，然后再执行编辑命令，也可以先执行编辑命令，再选择编辑目标。若不选中该复选框，则只能用先执行编辑命令，再选择编辑目标方式。

2）"用 Shift 键添加到选择集"复选框：选中该复选框，在已确定的选择集中加入实体时，必须按〈Shift〉键，否则原来选择的实体将被取消。

3）"对象编组"复选框：选中该复选框，当选择某个对象组中的一个对象时，将会选中这个对象组中的所有对象。

4）"关联图案填充"复选框：当选中该复选框，确定选择关联填充图案时，也选中图案的边界线。

5）"隐含选择窗口中的对象"复选框：选中该复选框，系统将窗口方式和交叉窗口方式与直接指点方式一样都作为默认的选择方式。否则，在"选择对象："提示下，输入 W 或 C，才能用窗口方式或交叉窗口方式选择实体。

6）"允许按住并拖动"复选框：选中该复选框，必须用拖动的方式才能形成窗口。

（2）"夹点"选项组 用于控制夹点的状态。

1）"在块中显示夹点"复选框：是否在块中启用夹点编辑功能。

2）"显示夹点提示"复选框：是否在使用夹点编辑时进行提示。

3）"显示动态夹点菜单"复选框：控制在将鼠标悬停在多功能夹点上时动态菜单的显示。

4）"允许按 Ctrl 键循环改变对象编辑方式行为"复选框：允许多功能夹点时，按〈Ctrl〉键循环改变对象编辑方式。

5）"对组显示单个夹点"复选框：显示对象组的单个夹点。

6）"对组显示边界框"复选框：围绕编组对象的范围显示边界框。

7）"选择对象时限制显示的夹点数"复选框：选择集包括的对象多于指定数量时，不显示夹点。

8）"夹点颜色"按钮：单击该按钮，弹出"夹点颜色"对话框，用以设置不同夹点状态和元素的颜色，如图4-5所示。

（3）"选择集预览"选项组　用于设置是否显示选择预览。

1）"命令处于活动状态时"复选框：选中该复选框，表示命令处于激活状态时，显示选择预览。

2）"未激活任何命令时"复选框：选中该复选框，表示命令处于未激活状态时，显示选择预览。

3）"视觉效果设置"按钮，单击该按钮，弹出"视觉效果设置"对话框，如图4-6所示。在该对话框中，可以设置预览效果和选择有效区域的颜色。默认状态下，当采用"窗口"选择时，选择区域显示蓝色且边界为实线；当采用"交叉窗口"选择时，选择区域显示绿色且边界为虚线。

在系统默认状态下，当光标移动到对象上时，该对象会加厚亮显，这样在选择对象，可以直观地选择要选择的对象。

图4-5　"夹点颜色"对话框

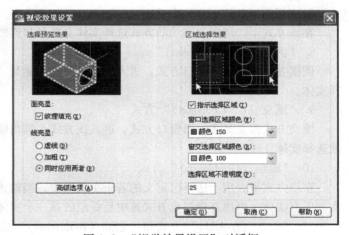

图4-6　"视觉效果设置"对话框

二、调用编辑命令后，选择实体对象

当输入一个图形编辑命令后，一般系统会出现"选择对象："提示，要求在已有的图形中选择编辑目标。这时屏幕上的十字光标就会变成小方框，称为"目标选择框"。在"选择对象："提示下输入"?"时，将在提示区内显示选择对象方式提示，供选择构造选择集方式，如：

需要点或窗口（W）/上一个（L）/窗交（C）/框（BOX）/全部（ALL）/栏选（F）/圈围（WP）/圈交（CP）/编组（G）/添加（A）/删除（R）/多个（M）/前一个（P）/放弃（U）/自动（AU）/单个（SI）/子对象（SU）/对象（O）

在"选择对象："提示下输入相应的字母，可以指定选择方式。

1. "直接点取"方式

这是默认的一种选择目标方式。当出现"选择对象："提示时，将选择框直接移动到欲选择实体的任意部分，并单击鼠标左键，系统将自动扫描搜索出被光标选中的实体，该实体以"醒目"方式显示，表明实体被选中。此时，在提示区重复出现"选择对象："提示，等待继续选择目标。这种选取方式一次只能选择一个实体，若选择的实体具有一定宽度时，要点取边界上的点，而不能点取区域内的点。

2. "窗口（W-Window）"方式

该方式通过定义一个矩形窗口来选择编辑目标，凡在该窗口内被完全包括的实体都被选中，因此可一次选择多个实体。默认状态下，屏幕上的选择窗口显示蓝色且边界为实线框。

3. "上一个（L-Last）"方式

在该方式下，选择调用编辑命令之前最后绘制的图形实体作为编辑目标。

4. "窗交（C-Crossing）"方式

该方式也是用一个矩形窗口来选择编辑目标，与窗口方式基本相同，但区别是只需要实体上的一部分处于窗口中（即被选中），因此它的选取范围较大。默认状态下，屏幕上的选择窗口显示绿色且边界为虚线框。

5. "框（BOX）"方式

在该选择方式下，光标由方框变为十字形。可实现窗口及窗交两种方式的选择，即根据提示给出窗口两角点，若拾取的第二角点位于第一角点的右下方，则为窗口方式；若拾取的第二角点位于第一角点的左上方，则为窗交方式。该选择方式为默认方式。

6. "全部（All）"方式

在该方式下，可选择该图形文件中处于打开状态下的全部实体。

7. "栏选（F-Fence）"方式

在该方式下，用多点连线的方式选择实体。凡是与连线相交的实体即被选中。

8. "圈围（WP-WPolygon）"

圈围方式即多边形窗口方式，进入该方式，其功能与"窗口"方式类似，但可用多边形区域选择实体。

9. "圈交（CP-CPolygon）"方式

圈交方式即交叉多边形窗口方式，进入该方式，其功能与"窗交"方式类似，但可用多边形区域选择实体。

10. "编组（G—Group）"方式

在该方式下，用于选择已定义的若干个编辑组，当输入已定义的组名时，则选中该组名中所包含的所有实体，当用直接指点方式选中目标组的某一个实体时，则整个目标组被选中。

11. "添加（A-Add）"方式和"删除（R-Remove）"方式

（1）"添加（A-Add）"方式　在该方式下，任何最新选中的目标都被加入到选择集中，对应的提示为"选择对象:"。系统的初始选择方式为添加模式。

（2）"删除（R-Remove）"方式　针对选择集中的目标进行操作，在选择集中，将被选中的目标移出选择集，对应的提示为"删除对象:"。

在"添加"方式提示下输入 R，则转为"删除"方式；在"删除"方式提示下输入 A，则转为"添加"方式。

12. "多个（M-Multiple）"方式

在该方式下，在每次出现"选择对象:"提示时，可用光标框选取一个实体，可反复多次选取，但所选择的实体不立刻"醒目"显示，当再次出现"选择对象:"提示时，按〈Enter〉键确认，所有被选取的实体同时变为"醒目"显示。这种方式与直接点取方式的区别在于减少画面搜索次数，从而节省了时间。

13. "前一个（P-Previous）"方式

在该方式下，把调用编辑命令之前构造好的选择集作为当前的编辑目标。

14. "放弃（U-Undo）"方式

在该方式下，将取消最后一次进行的目标选择操作。

15. "自动（AU-Auto）"方式

这是 AutoCAD 系统默认的选择方式，也是最常用的一种选择方式，其功能包括直接点取方式、窗口方式和窗交方式。在"选择对象："提示下，用光标拾取一点，若该点选中了一个实体，即为直接点取方式；若拾取的点未选中目标，则自动变成 BOX 方式。

16. "单个（SI-Single）"方式

在该方式下，选择一个实体后结束选择。

17. "子对象（SU）"方式

在该方式下，选择对象实体的原始信息形式。这些形状是复合实体的一部分或三维实体的顶点、边和面。

18. "对象（O）"方式

结束子对象选择功能，恢复到对象选择的功能。

三、构造选择集（Select）

1. 功能

在图形中构造一个供编辑用的选择集。

2. 格式

键盘输入命令：Select↓。

提示：选择对象：

可以用各种方式选择目标，选中的目标开始以"醒目"显示，确认完成整个目标构造后，所有目标都恢复正常显示。在调用编辑命令时，在"选择对象："提示下输入 P 即可调用该选择集。

四、构造编辑组（Group）

1. 功能

在图形中构造一个编辑目标组，供编辑命令调用。

2. 调用方式

1）键盘输入命令：Group↓。

2）下拉菜单：单击"工具"→"组"。

3）工具条：在"组"工具条中，单击"组"按钮，如图 4-7 所示。

4）功能区面板：在功能区的"常用"选项卡中的"组"面板中，单击"组"按钮，如图 4-8 所示。

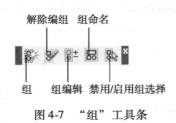

图 4-7 "组"工具条

图 4-8 "组"面板

提示：

选择对象或［名称（N）/说明（D）］：（输入选项）

①"选择对象"　直接选择对象，构成未命名的编组。

②"名称（N）"　输入编组名。后续提示：

输入编组名或［?］：输入编组名或? 列表显示所有编组名。当输入编组名后，提示：

选择对象或［名称（N）/说明（D）］：

……

③"说明（D）" 对命名编组进行说明。后续提示：

输入组说明：

选择对象或［名称（N）/说明（D）］：

……

组"（组名）"已创建。

3. 对创建的"编组"编辑

使用"组"工具条、"组"面板等对创建的
组通过"解除编组""组编辑""禁用/启用组选
择""组命名"和"编组管理器"等进行编辑。

当在"组"工具条上选择"组命名"或在
"组"面板上选择"编组管理器"命令后，弹出
"对象编组"对话框，如图4-9所示。

"对象编组"对话框说明：

（1）"编组名"列表框 显示当前图形中已
存在的对象组名字。其中"可选择的"表示对象
组是否可选。如果一个对象组是可选择的，当选
择该对象组的一个实体时，整个对象组被选中，
否则只有该实体被选中。

图4-9 "对象编组"对话框

（2）"编组标识"选项组 用于设置编组的名称及说明。

1）"查找名称（F）"按钮：单击该按钮，将切换到绘图窗口，拾取了要查找的对象后，该对
象所属的组名即显示在"编辑成员列表"对话框中。

2）"亮显（H）"按钮：在"编组名"列表框中选择一个对象编组，单击该按钮，可以在绘图
窗口中亮显对象组的所有实体。

3）"包含未命名的"复选框：控制是否在"编组名"列表框中列出未命名的编组。

（3）"创建编组"选项组 用于创建命名的或未命名的新组。

1）"新建（N）"按钮：单击该按
钮，切换到绘图区，可选择要创建编组
的图形实体。

2）"未命名的"复选框：用于确定
是否要创建未命名的对象组。

（4）"修改编组"选项组 可以修改
对象组的单个实体或对象组本身。

1）"删除（R）"按钮：单击该按
钮，切换到绘图窗口，选择要从对象组
中删除的实体。

2）"添加（A）"按钮：单击该按
钮，切换到绘图窗口，选择要加入到对
象的实体。

3）"重排"按钮：单击该按钮，弹
出"编组排序"对话框，如图4-10所

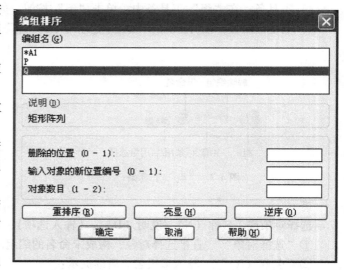

图4-10 "编组排序"对话框

示。在该对话框中，可以重排编组中的实体顺序。该对话框中的"删除位置"文本框用于输入要删除的实体位置，"输入对象新位置编号"文本框用于输入实体的新位置，"重排序（R）"和"逆序（O）"按钮可以按指定数字改变实体的次序或按相反的顺序排序。

4）"分解"按钮：单击该按钮，可以删除所选的对象组，但不删除图形对象。

五、实体对象选择过滤（Filter）

1. 功能

先指定编辑实体对象属性，然后选择编辑实体对象，只有包含在指定属性之内的实体才能被选中，即使用该命令"过滤掉"指定属性之外的实体。

2. 调用方式

键盘输入命令：Filter↓。

此时，弹出"对象选择过滤器"对话框，如图 4-11 所示。

3. "对象选择过滤器"对话框说明

（1）对话框上部的属性列表框　用来显示当前设置的过滤条件。

（2）"选择过滤器"选项组　用于设置过滤器。

1）"选择过滤器"下拉列表：用于选择过滤器的类型，通过单击右侧带有箭头的按钮，可选择所需要的实体属性。

2）X、Y、Z下拉列表框：对于具有参数特征的实体，可对其参数 X、Y、Z 分别进行赋值的设置，并且对此值还可进行 =、! =、〉、〉=、〈、〈 =、* 等运算符的设定，从而确定属性参数的范围。

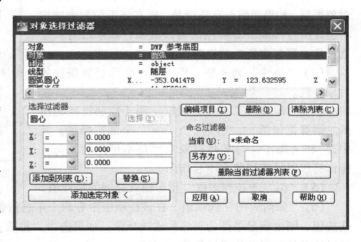

图 4-11　"对象选择过滤器"对话框

3）"添加到列表"按钮：单击此按钮，可将设置的实体属性添加于属性列表中。

4）"替换"按钮：单击此按钮，可将设置的实体属性替换属性列表中所选中的列表内容。

5）"添加选择对象"按钮：单击按钮，将切换到作图窗口，可选择上一个或多个实体，按〈Enter〉键后，将所选实体的属性添加到属性列表中。

（3）"编辑项目"按钮　单击该按钮，可编辑过滤器列表框中选中的内容。

（4）"删除"按钮　单击该按钮，可删除过滤器列表框中选中的项目。

（5）"清除列表"按钮　单击该按钮，删除过滤器列表中所有的内容。

（6）"命名过滤器"选项组　用于选择已命名的过滤器。

1）"当前"下拉列表框：在该下拉列表框中显示了可用的已命名的过滤器。

2）"另存为"按钮：单击该按钮，并在其后的文本框中输入名称，也可以保存当前设置的过滤器。

3）"删除当前过滤器列表"按钮：单击该按钮，可从 FILTER. NFL 文件中删除当前的过滤器集。

六、快速实体选择（Qselect）

1. 功能

根据设置的属性过滤条件，快速、准确地生成实体选择集。

2. 调用方式

1）键盘输入命令：Qselect↓。

2）下拉菜单：单击"工具（T）"→"快速选择（K）"。

此时，弹出"快速选择"对话框，如图4-12所示。

3. "快速选择"对话框说明

（1）"应用到"下拉列表框　显示和确定过滤条件的适用范围。默认范围是全部图形，也可以应用到当前选择集中。也可以单击该列表框右侧带有箭头的"选择对象"按钮，根据当前所指定的过滤条件来选择对象，构造一个新的选择集。此时，应用的图形范围便被当前选择集所代替。

（2）"对象类型"下拉列表框　用于指定要过滤的对象类型，如果当前没有选择集，则在该下拉列表框中将包含所有 AutoCAD 可用的对象类型；如果已有一个选择集，则包含所选对象的类型。

（3）"特性"列表框　用于指定作为过滤条件的对象特性。

（4）"运算符"下拉列表框　用于控制过滤的范围。运算符包括 = 、〈 〉、〉、〈 、 * 、全部选择等。其中，〉 和 〈操作符对某些对象特性是不可用的，而 * 操作符仅对可编辑的文本起作用。

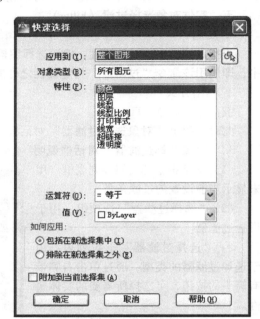

图 4-12　"快速选择"对话框

（5）"值"下拉列表框　用于输入过滤的特性值。

（6）"如何应用"选项组　在该选项组中有两个单选按钮：如果选中"包括在新选择集中"单选按钮，则由满足条件的对象构成选择集；如果选中"排除在新选择集之外"单选按钮，则由不满足过滤条件的对象构成选择集。

（7）"附加到当前选择集"复选框　用于指定由 Qlelect 命令所创建的选择集是追加到当前选择集中，还是替代当前选择集。

当在该对话框中完成各项的设置后，单击"确定"按钮，屏幕上与指定属性相匹配的实体均已被自动选中，以虚线显示。

第二节　实体擦除命令和擦除恢复命令

一、实体擦除命令（Erase）

1. 功能

擦除图形中选定的实体（对象）。

2. 调用方式

1）键盘输入命令：Erase↓。

2）下拉菜单：单击"修改"→"删除"。

3）工具条：在"修改"工具条中，单击"删除"按钮。

4）功能区面板：在功能区的"常用"选项卡中的"修改"面板中，单击"删除"按钮。

5）快捷菜单：在绘图区域中选择要删除的对象，单击鼠标右键，在弹出的快捷菜单中，选择"删除"。

提示如下。

选择对象：（选择删除的对象）

……

选择对象：↓

二、擦除恢复命令（Oops）

1. 功能

恢复最后一次用删除命令删除的实体对象，但只能恢复最后一次的删除实体对象。

2. 调用方式

键盘输入命令：Oops↓。

恢复最后一次删除的实体对象。

第三节　实体移动、实体复制和实体镜像命令

一、实体移动命令

1. 功能

将选择的实体对象移动到一个新位置。

2. 调用方式

1）键盘输入命令：Move↓。

2）下拉菜单：单击"修改"→"移动"。

3）工具条：在"修改"工具条中，单击"移动"按钮。

4）功能区面板：在功能区的"常用"选项卡中的"修改"面板中，单击"移动"按钮。

5）快捷菜单：在绘图区域中，选择要移动的对象并单击鼠标右键，在弹出的快捷菜单中选择"移动"。

提示如下。

"选择对象："（选择编辑目标）

指定基点或［位移（D）］〈位移〉：（输入基点或位移量）

指定第二个点或〈使用第一个点作为位移〉：（输入位移量的第二点或将输入的第一点作为位移量）

如果按〈Enter〉键响应该提示，则以在第一个提示下输入的坐标为位移量；如果以输入一个点的坐标响应提示，则系统确认的位移量为第一点和第二点间的矢量差。

二、实体复制命令

1. 功能

将选择的实体对象作一次或多次复制。

2. 调用方式

1）键盘输入命令：Copy↓。

2）下拉菜单：单击"修改"→"复制"。

3）工具条：在"修改"工具条中，单击"复制"按钮。

4）功能区面板：在功能区的"常用"选项卡中的"修改"面板中，单击"复制"按钮。

5）快捷菜单：在绘图区域中，选择要移动的对象并单击鼠标右键，在弹出的快捷菜单中选择"复制选择"。

提示如下。

选择对象：（选择编辑对象）

……

选择对象：↓（结束对象选择）

指定基点或［位移（D）/模式（O）/多个（M）］〈位移〉：（指定基点或输入选项）

指定第二个点或［阵列（A）］〈使用第一个点作为位移〉：（指定第二个点或输入选项）

3. 各选项说明

（1）位移　使用坐标指定相对距离和方向。指定的两点定义一个矢量，指示复制对象的放置离原位置的距离及放置方向。

如果在"指定第二个点"提示下按〈Enter〉键，则第一个点将被认为是相对 X，Y，Z 的位移。例如，如果指定基点为 2，3 并在下一个提示下按〈Enter〉键，则对象将被复制到距其当前位置在 X 方向上 2 个单位、在 Y 方向上 3 个单位的位置。

（2）模式　控制命令是否自动单个或多个复制对象。

1）单一　创建选定对象的单个复制，并结束命令。

2）多个　创建选定对象的多个复制。

（3）阵列　指定以线性方向均匀排列复制的实体的方式。后续提示：

输入要进行阵列的项目数：（指定阵列的复制数量，包括原始选择集）

指定第二个点或［布满（F）］：（输入选项）

当直接指定"第二点"时，确定阵列相对于基点的距离和方向。默认情况下，阵列中的第一个复制对象将放置在指定的位移上。其余复制的对象将以相同的增量位移进行复制阵列。

当选择"布满（F）"选项时，在阵列中指定的位移上放置最后一个复制对象。其他复制对象则布满在原始选择集和最终复制对象之间。

三、实体镜像命令

1. 功能

以选定的镜像线为对称轴，生成与编辑目标对称的镜像实体，原来的编辑目标可以删除或保留。

2. 格式

1）键盘输入命令：Mirror↓。

2）下拉菜单：单击"修改"→"镜像"。

3）工具条：在"修改"工具条中，单击"镜像"按钮。

4）功能区面板：在功能区的"常用"选项卡中的"修改"面板中，单击"镜像"按钮。

提示如下。

选择对象：（选择编辑对象）

……

选择对象：（结束编辑对象的选择）

指定镜像线的第一点：（指定一点）

指定镜像线的第二点：（指定第二点）

要删除源对象吗？［是（Y）/否（N）］〈N〉：（若删除，则输入 Y；否则按〈Enter〉键响应）。

文本的镜像分为两种情况：完全镜像与可识读镜像，如图 4-13 所示。直线 AB 为镜像线。可用系统变量 MIRRTEXT 的值来控制完全镜像与可识读镜像，当系统变量 MIRRTEXT 的值为 1

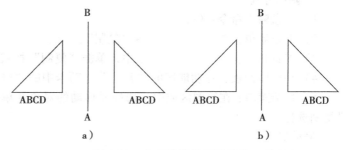

图 4-13　文本镜像的两种状态

a）文本完全镜像　b）文本可识读镜像

时，文本作完全镜像，不可识读；当系统变量 MIRRTEXT 的值为 0 时，文本作可识读镜像。在镜像前，改变变量 MIRRTEXT 的值，可完成文本的可识读镜像。操作过程如下：

命令：Mirrtext ↓

输入 MIRRTEXT 的新值〈1〉：0 ↓

第四节　实体阵列和编辑阵列命令

一、实体阵列命令

对选定的实体进行有规律的多个复制，可进行二维或三维实体复制。阵列分为矩形阵列、环形阵列和路径阵列。

（一）矩形阵列

1. 功能

将选定实体按行、列和标高进行有规律的多个复制。

2. 调用方式

1）键盘输入命令：Arrayrect ↓ 。

2）下拉菜单：单击"修改"→"阵列"→"矩形阵列"。

3）工具条：在"修改"工具条中的展开图标中，单击"矩形阵列"按钮。

4）功能区面板：在功能区的"常用"选项卡中的"修改"面板中，单击"阵列"展开面板的"矩形阵列"按钮。

提示如下。

选择对象：（选择对象）

……

为项目数指定对角点或［基点（B）/角度（A）/计数（C）］〈计数〉：（输入选项）

3. 选项说明

（1）为项目数指定对角点　指定阵列中的项目数。移动光标后，在屏幕上以网格形式预览显示复制点，确定矩形复制的行和列数量。后续提示：

指定对角点以间隔项目或［间距（S）］〈间距〉：（输入选项）

1）指定对角点以间隔项目：指定行间距和列间距。移动光标后，在屏幕上以网格形式预览显示复制点。

2）间距（S）：分别指定行间距和列间距。后续提示：

指定行之间的距离或［表达式（E）］〈默认值〉：（输入行间距）

指定列之间的距离或［表达式（E）］〈默认值〉：（输入列间距）

或选择表达式（E）选项。

使用数学公式或方程式获得行间距或列间距。

（2）计数（C）　分别指定行和列的值。后续提示：

输入行数或［表达式（E）］〈默认值〉：（输入行数）

输入列数或［表达式（E）］〈默认值〉：（输入列数）

（3）基点（B）　指定源对象阵列的基点。后续提示：

指定基点或［关键点（K）］〈质心〉：

1）指定基点：在源对象上确定基点。

2）关键点（K）：对于关联阵列，在源对象上指定有效的约束（或关键点）以用做基点。如果编辑生成的阵列的源对象，则阵列的基点保持与源对象的关键点重合。

3）质心：默认值，以源对象的质量中心作为基点。

（4）角度（A）　指定行轴的旋转角度。行和列轴保持相互正交。对于关联阵列，可以后续编辑各个行和列的角度。

后续提示如下。

按 Enter 键接受或［关联（AS）/基点（B）/行数（R）/列数（C）/层级（L）/退出（X）］〈退出〉：（按〈Enter〉键接受或选择选项）

1）按〈Enter〉键接受阵列设置。

2）关联（AS）：指定是否在阵列中创建项目作为关联阵列对象，即作为独立对象。

选择"是"，阵列的对象作为一个整体，类似于块；选择"否"，创建的阵列对象作为独立对象。

3）行数（R）：编辑阵列中的行数和行间距，以及它们之间的增量标高。

4）列数（C）：编辑列数和列间距。

5）层级（L）：指定层数和层间距。

6）退出（X）：退出命令。

矩形阵列结果，如图 4-14 所示。

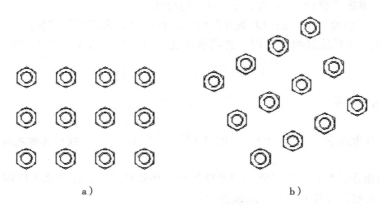

a）　　　　　　　　　　　　　　　b）

图 4-14　矩形阵列结果

a）正常阵列　b）指定行轴旋转 30°阵列

（二）环形阵列

1. 功能

将选定实体围绕中心点或旋转轴在环形中均匀分布复制对象。

2. 调用方式

1）键盘输入命令：Arraypolar↓。

2）下拉菜单：单击"修改"→"阵列"→"环形阵列"。

3）工具条：在"修改"工具条中的展开图标中单击"环形阵列"按钮。

4）功能区面板：在功能区的"常用"选项卡中的"修改"面板中，单击"阵列"展开面板的"环形阵列"按钮。

提示如下。

选择对象：（选择对象）

……

指定阵列的中心点或［基点（B）/旋转轴（A）］：（输入选项）

选项说明：

①指定阵列的中心点：指定阵列对象所围绕的中心点。旋转轴是当前 UCS 的 Z 轴。

②基点（B）：指定源对象阵列的基点。后续提示：

指定基点或［关键点（K）］〈质心〉：

a）指定基点：在源对象上确定基点。

b）关键点（K）：对于关联阵列，在源对象上指定有效的约束（或关键点）以用做基点。如果编辑生成阵列的源对象，则阵列的基点保持与源对象的关键点重合。

c）质心：默认值，以源对象的质量中心作为基点。

③旋转轴（A）：指定由两个指定点定义的自定义旋转轴。

指定旋转轴上的第一个点：

指定旋转轴上的第二个点：

后续提示：

输入项目数或［项目间角度（A）/表达式（E）］〈最后计数〉：（输入选项）

a）输入项目数：直接输入数值确定复制对象数量。也可以移动光标，在屏幕上预览显示，以确定复制对象数量。

b）表达式（E）及：使用数学公式或方程式确定复制对象数量。

c）项目间角度（A）：指定复制对象之间的角度。后续提示：

指定项目间的角度或［表达式（EX）］〈默认值〉：（输入选项）

直接指定复制对象之间的角度或用表达式定义。后续提示：

指定项目数或［填充角度（F）/表达式（E）］〈默认值〉：（输入选项）

直接指定复制对象数量、用表达式确定复制对象数量或

指定阵列中第一个和最后一个复制对象之间的角度。提示为：

指定项目数或［填充角度（F）/表达式（E）］〈4〉：f↓

指定填充角度（ + = 逆时针、 – = 顺时针）或［表达式（EX）］〈360〉：（输入填充角度或表达式选项）

后续提示：

按 Enter 键接受或［关联(AS)/基点(B)/项目(I)/项目间角度(A)/填充角度(F)/行(ROW)/层级(L)/旋转项目(ROT)/退出(X)］〈退出〉：按 Enter 键或选择选项

● 按 Enter 键：接受阵列设置。

● 关联（AS）：指定是否在阵列中创建项目作为关联阵列对象，即作为独立对象。选择"是"，阵列的对象作为一个整体，类似于块；选择"否"，创建的阵列对象作为独立对象。

● 行（ROW）：编辑阵列中的行数和行间距，以及它们之间的增量标高。

● 层级（L）级：指定阵列中的层数和层间距。

● 旋转项目（ROT）：控制阵列时复制对象是否旋转。

● 退出（X）：退出命令。

环形阵列结果，如图 4-15 所示。

（三）路径阵列

1. 功能

将选定实体沿路径或部分路径均匀分布复制对象。路径可以是直线、多段线、三维多段线、样条曲线、螺旋、圆弧、圆或椭圆。

2. 调用方式

1）键盘输入命令：Arraypath↓。

2）下拉菜单：单击"修改"→"阵列"→"路径阵列"。

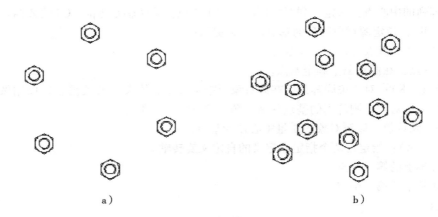

图 4-15　环形阵列结果

a）单行环形阵列　b）两行环形阵列

3）工具条：在"修改"工具条中的展开图标中，单击"路径阵列"按钮。

4）功能区面板：在功能区的"常用"选项卡中的"修改"面板中，单击"阵列"展开面板的"路径阵列"按钮。

提示如下。

选择对象：（选择对象）

选择路径曲线：（选择路径）

输入沿路径的项数或［方向（O）/表达式（E）］〈方向〉：（指定项目数或输入选项）

①方向（O）：确定阵列方向。后续提示如下。

指定基点或［关键点（K）］〈路径曲线的终点〉：（指定基点或输入选项）

指定与路径一致的方向或［两点（2P）/法线（N）］〈当前〉：（按 Enter 键或选择选项）

指定沿路径的项目间的距离或［定数等分（D）/全部（T）/表达式（E）］〈沿路径平均定数等分〉：（指定距离或输入选项）

②路径曲线：指定用于阵列路径的对象。选择直线、多段线、三维多段线、样条曲线、螺旋、圆弧、圆或椭圆。

③输入沿路径的项数：指定阵列中的项目数。

④方向：控制选定对象是否将相对于路径的起始方向重定向（旋转），然后再移动到路径的起点，如图 4-16 所示。

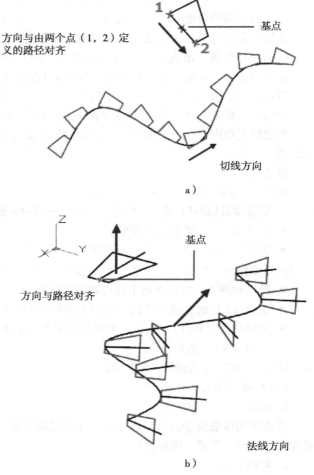

图 4-16　路径阵列方向

a）两点确定　b）法线确定

a）两点：指定两个点来定义与路径的起始方向一致的方向。

b）法线：对象对齐垂直于路径的起始方向。

⑤基点：指定阵列的基点。

⑥关键点：对于关联阵列，在源对象上指定有效的约束点（或关键点）以用做基点。如果编辑生成阵列的源对象，则阵列的基点保持与源对象的关键点重合。

⑦项目之间的距离：指定项目之间的距离。

⑧定数等分：沿整个路径长度平均定数等分项目。

⑨全部：指定第一个和最后一个项目之间的总距离。

后续提示如下。

按〈Enter〉键接受或［关联（AS）/基点（B）/项目（I）/行（R）/层（L）/对齐项目（A）/Z方向（Z）/退出（X）]〈退出〉：

a）关联（AS）：指定是否在阵列中创建项目作为关联阵列对象，即作为独立对象。选择"是"，阵列的对象作为一个整体，类似于块；选择"否"，创建的阵列对象作为独立对象。

b）项目（I）：编辑阵列中的项目数。

如果"方法"特性设置为"测量"，则会提示重新定义分布方法（项目之间的距离、定数等分和全部选项）。

c）行（R）：指定阵列中的行数和行间距，以及它们之间的增量标高。

d）层（L）：指定阵列中的层数和层间距。

e）对齐项目（A）：指定是否对齐每个复制的对象（项目），以与路径的方向相切。在提示："是否将阵列项目与路径对齐？［是（Y）/否（N）]〈是〉："中，选择"否"，与路径不对齐；选择"是"，与路径对齐，如图4-17所示。

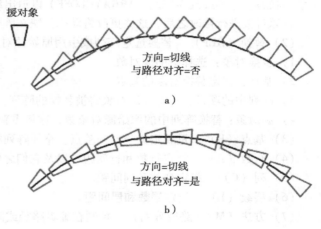

图4-17　复制对象的对齐设置

a）与路径不对齐　b）与路径对齐

f）Z方向：控制是否保持项目的原始Z方向或沿三维路径自然倾斜项目。

g）退出（X）：退出命令。

路径阵列结果，如图4-18所示。

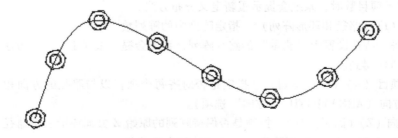

图4-18　路径阵列结果

二、编辑阵列命令

1. 功能

通过编辑阵列特性、应用项目替代、替换选定的项目或编辑源对象来修改关联阵列。

2. 调用方式

1）键盘输入命令：Arrayedit↓。

2）工具条：单击"修改 II"→"编辑阵列"。

3）功能区面板：在功能区的"常用"选项卡中的"修改"面板中，单击"编辑阵列"按钮。

提示：选择阵列（选择关联阵列）

阵列类型不同其提示也不同。

（1）矩形阵列提示　输入选项［源（S）/替换（REP）/基点（B）/行数（R）/列（C）/层级（L）/重置（RES）/退出（X）]〈退出〉：

（2）路径阵列提示　输入选项［源（S）/替换（REP）/方法（M）/基点（B）/项目（I）/行（R）/层（L）/对齐项目（A）/Z 方向（Z）/重置（RES）/退出（X）]〈退出〉。

（3）环形阵列提示　输入选项［源（S）/替换（REP）/基点（B）/项目（I）/项目间角度（A）/填充角度（F）/行（R）/层（L）/旋转项目（ROT）/重置（RES）/退出（X）]〈退出〉。

3. 各选项说明

（1）源（S）　激活编辑状态，在该状态下可以编辑选定阵列的源对象（或替换源对象）。

所有的修改（包括创建新的对象）将立即应用于参照相同源对象的所有阵列对象上。

在编辑状态处于活动状态时，"编辑阵列"上下文选项卡将显示在功能区上，而且自动保存处于禁用状态。保存或放弃修改（ARRAYCLOSE）以退出编辑状态。

在源对象进行修改之后，这些更改将动态反映在阵列块上。

（2）替换（REP）　替换选定阵列或引用原始源对象的所有阵列的源对象。

1）替换对象：选择新的源对象。

2）基点：指定替换对象的基点。

3）阵列中的项目：选择其源对象将被替换的阵列，然后继续提示输入其他阵列。

4）源对象：替换阵列中的原始源对象集，这将更新先前没有被替换的所有阵列。

（3）基点（B）　重新定义阵列的基点。路径阵列相对于新基点重新定位。

（4）行数（R）　指定行数和行间距，以及它们之间的增量标高。

（5）列（C）　指定列数和列间距。

（6）层级（L）　指定层数和层间距。

（7）方法（M）（路径阵列）　控制在编辑路径或阵列数时如何分布项目。

1）分割：分布项目以使其沿路径的长度平均定数等分。

2）测量：编辑路径时或当通过夹点或"特性"选项板编辑项目数时，保持当前间距。当使用 ARRAYEDIT 编辑项目数时，系统会提示重新定义分布方法。

（8）项目（I）（路径和环形阵列）　指定阵列中的阵列数。

对于"方法"特性设置为"测量"的路径阵列，系统会提示重新定义分布方法。相同的提示也可从 ARRAYPATH 得到。

（9）对齐项目（A）（路径阵列）　指定是否对齐每个项目以与路径的方向相切。对齐相对于第一个项目的方向（ARRAYPATH、"方向"选项）。

（10）Z 方向（Z）（路径阵列）　控制是否保持阵列的原始 Z 方向或沿三维路径自然倾斜阵列。

（11）项目间角度（A）（环形阵列）　指定阵列之间的角度。

（12）填充角度（F）（环形阵列）　指定阵列中第一个和最后一个对象间的角度。

（13）旋转项目（ROT）（环形阵列）　控制在排列阵列对象时是否旋转对象。

（14）重置（RES）　恢复删除的阵列对象并删除所有替代项。

（15）退出（X）　退出命令。

第五节 实体打断和实体点打断命令

一、实体打断命令

1. 功能

在两点之间打断选定对象。

2. 调用方式

1）键盘输入命令：Break↓。

2）下拉菜单：单击"修改"→"打断"。

3）工具条：在"修改"工具条中，单击"打断"按钮。

4）功能区面板：在功能区的"常用"选项卡中的"修改"面板中，单击"打断"按钮。

提示如下。

选择对象：

指定第二个打断点或［第一点（F）］：（输入选择项）

3. 选项说明

（1）指定第二个打断点 输入第二个断点，删除两断点之间的部分实体。该选项为默认选项。

（2）输入 F 表示要重新指定第一个断点。

（3）输入@ 用第一断点切开实体。

实体的断开与输入第一、第二断点的顺序有关，第二断点可以不在实体上。

二、实体点打断命令

1. 功能

在选择的实体对象上，以确定的点将该实体打断，分成两个实体对象。该命令是从"打断"命令派生出来的命令。

2. 调用方式

1）下拉菜单：单击"修改"→"打断于点"。

2）工具条：在"修改"工具条中，单击"打断于点"按钮。

3）功能区面板：在功能区的"常用"选项卡中的"修改"面板中，单击"打断于点"按钮。

提示如下。

选择对象：

指定第二个打断点 或［第一点（F）］：_f

指定第一个打断点：（确定打断点）

指定第二个打断点：@

将选择的实体对象打断为二个实体。

第六节 实体修剪和实体延伸命令

一、实体修剪命令

1. 功能

用选定实体作剪切边界修剪与其相交的实体，实现部分擦除，或将被剪的实体延伸到剪切边界。

2. 调用方式

1）键盘输入命令：Trim↓。

2）下拉菜单：单击"修改"→"修剪"。

3）工具条：在"修改"工具条中单击"修剪"按钮。

4）功能区面板：在功能区的"常用"选项卡中的"修改"面板中，单击"修剪或延伸"展开面板中的"修剪"按钮。

提示如下。

当前设置：投影=UCS，边=无

选择剪切边……

选择对象或〈全部选择〉：（选择对象）

可以用默认、窗交（C）、栏选（F）等方式选择对象，按〈Enter〉键全部选择。

……

找到 n 个（选择到 n 个对象）

选择对象或〈全部选择〉：↓（结束作为剪切边界实体的选择）

选择要修剪的对象，或按住 Shift 键选择要延伸的对象，或［栏选（F）/窗交（C）/投影（P）/边（E）/删除（R）/放弃（U）］：（输入各选择项）

……

选择要修剪的对象，或按住 Shift 键选择要延伸的对象，或［栏选（F）/窗交（C）/投影（P）/边（E）/删除（R）/放弃（U）］：↓（结束修剪）

3. 选项说明

（1）选择要修剪的对象　点取被切实体的被切部分，为默认选项。

（2）按住 Shift 键选择要延伸的对象　如果剪切边和被剪切边实体没有相交，按 Shift 键后，选择被剪切边实体，则将该实体延伸到剪切边。

（3）栏选（F）　用栏方式选择要修剪的对象边。

（4）窗交（C）　用交叉窗口选择方式选择要修剪的对象边。

（5）投影（P）　该选项用来确定修剪执行的空间。这时可以将空间两个对象投影到某一平面上执行修剪操作。后续提示：

输入投影选项［无（N）/Ucs（U）/视图（V）］〈Ucs〉：

1）无（N）：按三维方式修剪，该选项只对空间相交的实体有效。

2）UCS（U）：在当前用户坐标系（UCS）的 XOY 平面上修剪，此时可在 XOY 平面上按投影关系修剪在三维空间中没有相交的实体。

3）视图（V）：在当前视图平面上修剪。

（6）边（E）　该选项用来确定修剪方式。后续提示：

输入隐含边延伸模式［延伸（E）/不延伸（N）］〈不延伸〉：

1）延伸（E）：按延伸的方式剪切，如果剪切边短，没有与被剪切边相交，则系统将延长剪切边，然后再进行修剪。

2）不延伸（N）：按边的实际相交情况修剪，如果被剪切边与剪切边没有相交，则不剪切。

（7）删除（R）　选择要删除的对象，完成对象删除。

（8）放弃（U）　取消前一次操作，可连续向前返回，取消上一次操作。

二、实体延伸命令

1. 功能

延长选定的实体，使其准确到达边界实体（边界边）所限定的边界，或以边界实体为剪切边删除选定的延伸实体。

2. 调用方式

1）键盘输入命令：Extend↓。

2）下拉菜单：单击"修改"→"延伸"。

3）工具条：在"修改"工具条中单击"延伸"按钮。

4）功能区面板：在功能区的"常用"选项卡中的"修改"面板中，单击"修剪或延伸"展开面板中的"延伸"按钮。

提示如下。

当前设置：投影 = UCS，边 = 无

选择边界的边……

选择对象或〈全部选择〉：（选择对象）

可以用默认、窗交（C）、栏选（F）等方式选择对象，按〈Enter〉键全部选择。

……

找到 n 个（选择到 n 个对象）

选择对象或〈全部选择〉：↓（结束作为边界边实体的选择）

选择要延伸的对象，或按住 Shift 键选要修剪的对象，或〔栏选（F）/窗交（C）/投影（P）/边（E）/放弃（U）〕：（输入各选项）

……

选择要延伸的对象，或按住 Shift 键选要修剪的对象，或〔栏选（F）/窗交（C）/投影（P）/边（E）/放弃（U）〕：↓（结束延伸）

选择要修剪的对象，或按住 Shift 键选要延伸的对象，或〔栏选（F）/窗交（C）/投影（P）/边（E）/删除（R）/放弃（U）〕：

各选项的功能和操作基本与修剪命令相同。

第七节　实体旋转和对齐命令

一、实体旋转命令

1. 功能

将编辑目标绕指定的基点，按指定的角度及方向旋转。

2. 调用方式

1）键盘输入命令：Rotate↓。

2）下拉菜单：单击"修改"→"旋转"。

3）工具条：在"修改"工具条中单击"旋转"按钮。

4）功能区面板：在功能区的"常用"选项卡中的"修改"面板中单击"旋转"按钮。

提示如下。

UCS 当前的正角方向：　　ANGDIR = 逆时针　　ANGBASE = 0

选择对象：（选择要旋转的实体）

……

找到 n 个

选择对象：↓（结束对象选择）

指定基点：（确定旋转基点，可以是任意点，但一般选择一个特殊点）

指定旋转角度，或〔复制（C）/参照（R）〕〈当前值〉：（输入选项）

3. 选项说明

（1）指定旋转角度　直接输入角度值。该选项为默认选项。

（2）复制（C）　　选择该选项，将选择的对象复制后，按设定的旋转角度旋转。

（3）参照（R）　以参照方式（相对角度）确定旋转角度。后续提示：

指定参照角〈当前值〉：（输入一个参考角度）

指定新角度或［点（P）］〈0〉：（输入一个新的角度值，也可以用指定一点来确定指定新角度）

此时，输入的一个新角度值与参考角度值的差值就是旋转的角度值。

例　将图 4-19a 所示图形的右侧部分旋转 45°，结果为图 4-19b 所示。

操作过程如下：

1）调出 Rotate（旋转）命令。

2）在"选择对象:"提示下，用"窗交"选择要旋转的部分。

3）在"指定基点:"提示下，用捕捉工具捕捉交点为旋转基点。

4）在"选择对象:"提示下，直接按〈Enter〉键结束对象选择。

5）在"指定旋转角度，或［复制（C）/参照（R）］〈当前值〉:"提示下，输入角度 45 并按〈Enter〉键。

操作结果如图 4-19b 所示。

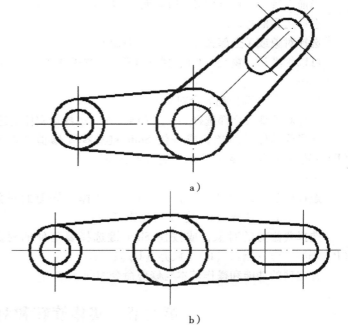

图 4-19　旋转图例

a）原始图形　b）旋转后的图形

二、实体对齐命令

1. 功能

通过移动、旋转或倾斜对象来使该对象与另一个对象对齐。

2. 调用方式

1）键盘输入命令：Align↓。

2）下拉菜单：单击"修改"→"三维操作"→"对齐"。

3）功能区面板：在功能区的"常用"选项卡中的"修改"面板中单击"对齐"按钮。

提示如下。

选择对象：（选择要对齐的对象）

指定第一个源点：

指定第一个目标点：

指定第二个源点：

指定第二个目标点：

指定第三个源点〈继续〉：↓

是否基于对齐点缩放对象？［是（Y）/否（N）］〈当前值〉：

对齐二维对象时，可以指定一对或两对对齐点（源点和目标点），在对齐三维对象时，则需要指定 3 对对齐点。

3. 举例

完成图 4-20 所示的对象的对齐操作。

调用 Align 命令。

提示如下。

选择对象：（通过 1、2 点所组成的窗口，选择

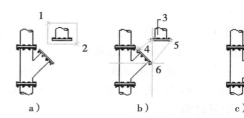

图 4-20　对齐操作

a）选定对象　b）选定源点和目标点　c）结果

对象）

指定第一个源点：（指定点 3）

指定第一个目标点：（指定点 4）

指定第二个源点：（指定点 5）

指定第二个目标点：（指定点 6）

指定第三个源点〈继续〉：↓

是否基于对齐点缩放对象？［是（Y）/否（N）］〈否〉：y↓

完成图形，如图 4-20c 所示。

第八节　实体等距线、光顺曲线和实体对象倒角命令

一、实体等距线（偏移）命令

1. 功能

对编辑对象进行偏移复制，绘出与原对象平行且相距一定距离的新图形，可创建同心圆、平行线和平行曲线。

2. 格式

1）键盘输入命令：Offset↓。

2）下拉菜单：单击"修改"→"偏移"。

3）工具条：在"修改"工具条中单击"偏移"按钮。

4）功能区面板：在功能区的"常用"选项卡中的"修改"面板中单击"偏移"按钮。

当前设置：删除源=否　图层=源　OFFSETGAPTYPE=0

提示如下。

指定偏移距离或［通过（T）/删除（E）/图层（L）］〈通过〉：（输入选择项）

3. 各选项说明

（1）指定偏移距离　当输入偏移距离后，提示：

选择要偏移的对象，或［退出（E）/放弃（U）］〈退出〉：（选择偏移对象）

指定要偏移的那一侧上的点，或［退出（E）/多个（M）/放弃（U）］〈退出〉：（输入选项）

1）当直接指定要偏移的一侧上的点时，在该侧复制一个对象。

2）当输入 E 时，退出偏移操作。

3）输入 M 时，可连续偏移复制多个对象。

4）输入 U 时，取消上一个偏移复制操作。

（2）通过（T）　当输入 T 后，提示：

选择要偏移的对象，或［退出（E）/放弃（U）］〈退出〉：（选择偏移对象）

指定通过点或［退出（E）/多个（M）/放弃（U）］〈退出〉：（输入选项）

可通过指定点单个或多个偏移复制对象。

（3）删除（E）　当输入 E 后，提示：

要在偏移后删除源对象吗？［是（Y）/否（N）］〈否〉：（输入选项，Y 是偏移后删除源对象；N 是偏移后保留源对象）

（4）图层（L）　当输入 L 后，提示：

输入偏移对象的图层选项［当前（C）/源（S）］〈当前〉：（输入选项，C 为偏移对象放置在当前图层；S 为偏移对象放置在源对象所在的图层上）

偏移命令可以在不退出命令时，进行多次偏移操作。

二、光顺曲线命令

1. 功能

在两条开放的线段的端点之间创建相切或平滑的样条曲线。

2. 调用方式

1）键盘输入命令：Blend↓。

2）下拉菜单：单击"修改"→"光顺曲线"。

3）工具条：在"修改"工具条中单击"光顺曲线"按钮。

4）功能区面板：在功能区的"常用"选项卡中的"修改"面板中，单击"倒角、圆角或光顺曲线"展开面板中的"光顺曲线"按钮。

提示如下。

选择第一个对象或［连续性（CON）］：（输入选项）

3. 选项说明

（1）选择第一个对象　当完成第一个对象选择后，后续提示：

选择第二个对象：（选择另一条直线或开放的曲线末端附近）

（2）连续性（CON）　确定曲线的过渡类型。后续提示：

输入连续性［相切（T）/平滑（S）］〈切线〉：

①相切（T）：创建一条 3 阶样条曲线，在选定对象的端点处具有相切（G1）连续性。

②平滑（S）：创建一条 5 阶样条曲线，在选定对象的端点处具有曲率（G2）连续性。

三、实体对象倒角命令

（一）实体对象倒直角命令

1. 功能

对选定的两条相交直线作倒直角，也可对多义线进行倒角。

2. 调用方式

1）键盘输入命令：Chamfer↓。

2）下拉菜单：单击"修改"→"倒角"。

3）工具条：在"修改"工具条中单击"倒角"按钮。

4）功能区面板：在功能区的"常用"选项卡中的"修改"面板中，单击"倒角、圆角或光顺曲线"展开面板中的"倒角"按钮。

（"修剪"模式）当前倒角距离 1 = 0.0000，距离 2 = 0.0000

提示如下。

选择第一条直线或［放弃（U）/多段线（P）/距离（D）/角度（A）/修剪（T）/方式（E）/多个（M）］：

选择第二条直线，或按住 Shift 键选择直线以应用角点或［距离（D）/角度（A）/方法（M）］：

3. 选项说明

（1）选择第一条直线　为默认选项，要求选择进行倒角的两条直线，这两条直线必须相邻，然后按当前倒角大小对这两条直线修倒角。

（2）多段线（P）　对多段线的各顶点（交角）修倒角。

（3）距离（D）　设定倒角距离尺寸。

（4）角度（A）　用第一条线的倒角距离和第二条线的角度设定倒角距离。

（5）方式（E）　选择倒角方式。后续提示：

输入修剪方法［距离（D）/角度（A）］〈当前值〉：（选择倒角的两种方式）。

（6）修剪（T）　选择剪切模式。后续提示：

输入修剪模式选项［修剪（T）/不修剪（N）］〈当前值〉：（输入 T 或 N 选择是否剪切）。

（7）多个（M）　可以对多个对象修倒角，而不需重新启动命令。

（8）放弃（U）　当选择"多个"选项为多组直线添加倒角时，使用 U 可以取消上一次倒角操作，直至完全取消倒角操作。

（9）按住〈Shift〉键并选择两条直线，可以快速创建零距离倒角。

（二）实体对象圆角命令

1. 功能

用指定的半径，对选定的两个相交实体或者对整条多义线进行光滑的圆弧连接。

2. 调用方式

1）键盘输入命令：Fillet↓。

2）下拉菜单：单击"修改"→"圆角"。

3）工具条：在"修改"工具条中单击"圆角"按钮。

4）功能区面板：在功能区的"常用"选项卡中的"修改"面板中，单击"倒角、圆角或光顺曲线"展开面板中的"圆角"按钮。

当前设置：模式＝修剪，半径＝0.0000

提示如下。

选择第一个对象或［放弃（U）/多段线（P）/半径（R）/修剪（T）/多个（M）］：（输入选项）

选项的功能与操作与对象倒角命令类似。

按住〈Shift〉键并选择两条直线，可以快速创建零半径倒圆角。

第九节　实体对象缩放、拉伸和拉长命令

一、实体对象缩放命令

1. 功能

将编辑目标按给定的基点和比例因子放大或缩小。

2. 调用方式

1）键盘输入命令：Scale↓。

2）下拉菜单：单击"修改"→"缩放"。

3）工具条：在"修改"工具条中，单击"缩放"按钮。

4）功能区面板：在功能区的"常用"选项卡中的"修改"面板中单击"缩放"按钮。

提示如下。

选择对象：（选择编辑目标）

……

选择对象：↓（结束对象选择）

指定基点：（选择比例缩放的基点，可以是任意点，但通常选择特殊点）

指定比例因子或［复制（C）/参照（R）]〈1.0000〉：（输入选项）

3. 选项说明

（1）指定比例因子　直接输入一个比例因子进行缩放操作，该选项为默认选项。

（2）参照（R）　参照方式，即采用参考长度的方法确定缩放比例。后续提示：

指定参照长度〈1.0000〉：（输入参考长度）↓

指定新的长度或［点（P）］〈1.0000〉：（输入一个新的长度值或指定一点）↓

此时系统以新长度与参考长度的比值作为比例因子，进行图形缩放。

（3）复制（C） 复制方式，当选择该项后，在缩放对象的同时保留源对象。

二、实体对象拉伸命令

1. 功能

将选择的实体进行拉伸或压缩移动。它可以部分移动图形，同时保持与图形未移动部分相连接，但与其相连的实体，将被拉伸或压缩。

2. 调用方式

1）键盘输入命令：Stretch↓。

2）下拉菜单：单击"修改"→"拉伸"。

3）工具条：在"修改"工具条中单击"拉伸"按钮。

4）功能区面板：在功能区的"常用"选项卡中的"修改"面板中单击"拉伸"按钮。

提示如下。

以窗交或交叉多边形选择要拉伸的对象……

选择对象：（选择编辑目标）

指定基点或［位移（D）］〈位移〉：（输入选项）

3. 选择说明

（1）指定基点 当直接指定一个基点后，提示：

指定第二个点或〈使用第一个点作为位移〉：（指定第二个点确定位移量，或直接按〈Enter〉键用第一个点的坐标作为位移量）

（2）位移（D） 当输入位移 D 后，提示：

指定位移〈坐标当前值〉：（以输入的一个坐标作为位移量）

三、实体对象拉长命令

1. 功能

改变选定对象的长度或圆弧的包含角。

2. 调用方式

1）键盘输入命令：Lengthen↓。

2）下拉菜单：单击"修改"→"拉长"。

3）功能区面板：在功能区的"常用"选项卡中的"修改"面板中单击"拉长"按钮。

提示如下。

选择对象或［增量（DE）/百分数（P）/全部（T）/动态（DY）］：（输入各选项）

3. 选项说明

（1）选择对象 用指点方式选择一实体，为默认选项。此时，系统将显示出选中对象的长度、包含角等信息。

（2）动态（DY） 动态拉伸，即通过光标拖动方式改变长度。后续提示：

选择要修改的对象或［放弃（U）］：（用指点方式选择要改变长度的直线或圆弧）

距拾取点较近的端点为改变点，移动光标该端点随之移动，而另一端点固定不动。提示：

指定新端点：（确定新的端点）

此时，移动光标到适当位置按下鼠标左键，该直线或圆弧变成新的长度。又出现同样的提示，可以继续选择实体，改变其长度，也可以输入 U，取消刚进行的改变长度的操作。

选择要修改的对象或［放弃（U）］：↓

（3）增量（DE） 增量方式修改长度，即通过输入一位移增量来改变直线或圆弧的长度。正值为增加值，负值为减少值。后续提示：

输入长度增量或［角度（A）］〈0.0000〉：（输入选项）

1）输入长度增量：直接输入直线或圆弧长度增加值。如果输入的值为正数，则在距拾取点较近的一端增加一该长度增加值；如果输入的值为负数，则缩短一该长度增加值。该选项为默认选项。

2）A（角度）：用圆心角的增量来改变一段圆弧的长度。后续提示：

输入角度增量〈0〉：（输入圆心角增量）

正值为增加值，负值为减少值。

选择要修改的对象或［放弃（U）］：

（4）百分数（P）　通过指定一实体的总长百分比值来改变实体的长度，新长度等于原长度与该百分比的乘积。后续提示：

输入长度百分数〈默认值〉：（输入百分比值）

选择要修改的对象或［放弃（U）］：（用指点方式选择编辑目标）

拾取直线或圆弧，改变其长度。也可输入U，取消该操作。

（5）全部（T）　通过输入一实体新的总长度值，来改变实体原来的总长度。后续提示：

指定总长度或［］〈默认值〉：（输入选项）

1）指定总长度：直接输入直线或圆弧总长度值。在距拾取点较近的一端增加或缩短一长度值，使实体改变为新的总长度值。该选项为默认选项。

选择要修改的对象或［放弃（U）］：（选择直线）

2）A（角度）：用总圆心角来改变一段圆弧的长度。后续提示：

指定总角度〈默认值〉：（输入总圆心角）

选择要修改的对象或［放弃（U）］：（选择圆弧）

在距拾取点较近的一端增加或缩短一长度值，使圆弧的圆心角变为所输入的圆心角值。

第十节　合并线段、实体对象分解、取消、多重取消及重作命令

一、合并线段命令

1. 功能

合并线性和弯曲对象的端点，以便创建单个对象。

2. 调用方式

1）键盘输入命令：Join↓。

2）下拉菜单：单击"修改"→"合并"。

3）工具条：在"修改"工具条中，单击"合并"按钮。

根据提示选择要合并的源对象和要合并的对象，即可完成对象的合并。

二、实体对象分解命令

1. 功能

将复合对象分解为其组成对象，如把块、多义线、多边形或尺寸标注等分解为组成的各实体。

2. 调用方式

1）键盘输入命令：Explode↓。

2）下拉菜单：单击"修改"→"分解"。

3）工具条：在"修改"工具条中单击"分解"按钮。

4）功能区面板：在功能区的"常用"选项卡中的"修改"面板中单击"分解"按钮。

提示如下。

选择对象：（选择编辑目标）

选择要分解的复合实体并确认，即完成实体分解操作。

三、取消命令

1. 功能

取消上一次命令并显示取消的命令名。可重复使用，依次向前取消已完成的命令操作。

2. 调用方式

1）键盘输入命令：U↓。

2）下拉菜单：单击"编辑"→"放弃"。

3）工具条：在"标准"工具条中单击"放弃"按钮或在"快速访问工具栏"上单击"放弃"按钮。

4）快捷菜单：在光标处于非工作状态下，在绘图区域单击鼠标右键，在弹出的快捷菜单中选择"放弃"选项。

5）组合键："Ctrl + Z"。

四、多重取消命令

1. 功能

一次取消 n 个已完成的命令操作。

2. 调用方式

键盘输入命令：Undo↓。

提示如下。

输入要放弃的操作数目或［自动（A）/控制（C）/开始（BE）/结束（E）/标记（M）/后退（B）］〈1〉：（输入选项）

3. 选项说明

（1）输入要放弃的操作数目　直接输入数字 n，取消已完成的 n 条命令操作。该选项为默认选项。

（2）标记（M）　该选项与 B 选项结合使用，可以在命令的输入过程中设置标记，然后用 B 选项来取消所设的上一个标记后的全部命令。

（3）后退（B）　向上消除命令操作至 M 标记处，并清除标记。

（4）自动（A）　可设置是否将一次菜单选择操作作为一个命令。

（5）控制（C）　该选项可关闭 Undo 命令或将其限制为只能取消一个步骤或一个命令。

（6）开始（BE）、结束（E）　这两个选项结合使用，可将多个命令设置为一个命令组，Undo 将这个命令组作为一个命令来处理。用 BE 选项标记命令组开始，用 E 选项标记命令组结束。

五、重作命令

1. 功能

在 U 或 Undo 命令操作后，紧接着使用该命令，可使 U 或 Undo 命令操作失效。

2. 调用方式

1）键盘输入命令：Redo↓。

2）下拉菜单：单击"编辑"→"重作"。

3）工具条：在"标准"工具条中单击"重作"按钮或在"快速访问工具栏"上单击"重作"按钮。

4）快捷菜单：在光标处于非工作状态下，在绘图区域单击鼠标右键，在弹出的快捷菜单中选择"重作"选项。

5）组合键："Ctrl + Y"。

第十一节　编辑多线、编辑多段线和编辑样条曲线命令

一、编辑多线命令

1. 功能

编辑多线交点、打断点和顶点。

2. 调用方式

1）键盘输入命令 Mledit↓。

2）下拉菜单：单击"修改"→"对象"→"多线"。

此时，弹出"多线编辑工具"对话框，如图 4-21 所示。单击对话框中的某一图标，根据提示选择要编辑的多线目标，就可以把编辑目标编辑成图标所示的形状。

二、编辑多段线命令

1. 功能

对多段线实体进行编辑修改。

2. 调用方式

1）键盘输入命令：Pedit↓。

2）下拉菜单：单击"修改"→"对象"→"多段线"。

3）工具条：在"修改 II"工具条中单击"编辑多段线"按钮。

4）功能区面板：在功能区的"常用"选项卡中的"修改"面板中单击"编辑多段线"按钮。

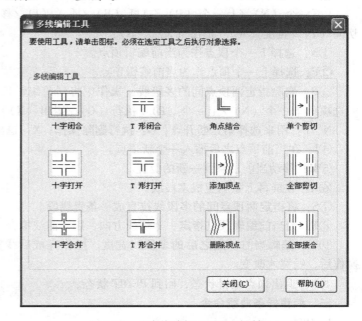

图 4-21　"多线编辑工具"对话框

5）快捷菜单：在绘图区域中选择要编辑的多段线，并单击鼠标右键，在弹出的快捷菜单中选择"编辑多段线"。

提示：选择多段线或［多条（M）］：（选择多义线、直线或圆弧，或者输入 M）

当输入 M 选项时，可同时选择多条多义线、直线或圆弧进行编辑。此时，出现提示：

选择对象：（选择多义线、直线或圆弧）

如果选择的对象不是多段线时，后续提示：

是否将其转换成多段线？〈Y〉：（输入 Y 或 N 选择是否将所选实体变为多段线）

输入选项［闭合（C）/合并（J）/宽度（W）/编辑顶点（E）/拟合（F）/样条曲线（S）/非曲线化（D）/线型生成（L）/放弃（U）］：

如果选择的多义线是闭合的，那么"打开（O）"将代替"闭合（C）"选项出现在提示中。如果选择的不是多义线，则出现提示：

是否将其转换为多段线？（Y）。

3. 各选项说明

1）C：闭合一条开式多段线。

2）O：打开一条闭合的多段线。

3）J：将多个相连的线段、圆弧和多段线转换并连接到当前多段线上。

4）W：设置整条多段线的宽度。

5）F：将当前编辑的折线多段线进行双圆弧曲线拟合。

6）S：用样条曲线拟合多段线。

7）D：将用 F 或 S 产生的多段线恢复成原来的多段线。一条带有圆弧的多段线拟合后，原圆弧已经修改，采用此项操作，无法还原成原来的多段线。可用 Undo 选项恢复成原来的多段线。

8）L：控制多义线各顶点处的画线方式。

9）U（Undo）：依次取消上一次多段线编辑操作。

10）E：编辑多段线中的顶点。AuoCAD 系统自动在"×"符号标记出当前编辑的顶点。

输入顶点编辑选项

［下一个（N）/上一个（P）/打断（B）/插入（I）/移动（M）/重生成（R）/拉直（S）/切向（T）/宽度（W）/退出（X）］〈N〉：

①N：选择下一个顶点作为当前编辑顶点。

②P：选择上一个顶点作为当前编辑顶点。

③B：删除指定两顶点间的多段线，操作中将当前编辑顶点作为第一断开点，并出现提示：输入选项［下一个（N）/上一个（P）/执行（G）/退出（X）］〈N〉：

N、P：用来选择第二断开点；G：执行删除操作；X：退出删除操作。

④I：在当前顶点之后插入一个新顶点。

⑤M：移动当前顶点到一新的位置。

⑥R：在屏幕上重新生成多段线。

⑦S：将指定两顶点间的多段线拉直成一条直线段。

⑧T：为当前编辑顶点指定一个切线方向，用于曲线拟合。

⑨W：编辑当前顶点之后的多段线宽度。操作完成后线宽并不立即改变，只有使用"Regen"操作后，线宽才改变。

⑩X：退出顶点编辑状态，回到 PEDIT 状态。

三、编辑样条曲线命令

1. 功能

对样条曲线实体对象进行编辑修改。

2. 调用方式

1）键盘输入命令：Splinedit↓。

2）下拉菜单：单击"修改"→"对象"→"样条曲线"。

3）工具条：在"修改 II"工具条中单击"编辑样条曲线"按钮。

4）功能区面板：在功能区的"常用"选项卡中的"修改"面板中单击"编辑样条曲线"按钮。

5）快捷菜单：在绘图区域中选择要编辑的样条曲线，并单击鼠标右键，在弹出的快捷菜单中选择"编辑样条曲线"。

提示如下。

选择样条曲线：（选择样条曲线）

当样条曲线是打开时，提示：

输入选项［闭合（C）/合并（J）/拟合数据（F）/编辑顶点（E）/转换为多段线（P）/反转（R）/放弃（U）/退出（X）］〈退出〉：

当样条曲线是闭合时，提示：

输入选项［打开（O）/拟合数据（F）/编辑顶点（E）/转换为多段线（P）/反转（R）/放弃（U）/退出（X）]〈退出〉:

3. 选项说明

（1）闭合（C）/打开（O）

1）闭合（C）：通过定义与第一个点重合的最后一个点，闭合开放的样条曲线。

2）打开（O）：通过删除最初创建样条曲线时指定的第一个和最后一个点之间的最终曲线段可打开闭合的样条曲线。

（2）合并（J）　将选定的样条曲线与其他样条曲线、直线、多段线和圆弧在重合端点处合并，以形成一个较大的样条曲线。

（3）拟合数据（F）　选择该项后，后续提示：

输入拟合数据选项［添加（A）/闭合（C）删除（D）/扭折（K）/移动（M）/清理（P）/切线（T）/公差（L）/退出（X）]〈退出〉:

1）添加（A）：将拟合点添加到样条曲线。选择一个拟合点后，指定以下一个拟合点（将自动亮显）方向添加到样条曲线的新拟合点。

如果在开放的样条曲线上选择了最后一个拟合点，则新拟合点将添加到样条曲线的端点。

如果在开放的样条曲线上选择第一个拟合点，则可以选择将新拟合点添加到第一个点之前或之后。

2）闭合（C）/打开（O）。

闭合（C）：通过定义与第一个点重合的最后一个点，闭合开放的样条曲线。默认情况下，闭合的样条曲线是周期性的，沿整个曲线保持曲率连续性（C2）。

打开（O）：通过删除最初创建样条曲线时指定的第一个和最后一个点之间的最终曲线段可打开闭合的样条曲线。

3）删除（D）：从样条曲线删除选定的拟合点。

4）扭折（K）：在样条曲线上的指定位置添加节点和拟合点，这不会保持在该点的相切或曲率连续性。

5）移动（M）：将拟合点移动到新位置。

新位置：将选定拟合点移到指定位置。

下一个：选择下一个拟合点。

上一个：选择上一个拟合点。

选择点：选择样条曲线上的任何拟合点。

6）清理（P）：使用控制点替换样条曲线的拟合数据。

7）切线（T）：更改样条曲线的开始和结束切线。指定点以建立切线方向，可以使用对象捕捉，如垂直或平行。

如果样条曲线闭合，则提示变为：

"指定切向或［系统默认值（S）]"。

8）公差（L）：使用新的公差值将样条曲线重新拟合至现有的拟合点。

9）退出（X）：返回到前一个提示。

（4）编辑顶点（E）　选择该项后，后续提示：

输入顶点编辑选项［添加（A）/删除（D）/提高阶数（E）/移动（M）/权值（W）/退出（X）]〈退出〉:

1）添加（A）：在位于两个现有的控制点之间的指定点处添加一个新控制点。

2）删除（D）：删除选定的控制点。

3）提高阶数（E）：增大样条曲线的多项式阶数（阶数加 1）。这将增加整个样条曲线的控制点的数量，最大值为 26。

4）移动（M）：重新定位选定的控制点，包括新位置、下一个、上一个和选择点。

5）权值（W）：更改指定控制点的权值，包括新权值（根据指定控制点的新权值重新计算样条曲线，权值越大，样条曲线越接近控制点）、下一个、上一个和选择点。

6）退出（X）：返回到前一个提示。

（5）转换为多段线（P）　将样条曲线转换为多段线。

（6）反转（R）　反转样条曲线的方向。

（7）放弃（U）　取消上一操作。

（8）退出（X）　结束命令操作，返回到命令提示。

第十二节　利用剪贴板功能实现图形编辑操作

利用 Windows 的剪切、复制和粘贴功能，可方便地将实体对象放到剪贴板上，进行图形的编辑操作，即可实现同一文件以及不同文件之间的图形移动或复制。

常用的命令调用方法：

1. 通过"标准"工具条

在"标准"工具条上单击相应的按钮，完成命令输入，如图 4-22 所示。

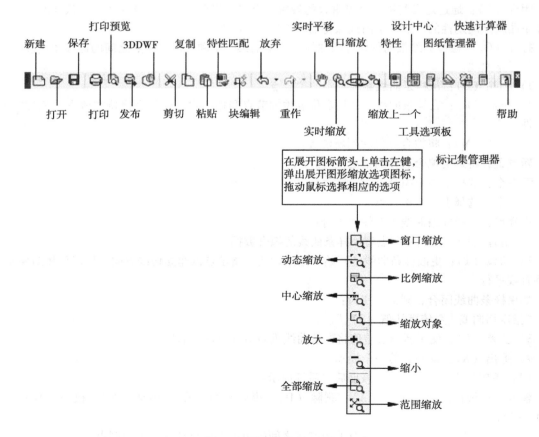

图 4-22　"标准"工具条

2. 功能区面板

单击功能区的"常用"选项卡中的"剪贴板"面板中的按钮可完成相应命令的输入，如图4-23所示。

3. 下拉菜单

在下拉菜单项中单击"编辑"选项，在弹出的下拉菜单中单击各选项可完成命令的输入，如图4-24所示。

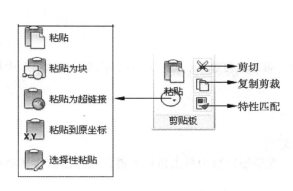

图 4-23 "剪贴板"面板

图 4-24 "编辑"下拉菜单

4. 键盘输入

通过键盘输入相应的命令，完成命令的输入。

一、剪切命令

1. 功能

将选中的图形移到剪切板上，供粘贴用，原来的图形消失。

2. 调用方式

1）键盘输入命令：Cutclip↓。

2）下拉菜单：单击"编辑"→"剪切"。

3）工具条：在"标准"工具条中单击"剪切"按钮。

4）功能区面板：在功能区的"常用"选项卡中的"剪贴板"面板中单击"剪切"按钮。

5）快捷菜单：当系统处于非工作状态时，在绘图区域中单击鼠标右键，在弹出的快捷菜单中选择"剪切"选项。

6）组合键："Ctrl + X"。

提示如下。

选择对象：（选择编辑目标）

……

选择对象：↓按〈Enter〉键确认，完成剪切操作，原图形消失。

二、复制命令

1. 功能

将选中的图形复制到剪切板上，供粘贴用，原来的图形保持不变。

2. 调用方式

1）键盘输入命令：Copyclip↓。

2）下拉菜单：单击"编辑"→"复制"。

3）工具条：在"标准"工具条中单击"复制"按钮。

4）功能区面板：在功能区的"常用"选项卡中的"剪贴板"面板中单击"复制剪裁"按钮。

5）快捷菜单：当系统处于非工作状态时，在绘图区域中单击鼠标右键，在弹出的快捷菜单中选择"复制"选项。

6）组合键："Ctrl + C"。

提示如下。

选择对象：（选择编辑目标）

……

选择对象：↓将选择对象复制到剪贴板上。

三、带基点复制

1. 功能

将指定的图形和基点一块复制到剪贴板上。带基点复制后，当在同一图形或在其他图形中粘贴时，可以精确地确定它的位置。

2. 调用方式

1）键盘输入命令：Copybase↓。

2）下拉菜单：单击"编辑"→"带基点复制"。

3）快捷菜单：当系统处于非工作状态时，在绘图区域中单击鼠标右键，在弹出的快捷菜单中选择"带基点复制"选项。

4）组合键："Ctrl + Shift + C"。

提示如下。

指定基点：（确定基点）

选择对象：（选择编辑目标）

……

选择对象：↓将选择的带基点的对象复制到剪贴板上。

四、链接复制

1. 功能

复制当前视图到剪贴板上，以便链接到其他应用程序上。

2. 调用方式

1）键盘输入命令：Copylink↓。

2）下拉菜单：单击"编辑"→"复制链接"。

五、粘贴命令

1. 功能

将剪切板上的图形粘贴到图形文件中。

2. 调用方式

1）键盘输入命令：Pasteclip↓。

2）下拉菜单：单击"编辑"→"粘贴"。

3）工具条：在"标准"工具条中单击"粘贴"按钮。

4）功能区面板：在功能区的"常用"选项卡中的"剪贴板"面板中单击"粘贴"按钮。

5）快捷菜单：当系统处于非工作状态时，在绘图区域中单击鼠标右键，在弹出的快捷菜单中选择"粘贴"选项。

6）组合键："Ctrl + V"。

输入粘贴命令后，剪切板上的图形就"挂"在光标上，并随之移动，此时提示为：

指定插入点：（选择图形插入基点）

六、粘贴为块

1. 功能

将剪切板上的图形以块的形式粘贴到图形文件中。

2. 调用方式

1）键盘输入命令：Pasteblock↓。

2）下拉菜单：单击"编辑"→"粘贴为块"。

3）功能区面板：在功能区的"常用"选项卡中的"剪贴板"面板中单击"粘贴为块"按钮。

4）快捷菜单：当系统处于非工作状态时，在绘图区域中单击鼠标右键，在弹出的快捷菜单中选择"粘贴为块"选项。

5）组合键："Ctrl + Shift + V"。

输入粘贴命令后，剪切板上的图形就"挂"在光标上，并随之移动，此时提示为：

指定插入点：（选择图形插入基点）

选择插入基点后，完成粘贴，该图形为一个块的形式。

七、粘贴为超级链接（Pasteashyperlink）

1. 功能

向选定的对象粘贴超级链接。

2. 调用方式

1）键盘输入命令：Pasteashyperlink↓。

2）下拉菜单：单击"编辑"→"粘贴为超链接"。

3）功能区面板：在功能区的"常用"选项卡中的"剪贴板"面板中单击"粘贴为超链接"按钮。

选择对象：（选择编辑目标）

……

选择对象：↓将选择的对象粘贴为超链接。

八、在新建图形文件中粘贴（Pasteorig）

1. 功能

在新建图形文件中粘贴剪贴板上的图形，且粘贴后的图形的位置与该图形在原图形文件的位置相同。

2. 调用方式

1）键盘输入命令：Pasteorig↓。

2）下拉菜单：单击"编辑"→"粘贴到原坐标"。

3）功能区面板：在功能区的"常用"选项卡中的"剪贴板"面板中单击"粘贴到原坐标"按钮。

4）快捷菜单：当系统处于非工作状态时，在绘图区域中单击鼠标右键，在弹出的快捷菜单中选择"粘贴到原坐标"选项。

只能在另一图形中使用该命令。

九、选择性粘贴

1. 功能

在图形文件中插入剪贴板上的对象，并控制对象的数据格式。

2. 调用方式

1）键盘输入命令：Pastespec↓。

2）下拉菜单：单击"编辑"→"选择性粘贴"。

3）功能区面板：在功能区的"常用"选项卡中的"剪贴板"面板中单击"选择性粘贴"按钮。

此时，弹出"选择性粘贴"对话框，如图4-25所示。通过该对话框确定将剪贴板上的内容以何种格式（粘贴或粘贴链接）插入后，单击"确定"按钮，AutoCAD按确定的格式插入对象。

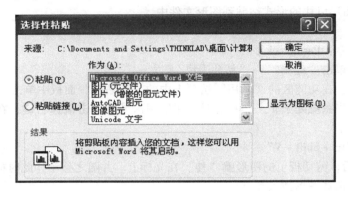

图 4-25　"选择性粘贴"对话框

第十三节　使用夹点编辑图形

在提示符"命令"状态下，直接使用默认的"自动（AU）"选择模式选择图形中的实体对象，被选中实体的角点、顶点、中点、圆心等特征点将自动显示蓝色小方框标记。这些小方框被称为夹点（Grips），如图4-26所示。

一、夹点的显示

默认状态下，夹点始终是打开的。可以通过"选项"对话框的"选择"选项卡，设置夹点的显示和大小。不同的对象用来控制其特征的夹点的位置和数量也不相同。在Auto-CAD系统中，常见实体对象的夹点特征，见表4-1。

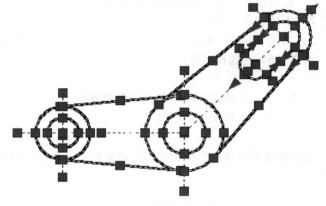

图 4-26　对象夹点的显示

表 4-1　AutoCAD 系统常见实体对象的夹点特征

序号	对 象 类 型	夹 点 特 征
1	直线	两个端点和中点
2	多段线	直线段的两端点、圆弧段的中点和两端点
3	构造线	控制点和线上的邻近两点
4	射线	起点和射线上的一个点
5	多线	控制线上的两个端点
6	圆弧	两个端点和中点
7	圆	4个象限点和圆心
8	椭圆	4个顶点和中心点

（续）

序号	对 象 类 型	夹 点 特 征
9	椭圆弧	端点、中点和中心点
10	区域填充	各个顶点
11	文字	插入点和第 2 个对齐点（假如存在）
12	段落文字	各顶点
13	属性	插入点
14	形	插入点
15	三维网格	网格上的各个顶点
16	三维面	周边顶点
17	线性标注、对齐标注	尺寸线和尺寸界线的端点，尺寸文字的中心点
18	角度标注	尺寸线端点和指定尺寸标注弧的端点，尺寸文字的中心点
19	半径标注、直径标注	半径或直径标注的端点，尺寸文字的中心点
20	坐标标注	被标注点，指定的引出线端点和尺寸文字的中心点

二、使用夹点编辑对象

当实体建立夹点后，提示行处于"命令:"状态，等待输入命令，此时由所执行的命令决定夹点是否存在。

当光标移到夹点上时，光标处于夹点上（默认颜色为绿色），此时单击它，夹点就会变成实心方块（默认颜色为红色），表示此夹点被激活。当按下〈Shift〉键再单击夹点，可同时激活多个夹点。被激活的夹点称为热夹点（hot grip）。在热夹点状态下，才能进行编辑操作，命令行提示：

＊＊拉伸＊＊

指定拉伸点或［基点（B）/复制（C）/放弃（U）/退出（X）]：

此时，进入夹点编辑的第一种"拉伸"模式。按〈Enter〉键或空格键，可以循环切换命令编辑模式，即拉伸（S）→移动（M）→旋转（R）→缩放（L）→镜像（I）→拉伸（S）。

若单击鼠标右键，则弹出一快捷菜单，如图 4-27 所示。在该实体夹点快捷菜单中，可选择相应的选项完成对实体对象的拉伸、移动、旋转、缩放、镜像等操作。

选择对象，显示其夹点，然后单击其中一个夹点作为拉伸基点，命令行提示：

1. 拉伸对象

＊＊拉伸＊＊

指 定 拉 伸 点 或［基 点（B）/复 制（C）/放 弃（U）/退 出（X）]：

各选项说明：

（1）指定拉伸点　为默认选项，当指定拉伸点（可以通过输入点的坐标或者直接用鼠标光标拾取点）后，系统将把对象拉伸或移动到新的位置。某些夹点，移动时只能移动对象而不能拉伸对象，如文字、块直线中点、圆心、椭圆中心和点对象上的夹点等。

（2）基点（B）　当输入该项后，用于重新确定拉伸基点。

（3）复制（C）　当输入该项后，用于确定一系列拉伸点，以实现多次拉伸。

（4）放弃（U）　当输入该项后，用于取消上一次操作。

（5）退出（X）　当输入该项后，用于退出当前的操作。

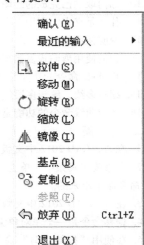

图 4-27　夹点编辑快捷菜单

2. 移动对象

移动

指定移动点或［基点（B）/复制（C）/放弃（U）/退出（X）］：

各选项与拉伸对象时的选择基本相同。

通过输入点的坐标或拾取点的方式来确定平移对象的目的点后，即可以基点为平移的起点，以目的点为终点将所选对象平移到新位置。

3. 旋转对象

旋转

指定旋转角度或［基点（B）/复制（C）/放弃（U）/参照（R）/退出（X）］：

4. 比例缩放

比例缩放

指定比例因子或［基点（B）/复制（C）/放弃（U）/参照（R）/退出（X）］：

5. 镜像

镜像

指定第二点或［基点（B）/复制（C）/放弃（U）/退出（X）］：

思 考 题

一、问答题

1. 选择实体的方式有哪些？

2. 试比较 Copy 命令与 Move 命令的异同点。

3. Trim 命令和 Extend 命令有什么区别？

4. Erase 命令与 Break 命令和 Trim 命令有哪些相同及不同之处？

5. Lengthen 命令与 Extend 命令有何异同？

6. 在编辑图形时，欲删除 Pline 实体的某一线段，然而却把整条线段删去了，如何才能删去想要删去的线段？

7. 请举例说明 Stretch 命令的使用情况。

8. Fillet 命令与 Chamfer 命令有什么用途？当 Fillet 命令的半径为 0 时，使用该命令的结果如何？

9. 阵列命令有哪几种形式，如何应用？

10. 如何取消已完成的绘图及编辑命令？

11. 什么是夹点？利用夹点功能可以进行哪些操作？

12. 说明使用 Ddselect 命令和 Filiter 命令选择实体时的异同点。

13. 如何使用剪贴板复制图形？

14. Explode 命令的功能是什么？

15. 编辑多线、编辑多段线和编辑样条曲线命令如何使用？

16. 光顺曲线命令的功能是什么？

二、填空题

1. 在 AutoCAD 2012 中文版中，使用＿＿＿＿＿＿命令可以通过过滤法创建选择集。

2. 在修改工具条中，单击＿＿＿＿＿＿按钮，可以将实体对象在一点处断开成两个实体，该命令是从"打断"命令派生出来的。

3. 在 AutoCAD 2012 中文版中，可使用系统变量＿＿＿＿＿＿控制文字对象的镜像方向。

4. 偏移命令是一个单对象编辑命令，在使用过程中，只能以＿＿＿＿＿＿方式选择对象。

5. 在使用"拉伸（S）"命令时，用＿＿＿＿＿＿方式选择对象。

6. 在一组同心圆绘制时，当一个圆画好后，可使用＿＿＿＿＿＿编辑命令来完成其余圆的绘制。

第五章 绘图工具和绘图环境设置

利用 AutoCAD 提供的绘图工具和绘图环境设置命令，可以迅速、准确地绘制出各种图形。

第一节 用户坐标系

用户坐标系是根据需要将符合右手定则的空间 3 个互相垂直的 X、Y、Z 轴，设置在世界坐标系中的任意点上，并且还可以旋转及倾斜其坐标轴。在绘图时，可以通过设置用户坐标系，方便地确定坐标及方向。

通常在屏幕的作图界面上有一个坐标系图标，如图 5-1 所示。该图标不仅可以显示 X、Y、Z 轴的方向，还表示一些信息。

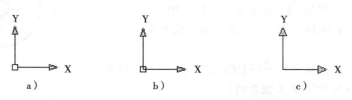

图 5-1　坐标系图标
a）在坐标原点显示的 WCS 坐标系
b）不在坐标原点显示的 WCS 坐标系　c）用户坐标系

下面仅介绍通过命令设置用户坐标系的部分内容，在三维作图内容中将详细介绍用户坐标系的设置及使用。

1. 功能

定义用户坐标系。

2. 调用方式

1）键盘输入命令：UCS↓。

2）下拉菜单：单击"工具"→"新建 UCS"→"级联菜单"。

3）工具条：在"UCS"工具条中单击相应的按钮。

4）功能区面板：在"草图与注释"工作空间中，在功能区的"视图"选项卡中的"坐标"面板中单击"UCS"或相应的按钮。

在三维工作空间中，在功能区的"常用"选项卡中的"坐标"面板中单击"UCS"或相应的按钮。

5）快捷菜单：在 UCS 图标上单击鼠标右键，在弹出的快捷菜单中选择相应的选项。

当用键盘输入调用 UCS 命令时，提示：

指定 UCS 的原点或［面（F）/命名（NA）/对象（OB）/上一个（P）/视图（V）/世界（W）/X/Y/ Z/Z 轴（ZA）]〈世界〉：（输入选项）

3. 有关选项说明

（1）指定 UCS 的原点　可以使用一点、两点或三点定义一个新的 UCS。

如果指定单个点，则重新定义 UCS 的原点，而 X、Y 和 Z 轴的方向不变。

如果指定第二个点，则 UCS 旋转以将正 X 轴通过该点，即确定 X 轴上一点。

如果指定第三个点，则 UCS 绕新的 X 轴旋转来定义正 Y 轴，即确定正 XY 平面上的一点。

（2）X、Y、Z　绕指定轴旋转当前 UCS。旋转方向符合右手定则，即右手拇指指向为轴的正向，卷曲四指所指的方向即绕轴的正旋转方向。

可以通过指定原点和一个（或多个）绕 X、Y 或 Z 轴的旋转来定义 UCS。

4. 举例　使用用户坐标绘制图 5-2 所示的图形。

（1）设置用户坐标系　用命令方式调用。

命令：UCS↓

指定 UCS 的原点或［面（F）/命名（NA）/对象（OB）/上一个（P）/视图（V）/世界（W）/X/Y/ Z/Z 轴（ZA）］〈世界〉：（直接用光标在屏幕的合适位置选择一点）

指定 X 轴上的点或〈接受〉：（@ 671.0218〈45〉（在动态输入角度文本框中输入45）

指定 XY 平面上的点或〈接受〉：（移动光标指定正 Y 轴方向）

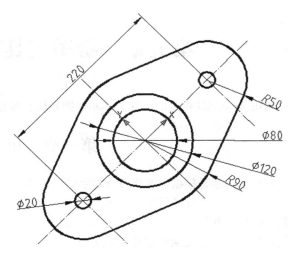

图 5-2　几何图形

（2）绘制辅助线　用构造线绘制作图辅助线。过程如下：

在绘图工具条中单击"构造线"按钮。

提示如下。

指定点或［水平（H）/垂直（V）/角度（A）/二等分（B）/偏移（O）］：H↓

指定通过点：0，0↓

指定通过点：↓

命令：↓

提示如下。

指定点或［水平（H）/垂直（V）/角度（A）/二等分（B）/偏移（O）］：V↓

指定通过点：0，0↓

指定通过点：110，0↓

指定通过点：−110，0↓

指定通过点：↓

命令：↓

完成辅助线绘制，如图 5-3a 所示。

（3）绘制圆　绘制各种直径和位置的圆。

1）绘制圆心为（0，0），直径分别为 $\phi80$、$\phi120$、半径为 $R90$ 的圆。

2）绘制圆心为（110，0），直径为 $\phi20$、半径为 $R50$ 的圆。

3）绘制圆心为（−110，0），直径为 $\phi20$、半径为 $R50$ 的圆。可采用夹点编辑的方法，在点（−110，0）处复制或镜像在2）中绘制的两个圆。

（4）绘制切线　用捕捉工具绘制切线。

在"绘图"工具条中单击"直线"按钮。

提示如下。

指定第一点：在捕捉工具条中单击"捕捉到切点"按钮

_tan 到 用光标选择相切圆

指定下一点或［放弃（U）］：在捕捉工具条中，单击"捕捉到切点"按钮

_tan 到 用光标选择相切圆

指定下一点或 ［放弃（U）］：↓

命令：

可采用夹点编辑的镜像命令完成另外 3 条直线（切线）的绘制。

完成没有编辑的图形，如图 5-3b 所示。

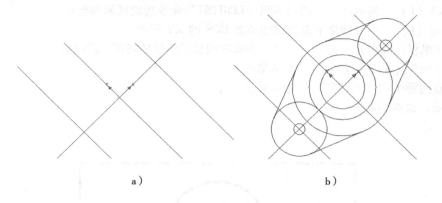

a）   b）

图 5-3　作图过程图形

a）作图辅助线　b）未编辑的图形

（5）修改完成图形　修改图形，完成作图，如图 5-2 所示。

第二节　栅格显示、捕捉及正交

一、栅格显示

1. 功能

控制是否在屏幕上显示栅格点，以便直观地显示距离和位置。栅格显示就像在绘图区铺了一张坐标纸，使绘图更加准确、方便。

2. 调用方式

1）键盘输入命令：Grid↓。

2）"草图设置"对话框：在"草图设置"对话框的"捕捉和栅格"选项卡中完成"栅格"设置。

3）状态行：在状态行上单击"栅格显示"按钮（再单击该按钮可完成切换）。

使用命令时提示：

提示：指定栅格间距（X）或 ［开（ON）/关（OFF）/捕捉（S）/主（M）/自适应（D）/界限（L）/跟随（F）/纵横向间距（A）］〈当前值〉：（输入选项）

3. 选项说明

（1）指定栅格间距（X）　当直接指定一数值时，确定栅格的纵、横向间距相等，为默认选项；当输入数值 X 时，用当前捕捉栅格间距与指定倍数之积作为栅格的间距，此时输入的数值后带有"X"。

（2）ON（开）　打开栅格在屏幕上的显示。

（3）OFF（关）　关闭栅格，取消栅格显示。

（4）S（捕捉）　显示栅格的间距与捕捉栅格的间距保持一致。

（5）主（M）　指定主栅格线相对于次栅格线的频率。将以除二维线框之外的任意视觉样式显示栅格线而非栅格点。

（6）自适应（D）　控制放大或缩小时栅格线的密度。

"自适应行为"：限制缩小时栅格线或栅格点的密度。

"允许以小于栅格间距的间距再拆分"：如果打开，则放大时将生成其他间距更小的栅格线或栅格点。这些栅格线的频率由主栅格线的频率确定。

（7）界限（L）　显示超出"图形界限（LIMITS）"命令指定区域的栅格。

（8）跟随（F）　更改栅格平面以跟随动态 UCS 的 XY 平面。

（9）A（纵横向间距）　分别设置纵向和横向的显示栅格的间距。后续提示：

指定水平间距（X）〈当前值〉：（输入数值）↓

指定垂直间距（Y）〈当前值〉：（输入数值）↓

栅格显示，如图 5-4 所示。

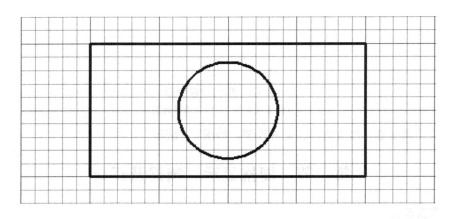

图 5-4　栅格显示

二、捕捉模式（捕捉栅格）

1. 功能

生成隐含分布于屏幕上的栅格，用于捕捉光标，使光标只能落到其中的一个栅格点上。有直角坐标栅格捕捉和极轴捕捉。

2. 调用方式

1）键盘输入命令：Snap↓。

2）"草图设置"对话框：在"草图设置"对话框的"捕捉和栅格"选项卡中，完成"捕捉"设置。

3）状态行：在状态行上，单击"捕捉模式"按钮（再单击该按钮可完成切换）。

用键盘输入时，提示：

指定捕捉间距或［开（ON）/关（OFF）/纵横向间距（A）/样式（S）/类型（T）］〈当前〉：（输入选项）

3. 选项说明

（1）指定捕捉间距　确定捕捉栅格的间距，以输入的某一数值作为捕捉栅格点在水平与垂直两个方向的间距，纵、横向栅格间距相等。该选项为默认选项。

（2）开（ON）　打开栅格捕捉功能，即打开光标锁定。

（3）关（OFF）　关闭栅格捕捉功能，即绘图时光标的位置不受捕捉栅格点的限制。

（4）纵横向间距（A）　分别确定捕捉栅格点在水平与垂直两个方向的间距。后续提示：

指定水平间距〈默认值〉：（输入水平方向的间距）

指定垂直间距〈默认值〉：（输入垂直方向的间距）

（5）样式（S）　确定捕捉栅格的方式是标准矩形捕捉还是等轴测捕捉。后续提示：

输入捕捉栅格类型［标准（S）/等轴测（I）］〈S〉：（输入选项）

1）标准（S）：标准方式。

2）等轴测（I）：等轴测方式。等轴栅格捕捉方式下的纵向和横向间距必须相等。

（6）类型（T）　确定捕捉栅格是直角坐标栅格捕捉，还是极坐标栅格捕捉类型。后续提示：

输入捕捉类型［极坐标（P）/栅格（G）］〈栅格〉：（输入选项）

1）极坐标（P）：极坐标栅格捕捉类型。

2）栅格（G）：直角坐标栅格捕捉类型

三、正交模式

1. 功能

用光标定点方式绘直线时，使第二点与前一点的连线与坐标轴平行。它是捕捉模式的特殊情况。

2. 调用方式

1）键盘输入命令：Ortho↓。

2）状态行：在状态行上，单击"正交模式"按钮（再单击该按钮可完成切换）。

用键盘输入时，提示：

输入模式［开（ON）/关（OFF）］〈当前值〉：（输入选项）

3. 选项说明

（1）ON（开）　打开正交方式功能。

（2）OFF（关）　关闭正交方式功能。

四、用"草图设置"对话框设置栅格显示和捕捉

通过"草图设置"对话框的"捕捉和栅格"选项卡设置栅格显示和捕捉，如图5-5所示。

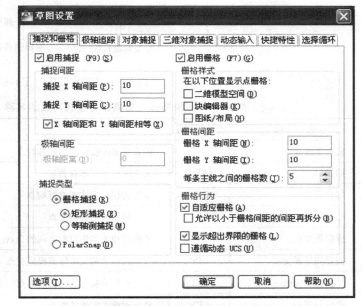

图5-5　"草图设置"对话框的"捕捉和栅格"选项卡

第三节　精确绘图设置

一、实体对象上的特殊点捕捉

在手工绘图中，控制精确度主要靠绘图工具和眼睛，但常常会有误差。在 AutoCAD 绘图中，当需要拾取某些特殊点时（如圆心、切点、端点、中点等），不论如何小心，准确地找到这些点十分困难，有时根本找不到。为了解决这些问题，AutoCAD 提供了对象（目标）捕捉功能，这样可以迅速、准确地捕捉到某些特殊点。

对象（目标）捕捉的作用是，将十字线光标强制性地准确定位在已有目标的特定点或特定位置上。

（一）一次单点实体上特殊点捕捉（覆盖捕捉）模式

当执行绘图、编辑命令要求输入一个点坐标时，采用该模式，可以执行所选择的特殊点捕捉，此时选择一实体，实体上的特征点便成为绘图或编辑所需的坐标点。该模式只对当前运行命令有效，且优先选用该模式，一次只能指定一种捕捉模式。可采用以下几种方法设置该捕捉模式。

1. 对象捕捉工具条

在绘图过程中，当要求捕捉对象上的特殊点时，可以单击"对象捕捉"工具条上的按钮，把光标移到对象上的特征点处，即可捕捉到对象上相应的特征点，如图5-6所示。在该工具条中，各按钮对应的名称、命令关键字及功能，见表5-1。

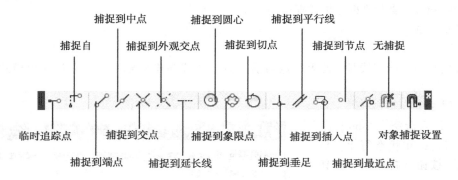

图5-6 "对象捕捉"工具条

表5-1   "对象捕捉"工具条各按钮对应的名称、命令关键字及功能

名　　称	命令关键字	功　　能
临时追踪点	TT	创建对象捕捉所使用的临时点
捕捉自	FROm	从临时建立的基点偏移
捕捉到端点	END	捕捉到相关实体的最近端点
捕捉到中点	MID	捕捉到相关实体的中点
捕捉到交点	INT	捕捉到相关实体对象之间的交点
捕捉到外观交点	APP	捕捉到两个相关实体的投影交点
捕捉到延长线	EXT	捕捉到相关实体的延长线的点
捕捉到圆心	CEN	捕捉到相关实体的圆心
捕捉到象限点	QUA	捕捉到距光标中心最近相关实体上的象限点，即0°、90°、180°、270°的点
捕捉到切点	TAN	捕捉到相关实体上与最后生成的一个点连线形成相切的离光标最近的点
捕捉到垂足	PER	捕捉到相关实体上或在它们的延长线上，与最后生成的一个点连线形成正交且离光标最近的点
捕捉到平行线	PAR	捕捉到与指定线平行的线上的点
捕捉到插入点	INS	捕捉相关实体（块、图形、文字或属性）的插入点
捕捉到节点	NOD	捕捉到节点对象（点对象）
捕捉到最近点	NEA	捕捉到相关实体离拾取点最近的点
无捕捉	NON	关闭下一个点的对象捕捉模式
对象捕捉设置		设置自动捕捉模式

2. 输入关键字

在要求输入一个点坐标时，用键盘输入某一对象捕捉的关键字（见表5-1），即可进行单点捕捉。

3. 选择对象捕捉快捷菜单选项

（1）"Shift（或 Ctrl）键＋鼠标右键"快捷菜单　在要求输入一个点坐标时，将鼠标光标放置在屏幕绘图区，按下 Shift（或 Ctrl）键的同时单击鼠标右键，将弹出对象捕捉快捷菜单，如图5-7a所示。

（2）右键菜单　在绘图时，当要求输入一个坐标时，单击鼠标右键，弹出一右键快捷菜单，选择"捕捉替代"选项，展开级联菜单，该级联菜单与图5-7的快捷菜单完全相同，如图5-7b所示。

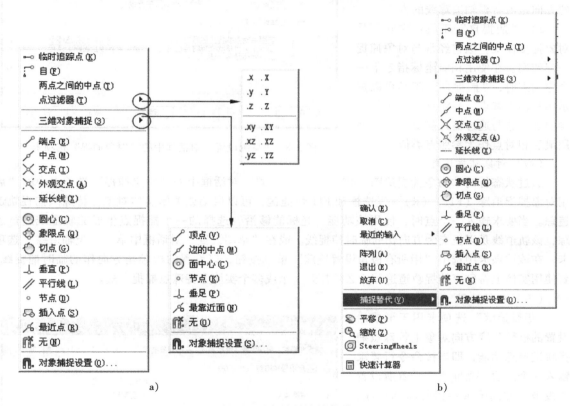

a)   b)

图 5-7　对象捕捉快捷菜单

a）"Shift（或 Ctrl）键＋鼠标右键"快捷菜单　b）右键快捷菜单

（二）自动对象特殊点捕捉模式

通过"草图设置"对话框中的"对象捕捉"选项卡设置实体上的特殊点捕捉，如图5-8所示。在绘图和编辑过程中，当出现输入一点提示时，只要"对象捕捉"功能打开，就可以利用已设置的对象捕捉方式在光标附近的实体上自动搜索所设置的特殊点捕捉。

（1）"启用对象捕捉(F3)(O)"复选框　启动或关闭实体对象上特殊点捕捉模式设置。只有在选中该复选框时，实体上的特殊点捕捉模式设置才起作用。

（2）"启用对象捕捉追踪(F11)（K）"复选框　启动或关闭实体对象上的特殊点捕捉轨道追踪。

（3）对象捕捉模式选项组

1）捕捉点复选框：通过选择对象捕捉模式区域的复选框，可以打开或关闭各种实体上的特殊点捕捉模式。

2）"全部选择"按钮：选择实体对象上的所有特殊点捕捉模式。

3）"全部清除"按钮：关闭实体对象上的所有特殊点捕捉模式。

（三）使用"临时追踪点""捕捉自"功能

1）"临时追踪点"工具：可通过一点创建多条追踪线，然后根据这些追踪线确定所要定位的点。追踪线的方向是沿着极轴追踪线的方向。

2）"捕捉自"工具：它并不是对象捕捉模式，但它经常与对象捕捉一起使用。在使用相对坐标指定下一个应用点时，"捕捉自"工具可以提示用户输入基点，并将该点作为临时参照点，这与通过输入前缀"@"使用最后相对点作为参照点类似。

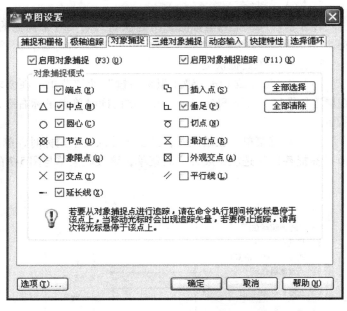

图5-8 "草图设置"对话框中的"对象捕捉"选项卡

（四）对象捕捉追踪

通过状态行的"对象捕捉追踪"按钮、"草图设置"对话框中的"对象捕捉"选项卡中的"启用对象捕捉追踪（F11）（K）"复选框和F11快捷键，可以启动或关闭实体对象上特殊点捕捉轨道追踪。当要求输入一个点时，使用该功能，光标能够沿着选择的一个捕捉点生成的轨道线进行追踪，该轨道线是以正交为方向作的临时捕捉线。或在"草图设置"对话框中单击"极轴追踪"选项卡，在该选项卡中选中"用所有极角设置追踪"单选按钮，以设置的极轴角方向作的临时捕捉线。要使用实体上特殊点捕捉轨道追踪，必须打开一个或多个实体上特殊点捕捉方式。

（五）极轴追踪

"极轴追踪"选项卡用于形成沿设置的极轴角度方向对象上特殊点捕捉轨道追踪功能，即当按命令行要求输入一个点后，光标能够沿着所设置的极坐标方向形成一条临时捕捉线，可以在该捕捉线上输入点。

通过状态行的"极轴追踪"按钮、F10快捷键和"草图设置"对话框中的"极轴追踪"选项卡设置极轴追踪，如图5-9所示。

（1）启用极轴追踪（F10）（P）复选框 打开或关闭极坐标追踪功能。

（2）极轴角设置选项组 "增量角（I）"文本框用于输入极坐标追踪方向上常用的角度增量，单击右侧的箭头，在下拉列表框中可以选择角

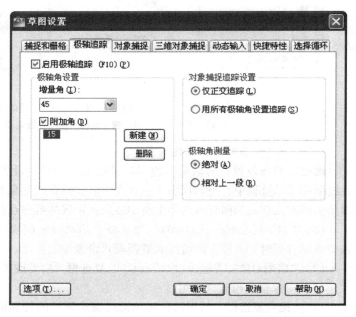

图5-9 "草图设置"对话框的"极轴追踪"选项卡

度。"附加角"复选框：当选中该复选框后，单击"新建（N）"按钮或"删除"按钮，可以加入或删除在开始时的一个附加的角度增量的极坐标追踪角度。

（3）"对象捕捉追踪设置"选项组　用于设置对象捕捉追踪模式。"仅正交追踪（L）"单选按钮：在实体上特殊点捕捉轨道追踪功能打开时，只允许光标沿正交（水平/垂直）捕捉线进行实体上特殊点捕捉轨道追踪；"用所有极轴角设置追踪（S）"单选按钮：在实体上特殊点捕捉轨道追踪功能打开时，允许光标沿设置的极轴角追踪线来进行实体上特殊点捕捉轨道追踪。

（4）"极轴角测量"选项组　用于设置极坐标追踪的角度测量基准。"绝对（A）"单选按钮：以当前 UCS 的 X，Y 轴为基准测量极坐标追踪角度；"相对上一段（R）"单选按钮：以当前刚建立的一条直线段，或刚创建的两个点的连线为基准测量极坐标追踪角度。

（六）点过滤捕捉

在绘图和编辑过程中，当出现输入一点提示时，可以通过指定点的坐标条件（即点过滤器），提取已存在的点的一坐标值，并将其作为该点的相应坐标值。

点过滤器共有 .X、.Y、.Z、.XY、.XZ、.YZ 六种。

通过在命令提示行出现输入一点提示时，输入其中一个点过滤器名称，或通过快捷菜单中的"点过滤器"级联菜单选择，根据提示完成坐标值的提取。

例　以点过滤方式提取三角形顶点的 X 坐标值和线段中点的 Y 坐标值作为圆心坐标，绘制一个内径为 60、外径为 70 的圆环，如图 5-10 所示。作图过程如下：

命令：DONUT ↓（输入圆环命令）

指定圆环的内径〈当前值〉：60↓（确定圆环内径）

指定圆环的外径〈当前值〉：70↓（确定圆环外径）

指定圆环的中心点或〈退出〉：.X ↓（调用 .X 过滤器确定圆环圆心的 X 坐标值）

于　用光标点取顶点　　　　（捕捉顶点的 X 坐标值，如图 5-10a 所示）

于　（需要 YZ）：.Y ↓　（调用 .Y 过滤器确定圆环圆心的 Y 坐标值）

于　用光标点取线段的中点　（捕捉线段的中点 Y 坐标值，如图 5-10b 所示）

于　需要 Z）：0↓　　　（输入圆环的 Z 坐标值）

指定圆环的中心点或〈退出〉：↓　　（结束）

完成图形，如图 5-10c 所示。

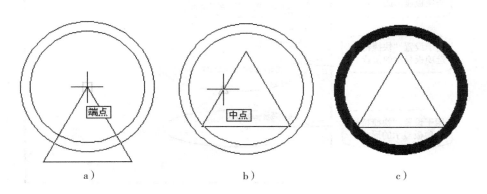

图 5-10　点过滤的使用

a）捕捉顶点　b）捕捉线段中点　c）完成图形

（七）三维对象捕捉

在三维绘图时，经常要指定一些对象上已有的面和边上的点，如边的中点、面的中心等。

AutoCAD 系统可以通过三维对象捕捉来捕捉到所需的特征点，而不需要输入坐标，从而精确地绘制图形。

可以通过单击状态行中的"三维对象捕捉"转换按钮或在"草图设置"对话框的"三维对象捕捉"选项卡中打开或关闭三维对象捕捉。在"草图设置"对话框中的"三维对象捕捉"选项卡中，可以设置三维对象捕捉特殊点，如图 5-11 所示。

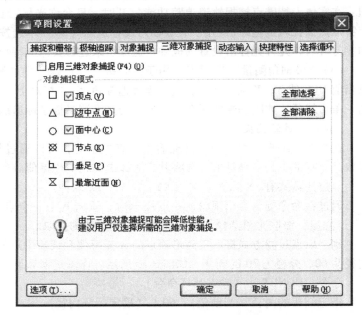

二、快捷特性

在 AutoCAD 系统中，可以通过状态行上的"快捷特性"转换按钮或通过"草图设置"对话框中的"快捷特性"选项卡中的"选择时显示快捷特性选项板"复选框打开或关闭"快捷特性"选项板。

当"快捷特性"处于打开时，在夹点编辑状态下，在光标处将以"快捷特性"选项板形式显示选择对象的属性，而不用调用"特性"选项板。在"草图设置"对话框中的"快捷特性"选项卡中，可以对"快捷特性"选项板进行设置，如图 5-12 所示。

图 5-11 "草图设置"对话框的"三维对象捕捉"选项卡

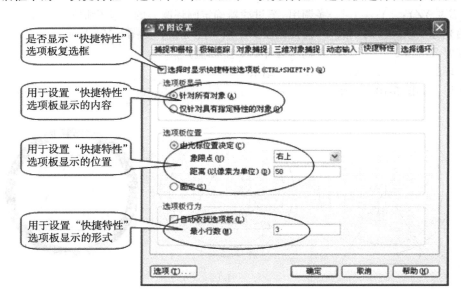

图 5-12 "草图设置"对话框的"快捷特性"选项卡

三、选择循环

在 AutoCAD 系统中，可以通过状态行上的"选择循环"转换按钮或通过"草图设置"对话框中的"选择循环"选项卡中的"允许选择循环"复选框打开或关闭"选择循环"列表框。

当"选择循环"处于打开时，在重叠对象重合处选择对象时，在光标处将以"选择循环"选择集，如图5-13所示。可以在该选择集的列表框中显示的重叠对象中选择所需要选择的对象。

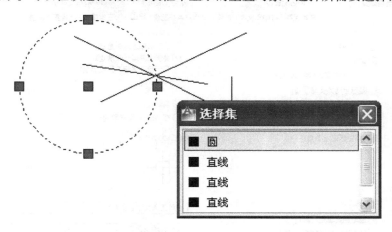

图 5-13　重叠对象及"选择循环"选择集

在"草图设置"对话框中的"选择循环"选项卡中，可以对"选择循环"选择集进行设置，如图5-14所示。

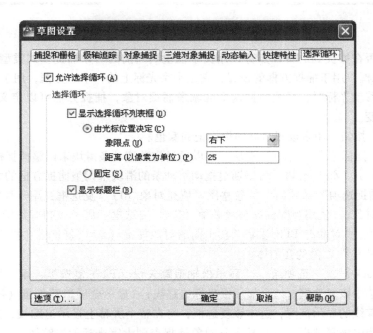

图 5-14　"草图设置"对话框的"选择循环"选项卡

四、绘图编辑功能的选项设置

在"草图设置"话框中，单击"选项…"按钮，弹出如图5-15所示的对话框。在该对话框中，可以设定多个编辑功能的选项（包括自动捕捉和自动追踪）。

（1）"自动捕捉设置"选项组　"标记（M）"复选框：用于控制对象捕捉时，是否在对象捕捉位置处显示捕捉标记符号；"磁吸（G）"复选框：用于控制对象捕捉时，是否当光标靠近捕捉点时，自动将光标移动到这个捕捉点并锁定光标；"显示自动捕捉工具提示（T）"复选框：用于控制

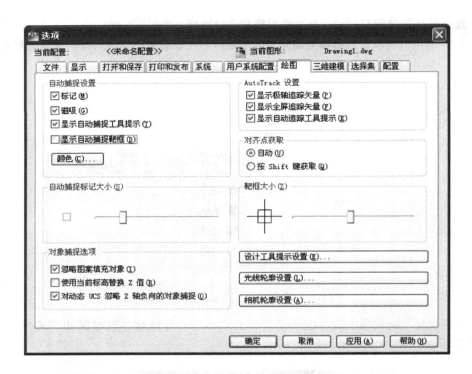

图 5-15 "选项"对话框的"绘图"选项卡

对象捕捉时，是否在捕捉到的特征点旁边用文字框说明当前的对象捕捉模式类型；"显示自动捕捉靶框（D）"复选框：用于捕捉方框的设置，它是十字光标上的一个小方框，用于控制对象捕捉时确定一个区域，当移动光标时，系统根据这个区域来捕捉对象，捕捉方框可以定义为显示或不显示，尺寸大小可以改变。

（2）"颜色"按钮　用来设置自动捕捉标记的颜色。

（3）"自动捕捉标记大小（S）"滑块　可以通过拖动滚动条滑块来调整捕捉标记的大小。

（4）"靶框大小（Z）"滑块　可以通过拖动滚动条的滑块来调整捕捉方框的大小。

（5）"对象捕捉选项"选项组　"忽略图案填充对象（I）"复选框：用于控制对象捕捉时，是否忽略图案填充对象；"使用当前标高替换 Z 值（R）"复选框：用于控制对象捕捉时，是否用当前标高替换原 Z 轴值；"对动态 UCS 忽略 Z 轴负向的对象捕捉（D）"复选框：指定使用动态 UCS 期间对象捕捉忽略具有负 Z 值的几何体。

（6）"AutoTrack 设置"选项组　"显示极轴追踪矢量（P）"复选框：用于控制对象捕捉追踪线的显示，只有选中该复选框，才会显示极坐标追踪线；"显示全屏追踪矢量（F）"复选框：用于控制对象捕捉追踪线的显示范围，选中该复选框，将在整个屏幕上显示追踪线，这时捕捉线看起来很像射线，若未选中该复选框，则只显示从对象捕捉点到十字光标的追踪线；"显示自动追踪工具提示（K）"复选框：用于控制自动追踪提示显示，选中该复选框，将显示当前特征点的捕捉模式及极坐标角度提示框。

（7）"对齐点获取"选项组　"自动（U）"单选按钮：为默认方式，这时自动锁定对象捕捉追踪点；"用 Shift 键获取（Q）"单选按钮：如果选中该单选按钮时，则当光标位于对象捕捉特征点上时，必须按下 Shift 键才能锁定这个捕捉点。

（8）"设计工具提示设置""光线轮廓设置"和"相机轮廓设置"按钮　单击这 3 个按钮分别弹出"工具提示设置""光线轮廓设置"和"相机轮廓设置"对话框。

第四节　设置图形单位及精度

1. 功能

用于坐标和角度的显示精度和格式。

2. 调用方式

1）键盘输入命令 Units（Ddunits、UN）↓。

2）下拉菜单：单击"格式"→"单位"。

3）浏览器菜单：在浏览器菜单中的"图形实用工具"选项的级联菜单中选择"精度"选项。

此时，弹出"图形单位"对话框，如图5-16所示。

3. 对话框说明

（1）"长度"选项组　设置长度的单位格式和精度。

1）类型（T）下拉列表框：用来设置测量长度单位的当前格式。格式有分数、工程、建筑、科学和小数。长度单位的表示形式，见表5-2。

2）"精度（P)"下拉列表框：用来设置当前长度单位的精度。

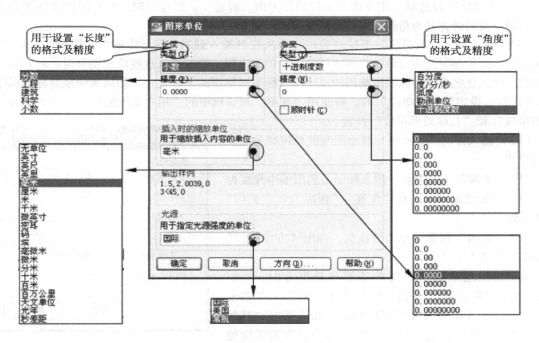

图 5-16　"图形单位"对话框及其说明

表 5-2　长度单位的表示形式（15.5 个图形单位）

单位制	表示形式	精度	单位含义
Decimal（十进制）	15. 5000	0. 0000	十进制表示
Engineering（工程）	1′ – 3. 5″	0′ – 0. 0000″	英尺与十进制表示
Architecture（建筑）	1′ – 3 1/2″	0′ – 0 1/8″	英尺与分数表示
Fractional（分数）	15 1/2	0 1/8	分数表示
Scientific（科学）	1. 55E + 01	0. 0000E + 01	科学计数法

（2）"角度"选项组　设置角度的单位类型和精度。

1）"类型（Y）"下拉列表框：用来设置测量角度单位的当前格式。格式有百分度、度/分/秒、弧度、勘测单位、十进制度数。角度单位的表示形式，见表5-3。

表5-3　角度单位的表示形式（45°）

单位制	表示形式	精度	单位含义
Decimal degrees	45.0000	0.0000	十进制度
Degrees/Minutes/Seconds	45d00′00″	0.00′00″	度/分/秒
Grads	50.0000g	0.0000g	公制度
Radians	0.7854r	0.0000r	弧度
Surveyor's Units	N 45d00′00″E	0.00′00″E	勘测单位

公度制是把360°圆周分成400分度，弧度是让360°等于2 rad。

2）"精度（N）"下拉列表框：用来设置当前角度单位的精度。

3）"顺时针"复选框：用来确定角度的正方向。若选中该复选框时，则顺时针方向为角度正向；否则，逆时针方向为角度正向，为默认选项。

（3）"插入时的缩放单位"下拉列表框　用来控制插入到当前图形中的块和图形的测量单位。如果块或图形创建时使用的单位与该选项指定的单位不同，则在插入这些块或图形时，将对其按比例缩放。插入比例是源块或图形使用的单位与目标图形使用的单位之比。如果源块或目标图形中的"插入比例"设定为"无单位"时，将使用"选项"对话框中的"用户系统配置"选项卡中的"源内容单位"和"目标图形单位"设置。

（4）"输入样例"选项组　显示用当前单位和角度设置的形式。

（5）"光源"下拉列表　用来控制当前图形中光度控制光源的强度测量单位，有"常规""国际"和"美国"3种类型。

（6）"方向"按钮　单击该按钮，弹出"方向控制"对话框，如图5-17所示。

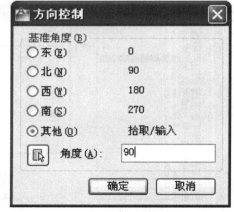

图5-17　"方向控制"对话框

该对话框用来确定角度的基准和角度方向。其中"东（E）""西（W）""南（S）""北（N）"分别表示东、西、南、北作为角度的零度位置。如果选中"其他（O）"单选按钮，则表示以其他方向作为角度的零度位置，此时可以直接在"角度（A）"文本框中输入零度方向与X轴正方，以及以逆时针方向旋转的夹角值；也可以单击"拾取角度"按钮，在绘图状态拾取两个点确定一条直线与X轴正向，且以逆时针方向旋转的夹角值。

第五节　设置绘图界限命令

1. 功能

确定绘图的工作区域和图纸的边界。

2. 调用方式

1）键盘输入命令：Limits↓。

2）下拉菜单：单击"格式"→"图形界限"。

提示如下。

重新设置模型空间界限：

指定左下角点或［开（ON）/关（OFF）］〈0.0000，0.0000〉：（输入坐标值）↓

指定右上角点〈420.0000，297.0000〉：（输入坐标值）↓

3. 选项说明

（1）ON（开）　打开边界检验功能，这时只能在指定的绘图范围内绘图。当所绘图形超出已设置的绘图范围时，系统拒绝执行。由于输入边界检验是检查点坐标的输入，所以有些实体（如圆）如果处于接近绘图边界位置时，它的一部分可能位于绘图区域之外。

（2）OFF（关）　关闭边界检验功能，所绘图形不受绘图范围的限制。

4. 说明

1）Limits命令虽然可以设置绘图界限，但不能插入围绕绘图区的边框。通常需用边框来看绘图边界时，可用设置绘图网格显示来完成。

2）可用MVSETUP命令自动进行边界设置。在设置前，使变量开关TILEMODE打开，即数值为1。命令操作过程如下：

命令：MVSETUP↓

正在初始化……

是否启用图纸空间？［否（N）/是（Y）］〈是〉：N↓

输入单位类型［科学（S）/小数（D）/工程（E）/建筑（A）/公制（M）］：M↓

公制比例

==================

(5000)　　1:5000

(2000)　　1:2000

(1000)　　1:1000

(500)　　1:500

(200)　　1:200

(100)　　1:100

(75)　　1:75

(50)　　1:50

(20)　　1:20

(10)　　1:10

(5)　　1:5

(1)　　全尺寸

输入比例因子：1↓

输入图纸宽度：420↓

输入图纸高度：297↓

完成结果，如图5-18所示。

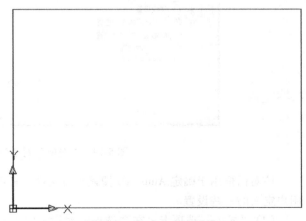

图5-18　自动生成边界线

第六节　设置系统环境

1. 功能

对 AutoCAD 系统环境进行各种设置，以满足工作需要。

2. 调用方式

1）键盘输入命令：Options↓。

2）下拉菜单：单击"工具"→"选项"。

3）"草图设置"对话框：在"草图设置"对话中单击"选项"按钮。

4）浏览器菜单：在浏览器菜单中选择"选项"。

5）快捷菜单：在系统非工作状态下，在绘图区域中单击鼠标右键，在弹出的快捷菜单中选择"选项"，或在命令窗口中单击鼠标右键，在弹出的快捷菜单中选择"选项"。

此时，弹出"选项"对话框。通过该对话框中的各个选项卡，来配置系统。

3. 各选项卡的形式及说明

（1）"文件"选项卡　在"选项"对话框中单击"文件"选项卡，如图 5-19 所示。

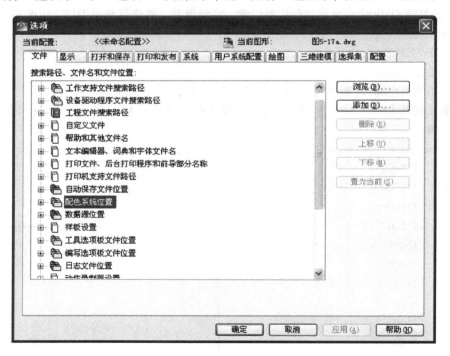

图 5-19　"选项"对话框的"文件"选项卡

该对话框用于确定 AutoCAD 搜索支持文件、驱动程序文件、菜单文件和其他文件时的路径以及用户定义的一些设置。

（2）"显示"选项卡　在"选项"对话框中单击"显示"选项卡，如图 5-20 所示。

该对话框用于设置窗口元素、布局元素、显示精度、显示性能、十字光标大小和淡入度控制等属性。

（3）"打开和保存"选项卡　在"选项"对话框中单击"打开和保存"选项卡，如图 5-21 所示。

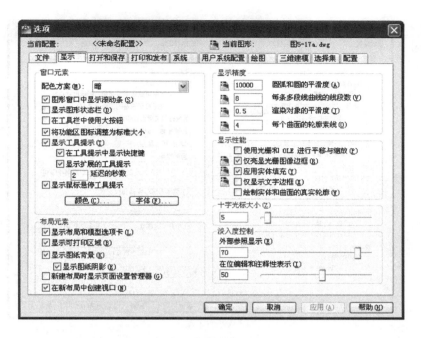

图 5-20 "选项"对话框的"显示"选项卡

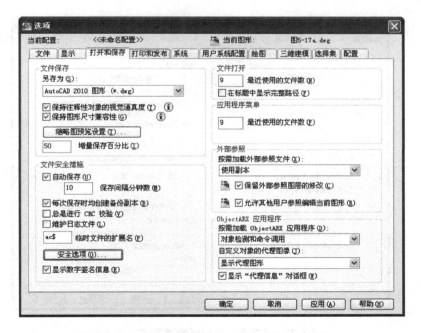

图 5-21 "选项"对话框的"打开和保存"选项卡

该对话框用于设置是否自动保存文件以及自动保存文件时的时间间隔，是否维护日志以及是否加载外部参照等。

（4）"打印和发布"选项卡 在"选项"对话框中单击"打印和发布"选项卡，如图 5-22 所示。

该对话框用于设置 AutoCAD 的输出设备。默认情况下，输出设备为 Windows 打印机。但在很多情况下，为了输出较大幅面的图形，用户可能需要使用专门的绘图仪。

（5）"系统"选项卡 在"选项"对话框中单击"系统"选项卡，如图 5-23 所示。

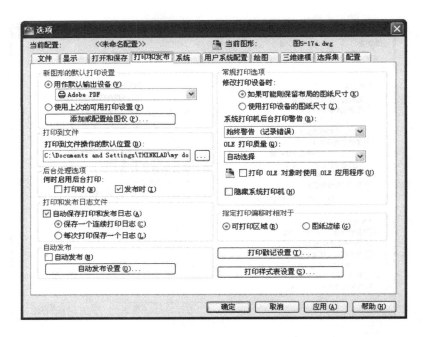

图 5-22 "选项"对话框的"打印和发布"选项卡

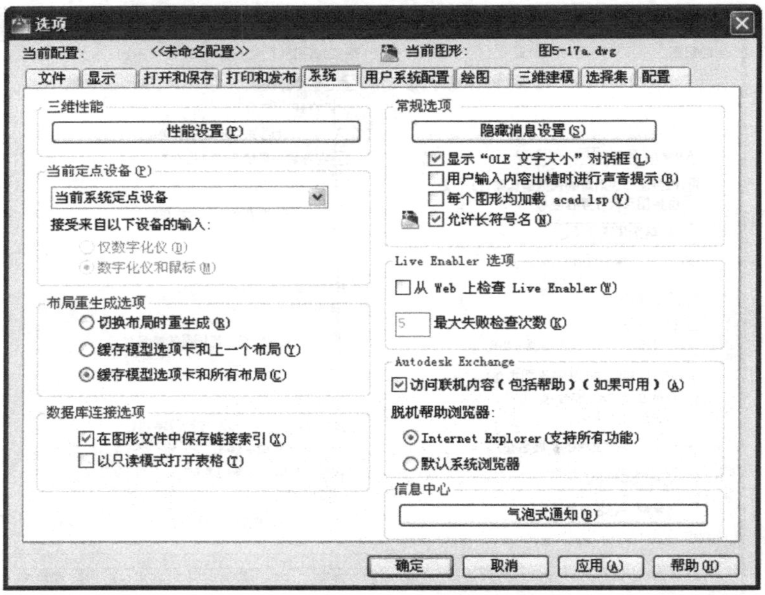

图 5-23 "选项"对话框的"系统"选项卡

该对话框用于设置当前三维图形的显示特性、设置定点设备、是否显示"OLE 文字大小"对话框、是否显示所有警告信息、是否检查网络连接、是否显示启动对话框、是否允许长符号名等。

（6）"用户系统配置"选项卡　在"选项"对话框中单击"用户系统配置"选项卡，如图 5-24 所示。

该对话框用于设置是否使用快捷菜单、对象的排序方式、插入比例、关联标注、字段更新设置、坐标数据输入的优先级、块编辑器设置、线宽设置、默认比例列表等。

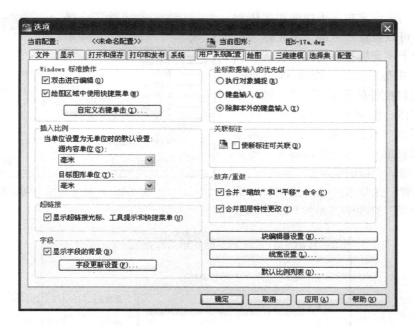

图 5-24　"选项"对话框的"用户系统配置"选项卡

1）"块编辑器设置"按钮：单击该按钮，弹出"块编辑器设置"对话框，用于控制块编辑器的环境设置，如图 5-25 所示。

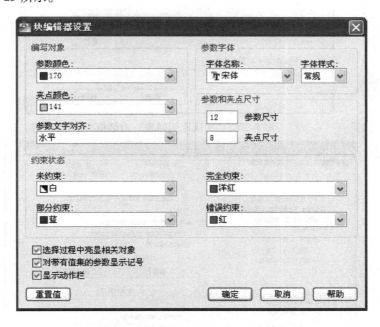

图 5-25　"块编辑器设置"对话框

2）"线宽设置"按钮：单击该按钮，弹出"线宽设置"对话框，用于设定当前线宽、设定线宽单位、控制线宽的显示和显示比例，以及设定图层的默认线宽值，如图 5-26 所示。

3）"默认比例列表"按钮：单击该按钮，弹出"默认比例列表"对话框，控制注册表中存储的默认比例列表，可以添加新的比例、编辑现有比例和重新排列比例列表等，如图 5-27 所示。

（7）"三维建模"选项卡　在"选项"对话框中单击"三维建模"选项卡，如图 5-28 所示。

该对话框用于设定在三维中使用实体和曲面的选项。可以设置"三维十字光标（控制三维操作中十字光标指针的显示样式的设置）""在视口中显示工具（控制 ViewCube、UCS 图标和视口控件的显示）""三维对象（控制三维实体、曲面和网格的显示的设置）""三维导航（设定漫游、飞行和动画选项以显示三维模型）"和"动态输入（控制坐标项的动态输入字段的显示）"等。

（8）"配置"选项卡 在"选项"对话框中单击"配置"选项卡，如图 5-29 所示。

图 5-26 "线宽设置"对话框

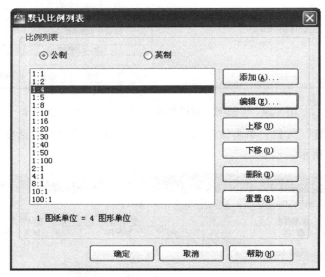

图 5-27 "默认比例列表"对话框

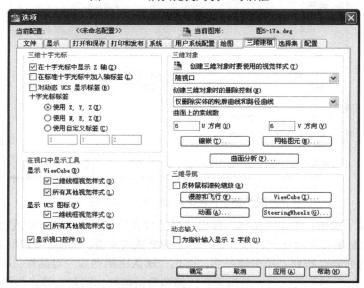

图 5-28 "选项"对话框的"三维建模"选项卡

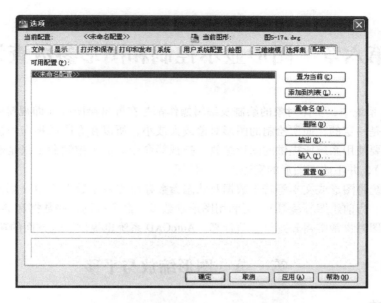

图 5-29　"选项"对话框的"配置"选项卡

该对话框用于实现新建系统配置文件、重命名系统配置文件以及删除系统配置文件等操作。

思 考 题

1. 如何调用实体上特殊点捕捉工具条？
2. AutoCAD 2012 系统提供了哪些实体上特殊点捕捉模式？
3. Snap 命令与 Grid 命令有什么区别和联系？
4. 如何使用点过滤捕捉功能绘图？
5. 如何使用对象追踪和极轴追踪功能绘图？
6. 简述 Limits 和 Units 命令的用途。
7. 在绘图时，用户坐标有哪些优点？
8. "快捷特性"和"选择循环"的功能是什么？如何进行设置？
9. 简述"设置系统环境"的用途及步骤。

第六章　图形显示控制和图形参数查询

在 AutoCAD 系统中，实体对象的绘制及编辑操作都是在屏幕绘图区（即视窗内）进行的。由于屏幕视窗的大小是一定的，而所绘制的图形对象或大或小，所以在有限的视窗内按期望的比例和范围显示图形，需要使用系统所提供的图形缩放、扫视等命令。显示控制命令只是改变图形的显示效果（即视觉效果），并不改变图形的实际大小和位置。

绘图时，系统将图形或文本等若干数据及状态参数存放在一个数据库中（如点的坐标、线段的长度、区域面积、当前绘图环境等），可利用图形参数显示命令查询这些数据和参数。

另外，在绘图时也常常需要进行数值计算，AutoCAD 系统也提供了这方面的功能。

第一节　图形缩放与平移

一、图形缩放

1. 功能

改变图形显示的大小，以方便观察和绘制当前视窗中的图形。

2. 调用方式

1）键盘输入命令：Zoom↓。

提示如下。

指定窗口的角点，输入比例因子（nX 或 nXP），或者［全部（A）/中心（C）/动态（D）/范围（E）/上一个（P）/比例（S）/窗口（W）/对象（O）］〈实时〉：（输入选项）

选项说明：

①A（全部）：将当前图形文件中的所有图形实体都显示在当前视窗。

②C（中心）：在图形中指定一点作为中心，按指定的比例因子或指定的高度值来显示图形。

③E（范围）：将当前图形文件中的全部图形最大限度地充满当前视窗。

④P（上一个）：恢复上一幅显示的图形。

⑤S（比例）：以一定的比例来缩放视图。输入缩放倍数的方式有 3 种：n 方式表示输入一个大于 1 或小于 1 的正数值，将图形以 n 倍于原图尺寸显示，nX 方式表示将图形以当前显示尺寸的 n 倍在当前视窗上显示，nXP 方式表示相对于图纸空间缩放每幅图形。在模型空间，各视图可采用不同的缩放比例显示。

⑥W（窗口）：将矩形窗口内选择的图形充满当前视窗。

⑦D（动态缩放）：选择该项后，系统临时将全部图形显示出来，以动态方式在屏幕上建立起窗口。此时屏幕上出现 3 个视图框，如图 6-1 所示。

a）图纸的范围（一般为蓝色虚线）。它表示图纸的边界或者图形实际占据的区域。

b）当前屏幕区（一般为绿色虚线）。它表示上一次在屏幕上显示的图形区域相对于整个作图区域的位置。

c）选取窗口。它是可以改变大小及位置的实线矩形框，其中有"×"标记。通过操作以选取合适的图形显示大小和显示位置。

在操作时，"×"与"→"符号通过鼠标的左键来切换。

"×"：在窗口中心时，移动鼠标可以改变窗口的位置。

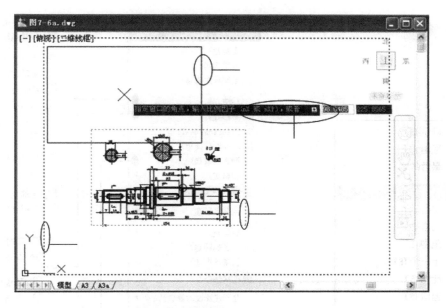

图 6-1　动态缩放的屏幕形式

"→"：在窗口的右边线上时，移动鼠标可以改变窗口的大小。

最后，用"×"符号定出图形显示中心，按〈Enter〉键或空格键，将框内的图形显示到整个屏幕上，矩形框的尺寸越小，放大倍数越大。

⑧O（对象）：可以将选取的对象，尽可能大地显示在屏幕上的整个图形窗口中。

⑨〈实时〉：为默认选项。在 Zoom 命令提示下直接按〈Enter〉键即执行该选项。此时，屏幕光标变成放大镜形状，按住鼠标左键向屏幕上方移动光标，图形放大；向下移动光标，图形缩小。按〈Esc〉键或〈Enter〉键可退出 Zoom 命令。

除〈实时〉外，Zoom 命令还有两个默认选项，若在命令提示下给定一点的坐标或在屏幕上拾取一点，则执行 Window 选项；若直接输入 n、nX 或 nXP，则执行 Scale 选项。

也可以通过快捷菜单调用〈实时〉缩放，即在 AutoCAD 系统非工作状态下，在绘图区域单击鼠标右键，在弹出的快捷菜单中选择"缩放"选项进行实时缩放，如图 6-2 所示。

在实时缩放状态下，在绘图区内单击鼠标右键会弹出一快捷菜单，如图 6-3 所示。在该菜单中，可单击退出命令或继续执行相关的图形缩放及平移命令。

⑩右键菜单，在提示"指定窗口的角点，输入比例因子（nX 或 nXP），或者［全部（A）/中心（C）/动态（D）/范围（E）/上一个（P）/比例（S）/窗口（W）/对象（O）］〈实时〉：（输入选择项）"下，将光标移至作图区，单击右键，弹出一快捷菜单，如图 6-4 所示。在该菜单中，选择有关选项，完成缩放操作。

2）下拉菜单：单击"视图"→"缩放"→"级联菜单"，如图 6-5 所示。

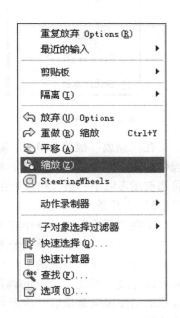

图 6-2　"缩放"快捷菜单（一）

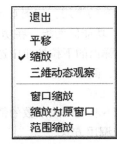

图 6-3　"缩放"快捷菜单（二）

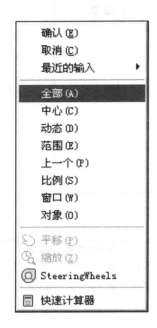

图 6-4 缩放快捷菜单   图 6-5 视图下拉菜单及相关级联菜单

在"缩放"级联菜单中，除"放大（I）""缩小（O）"选项外，其余各项操作功能与命令格式操作功能相同。"放大（I）"，将当前图形放大 1 倍，相当于在 Scale 选项中输入 2X；"缩小（O）"将当前图形缩小一倍，相当于在 Scale 选项中输入 0.5X。

3）工具条。

①在"标准"工具条中有 3 个图形缩放按钮，除"实时缩放"和"缩放上一个"外，还有一个"缩放嵌套"按钮，将光标移至该按钮上，单击鼠标左键，即可打开其内嵌的下拉按钮。利用该下拉嵌套按钮可以完成"缩放"命令的调用。"缩放嵌套"按钮所显示的当前按钮是最后一次所使用的该嵌套按钮中的某个按钮。

②单击"缩放"工具条中的按钮，也可完成"缩放"命令的调用，如图 6-6 所示。

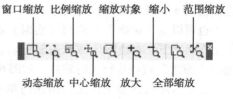

图 6-6 缩放工具条及其说明

4）功能区面板。在功能区的"视图"选项卡中的"二维导航"面板中，单击"缩放"下拉箭头，在弹出的下拉按钮中选择相应选项，如图 6-7 所示。

二、图形平移

1. 功能

在不改变缩放系数的情况下，上、下、左、右移动图纸以便观察当前视窗中图形的不同部位。

2. 调用方式

1）键盘输入命令：PAN↓。

2）工具条：在"标准"工具条中单击"实时平移"按钮。

3）功能区面板：在功能区的"视图"选项卡中的"二维导航"面板中单击"平移"按钮。

4）导航栏：在导航栏中单击"平移"按钮。

5）快捷菜单：在 AutoCAD 系统非工作状态下，单击鼠标右键，在弹出的快捷菜单中选择"平移"选项。

6）下拉菜单：单击"视图"→"平移"→"级联菜单"，如图 6-5 所示。

"视图"下拉菜单中的"平移"级联菜单中的各选择说明如下。

①实时：实时平移图形。

②定点（P）：用定点方式确定位移量，平移图形。该选项确定两个点，这两个点之间的方向和距离就是图形平移的方向和距离。若在要求输入第二点时直接按〈Enter〉键，则将图形按第一点所输入的坐标位移量平移。

③左（L）、右（R）、上（U）、下（D）：将图形分别向左、右、上、下方向平移一段距离。

在绝大多数情况下，调用"平移"命令时，

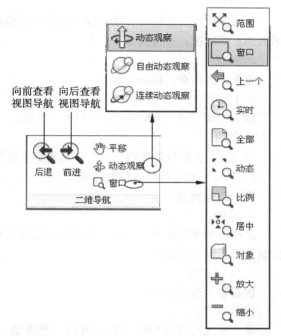

图 6-7　"二维导航"面板及有关说明

屏幕上出现一个手形符号，通过一直单击鼠标左键，上、下、左、右移动光标，可实现图形的上、下、左、右移动。此时，如果单击鼠标右键，在屏幕上会弹出下一个快捷菜单，如图 6-3 所示。选择"退出"选项或按〈Esc〉键，系统结束"平移"命令。

第二节　重画、重新生成、自动重新生成与可视实体的打开与关闭

一、重画

1. 功能

刷新屏幕图形，清除屏幕上的标识点及光标点，以便使屏幕图形清晰。

2. 调用方式

1）键盘输入命令：Redraw↓。

2）下拉菜单：单击"视图"→"重画"。

二、重新生成

1. 功能

重新生成当前视窗（Regen）或所有视窗（Regenall）内的图形。

2. 调用方式

1）键盘输入命令：Regen（或 Regenall）↓。

2）下拉菜单：单击"视图"→"重生成"（或全部重生成）。

在绘图时，系统自动将所画实体的数据信息存入数据库，执行重新生成命令时，系统将图形实体的原始数据全部重新计算一遍，形成新的显示文件，再以相应的屏幕尺寸重新显示出来。

三、自动重新生成命令（Regenauto）

1. 功能

在对图形进行编辑时，该命令可以控制是否自动地重新生成整个图形，以确保屏幕显示能反映图形的实际情况，保持视觉的真实。

2. 格式

键盘输入命令：Regenauto ↓

提示如下。

输入模式 ［开（ON）/关（OFF）〈当前值〉：（输入选项）

3. 说明

1）ON：在执行某些命令后，自动重新生成图形。

2）OFF：关闭自动重新生成功能。

四、实体填充控制

1. 功能

控制诸如图案填充、二维实体和宽多段线等对象的填充，即是全部填充还是只画出轮廓线，以控制其显示和绘图输出。

2. 调用方式

键盘输入命令：Fill ↓

提示如下。

输入模式 ［开（ON）/关（OFF）〈当前值〉：（输入选项）

ON 表示使图形处于填充状态，OFF 表示关闭填充状态。只显示实体轮廓线（此时 HATCH 命令所绘制的剖面线不显示），可节省绘图操作及重新生成图形的时间。

当改变 FILL 的当前值后，并不影响当前实体的显示，直到执行了重新生成命令后，才改变显示。

五、线宽显示（Lwdisplay）

1. 功能

控制屏幕上生成的图形是否显示预设的线型宽度。

2. 调用方式

1）键盘输入命令：Lwdisplay ↓。

2）状态栏：在状态栏中单击"线宽"按钮，可实现"显示/隐藏线宽"两种状态的转换。

提示如下。

输入 Lwdisplay 的新值〈当前值〉：（输入选项）

ON 表示显示预设的线型宽度，OFF 表示不显示线型宽度。

六、快速显示文本命令（Qtext）

1. 功能

控制文本及块属性实体是否显示和绘图输出。

2. 调用方式

键盘输入命令：Qtext ↓

提示如下。

输入模式 ［开（ON）/关（OFF）］〈当前值〉：（输入选项）↓

ON 表示打开快显文字方式。系统将图中所有文本和块属性实体都用矩形框代替，而不显示其具体内容。OFF 表示关闭快显文字方式。

当快显文字方式转换后，屏幕文字并不发生变化，只有在重新生成后才生效。

第三节　图形参数查询

图形参数查询是通过系统的查询（INQUIRY）功能来实现的。

调用图形参数显示命令的方法：

1. "查询"工具条

单击"查询"工具条中相应的按钮，完成命令输入，如图6-8所示。

2. 功能区面板

在功能区的"常用"选项卡中的"实用工具"面板上，单击相关按钮，完成命令调用，如图6-9所示。

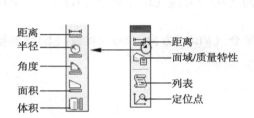

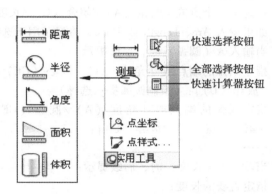

图6-8　"查询"工具条　　　图6-9　功能区"常用"选项卡中的"实用工具"面板

3. 下拉菜单

通过单击"工具"→"查询"→"级联菜单"，选择相应的选项，完成命令输入，如图6-10所示。

4. 键盘输入

通过键盘输入查询命令，完成相应命令的输入。

一、综合测量命令

1. 功能

测量选定对象或点序列的距离、半径、角度、面积和体积。

2. 调用方式

1）键盘输入命令：Measuregeom↓。

2）下拉菜单：单击"工具"→"查询"，在弹出的快捷菜单中选择任意一选项。

3）工具条：在"查询"工具条中单击"测量"展开的嵌套按钮"距离、半径、角度、面积、体积"中的任意一选项。

4）功能区：在功能区"常用"选项卡中的"实用工具"面板上，单击"测量"展开的菜单中的任意一按钮。

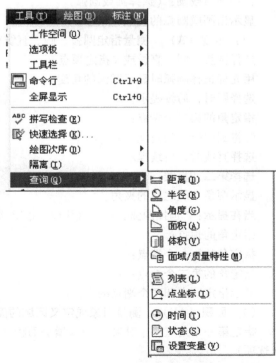

图6-10　"工具"下拉菜单中的
"查询"选项级联菜单

提示如下。

输入选项［距离(D)/半径(R)/角度(A)/面积(AR)/体积(V)］〈距离〉：(输入选项)

当未出现该提示时，可按〈Enter〉键直至出现该提示。

3. 各选项说明

(1) 距离（D）　　测量指定点之间的距离，并显示 X、Y、Z 坐标值的增量。后续提示：

指定第一点：(指定测量的第一个点)

指定第二个点或［多个点（M）］：(指定第二个点确定两点之间的距离或选择"多个点")

当选择"M"（多个点）时，后续提示：

指定下一个点或［圆弧（A）/长度（L）/放弃（U）/总计（T）］〈总计〉：(输入选项)

当直接指定一点时，后续提示：

指定下一个点或［圆弧（A）/闭合（C）/长度（L）/放弃（U）/总计（T）］〈总计〉：

如果输入 Arc、Length 或 Undo，将显示用于选择多段线的选项。

当输入 A（圆弧）时，后续提示：

指定圆弧的端点或［角度（A）/圆心（CE）/方向（D）/直线（L）/半径（R）/第二个点（S）/放弃（U）］：(绘制圆弧提示选择)

指定圆弧的端点或［角度（A）/圆心（CE）/闭合（CL）/方向（D）/直线（L）/半径（R）/第二个点（S）/放弃（U）］：

　　……

当输入 L（长度）时，后续提示：

指定直线的长度：

(2) 半径（R）　　测量指定圆弧或圆的半径和直径。后续提示：

选择圆弧或圆：(选择圆或圆弧)

显示出圆或圆弧的直径和半径。

(3) 角度（A）　　测量指定圆弧、圆、直线或顶点的角度。

选择圆弧、圆、直线或〈指定顶点〉：

用光标选择圆弧时显示圆弧的角度。

选择圆时，后续提示：

指定角的第二个端点：

测量圆中指定的角度。

选择直线时，后续提示：

选择第二条直线：

显示两条直线之间的夹角。

当在提示："选择圆弧、圆、直线或〈指定顶点〉："下，直接按〈Enter〉键时，后续提示：

指定角的顶点：

指定角的第一个端点：

指定角的第二个端点：

显示指定顶点和两个端点的夹角。

(4) 面积（AR）　　测量对象或定义区域的面积和周长。后续提示：

指定第一个角点或［对象（O）/增加面积（A）/减少面积（S）/退出（X）］〈默认值〉：(输入选项)

1）指定第一个角点：计算由指定点所定义的面积和周长。后续提示：

指定下一个点或［圆弧（A）/长度（L）/放弃（U）］：

如果输入"圆弧""长度"或"放弃",将显示用于选择多段线的选项。

2）增加面积（A）：打开"加"模式，并在定义区域时即时保持总面积。可以使用"增加面积"选项计算以下各项：

各个定义区域和对象的面积、各个定义区域和对象的周长、所有定义区域和对象的总面积、所有定义区域和对象的总周长。

后续提示：

指定第一个角点或［对象（O）/减少面积（S）/退出（X）］：

3）减少面积（S）：从总面积中减去指定的面积，将显示总面积和周长。

后续提示：

指定第一个角点或［对象（O）/增加面积（A）/退出（X）］：

（5）体积（V） 测量对象或定义区域的体积。

指定第一个角点或［对象（O）/增加体积（A）/减去体积（S）/退出（X）］〈对象（O）〉：

1）指定第一个角点或对象：可以选择三维实体或二维对象。如果选择二维对象，则必须指定该对象的高度。

如果通过指定点来定义对象，则必须至少指定 3 个点才能定义多边形。所有点必须位于与当前 UCS 的 XY 平面平行的平面上。如果未闭合多边形，则将计算面积，就如同输入的第一个点和最后一个点之间存在一条直线。

如果输入 Arc、Length 或 Undo，则将显示用于选择多段线的选项。

2）增加体积：打开"加"模式，并在定义区域时保存最新总体积。

3）减去体积：打开"减"模式，并从总体积中减去指定体积。

二、求距离命令

1. 功能

测量指定点之间的距离，并显示 X、Y、Z 坐标值的增量。

2. 调用方式

1）键盘输入命令：Dist↓。

2）下拉菜单：单击"工具"→"查询"→"距离"选项。

3）工具条：在"查询"工具条中单击"测量"展开的嵌套按钮中的"距离"按钮。

4）功能区：在功能区"常用"选项卡中的"实用工具"面板上，单击"测量"展开的菜单中的"距离"按钮。

提示如下。

指定第一点：（指定测量的第一个点）

指定第二个点或［多个点（M）］：（指定第两个点确定两点之间的距离或选择"多个点"）

当选择"M"（多个点）时，后续提示：

指定下一个点或［圆弧（A）/长度（L）/放弃（U）/总计（T）］〈总计〉：（输入选项）

当直接指定一点时，后续提示：

指定下一个点或［圆弧（A）/闭合（C）/长度（L）/放弃（U）/总计（T）］〈总计〉：

如果输入 Arc、Length 或 Undo，将显示用于选择多段线的选项。

当输入 A（圆弧）时，后续提示：

指定圆弧的端点或［角度（A）/圆心（CE）/方向（D）/直线（L）/半径（R）/第二个点（S）/放弃（U）］：（绘制圆弧提示选择）

指定圆弧的端点或［角度（A）/圆心（CE）/闭合（CL）/方向（D）/直线（L）/半径（R）/第二个点（S）/放弃（U）］：

……

当输入 L（长度）时，后续提示：

指定直线的长度：

三、求半径命令

1. 功能

测量指定圆弧或圆的半径和直径。

2. 调用方式

1）下拉菜单：单击"工具"→"查询"→"半径"选项。

2）工具条：在"查询"工具条中，单击"测量"展开的嵌套按钮"半径"图标按钮。

3）功能区：在功能区"常用"选项卡中的"实用工具"面板上，单击"测量"展开的菜单中的"半径"按钮。

提示如下。

选择圆弧或圆：（选择圆或圆弧）

显示出圆或圆弧的直径和半径。

四、求角度命令

1. 功能

测量指定圆弧、圆、直线或顶点的角度。

2. 调用方式

1）下拉菜单：单击"工具"→"查询"→"角度"选项。

2）工具条：在"查询"工具条中，单击"测量"展开的嵌套按钮中的"角度"按钮。

3）功能区：在功能区"常用"选项卡中的"实用工具"面板上，单击"测量"展开的菜单中的"角度"按钮。

提示如下。

选择圆弧、圆、直线或〈指定顶点〉：

用光标选择圆弧时显示圆弧的角度。

选择圆时，后续提示：

指定角的第二个端点：

测量圆中指定的角度。

选择直线时，后续提示：

选择第二条直线：

显示两条直线之间的夹角。

当在提示："选择圆弧、圆、直线或〈指定顶点〉："下，直接按〈Enter〉键时，后续提示：

指定角的顶点：

指定角的第一个端点：

指定角的第二个端点：

显示指定顶点和两个端点的夹角。

五、求面积命令

1. 功能

测量对象或定义区域的面积和周长。可以从当前已测量出的面积中加上或减去其后面测量的面积。

2. 调用方式

1）键盘输入命令：Area↓。

2）下拉菜单：单击"工具"→"查询"→"面积"选项。

3）工具条：在"查询"工具条中，单击"测量"展开的嵌套按钮中的"面积"按钮。

4）功能区：在功能区"常用"选项卡中的"实用工具"面板上，单击"测量"展开的菜单中的"面积"按钮。

提示如下。

指定第一个角点或［对象（O）/增加面积（A）/减少面积（S）/退出（X）］〈默认值〉：（输入选项）

①指定第一个角点：计算由指定点所定义的面积和周长。后续提示：

指定下一个点或［圆弧（A）/长度（L）/放弃（U）］：

如果输入"圆弧""长度"或"放弃"，将显示用于选择多段线的选项。

②增加面积（A）：打开"加"模式，并在定义区域时即时保持总面积。可以使用"增加面积"选项计算以下各项：

各个定义区域和对象的面积、各个定义区域和对象的周长、所有定义区域和对象的总面积、所有定义区域和对象的总周长。

后续提示如下。

指定第一个角点或［对象（O）/减少面积（S）/退出（X）］：

③减少面积（S）：从总面积中减去指定的面积。将显示总面积和周长。

后续提示如下。

指定第一个角点或［对象（O）/增加面积（A）/退出（X）］：

在加入模式提示下输入 S 或在扣除模式提示下输入 A 可实现两种模式的转换。

3. 举例

计算图 6-11 所示图形（在环形板上开有两个孔）的面积。

命令：Area↓

指定第一个角点或［对象（O）/加（A）/减（S）］：A↓

指定第一个角点或［对象（O）/减（S）］：O↓

（"加"模式）选择对象：（选择由多段线组成的外轮廓）

面积 = 13026. 5482，周长 = 451. 3274

总面积 = 13026. 5482

（"加"模式）选择对象：↓

指定第一个角点或［对象（O）/减（S）］：S↓

指定第一个角点或［对象（O）/加（A）］：O↓

（"减"模式）选择对象：（选择其中一个圆）

面积 = 1256. 6371，圆周长 = 125. 6637

总面积 = 11769. 9112

（"减"模式）选择对象：（选择另一个圆）

面积 = 1256. 6371，圆周长 = 125. 6637

总面积 = 10513. 2741

（"减"模式）选择对象：↓

指定第一个角点或［对象（O）/加（A）］：↓

命令：（退出面积命令）

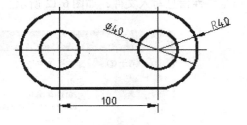

图 6-11　在环形板上开有两个孔图形

六、求体积命令测量对象或定义区域的体积

指定第一个角点或［对象(O)/增加体积(A)/减去体积(S)/退出(X)]〈对象（O）〉：

（1）指定第一个角点或对象　可以选择三维实体或二维对象。如果选择二维对象，则必须指定该对象的高度。

如果通过指定点来定义对象，则必须至少指定 3 个点才能定义多边形。所有点必须位于与当前 UCS 的 XY 平面平行的平面上。如果未闭合多边形，则将计算面积，就如同输入的第一个点和最后一个点之间存在一条直线。

如果输入 Arc、Length 或 Undo，将显示用于选择多段线的选项。

（2）增加体积　打开"加"模式，并在定义区域时保存最新总体积。

（3）减去体积　打开"减"模式，并从总体积中减去指定体积。

七、面域和实体造型物理特性显示

1. 功能

用于查询面域和实体造型的物理特性信息。它包括质量、体积、边界、惯性转矩、重心、转矩半径、旋转轴等特性信息。

2. 调用方式

1）键盘输入命令：Massprop↓。

2）下拉菜单：单击"工具"→"查询"→"面域/质量特性"选项。

3）工具条：在"查询"工具条中单击"面域/质量特性"按钮。

提示如下。

选择对象：（拾取面域或实体）

……（继续拾取实体）

选择对象：↓（结束）

此时，系统切换到文本窗口，显示所选对象的质量特性信息。

并且提示：是否将分析结果写入文件？［是（Y）/否（N）］〈否〉：

如果选择"Y"（是）并按〈Enter〉键后，则将弹出"创建与面积特性文件"对话框，用于将质量特性信息写入文件，如图 6-12 所示。

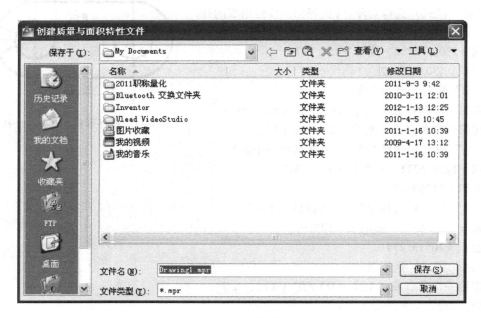

图 6-12　"创建与面积特性文件"对话框

八、指定实体列表命令

1. 功能

查询指定实体在图形数据库中所存储的特性数据信息。

2. 调用方式

1）键盘输入命令：List↓。

2）下拉菜单：单击"工具"→"查询"→"列表"选项。

3）工具条：在"查询"工具条中单击"列表"按钮。

4）功能区：在功能区"常用"选项卡中的"特性"面板上，单击"列表"按钮。

选择对象：（选择实体）

……

选择对象：↓

系统自动切换到文本窗口，显示所选实体的数据信息。这些信息包括对象类型，对象图层，相对于当前用户坐标系（UCS）的 X、Y、Z 位置以及对象是位于模型空间还是图纸空间。另外，还包括颜色、线型、线宽和透明度信息（如果这些特性未设定为"BYLAYER"）；对象的厚度（如果不为 0）；标高（Z 坐标信息）；拉伸方向（UCS 坐标，如果该拉伸方向与当前 UCS 的 Z 轴（0，0，1）方向不同）；与特定对象类型相关的其他信息。例如，对于标注约束对象，LIST 将列出约束类型（注释约束或动态约束）、参照类型（是或否）、名称、表达式以及值。

九、显示点坐标命令

1. 功能

查询指定位置点的坐标。

2. 调用方式

1）键盘输入命令：ID↓。

2）下拉菜单：单击"工具"→"查询"→"点坐标"选项。

3）工具条：在"查询"工具条中单击"定位点"按钮。

4）功能区：在功能区"常用"选项卡中的"实用工具"面板上，单击"点坐标"按钮。

提示如下。

指定点：（拾取一点）

显示信息：X =（指定点的 X 坐标值）Y =（指定点的 Y 坐标值）Z =（指定点的 Z 坐标值）。

十、状态显示命令

1. 功能

查询当前图形文件的状态信息，包括实体数量、文件的保存位置、绘图界限、实际绘图范围、当前屏幕显示范围、各种绘图环境的设置情况、当前图层的设置情况及磁盘空间的利用情况等。

2. 调用方式

1）键盘输入命令：Status↓。

2）下拉菜单：单击"工具"→"查询"→"状态"选项。

此时，系统切换到文本窗口，显示当前图形文件的状态信息，按 F2 键可返回绘图窗口。

十一、时间显示命令

1. 功能

显示图形的日期和时间统计信息。

2. 格式

1）键盘输入命令：Time↓。

2）下拉菜单：单击"工具（T）"→"查询"→"时间（T）"选项。

系统以文本窗口形式显示图形时期和时间的有关信息，并提示：

输入选项［显示（D）/开（ON）/关（OFF）/重置（R）］：（输入选项）

3. 提示说明

（1）显示（D）　　重复显示更新的时间。

（2）开（ON）　　启动关闭的用户消耗时间计时器。

（3）关（OFF）　　停止用户消耗时间计时器。

（4）重置（R）　　将用户消耗时间计时器重归为 0 天 。

思 考 题

1. "缩放"命令共有哪些选项？实际绘图时哪几种选项较为常用？

2. 图形"平移"命令的作用是什么？如何调用？

3. 重画命令与重新生成命令的区别是什么？

4. 若输入的文本在屏幕上只显示成空的矩形框，应如何操作才能看到真实的文本？

5. 要想知道图形中一条倾斜直线的长度和倾斜角，可使用什么命令？

6. "查询"下拉菜单中有哪几个选项？

第七章　文本、字段、表格及图案填充

文字对象是 AutoCAD 图形中重要的图形元素，也是机械制图和工程制图中不可缺少的组成部分。在一个完整的图样中，通常包含一些文字注释，用于标注图样中的一些非图形信息，如机械工程图形中的技术要求、装配说明，以及工程制图中的材料说明、施工要求等。

字段是可以自动更新的数据和文字，通过创建字段，将经常更改的文字插入到任意文字对象中，以在图形或图纸集中显示要更改的数据。字段更新时，将自动显示最新的数据。字段可以包含很多信息，如面积、图层、日期、文件名和页面设置大小等。

表格也是图形中的重要部分，可以使用绘制表格功能，创建不同类型的表格，而且还可以从其他软件中复制表格，大大简化了绘图操作。

在绘制图形时，常常要对图形中的某些区域填入阴影或者图案，这个过程称为填充阴影线图案。当进行图案填充时，系统允许使用临时定义的简单填充图案，也可以使用系统提供的各种图案或使用预先定义好的图案。

第一节　创建文字样式

在进行文字注写时，首先应设置文字样式，这样才能注写符合要求的文本。

1. 功能

创建、修改文字样式，如文字的字体、字型、高度、宽度系数、倾斜角、反向、倒置、垂直等参数，并且可以重置文字样式。

2. 调用方式

1）键盘输入命令：Style（Ddstyle）↓。

2）下拉菜单：单击"格式"→"文字样式"。

3）工具条：在"样式"工具条中单击"文字样式"按钮，如图 7-1 所示。在"文字"工具条中单击"文字样式"按钮，如图 7-2 所示。

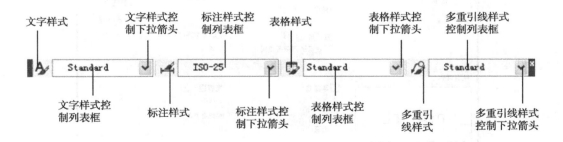

图 7-1　"样式"工具条及其说明

4）功能区面板：在功能区"常用"选项卡中的"注释"展开面板中，单击"文字样式"按钮；或在功能区的"注释"选项卡中的"文字"面板中，单击右下角的"文字样式"箭头图标；或在"文字样式"展开列表中，单击"管理文字样式"选项，如图 7-3 所示。

此时，弹出"文字样式"对话框，用于创建文字样式，如图 7-4 所示。

3. 对话框说明

（1）"当前文字样式" 显示当前使用的文字样式，默认文字样式为 Standard。

（2）"样式"列表框 列出了图形文件正在使用的文字样式或所有文字样式，以便将文字样式置为当前或进行修改。

（3）"样式列表过滤器"按钮 单击该按钮，在弹出的样式列表过滤器中选择"所有样式"或"正在使用的样式"，以便决定在样式列表框中显示文字样式的内容。

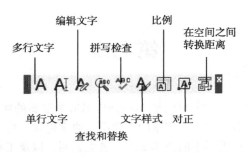

图 7-2 "文字"工具条及其说明

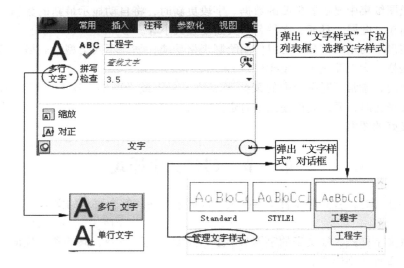

图 7-3 "注释"选项卡中的"文字"面板

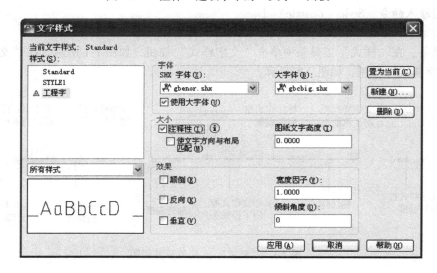

图 7-4 "文字样式"对话框

（4）"字体"选项组 用于设置字体样式。

1）"字体（X）"下拉列表框，在该列表框中可以显示和设置西文和中文字体，单击该列表框右侧的下拉剪头，在弹出的下拉列表框中，列出了供选用多种西文和中文字体等。

2）"使用大字体（U）"复选框：用于设置大字体选项。通常指定亚洲语言的大字体文件。

3）"大字体（B）"列表框，当选中"使用大字体（U）"复选按钮后，在该列表框中可以显示和设置一种大字体类型，单击该列表框左侧的下拉剪头，在弹出的下拉列表框中，列出了供选择用的大字体类型。

（5）"大小"选项组 用于更改文字的大小。

1）"注释性"复选框：指定文字为注释性。

2）"使文字方向与布局匹配"复选框：指定图纸空间视口中的文字方向与布局方向匹配。如果没有选中"注释性"复选框，则该选项不可用。

3）"图纸文字高度"：根据输入的值设置文字高度。输入大于 0.0 的高度将自动为此样式设置文字高度。如果输入 0.0，则文字高度将默认为上次使用的文字高度，或使用存储在图形样板文件中的数值。

（6）"效果"选项组 可以设置文字的显示效果。

1）"颠倒（E)"复选：控制是否将字体倒置。

2）"反向（K)"复选：控制是否将字体以反向注写。

3）"垂直（V)"复选：控制是否将文本以垂直方向注写。

4）"宽度因子（W)"文本框：用来设置文字字符的高度和宽度之比。当值为 1 时，将按系统定义的宽度比书写文字；当小于 1 时，字符会变窄；当大于 1 时，字符则变宽。

5）"倾斜角度（O)"文本框：用于确定字体的倾斜角度，其取值范围为 -85°~85°，当角度数值为正值时，向右倾斜；当角度数值为负值时，向左倾斜。若要设置国标斜体字，则设置为 15°。

（7）"预览"显示框 可以动态预览所选择或设置的文字样式效果。

（8）"置为当前"按钮 将在"样式"列表框选定的文字样式设置为当前文字样式。

（9）"新建"按钮 用于创建新文字样式。单击该按钮，弹出"新建文字样式"对话框，如图7-5 所示。在对话框的"样式名"文本框中输入新建文字样式名称，单击"确定"按钮，即建立了一个新文字样式名称，并返回到"文字样式"对话框，可对新文字样式进行设置。

（10）"删除（D)"按钮 用来删除在"样式"列表框选定的某一文字样式，但不能删除已经被使用的文字样式和 Standard 样式。

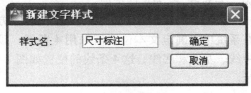

图 7-5 "新建文字样式"对话框

（11）快捷菜单 在"样式"列表框选定的某一文字样式上，单击鼠标右键，弹出一快捷菜单，用于选择文字样式的"置于当前""重命名"和"删除"等操作。

完成文字样式设置后，单击"应用（A）"按钮，再单击"关闭（C）"按钮关闭对话框。注写文本时，按设置的文字样式进行文本注写。

国家标准《机械制图》对文字标准做了具体规定，其主要内容如下：

1）字的高度有 3.5、5、7、10、14 和 20 等（单位为 mm），字的宽度约为字高度的 2/3。

2）汉字应采用长仿宋体，由于笔画较多，其高度不应小于 3.5mm。

3）字母分大、小写两种，可以用直体（正体）和斜体形式标注。

4）斜体字的字头要向右侧倾斜，与水平线约成 75°；阿拉伯数字也有直体和斜体两种形式，斜体数字与水平线也成 75°。实际标注中，有时需要将汉字、字母和数字组合起来使用。

AutoCAD 系统提供了符合标注要求的字体形文件：gbenor. shx、gbeitc. shx 和 gbcbig. shx 文件（形文件是 AutoCAD 系统用于定义字体或符号库的文件，其源文件的扩展名是 shp，扩展名为 shx 的形文件是编译后的文件）。其中，gbenor. shx 和 gbeitc. shx 文件分别用于标注直体和斜体字母与数字；

gbcbig. shx 则用于标注中文。使用系统默认的文字样式标注文字时，标注出的汉字为长仿宋体，但字母和数字则是由文件 txt. shx 定义的字体，不完全满足制图要求。为了使标注的字母和数字也满足要求，还需要将字体文件设成 gbenor. shx 或 gbeitc. shx。

第二节　单行文本及段落文本注写

一、单行文本注写

1. 功能

注写单行文字，标注中可按〈Enter〉键换行，也可在另外的位置单击鼠标左键，以确定一个新的起始位置。不论换行还是重新确定起始位置，每次输入的一行文本为一个实体。

2. 调用方式

1）键盘输入命令：Text（或 Dtext）↓。

2）下拉菜单：单击"绘图"→"文字"→"单行文字"。

3）工具条：在"文字"工具条中单击"单行文字"按钮。

4）功能区面板：在功能区"常用"选项卡中的"注释"面板中的"文字"注写展开菜单中，选择"单行文字"选项；或在功能区"注释"选项卡中的"文字"面板中的"文字"注写展开菜单中，选择"单行文字"选项。

提示如下。

当前文字样式：当前值　当前文字高度：当前值　注释性：当前值

指定文字的起点或［对正（J）/样式（S）］：（输入选择项）↓

3. 各选项说明

（1）指定文字的起点　用于确定文本基线的起点位置。水平注写时，文本由此点向右排列，称为"左对齐"，为默认选项。

（2）J　用于确定文本的位置和对齐方式。在系统中，确定文本位置需采用 4 条线：顶线、中线、基线和底线，这 4 条线的位置如图 7-6 所示。

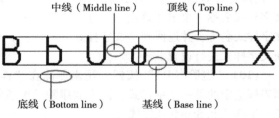

图 7-6　文本排列位置的基准线

选择"J"选项后，后续提示：

输入选项［对齐（A）/布满（F）/居中（C）/中间（M）/右对齐（R）/左上（TL）/中上（TC）/右上（TR）/左中（ML）/正中（MC）/右中（MR）/左下（BL）/中下（BC）/右下（BR）］：（输入选项）↓

各选项说明如下。

1）A：确定文本基线的起点和终点，文本字符串的倾斜角度服从于基线的倾斜角度，系统根据基线起点和终点的距离、字符数及字体的宽度系数，自动计算字体的高度和宽度，使文本字符串均匀地分布于给定的两点之间。

2）F：按设定的字高注写文本。只适用于水平方向的文字。

3）C：确定文本基线的中点。

4）M：确定文本高度方向中心线（不同于中线）的中点。

5）R：确定文本基线的终点，即使标注文本右对齐。

6）TL：确定文本顶线的起点，即顶部左端点。

7）TC：确定文本顶线的中点，即顶部中点。

8）TR：确定文本顶线的终点，即顶部右端点。

9）ML：确定文本中线的起点，即左端中心点。

10）MC：确定文本中线的中点，即中部中心点。

11）MR：确定文本中线的终点，即右端中心点。

12）BL：确定文本底线的起点，即底部左侧起始点。

13）BC：确定文本底线的中点，即底部中心点。

14）BR：确定文本底线的终点，即底部右端点。

（3）S　设置当前文字样式。后续提示：

输入样式名或［?］〈Standard〉：（输入样式名）

若输入？则显示当前图形文件中的所有字体样式。若输入"?"选项并按〈Enter〉钮，则打开文本窗口，列出当前图形文件中的所有字体式样。

二、特殊字符的输入

在工程图样中，经常需要标注一些从键盘不能直接输入的特殊字符，如 Φ、±、°（度）、△、□、α 等，可采用以下方法。

在西文字体输入状态下，可利用 AutoCAD 提供的控制码输入特殊字符。从键盘上直接输入这些控制码，可以输入特殊字符。控制码及其对应的特殊字符，见表 7-1。

表 7-1　控制码及其对应的特殊字符

控制码	相对应的特殊字符	控制码	相对应的特殊字符
%%O	打开或关闭文字上画线	%%P	±
%%U	打开或关闭文字下画线	%%C	Φ
%%D	°（度）	%%%	%

三、段落文本注写

1. 功能

一次注写或引用多行段落文本，各行文本都以指定宽度及对齐方式排列并作为一个实体。

2. 调用方式

1）键盘输入命令：Mtext↓。

2）下拉菜单：单击"绘图"→"文字""多行文字"。

3）工具条：在"文字"工具条中单击"多行文字"按钮。

4）功能区面板：在功能区"常用"选项卡中的"注释"面板中的"文字"注写展开菜单中，选择"多行文字"选项；或在功能区"注释"选项卡中的"文字"面板中的"文字"注写展开菜单中，选择"多行文字"选项。

提示如下。

当前文字样式：当前值　当前文字高度：当前值注释性：当前值

指定第一个角点：（确定第一个角点）↓

指定对角点或［高度（H）/对正（J）/行距（L）/旋转（R）/样式（S）/宽度（W）/栏（C）]：（输入选项）↓

3. 各选项说明

1）指定对角点：用于确定标注文本框的另一角点，为默认选项。

2）H：用于确定字体的高度。

3）J：用于设置文本的排列方式。

4）L：用于设置行间距。

5）R：用于设置文本框的倾斜角度。

6）S：用于设置当前字体样式。

7）W：用于设置文本框的宽度。

8）C：用于设置文本框的长度和宽度。

4. 多行文字注写的"文字格式"工具条和文字输入窗口

在"AutoCAD 经典"工作空间，当确定标注多行文字区域后，弹出创建多行文字的"文字格式"工具条和"文字输入"窗口。

创建多行文字的"文字格式"工具条，如图 7-7 所示。

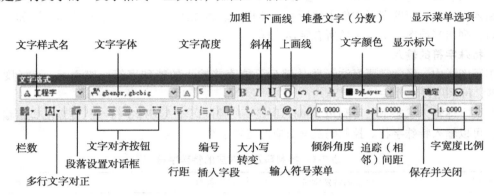

图 7-7　创建多行文字的"文字格式"工具条及其说明

创建"文字输入"窗口，如图 7-8 所示。利用它们可以完成多行文字的各种输入。

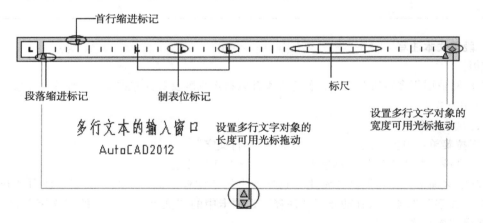

图 7-8　创建"文字输入"窗口

（1）"文字格式"工具条　用于对多行文字的输入设置。

1）"文字格式名"下拉列表框：用于显示和选择设置的文字样式。

2）"文字字体"下拉列表框：用于显示和选择文字使用的字体。

3）"文字高度"下拉列表框：用于显示和设置文字的高度。可以从下拉列表框中选择，也可以直接输入高度值。

4）"加粗""斜体""下画线"及"上画线"按钮：单击这些按钮，可以加粗、使字体变为斜体，以及为文字加上、下画线。

5）"取消"按钮：单击该按钮可以取消前一次操作。

6）"重做"按钮：单击该按钮可以恢复前一次取消的操作。

7）"堆叠"按钮：单击该按钮，可以创建堆叠文字（堆叠文字是一种垂直对齐的文字或分数）。使用时，需要分别输入分子和分母，其间使用"/""#"或"^"分隔，然后选择这一部分文字，单击该按钮即可。例如，输入"200/300"后按〈Enter〉键，弹出"自动堆叠特性"对话框，如图7-9所示。在该对话框中，可以设置是否需要在输入形如X/Y、X#Y、X^Y的表达式时自动堆叠，还可以设置堆叠的其他特性。

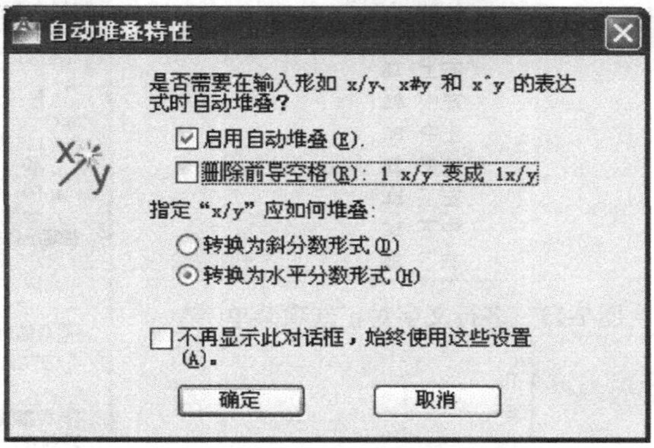

8）"颜色"下拉列表框：用于设置文字的颜色。

9）"标尺"按钮：用于是否显示标尺的转换。

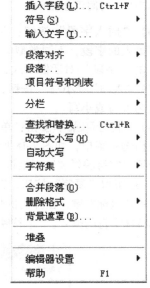

图7-9　"自动堆叠特性"对话框

10）"显示菜单选项"按钮：单击该按钮，弹出"多行文字操作"菜单，如图7-10所示。利用其中的选项可以对多行文字进行操作。

11）"栏数"按钮：单击该按钮，弹出显示栏选项菜单，用于文本栏的设置，如图7-11所示。也可以使用分栏设置对话框，设置栏的选项，如类型、高度、宽度及栏间距大小等，如图7-12所示。

12）"多行文字对正"按钮：单击该按钮，弹出多行文字对正选项菜单，用于设置多行文字对正的格式，如图7-13所示。

13）"文字对齐"按钮：有"左对齐""居中""右对齐""对正（两端对齐）"和"分布（分散对齐）"等，用于设置当前段落或选定段落的对齐方式。

14）"行距"按钮：单击该按钮，弹出行间距选项菜单，用于设置行间距，如图7-14所示。也可以通过单击"其他"选项，在弹出的"段落"对话框中进行设置，如图7-15所示。

15）"编号"按钮：单击该按钮，弹出多行文字项目编号选项菜单，如图7-16所示。

图7-10　"多行文字操作"菜单

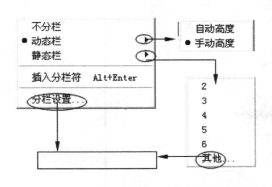

图7-11　栏选项菜单

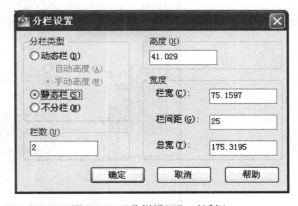

图7-12　"分栏设置"对话框

图 7-13　多行文字对正选项菜单

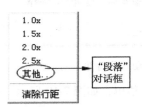

图 7-14　行间距选项菜单

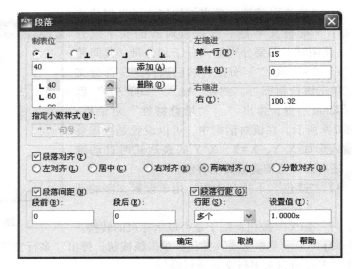

图 7-15　"段落"对话框

16）"插入字段"按钮：单击该按钮，弹出"字段"对话框，选择要插入的字段，不同类型的字段其对话框形式有所不同。"创建日期"的"字段"对话框形式，如图7-17 所示。

17）"大写""小写"按钮：单击这两个按钮，可以将选定的文字更改为大写或小写。

18）"符号"菜单按钮：单击该按钮，弹出输入文字符号或不间断空格选项菜单，如图 7-18 所示。也可以通过选择"其他"选项，在打开的"字符映射表"对话框中单击所需的特殊字符，再依次单击"选择"按钮和"复制"按钮，完成特殊字符的复制。在文字输入窗口中，单击鼠标右键，在弹出的快捷菜单中，选择粘贴选项，即可完成所选特殊字符的输入。"字符映射表"对话框，如图 7-19 所示。

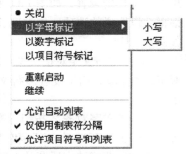

图 7-16　多行文字项目编号
选项菜单

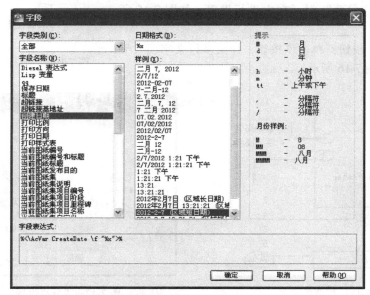

图 7-17　"创建日期"的"字段"对话框形式

度数(<u>D</u>)	%%d
正/负(<u>P</u>)	%%p
直径(<u>I</u>)	%%c
几乎相等	\U+2248
角度	\U+2220
边界线	\U+E100
中心线	\U+2104
差值	\U+0394
电相角	\U+0278
流线	\U+E101
恒等于	\U+2261
初始长度	\U+E200
界碑线	\U+E102
不相等	\U+2260
欧姆	\U+2126
欧米加	\U+03A9
地界线	\U+214A
下标 2	\U+2082
平方	\U+00B2
立方	\U+00B3
不间断空格(<u>S</u>)	Ctrl+Shift+Space
其他(<u>O</u>)…	

弹出"字符映射表"对话框

图 7-18 输入文字符号或不间断
空格选项菜单

图 7-19 "字符映射表"对话框

19)"倾斜角度"文本框：输入文字的倾斜角度，正值向右倾斜，反之向左倾斜。

20)"追踪"文本框：输入字符之间的间隙，即字间距。

21)"宽度因子"文本框：输入文字宽度和高度之比。

22)"确定"按钮：单击该按钮，可以关闭多行文字创建模式并保存所进行的设置。

（2）快捷菜单 在文字输入窗口中单击鼠标右键，弹出一"多行文字操作"快捷菜单，如图 7-20 所示。它与图 7-10 所示的"多行文字操作"菜单基本相同，用于多行文字的输入设置。

（3）其他选项说明

1)"输入文字"选项：单击该选项，将弹出"选择文件"对话框，如图 7-21 所示。可以导入外部其他软件编辑的文本（文件名扩展名为 . txt 或 . rtf）。

2)"查找和替换"选项：单击该选项，将弹出"查找和替换"对话框，如图 7-22 所示。在该对话框中可以查找或替换指定的字符串，并且可以设置是否全字匹配、是否区分大小写等查找条件。

3)"字符集"选项：单击该选项，在弹出的级联菜单中选择输入"字符映射表"中字符所属的不同语言的字符集，如图 7-20 所示。

4)"背景遮罩"选项：单击该选项，将弹出"背景遮罩"对话框，如图 7-23 所示。在该对话框中，选中"使用背景遮罩"复选框，将使用背景遮罩，否则不使用。"边界偏移因子"文本框中的值是以文字高度为参考值，偏移因子为 1.5（默认值）时，会使背景扩展文字高度的 1.5 倍。选中"使用图形背景颜色"复选框，使背景的颜色与图形背景的颜色相同，选中它，右侧选择背景颜色的下拉列表框将不能用。采用"背景遮罩"的效果，如图 7-24 所示。

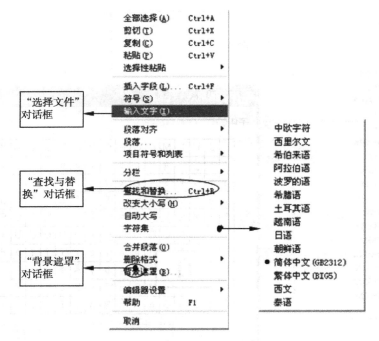

图 7-20 "多行文字操作"快捷菜单

图 7-21 "选择文件"对话框

（4）文字输入窗口　用于输入多行文字，并且可以设置缩进和制表位位置。

5. 功能区面板

在"草图与注释"工作空间，当确定标注多行文字区域后，在功能区弹出"文字编辑器"选项卡，如图 7-25 所示。

（1）"样式"面板　用于确定文字注写样式，打开或关闭当前注释文字的注释性及使用图形单位设定新文字的字符高度或更改选定文字的高度。

图 7-22 "查找和替换"对话框

图7-23 "背景遮罩"对话框　　　　　图7-24 使用"背景遮罩"的效果

图7-25 "文字编辑器"选项卡

（2）"格式"面板　用于将新建文字或选定文字设置粗体、斜体、下画线、上画线、大写、小写、字体颜色、背景遮罩、倾斜角度、追踪和宽度因子等。

（3）"段落"面板　用于为新建文字或选定文字确定多行文字对正形式、段落、行距、编号，以及段落及选定段落的对齐方式（左对齐、居中、右对齐、两端对齐和分散对齐等）。

（4）"插入"面板　在光标位置处插入符号、插入字段及栏的形式。

（5）"拼写检查"面板　确定输入文字时拼写检查是否打开或关闭、编辑拼写与检查的词典。

（6）"工具"面板　用于文字的查找和替换、输入文字和将新输入的文字自动大写。

（7）"选项"面板　用于确定输入和编辑文字是否放弃、重做，是否显示标尺及更多的展开菜单。

（8）"关闭"面板　用于关闭文字编辑器。

第三节　文本编辑与文本替换

一、文本编辑

可以采用以下方法完成对已标注文本的内容、样式等进行编辑修改。

（一）文本编辑修改

1. 功能

对单行文本或段落文本内容进行编辑修改。

2. 调用方式

1）键盘输入命令：Ddedit（ED）↓。

2）下拉菜单：单击"修改"→"对象"→"文字"→"编辑"。

3）工具条：在"文字"工具条上单击"编辑"按钮。

4）快捷菜单：选择文字对象，在绘图区域中单击鼠标右键，在弹出的快捷菜单中选择"编辑"选项。

5）双击对象：双击文字对象。

若选取的文本为单行文本，则该单行文本变为可修改状态，可以文本内容进行修改。

若选取的文本为段落文本，在"AutoCAD经典"工作空间弹出创建多行文字的"多行文字编辑器（即"文字格式"工具条和文字输入窗口）"；在"草图与注释"工作空间，则是功能区变为浮动"文字编辑器"选项卡和"文字输入"窗口形式，因此可对文本进行全面的编辑修改。

（二）用"特性"选项板编辑文本

当选择文字对象后，调用"特性"选项板，可对所选择的文本进行编辑修改。

（三）利用剪贴板复制文本

利用 Windows 操作系统的剪贴板功能，实现文本的剪切、复制和粘贴。

（四）修改文本高度

1. 功能

将选定的文本放大或缩小，不改变文字的位置和插入点。

2. 调用方式

1）键盘输入命令：Scaletext↓。

2）下拉菜单：单击"修改"→"对象"→"文字"→"比例"。

3）工具条：在"文字"工具条上单击"比例"按钮。

4）功能区面板：在功能区的"注释"选项卡中的"文字"面板上，单击"缩放"按钮。

提示如下。

选择对象：（选取文本）

选择对象：↓

提示：输入缩放的基点选项［现有（E）/左对齐（L）/居中（C）/中间（M）/右对齐（R）/左上（TL）/中上（TC）/右上（TR）/左中（ML）/正中（MC）/右中（MR）/左下（BL）/中下（BC）/右下（BR）］〈中间〉：（输入选项）

指定新模型高度或［图纸高度（P）/匹配对象（M）/比例因子（S）］〈默认值〉：（输入选项）

（五）调整文本对齐方式

1. 功能

更改选定文字对象的对正点而不更改其位置。

2. 格式

1）键盘输入命令：Justifytext↓。

2）下拉菜单：单击"修改"→"对象"→"文字"→"对正"。

3）工具条：在"文字"工具条上单击"对正"按钮。

4）功能区面板：在功能区的"注释"选项卡中的"文字"面板上，单击"对正"按钮。

提示如下。

选择对象：（选取文本）

选择对象：↓

提示：输入对正选项［左对齐（L）/对齐（A）/布满（F）/居中（C）/中间（M）/右对齐（R）/左上（TL）/中上（TC）/右上（TR）/左中（ML）/正中（MC）/右中（MR）/左下（BL）/中下（BC）/右下（BR）］〈中间〉：（输入新的对齐方式）

二、文本替换

1. 功能

在当前图形文件范围或指定区域内，查找指定的文本并进行替换。

2. 格式

1）键盘输入命令：Find↓。

2）下拉菜单：单击"编辑"→"查找"。

3）工具条：在"文字"工具条中单击"查找和替换"按钮。

4）快捷菜单：单击鼠标右键，在弹出的快捷菜单上单击"查找（F）…"选项。

此时，弹出"查找和替换"对话框，如图7-26所示。

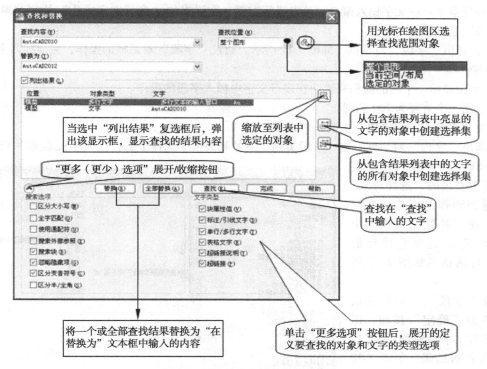

图7-26 "查找和替换"对话框

3. 对话框说明

1）"查找内容"文本框：用于输入或选择要查找的文本字符串。

2）"替换为"文本框：用于输入或选择要替换的文本字符串。

3）"查找位置"下拉列表框：用于设置查找范围，即查找过滤器。系统默认的查找范围为整个当前图形文件，单击列表框右侧的"选择对象"按钮时，将暂时关闭对话框，返回到作图区选择查找范围，选择完成后，按〈Enter〉键返回。

4）"查找（F）"按钮：单击该按钮，执行查找操作。

5）"替换"按钮：单击该按钮，对当前查找的匹配字符执行替换操作。

6）"全部替换（A）"按钮：单击该按钮，在指定区域内匹配的字符全部替换。

第四节 字 段

1. 功能

字段是可以自动更新的"智能文字"，就是将可能会在图形生命周期中修改的数据设置为能自动更新的文字。当字段所代表的文字或数据发生变化时，不需要手工去修改它，字段会自动更新。

2. 调用方式

1）键盘输入命令：Field↓。

2）下拉菜单：单击"插入"→"字段"。

3）工具条：在创建多行文字的"文字格式"工具条中单击"插入字段"按钮，或单击"选项（显示菜单）"按钮，在弹出"多行文字操作"菜单中选择"插入字段"。

4）功能区面板：在功能区"插入"选项卡的"数据"面板中单击"字段"按钮，或在功能区"文字编辑器"选项卡的"插入"面板中单击"字段"按钮。

5）快捷菜单：在文字输入窗口中单击鼠标右键，在弹出的"多行文字操作"快捷菜单中选择"插入字段"选项。

此时，弹出"字段"对话框，如图 7-17 所示。通过"字段"对话框的操作，完成插入字段。

3. 举例

以用字段显示一个圆的面积来说明在多行文字中插入字段的操作。

1）绘制一个直径为 200 的圆。

2）在"多行文字编辑器"中输入"面积 ="。

3）调出"字段"对话框，在"字段类别"下拉列表框中选择全部，在"字段名称"列表框中选择"对象"；单击"对象类型"显示框右边的"选择对象"按钮，返回到作图窗口，选择圆实体；在"特性"列表框中选择"面积"，选择完成后的"字段"对话框，如图 7-27 所示。

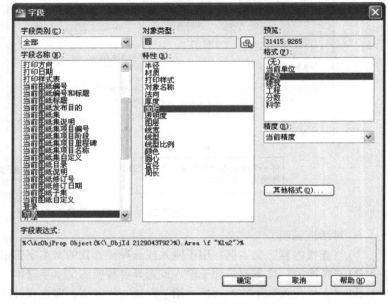

完成"字段"对话框的设置后，单击"确定"按钮，返回到"多行文字编辑器"窗口。完成操作后的结果，如图 7-28 所示。

4. 字段更新

1）改变圆的直径为 240，可以利用夹点编辑或"特性"选项板改变圆的直径。

2）双击多行文字对象，弹出"多行文字编辑器"对话框，

图 7-27 "字段"对话框的设置

在显示面积数值的灰色区域上单击鼠标右键，在弹出的多行文本操作菜单中选择"更新字段"，并单击"确定"按钮，完成字段更新。操作结果，如图 7-29 所示。

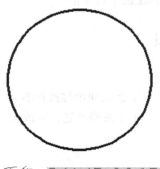

图 7-28 插入字段结果

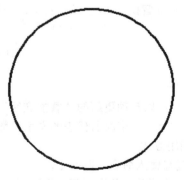

图 7-29 字段更新的结果

第五节　创建表格样式和表格插入

在 AutoCAD 系统中，可以使用创建表格命令自动生成数据表格。使用绘制表格功能，不仅可以直接使用软件默认的格式制作表格，还可以根据自己的需要定义表格。同时，也可以从 Microsoft Excel 中直接复制表格，并将其作为 AutoCAD 表格对象粘贴到图形中。还可以输出来自 AutoCAD 的表格数据，以供在 Microsoft Excel 或其他应用程序中使用。

一般使用表格时，首先创建表格样式，然后再创建表格。

一、创建表格样式

1. 功能

创建、修改或指定表格样式。

2. 调用方式

1）键盘输入命令：Tablestyle ↓。

2）下拉菜单：单击"格式"→"表格样式"。

3）工具条：在"样式"工具条中单击"表格样式"按钮。

4）功能区面板：在功能区"注释"选项卡中的"表格"面板中，单击右下角的"表格样式"小斜箭头图标；或在功能区"常用"选项卡的"注释"展开面板中，单击"表格样式"按钮。

5）对话框按钮：在"插入表格"对话框中，单击启动"表格式样"对话框按钮。此时，弹出"表格样式"对话框，如图 7-30 所示。

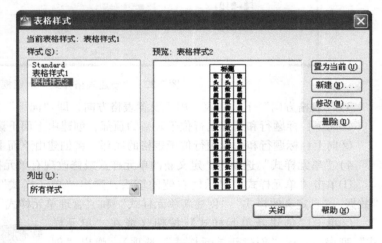

图 7-30　"表格样式"对话框

3. 对话框说明

（1）"当前表格样式"　说明当前使用的表格样式。

（2）"列出"下拉列表框　用于选择在"样式（S）"列表框所列出的样式，有所有样式和正在使用的样式两个选项。

（3）"样式"列表框　显示由"列出"下拉列表框所选择的显示条件下的样式列表。

（4）"预览"显示框　显示在"样式"列表框中所选择的样式格式。

（5）"置为当前"按钮　将在"样式"列表框中选择的样式设置为当前使用的表格样式。

（6）"新建（N）…"按钮　创建新的表格样式。

1）单击该按钮，弹出"创建新的表格样式"对话框，如图 7-31 所示。在该对话框中的"新样式名"文本框中输入表格样式名，如"表格样式 1"；在"基础样式"下拉列表框中，选择新建表格样式的参考表格样式。

2）然后单击"继续"按钮，弹出"新建表格样式"对话框，如图 7-32 所示。

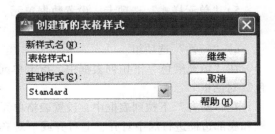

图 7-31　"创建新的表格样式"对话框

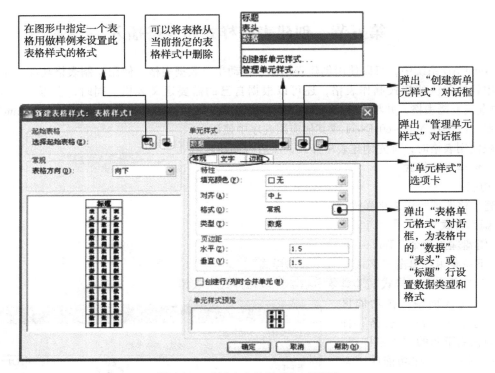

图 7-32　"新建表格样式"对话框

3）"表格方向"下拉列表　用于设置表格方向，即"向下"或"向上"。

①向下：标题行和列标题行位于表格的顶部，创建由上而下读取的表格。

②向上：标题行和列标题行位于表格的底部，将创建由下而上读取的表格。

4）"单元样式"选项组　定义新的单元样式或修改现有单元样式。

①单击"单元样式"显示框右侧的箭头，弹出"单元样式"列表，可选择"表头""标题""数据""自定义的样式""创建新单元样式"和"管理单元样式"等选项。

②单击"创建新单元样式"按钮（或在"单元样式"列表中选择"创建新单元样式"选项），弹出"创建新单元样式"对话框，如图 7-33 所示。指定新单元样式的名称并指定新单元样式所参考的现有单元样式。

③单击"管理单元样式"按钮（或在"单元样式"列表中选择"管理单元样式"选项），弹出"管理单元样式"对话框，如图 7-34 所示。显示当前表格样式中的所有单元样式并且可以创建或删除单元样式。

图 7-33　"创建新单元样式"对话框

5）"单元样式"选项卡　设置数据单元、单元文字和单元边框的外观。

①"常规"选项卡，如图 7-32 所示。

a）"特性"选项组。

在"填充颜色"下拉列表框中，指定单元的背景色。可以选择"选择颜色"以显示"选择颜色"对话框。

在"对齐"下拉列表框中，设置表格单元中文字的对正和对齐方式。文字相对于单元的顶部边框和底部边框进行居中对齐、上对齐或下对齐。文字相对于单元的左边框和右边框进行居中对正、左对正或右对正。

在"格式"下拉列表中，为表格中的"数据""列标题"或"标题"行设置数据类型和格式。单击该按钮将弹出"表格单元格式"对话框，从中可以进一步定义格式选项，如图 7-35 所示。不同的"数据类型"其对话框形式有所不同。

图 7-34 "管理单元样式"对话框　　　　　图 7-35 "表格单元格式"对话框

在"类型"中，将单元样式指定为标签或数据。

b）"页边距"选项组：控制单元边框和单元内容之间的间距。单元边距设置应用于表格中的所有单元。

在"水平"文本框中，设置单元中的文字或块与左右单元边框之间的距离。

在"垂直"文本框中，设置单元中的文字或块与上下单元边框之间的距离。

c）"创建行/列时合并单元"复选框：将使用当前单元样式创建的所有新行或新列合并为一个单元。可以使用此选项在表格的顶部创建标题行。

②"文字"选项卡，如图 7-36 所示。

a）在"文字样式"下拉列表框中可以显示或设置可用的文本样式。单击"文字样式"按钮，弹出"文字样式"对话框，从中可以设置、创建或修改文字样式。

b）在"文字高度"文本框中可以设定文字高度。

c）在"文字颜色"下拉列表框中可以指定文字颜色。可在弹出的"选择颜色"对话框中设置颜色。

d）在"文字角度"文本框中可以设置文字角度。默认的文字角度为 0°，可以输入 -359° ~ +359°的角度。

③"边框"选项卡，如图 7-37 所示。

图 7-36 "文字"选项卡　　　　　图 7-37 "边框"选项卡

a）在"线宽"下拉列表框中设置将要应用于指定边界的线宽。单击右侧的下拉列表箭头，在弹出的下拉列表中进行选择。

b）在"线型"下拉列表框中设定要应用于用户所指定的边框的线型。单击右侧的下拉列表箭头，在弹出的下拉列表中进行选择。

c）在"颜色"下拉列表框中设置将要应用于指定边界的颜色。单击右侧的下拉列表箭头，在弹出的下拉列表中进行选择。可在弹出的"选择颜色"对话框中，设置颜色。

d）选中"双线"复选框，将表格边界显示为双线。

e）在"间距"文本框中输入双线边界的间距。

f）单击"边框"按钮，确定单元边框的外观。边框特性包括栅格线的线宽和颜色。

"所有边界"：将边框特性设置应用于所有边框。

"外部边界"：将边框特性设置应用于外边框。

"内部边界"：将边框特性设置应用于内边框。

"底部边界"：将边框特性设置应用于底部边框。

"左边界"：将边框特性设置应用于左边框。

"上边界"：将边框特性设置应用于上边框。

"右边界"：将边框特性设置应用于右边框。

"无边界"：隐藏边框。

6）"单元样式预览"框　显示当前表格样式设置效果的样例。

二、表格插入

1. 功能

创建空的表格对象。

2. 调用方式

1）键盘输入命令：Table↓。

2）下拉菜单：单击"绘图"→"表格"。

3）工具条：在"绘图"工具条中单击"表格"按钮。

4）功能区面板：在功能区"常用"选项卡中的"注释"面板中，单击"表格"按钮；或在功能区"注释"选项卡中的"表格"面板中，单击"表格"按钮。

此时，弹出"插入表格"对话框，如图7-38所示。

3. "插入表格"对话框中的各选项说明

（1）"插入选项"选项组　指定插入表格的方式。

1）"从空表格开始"单选按钮：创建可以手动填充数据的空表格。

2）"自数据链接"单选按钮：从外部电子表格中的数据创建表格，此时单击列表框右侧的按钮，将启动"数据链接管理器"对话框。

3）"自图形中的对象数据（数据提取）"单选按钮：启动"数据提取"向导。

（2）"列和行设置"选项组　设置列和行的数目和大小。

1）"列数"文本框：指定列数。选定"指定窗口"选项并指定列宽时，"自动"选项将被选定，且列数由表格的宽度控制。如果已指定包含起始表格的表格样式，则可以选择要添加到此起始表格的其他列的数量。

2）"列宽"文本框：指定列的宽度。选定"指定窗口"选项并指定列数时，则选定了"自动"选项，且列宽由表格的宽度控制。最小列宽为一个字符。

3）"数据行数"文本框：指定行数。选定"指定窗口"选项并指定行高时，则选定了"自动"选项，且行数由表格的高度控制。带有标题行和表格头行的表格样式最少应有3行。最小行高为一个

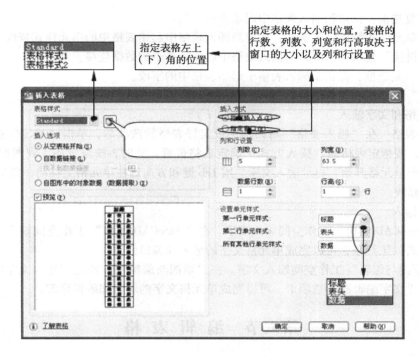

图 7-38 "插入表格"对话框

文字行。如果已指定包含起始表格的表格样式，则可以选择要添加到此起始表格的其他数据行的数量。

4）"行高"文本框：按照行数指定行高。文字行高基于文字高度和单元边距，这两项均在表格样式中进行设置。选定"指定窗口"选项并指定行数时，则选定了"自动"选项，且行高由表格的高度控制。

（3）"设置单元样式"选项组　对于那些不包含起始表格的表格样式，应指定新表格中行的单元格式。

1）"第一行单元样式"列表框：指定表格中第一行的单元样式，可单击右侧的下拉箭头，在弹出的列表中进行选择。默认情况下，使用"标题"单元样式。

2）"第二行单元样式"列表框：指定表格中第二行的单元样式，可单击右侧的下拉箭头，在弹出的列表中进行选择。默认情况下，使用"表头"单元样式。

3）"所有其他行单元样式"列表框：指定表格中所有其他行的单元样式，可单击右侧的下拉箭头，在弹出的列表中进行选择。默认情况下，使用"数据"单元样式。

（4）"表格选项"选项组　选择表格插入要保留的表格特性。

当选择一个在图形中指定一个表格用做样例设置的表格样式时，在"表格选项"选项组中可以设置插入时保留的起始表格中指定的表格元素。例如，在"表格样式"中选择"表格样式 1"后，"插入表格"对话框中的"设置单元样式"选项组变为"表格选项"选项组，如图 7-39 所示。

1）"标签单元文字"复选框：保留新插入表格中的起始表格表头或标题行中的文字。

2）"数据单元文字"复选框：保留新插入表格中的起始表格数据行中的文字。

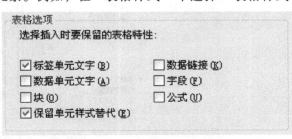

图 7-39 "表格选项"选项组内容

3）"块"复选框：保留新插入表格中起始表格中的块。

4）"保留单元样式替代"复选框：保留新插入表格中起始表格中的单元样式替代。

5）"数据链接"复选框：保留新插入表格中起始表格中的数据连接。

6）"字段"复选框：保留新插入表格中起始表格中的字段。

7）"公式"复选框：保留新插入表格中起始表格中的公式。

4. 插入表格和文字输入

（1）插入表格　在"插入表格"对话框中设定好表格的选项后，单击"确定"按钮，系统返回到绘图窗口，按指定表格的"插入方式"确定表格位置。此时，按设置插入到图形中一个表格，并且在从第一个单元格开始，提示输入文字。用 Tab 键和方向键在单元格上移动，双击某个单元格，可以进行编辑修改。

（2）文字输入

1）在"AutoCAD 经典"工作空间输入文字。在"AutoCAD 经典"工作空间输入文字时，系统弹出"文字格式"工具条，可以完成单元格文字的输入和编辑修改。

2）在"草图与编辑"工作空间输入文字。在"草图与编辑"工作空间输入文字时，系统在功能区弹出浮动"文字编辑器"选项卡，可以完成单元格文字的输入和编辑修改。

第六节　编 辑 表 格

表格创建完成后，可以单击该表格的任意网格线以选中该表格或某一单元格，然后通过各种方法完成表格的编辑修改操作。

1. "表格"工具条

在"AutoCAD 经典"工作空间的绘图窗口弹出的"表格"工具条，如图 7-40 所示。

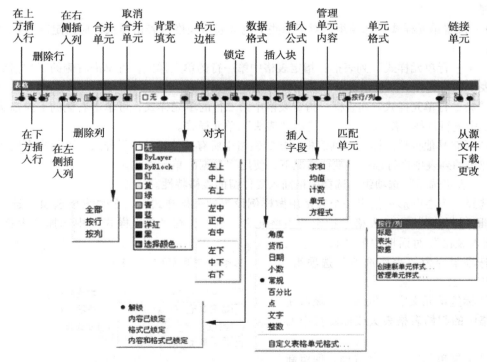

图 7-40　"表格"工具条

2. 功能区"表格单元"选项卡

在"草图与编辑"工作空间的功能区弹出的浮动"表格单元"选项卡,如图7-41所示。

图7-41 "表格单元"选项卡

3. 快捷菜单

(1) 选中表格单元格时的快捷菜单 当选中表格单元格并单击鼠标右键时,弹出的快捷菜单,如图7-42所示。

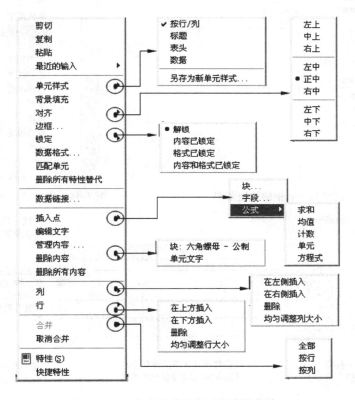

图7-42 选中表格单元格时的快捷菜单

(2) 选中整个表格时的快捷菜单 当选中整个表格并单击鼠标右键时,弹出的快捷菜单,如图7-43所示。

4. "特性"选项板

当选中表格或表格单元格后,调出表格"特性"修改选项板,如图7-44所示。

5. 夹点编辑

1) 表格夹点。当夹点选中表格时,其形式及其夹点说明,如图7-45所示。

更改表格的高度和宽度时,只有与所选夹点相邻的行或列会更改,而表格的高度或宽度保持不变。若要根据正在编辑的行或列的大小按比例更改表格的大小,则在使用列夹点时按〈Ctrl〉键。使用表格底部的表格打断夹点,可以使表格覆盖图形中的多列或操作已创建的不同表格部分,并且可以将包含大量数据的表格打断成主要和次要的表格片断。

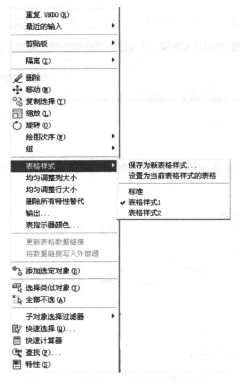

图 7-43　选中整个表格的快捷菜单　　　　　　图 7-44　表格"特性"修改选项板

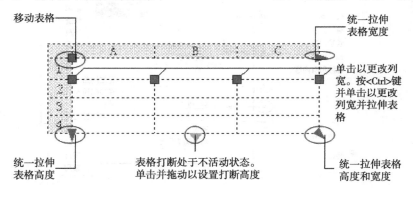

图 7-45　表格夹点及其夹点说明

2）单元格夹点。除了编辑表格外，还可以编辑表格中的单元格。当选中单元格后，单元格边框中央将显示夹点，通过单元格夹点编辑单元格，如图 7-46 所示。

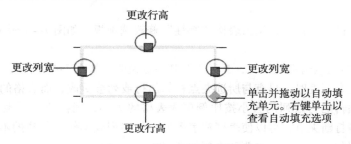

图 7-46　单元格夹点及其说明

要选择多个单元，可单击并在多个单元上拖动。也可以按住 Shift 键并在另一个单元内单击，同时选中这两个单元以及它们之间的所有单元。

6. 编辑表格单元格

可以对表格单元格进行以下编辑操作。

1）编辑行和列：可以插入和删除行和列。

2）合并和取消合并单元：可以按行或列合并表格单元格，也可以取消合并的表格单元格。

3）改变单元边框的外观：可以设置单元边框的线宽、颜色等特性。

4）编辑数据格式和对齐：可以编辑表格单元格的数据格式和对齐方式。

5）锁定和解锁编辑单元：可以锁定或解锁表格单元格的内容和格式。

6）插入块、字段和公式：可以在表格单元格内插入块、字段和公式。

7）创建和编辑单元样式：可以编辑和创建单元样式。

8）将表格链接至外部数据：可以将表格链接至 Microsoft Excel 文件中的数据，也可以将其链接至 Excel 中的整个电子表格、各行、列、单元或单元范围。

9）匹配单元样式：可以将选择的单元样式更改为目标单元样式。

7. 编辑"单元边框"

调用"单元边框特性"对话框，可以编辑修改表格单元格边框线、线宽、线型、颜色等特性，如图 7-47 所示。

8. "管理单元内容"对话框

在"管理单元内容"对话框中可以显示或删除选定单元的内容，如图 7-48 所示。

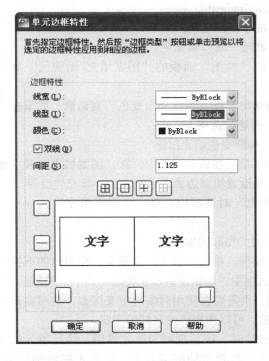

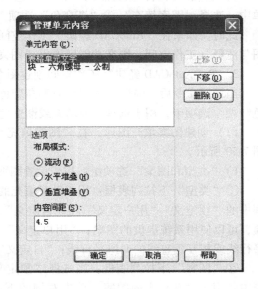

图 7-47 "单元边框特性"对话框　　　　图 7-48 "管理单元内容"对话框

9. 表格单元格内插入块

调用"在表格单元中插入块"对话框，可以从中选择插入到表格中的块，并设置在表格单元中

的对齐方式、比例和旋转角度等特性，如图7-49
所示。

10. 表格中使用公式

可以在表格中插入简单的公式，用于计算总
计、计数和平均值，以及定义简单的算术表达式。

当选择表格单元格后，在"草图与注释"空
间中的"功能区"面板中弹出的"表格单元"选
项卡的"公式"展开菜单中，选择有关公式选项；
或在"AutoCAD 经典"工作空间的绘图窗口弹出
的"表格"工具条中的"插入公式"展开菜单中，
选择有关公式选项；或在快捷菜单中选择"插入
点"展开菜单中的"公式"中的有关公式选项；
然后按提示完成操作。或在输入文字状态下，在

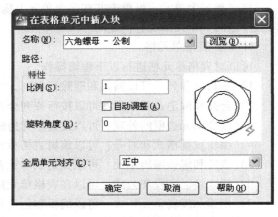

图7-49　"在表格单元中插入块"对话框

表格单元格中手动输入公式，如计算单元格 A2 到 A4 之和，则输入" = sum （A2 + A4）"。

第七节　创建图案填充和渐变色

1. 功能

使用填充图案、实体填充或渐变填充来填充封闭区域或选定对象。

2. 调用方式

1）键盘输入命令：Hatch（Bhatch、BH、H）或 Gradient↓。

2）下拉菜单：单击"绘图"→"图案填充"或"渐变色"。

3）工具条：在"绘图"工具条上单击"图案填充"或"渐变色"按钮。

4）功能区面板：在功能区"常用"选项卡中的"绘图"面板的"图案填充/渐变色"展开菜
单中，选择"图案填充"或"渐变色"选项。

此时，如果在"AutoCAD 经典"工作空间，则弹出"图案填充和渐变色"对话框；如果在"草
图与注释"工作空间，则在功能区弹出"图案填充创建"选项卡。

3. 在"AutoCAD 经典"工作空间创建图案填充和渐变色填充图形

当调用命令后，弹出"图案填充和渐变色"对话框。在该对话框中，有"图案填充"和"渐变
色"两个选项卡，用于选择图案填充或渐变色，以及设置填充边界及填充方式、填充类型等。

（1）创建图案填充图形　在"图案填充和渐变色"对话框中，单击"图案填充"选项卡，如
图7-50 所示。

1）"类型和图案"选项组：用于设置图案填充的类型和图案。

①"类型"下拉列表框：用于设置填充的图案类型。单击右侧的下拉箭头，在弹出的下拉列表
框中的"预定义""用户定义"和"自定义"3 个选项中，确定图案填充类型。其中，"预定义"选
项，可以使用系统提供的图案；"用户定义"选项，则需要在使用时临时定义图案，该图案是一组
平行线或相互垂直线的两组平行线；"自定义"选项，可以使用已定义好的图案。

②"图案"下拉列表框：当选择"预定义"选项时，该下拉列表框才可用，并且该下拉列表
框主要用于设置填充的图案。单击右侧的下拉箭头，在弹出的图案名称下拉列表框中选择图案。
另外，也可以单击右侧的"填充图板选项板"按钮，此时弹出"填充图案选项板"对话框。在该
对话框中有"ANSI""ISO""其他预定义"和"自定义"4 个选项卡，"ANSI"选项卡如图7-51
所示。

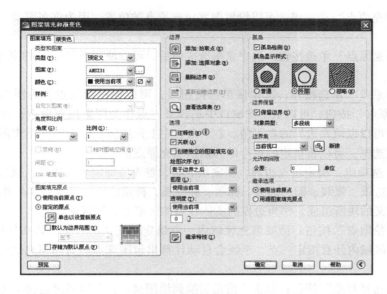

图 7-50 "图案填充和渐变色"对话框的"图案填充"选项卡

③"颜色"下拉列表框：用于设置填充图案和实体填充的颜色。单击右侧的下拉箭头，在弹出的颜色设置下拉列表框中进行选择。

④"背景色"下拉列表框：用于为新图案填充对象指定背景色。单击右侧的下拉箭头，在弹出的颜色设置下拉列表框中进行选择。

⑤"样例"预览窗口：用于显示当前选中的填充图案形式。单击该窗口的样例图案，也可弹出"填充图案选项板"对话框。

⑥"自定义图案"下拉列表框：当填充的图案采用"自定义"类型时，该选项才能用。可以在下拉列表框中选择图案，也可以单击相应的按钮，从弹出的"填充图案选项板"对话框中进行选择。

2)"角度和比例"选项组中：指定选定填充图案的角度和比例。

①"角度"下拉列表框：用于设置填充的图案旋转角度。

图 7-51 "填充图板选项板""对话框的"ANSI"选项卡

②"比例"下拉列表框：用于放大或缩小预定义或自定义图案。只有将"类型"设定为"预定义"或"自定义"，该选项才可用。

③"双向"复选框：对于用户定义的图案，绘制与原始直线成 90°角的另一组直线，从而构成交叉线。只有将"类型"设定为"用户定义"，该选项才可用。

④"相对图纸空间"复选框：相对于图纸空间单位缩放填充图案。使用该选项可以按适合于命名布局的比例显示填充图案。该选项仅适用于命名布局。

⑤"间距"文本框：指定用户定义图案中的直线间距。只有将"类型"设定为"用户定义"，该选项才可用。

⑥"ISO 笔宽"下拉列表框：根据选定笔宽缩放 ISO 预定义图案。只有将"类型"设定为"预定义"，并将"图案"设定为一种可用的 ISO 图案，该选项才可用。

3）"图案填充原点"选项组：可以设置图案填充原点的位置，因为许多图案填充需要对齐边界上的某一个点。

①"使用当前原点"单选按钮：选中该单选按钮后，可以使用当前 UCS 的原点作为图案填充的原点。

②"指定的原点"单选按钮：选中该单选按钮后，可以通过指定点作为图案填充原点。单击"单击以设置新原点"按钮，可以从绘图窗口中选择某一点作为图案填充原点；选中"默认为边界范围"复选框，可以以填充边界的左下角、右下角、左上角或圆心作为图案填充原点；选中"存储为默认原点"复选框，可以将指定的点存储为默认填充原点。

4）"边界"选项组：确定填充边界。图案填充时，首先应确定填充边界。该边界由直线、双向构造线、单向构造线、弧线、圆、圆弧、椭圆、椭圆弧、样条曲线、多义线和三维面及面域等实体或由这些实体定义的块所组成。作为边界的实体在当前屏幕上必须可见。

①"添加：拾取点"按钮：拾取填充区域内一点确定填充边界。单击该按钮切换到绘图窗口，可在需要填充的区域内任意指定一点，系统会自动计算出包围该点的封闭填充边界，同时亮显该边界。

②"添加：选择对象"按钮：单击该按钮切换到绘图窗口，可以通过选择对象的方式来定义填充区域边界。

③"删除边界"按钮：当填充的区域内存在另外的封闭区域时，单击该按钮切换到作图窗口，拾取边界，此时在填充时将不考虑该边界，即可以取消系统自动计算或用户指定的弧岛。

④"重新创建边界"按钮：单击该按钮，可以重新创建边界。

⑤"查看选择集"按钮：单击该按钮，可以查看已定义的填充边界。单击该按钮，切换到绘图窗口，以亮显方式显示已定义的填充边界。

5）"选项"选项组的功能如下。

①"注释性"复选框：指定图案填充为注释性。此特性会自动完成缩放注释过程，从而使注释能够以正确的大小在图纸上打印或显示。

②"关联"复选框：用于创建填充的图案与填充边界是否保持关联关系。修改关联的图案填充边界时，图案填充会自动更新

③"创建独立的图案填充"复选框：用于当指定了几个单独的闭合边界时，是创建单个图案填充对象，还是创建多个图案填充对象。

④"绘图次序"下拉列表框：用于指定图案填充时的绘图顺序。图案填充可以放在所有其他对象之后、所有其他对象之前、图案填充边界之后或图案填充边界之前。

⑤"图层"下拉列表框：为新图案填充对象指定图层以替代当前图层，当选择"使用当前项"时，使用当前图层。

⑥"透明度"下拉列表框：设定新图案填充的透明度，替代当前对象的透明度。选择"使用当前项"可使用当前对象的透明度进行设置。

6）"继承特性"按钮：可以将现有的图案填充或填充对象的特性应用到其他图案填充或填充对象。单击该按钮，切换到绘图窗口，选择已存在的图案填充或填充对象，即可确定填充图案的特性。

7）"预览"按钮：单击该按钮，可以关闭对话框，并使用当前设置的图案填充设置显示当前定义的边界。单击鼠标左键或按〈Esc〉键返回对话框，可重新调整图案填充设置。单击鼠标右键或按〈Enter〉键接受该图案填充，并完成图案填充。

8）"孤岛"选项组。选中"孤岛检测"复选框，可以指定在最外层边界内填充对象的方式该选项组中有 3 个单选按钮："普通（N）"单选按钮，普通图案填充方式；"外部（O）"单选按钮，最

外层图案填充方式；"忽略（I）"单选按钮，忽略图案填充方式。

在进行图案填充时，若图形边界内是空的，则会将整个区域填满。如果在指定边界内还有其他实体时，则如图7-52a所示。图案的填充有以下3种方式：

①一般方式：从图形的最外边界开始往里填充，遇到实体则暂时停止，然后继续往里寻找，再遇到实体时又开始填充，即遇到奇数边界即开始填充，遇到偶数边界即停止填充，如图7-52b所示。

②最外层方式：从最外边界往里填充，一遇实体即刻停止，不再连续，如图7-52c所示。

③忽略方式：从最外边界开始填充，忽略所有的内部实体，在整个区域内全部填满，如图7-52d所示。

在上述3种填充方式中，除忽略方式外，其他两种方式在进行填充时，当遇到有文字或属性等实体时，阴影线会自动断开，留出空白，以保证文字的清晰。

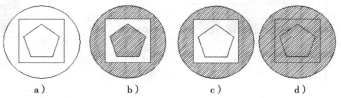

9）"边界保留"选项组。选中"保留边界"复选框，用于设置将填

图7-52　图案填充的3种方式

a）原图　b）一般方式　c）最外层方式　d）忽略方式

充边界以对象的形式保留，并可以从"对象类型"下拉列表框中选择填充边界的保留类型，如"多段线"或"面域。

10）"边界集"选项组：用于定义填充边界的对象集，系统将根据设置的边界集对象来确定填充边界。在默认情况下，系统根据"当前窗口"中的所有可见对象确定填充边界。也可以单击"新建"按钮，切换到绘图窗口，然后通过指定对象类定义边界集，此时"边界集"下拉列表框中将显示为"现有集合"选项。

11）"允许的间隙"选项组：通过"公差"文本框，设置允许的间隙大小。在该参数范围内，可以将一个几乎封闭的区域看做是一个闭合的填充边界。在默认值为0，这时填充对象要求是完全封闭的区域。

12）"继承选项"选项组：用于确定在使用继承属性创建图案填充原点的位置，可以是当前原点或源图案填充的原点。

（2）设置渐变色填充图形　在"图案填充和渐变色"对话框中，单击"渐变色"选项卡后，对话框变为"渐变色"填充形式，此时有"单色"和"双色"两个单选按钮。可以使用"单色"或"双色"两种颜色形成的渐变色来填充图形。

1）"单色"单选按钮：可以使用由一种颜色产生的渐变色来填充图形。此时，在颜色显示框中双击鼠标左键或单击右侧的"选择颜色"按钮，将弹出"选择颜色"对话框，在该对话框中可以选择所需要的渐变色，并能够通过"渐深/渐浅"滑块来调整渐变色的渐变程度。

2）"双色"单选按钮：可以使用两种颜色产生的渐变色来填充图案。

3）"渐变图案"预览窗口：显示当前设置的渐变色效果。

4）"居中"复选框，若选中该复选框，则所创建的渐变色均匀渐变。

5）"角度"下拉列表框：用于设置渐变色的角度。

在"图案填充和渐变色"对话框的"渐变色"选项卡形式中，选中"单色"按钮和"双色"按钮时的对话框形式，如图7-53所示。

4. 在"草图与注释"工作空间创建图案填充和渐变色

当调用命令后，在功能区弹出"图案填充创建"选项卡，如图7-54所示。该选项卡中包括"边界""图案""特性""原点""选项"和"关闭"面板，用于定义填充的边界、图案、填充特性和其他参数。

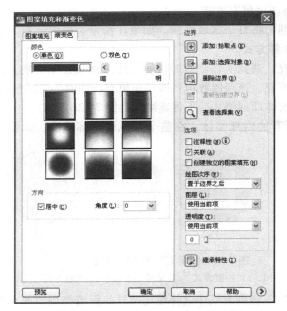 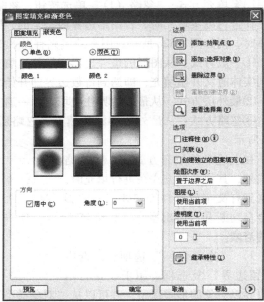

a)   b)

图 7-53   "图案填充和渐变色"对话框的"渐变色"选项卡

a) 选中"单色"单选按钮形式   b) 选中"双色"单选按钮形式

图 7-54   功能区弹出浮动"图案填充创建"选项卡

第八节   边界生成、图案填充（渐变色）编辑

一、边界生成

1. 功能

可以根据封闭图形的轮廓线重新生成一个对象的边界，该对象可以是多段线或面域。

2. 调用方式

1）键盘输入命令：Boundary（BO）↓。

2）下拉菜单：单击"绘图"→"边界"。

3）工具条：在"绘图"工具条上单击"图案填充"或"渐变色"按钮。

4）功能区面板：在功能区"常用"选项卡中的"绘图"面板的"图案填充/渐变色/边界"展开菜单中，选择"边界"选项。

此时，弹出"边界创建"对话框，如图 7-55 所示。

图 7-55   "边界创建"对话框

3. 对话框说明

1）"拾取点"按钮：根据围绕指定点构成封闭区域的现有对象来确定边界。

2）"孤岛检测"复选框：控制是否检测内部闭合边界（该边界称为孤岛）。

3）"对象类型"下拉列表框：控制新边界对象的类型。

4）"边界集"下拉列表框：定义通过指定点定义边界时，该命令要分析的对象集。

①"当前视口"：根据当前视口范围中的所有对象定义边界集，选择该选项将放弃当前所有边界集。

②"新建"：提示选择用来定义边界集的对象。

当进行边界生成时，若选择的一点不在封闭区域内，则弹出"边界 – 边界定义错误"提示框，如图 7-56 所示。

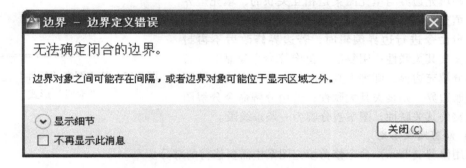

图 7-56　"边界 – 边界定义错误"提示框

二、图案填充（渐变色）编辑

填充图案或渐变色是一种特殊的实体，因此其编辑具有一些特殊性。未被炸开的填充图案或渐变色为一实体，可将其整体像其他实体一样进行编辑，但有一些编辑命令对其无效，如"拉伸""修剪"和"延伸"等。

（一）填充图案类型和特性编辑

1. 功能

对已有图形中的填充图案进行编辑修改。

2. 调用方式

1）键盘输入命令：Hatchedit↓。

2）下拉菜单：单击"修改"→"对象"→"图案填充"。

3）工具条：在"修改"工具条中单击"编辑图案填充"按钮。

4）功能区面板：在功能区"常用"选项卡中的"修改"展开面板中选择"编辑图案填充"选项。

5）快速选择：双击编辑修改的填充图案，或在"草图与注释"工作空间中使用夹点选择要编辑的图案填充对象。

6）快捷菜单：在"AutoCAD 经典"工作空间，使用夹点选择要编辑的图案填充对象，并在绘图区域中单击鼠标右键，在弹出的快捷菜单中选择"图案填充编辑"选项。

（二）利用"特性"对话框编辑填充图案和计算填充图案面积

打开"特性"选项板并选择要编辑的填充图案，此时在"特性"选项板中显示出相应图案填充的有关参数，包括"常规""图案"和"几何图形"等内容。填充图案"特性"选项板的"常规"形式，如图 7-57 所示。

在填充图案"特性"选项板的"常规"形式中，可以完成图案基本特性的修改，如图案的颜色、图层、线型、线型比例、线宽、打印样式、超链接等内容；在"图案"形式中，可以完成图案的修改，如图案的类型、图案名、角度、比例、原点坐标的修改、间距、双向、关联孤岛检测（即填充方式）等内容；在"几何图形"的面积一栏中可以显示选择的图案填充的面积，当选择多个图案填充时，可以显示它们的总面积。

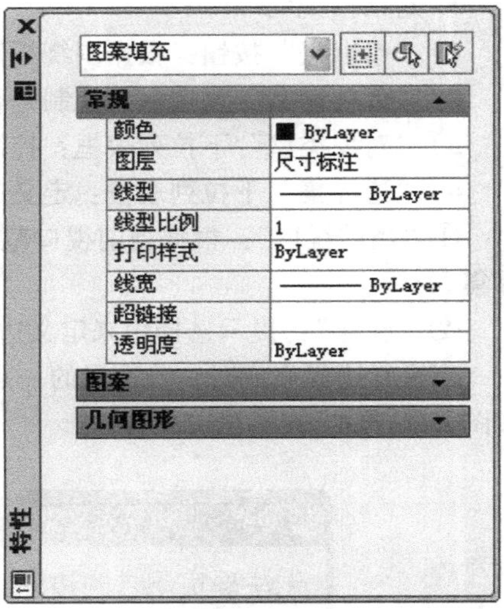

（三）利用编辑命令编辑图案边界

在"图案填充与渐变色"对话框中，若选中"关联"复选框，则填充边界与填充图案是相互关联的，填充边界修改后，填充也随之相应更新。

用编辑命令进行边界编辑时，若边界修改后不再封闭，则将丧失其关联性；用复制、镜像等命令复制时，若只选择部分填充边界，则丧失其关联性；若锁定或冻结图案层后修改边界，则丧失其关联性；若用分解命令分解图案后，则丧失其关联性，图案被分解为一条条线段。

图 7-57 填充图案"特性"选项板的"常规"形式

（四）修剪图案填充

可以用修剪（Trim）命令修剪填充图案中需要修剪的部分。

例如，在图 7-58a 中用边界 2 修剪填充图案 1，得到如图 7-58b 所示的图形。

三、图案填充可见性控制

为了便于编辑，可以控制图案填充的可见性。

（一）用命令控制图案填充的可见性

（1）用 Fill 命令控制图案的可见性

在"命令:"状态下输入 Fill 命令后，若选择 ON，则填充图案可见；若选择 OFF，则图案不可见。

（2）用变量 FILLMODE 控制图案的可见性 在"命令:"状态下输入变量后，若选择 1，则填充图案可见，若选择 0；则图案不可见。

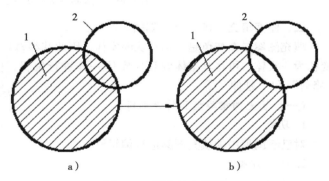

图 7-58 图案填充修剪
a) 修剪前 b) 修剪后

改变填充图案的可见性后，要使用重新生成（RENEN）命令才可生效。填充图案不可见时，若边界编辑后封闭，则图案保持关联性；若边界不封闭，则丧失关联性。

（二）用图层控制填充图案的可见性

一般情况下，填充图案应单独放在一层，当不需要显示该图案时，将图案所在层关闭或冻结即可。利用图层控制填充图案的可见性时，不同的控制方式会使填充图案与其边界的关联性发生变化。

当填充图案所在的图层被关闭时，图案与其边界仍保持着关联关系，即修改边界后，填充图案会根据新的边界自动调整位置。

填充图案所在的图层被冻结或锁定后，图案与其边界脱离关联关系，即边界修改后，填充图案不会根据新的边界自动调整位置。

思 考 题

1. "单行文字" 命令和 "多行文字" 命令有何区别?
2. 文字的对齐方式有哪些?
3. "文字样式" 的作用是什么? 如何进行创建?
4. 文字编辑有哪些方法?
5. 字段有什么用途? 如何使用?
6. 如何创建和修改表格样式?
7. 如何进行单元格编辑?
8. 如何使用单元格的夹点编辑?
9. 如何插入表格?
10. 如何在单元格中插入公式?
11. 如何进行图案填充操作? "孤岛显示样式" 有哪 3 种形式?
12. 关联图案填充与非关联图案填充在编辑时有什么区别?
13. 有哪些方法可以控制图案填充显示?
14. 图案填充有哪几种方式?
15. 如何创建边界?
16. 如何编辑填充图案?
17. 如何计算填充图案面积?
18. 分析图 7-59a 填充图案后变为图 7-59b 的方法及过程。

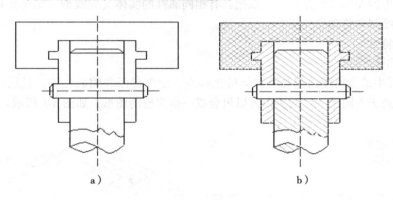

a)   b)

图 7-59 图案填充图形

第二篇　AutoCAD 提高部分

第八章　图层的使用、管理、特性修改及属性匹配

在图样中包含各种各样的信息，有确定实体形状的几何信息，也有表示线型、颜色等非几何信息，还有尺寸和符号等。为了完成复杂图形的绘制、编辑及图形输出，AutoCAD 提供了一个分层作图的功能，允许建立、选用不同的图层，使用不同的线型及颜色来绘图，它是 CAD 中的一项重要技术。另外，系统还提供了对图形中实体的特性修改和属性匹配。

第一节　图层的基本概念

在 AutoCAD 中，任何图形实体都是绘制在图层上的。图层可以想象为透明的没有厚度的薄片，一般用来对图形中的实体进行分组。可以把具有相同属性的实体（如线型、颜色和状态）画在同一层上，使图形的绘制和管理操作变得十分方便。

一、图层的特性

图层具有如下特性：

1）一幅图样中的所有图层都具有相同的坐标系、绘图界限和缩放比例，且层与层之间是精确对齐的。因此，处于不同图层上的实体可以组合成一幅完整的图形，如图 8-1 所示。

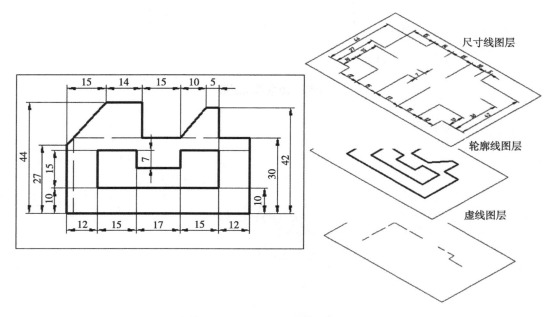

图 8-1　图层的概念

2）在同一图形文件中，可以指定任意数量的图层，每层上可以容纳任意数量的实体。

3）一般情况下，同一图层上的实体具有相同的线型、颜色、线宽。也可在同一图层上使用不同的线型、颜色、线宽。

4）每一个图层都有一个图层名。

5）可以通过图层操作改变已有图层层名、线型、颜色、线宽等，以及删除无用图层。

二、图层的状态

同一图层上的实体处于同一种状态，可以设置图层的不同状态。图层状态包括以下内容。

1）初始层：系统自动提供的图层（默认图层）。该层状态：打开且解冻、层名为"0"、线型为"Continuous"（连续线）、颜色为白色等。该层不能被删除。

2）当前层：当前正在绘制实体的一个图层。绘制实体时，只能在当前层上进行。

3）打开与关闭图层：当图层处于打开状态时，该图层上的实体是可见的；当图层处于关闭状态时，该图层上的实体是不可见的，不能对其进行编辑，但可以在该图层上绘制实体。被关闭图层上的图形不能用绘图设备输出。

4）锁定与解锁：当图层被锁定时，不影响该图层上实体的显示，但不能对其进行编辑操作，可在当前层上绘制。该层上的实体可以用绘图设备输出。

5）冻结与解冻图层：当图层冻结后，该图层上的实体是不可见的。该图层上的实体不参与图形之间的处理运算。无法对冻结图层上的实体进行编辑，也不能用绘图设备输出。当前层不能冻结。

6）打印与不打印：用于控制对应图层上的实体是否被打印。该操作仅仅针对可见图层起作用。

三、图层的线型及线宽

1）图层的线型。图层上的线型是指在该层上绘图时实体的线型，工程图样是由各种不同的线型绘制而成的。一般每一图层都应有一个相应的线型。不同的图层可设置成为不同的线型，也可以设置成相同的线型，即使在同一图层上也可为某一实体设置专门的线型。

2）图层的线宽。在图样上，常常根据标准需要用不同宽度的线型来表示不同的实体对象，所以系统为线型设置了线宽，以满足作图的需要。

四、图层的颜色

图层的颜色是指该层上实体的颜色。一般每一图层都应有一个相应的颜色。不同的图层可以设置为不同的颜色，也可设置为相同的颜色。颜色用颜色号来进行定义，颜色号是从 1～255 的一个整数，系统将 1～7 号颜色赋予标准颜色：1—Red（红）、2—Yellow（黄）、3—Green（绿）、4—Cyan（青）、5—Blue（蓝）、6—Magenta（洋红）、7—White（白）。

五、"图层"工具条

在图层的管理中，常常使用"图层"工具条，如图8-2所示。

在绘图时，有时当绘制完某一图形后，发现该图形实体没有在预先设置的图层上，这时可首先将实体选中，然后在"图层"工具条的图层控制下拉列表框中用光标选择预设的层名，即可将选择的实体转换到预设的图层。

六、对象"特性"工具条

使用对象"特性"工具条，可以更改选定的实体或对图层上最近绘制实体的线型、颜色、线宽、打印样式等进行设置，如图8-3所示。

七、功能区"图层"面板

在"草图与注释"工作空间中，可以通过"常用"选项卡的"图层"面板完成图层的设置操作，如图8-4所示。

1）"图层状态"展开菜单：打开或关闭用于保存、恢复和管理命名图层状态的图层状态管理。

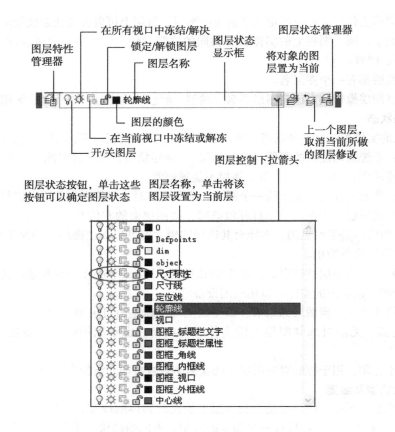

图 8-2 "图层"工具条及其说明

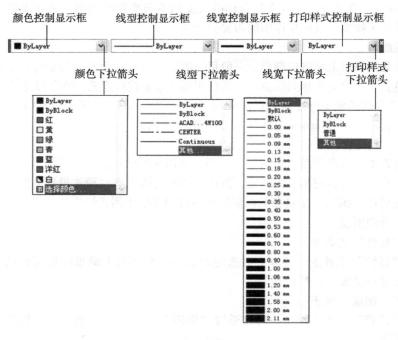

图 8-3 对象"特性"工具条

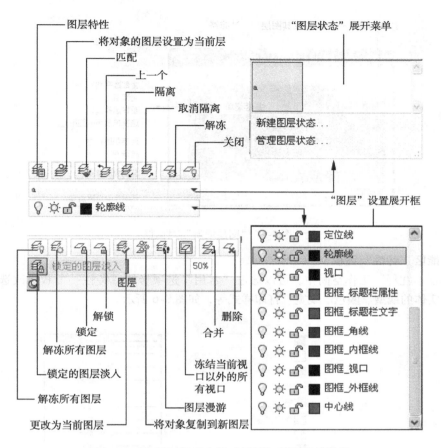

图 8-4 "常用"选项卡的"图层"面板及其说明

2)"隔离"：根据当前设置，除选定对象所在图层之外的所有图层均将关闭、在当前布局视口中冻结或锁定。保持可见且未锁定的图层称为隔离。

3)"合并"：将选定图层合并到目标图层中，将所合并图层上的对象移动到目标图层，并将以前的图层从图形中删除。

4)"删除"：删除图层上的所有对象并清理该图层。

5)"锁定的图层淡入"：控制锁定图层上对象的淡入程度。淡入锁定图层上的对象以将其与未锁定图层上的对象进行对比，并降低图形的视觉复杂程度。锁定图层上的对象仍对参照和对象捕捉可见。将淡入度值限制到 90%，以免与关闭或冻结的图层混淆。

6)"图层漫游"：显示选定图层上的对象并隐藏所有其他图层上的对象。单击该按钮，弹出显示包含图形中所有图层的列表的"图层漫游"对话框，如图 8-5 所示。对于包含大量图层的图形，可以过滤显示在对话框中的图层列表。使用该命令可以检查每个图层上的对象和清理未参照的图层。

①"过滤器"复选框：打开和关闭活动过滤器。若选中该复选框时，则列表将仅显示那些与活动过滤器匹配的图层。若取消选中该复选框，则将显示完整的图层列表（仅当存在活动过滤器时，该选项才可用）。若要打开活动的过滤器，请在过滤器列表中输入通配符并按〈Enter〉键，或选择已保存的过滤器。

②"清除"按钮 。当未参照选定的图层时，将其从图形中清理掉。若要清理图层的列表，则在"图层"列表中的任意处单击鼠标右键，在弹出的快捷菜单中选择"选择未参照的图层"即可。"图层"列表中将亮显未参照的图层。

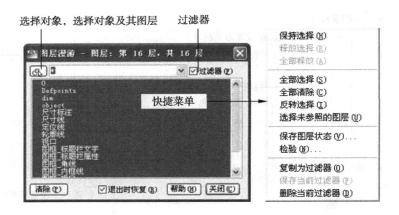

图 8-5　"图层漫游"对话框

八、功能区"特性"面板

在"草图与注释"工作空间中，可以通过"常用"选项卡的"特性"面板更改选定实体或图层上新绘制实体的线型、颜色、线宽、打印样式等，如图 8-6 所示。

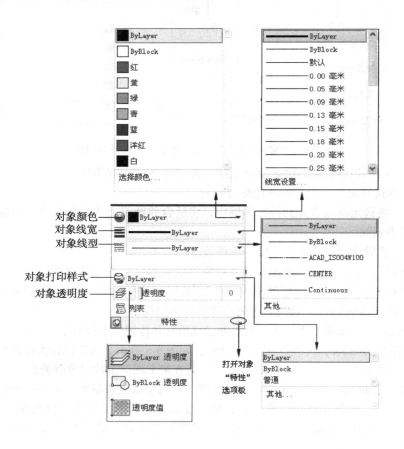

图 8-6　"常用"选项卡的"特性"面板

九、"格式"下拉菜单

在"格式"下拉菜单中，通过选择菜单中图层的有关选项，完成图层设置操作，如图 8-7 所示。

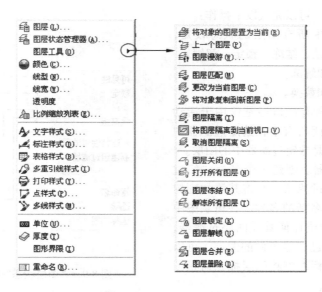

图 8-7 "格式"下拉菜单

第二节 图层的创建与管理

1. 功能

建立新的图层，设置当前层，为指定的图层定义线型、颜色和改变层名，打开或关闭图层，锁定或解锁图层，冻结或解冻图层，加载标准线型或自定义线型及查看图层的全部信息。

2. 调用方式

1）键盘输入命令：Layer（Ddlmodes、LA） ↓ 。

2）下拉菜单：单击"格式"→"图层"。

3）工具条：在"图层"工具条上单击"图层特性管理器"按钮。

4）功能区面板：在功能区"常用"选项卡中的"图层"面板中，单击"图层特性"按钮。

此时，弹出"图层特性管理器"对话框，如图 8-8 所示。

3. 对话框说明

"图层特性管理器"对话框中有树状图、列表框两个窗口和一些按钮。

（1）树状图 显示图形中图层和过滤器的层次结构列表。顶层节点"全部"显示了图形中的所有图层。过滤器按字母顺序显示。"所有使用的图层"过滤器是只读过滤器。可以添加特性过滤器和组过滤器。在树状图中，单击鼠标右键将弹出一"图层状态"管理快捷菜单，如图 8-9 所示。

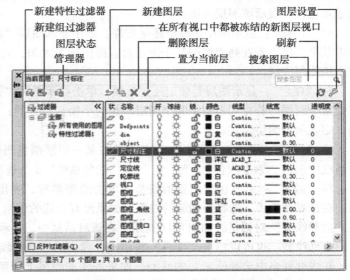

图 8-8 "图层特性管理器"对话框

通过该快捷菜单，可以完成以下操作：

1）选定过滤器中所有图层的状态设定，如图层的开、关、冻结、结冻、锁定、解锁。

2）视口的冻结和解冻。

3）图层的添加和替换。

4）隔离组用于所有视口还是仅用于活动视口。隔离组是指关闭所有不在选定过滤器中的图层，可见的图层是选定过滤器中的图层。

5）新建组过滤器。创建一个名为"组过滤器 n"的新图层组过滤器，并将其添加到树状图中。可以重新命名新的名称。在树状图中选择"全部"过滤器或任何其他图层过滤器，在列表框中显示符合过滤器条件的图层，可以从该列表框中按住鼠标左键将图层拖到树状图的新图层组过滤器中。

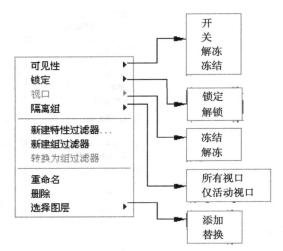

图 8-9　"图层状态"管理快捷菜单

6）转换为组过滤器。将选定的图层特性过滤器转换为图层组过滤器。更改图层组过滤器中的图层特性不会影响该过滤器。

7）重命名。重命名选定过滤器，输入新的名称。

8）删除。删除选定的图层过滤器。无法删除"全部"过滤器"所使用的图层"过滤器或"外部参照"过滤器。该选项用来删除图层过滤器，而不是过滤器的图层。

（2）列表框　在对话框中的列表框中显示满足图层过滤条件的所有图层（默认情况下是列表显示所有的图层）。在新建图层时，新建的图层也会在该列表框中显示。列表框中的内容含义如下。

1）"状态"：显示符合图层过滤器条件的图层，双击该图层图标可设置为当前图层。

2）"名称"：显示图层的名字，单击并按〈F2〉键可重新命名图层。在新建图层时，一般必须定义图层的名称。

3）"开"：显示图层是打开还是关闭，单击显示图层"开/关"的小灯泡来控制是否打开或关闭某个图层。若在列表框中某个图层对应的小灯泡的颜色为黄色，则表示该图层打开；若小灯泡的颜色是灰色，则表示该图层关闭。

4）"冻结"：显示图层是冻结还是解冻，单击显示图层"冻结/解冻"的图标来控制是否冻结或解冻某个图层。若在列表框中某个图层对应的图标为太阳，则表示该图层解冻；若图标是雪花，则表示该图层冻结。

5）"锁定"：显示图层是锁定还是解锁，单击显示图层"锁定/解锁"的小锁来控制是否锁定或解锁某个图层。若在列表框中某个图层对应的小锁是打开的，则表示该图层为解锁；若小锁是关闭的，则表示该图层锁定。

6）"颜色"：更改选定图层的颜色。单击某一图层颜色图标，弹出"选择颜色"对话框。在该对话框中包括"索引颜色""真彩色"和"配色系统"3 个选项卡，用于设置图层颜色。

7）"线型"：更改选定图层的线型。单击线型名称，弹出"选择线型"对话框，如图 8-10 所示。在该对话框中，选择要加载的线型，如果没有合适的线型，可以单击"加载"按钮，弹出"加载或重载线型"对话框，如图 8-11 所示。在该对话框中，显示了当前的线型库文件以及该文件中定义的全部线型，也可以单击"文件"按钮，在弹出的"选择线型文件"对话框中确定其他线型库文件。在线型列表中选择所需要的线型，如果需要加载多个线型，可以按〈Shift〉或〈Ctrl〉键，同时加载多个线型，单击"确定"按钮，完成线型加载。

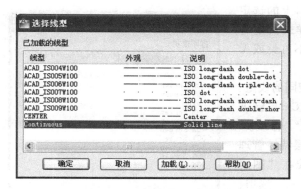

图 8-10 "选择线型"对话框

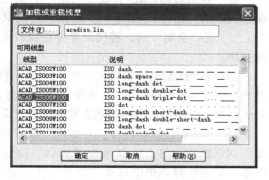

图 8-11 "加载或重载线型"对话框

8）"线宽"：更改选定图层的线宽。单击对应的线宽图标，弹出"线宽"对话框，在列表框中选择所需要的线宽，如图 8-12 所示。

9）"透明度"：控制所有对象在选定图层上的可见性。对单个对象应用透明度时，对象的透明度特性将替代图层的透明度设置。单击"透明度"值将显示"图层透明度"对话框，用于设置透明度数值，如图 8-13 所示。

图 8-12 "线宽"对话框

图 8-13 "图层透明度"对话框

10）"打印样式"：设置出图样式。单击对应的出图样式名，屏幕上弹出"选择打印样式"对话框，可以选择、编辑及添加设置出图样式，如图 8-14 所示。

11）"打印"：设置图层的打印状态。单击对应图标来控制该图层是否打印。

12）"新视口冻结"：在新布局视口中冻结选定图层。

13）"说明"：描述图层或图层过滤器。

14）当在"布局"选项卡时，还会出现以下选项。

①"视口冻结"：在当前布局视口中冻结选定的图层。可以在当前视口中冻结或解冻图层，而不影响其他视口中的图层可见性。

②"视口颜色"：设定活动布局视口上的选定图层的颜色替代。

③"视口线型"：设定活动布局视口上的选定图层的线型替代。

④"视口线宽"：设定活动布局视口上的选定图层的线宽替代。

⑤"视口透明度"：设定与活动布局视口上的选定图层关联的透明度替代值。

⑥"视口打印样式"：设定与活动布局视口上的选定图层关联的打印样式替代。当图形中的视觉样式设定为"概念"或"真实"时，替代设置将在视口中不可见或无法打印。

图 8-14 "选择打印样式"对话框

当对多个图层进行相同的设置时，如设置相同的线型、颜色、线宽及冻结等操作时，可按〈Shift〉或〈Ctrl〉键进行连续拾取，然后对图层的状态和特性进行设置、修改。

（3）"图层过滤器特性"对话框　在"图层特性管理器"对话框中，单击"新特性过滤器"按钮或在"图层状态"管理快捷菜单中选择"新建特性过滤器…"选项，弹出"图层过滤器特性"对话框，如图 8-15 所示。

在该对话框中，"过滤器名称"文本框用于命名新建过滤器；"过滤器定义"选项组用于定义过滤器的条件，可设置图层是当前文件图层还是引用外部图层的状态，可设置某一图层名，可设置图层的开、关、冻结、结冻、锁定、解锁、颜色、线型、线宽、打印式样和是否打印等过滤器的条件，来创建一个新的图层过滤器；"过滤器预览栏"选项组用于显示符合过滤器条件的各图层。

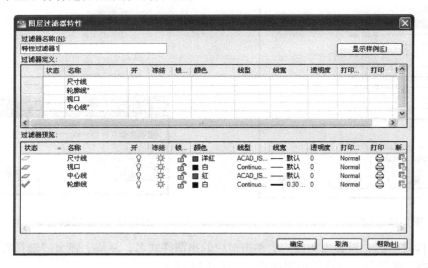

图 8-15 "图层过滤器特性"对话框

（4）"图层管理"快捷菜单　在"图层特性管理器"对话框的图层列表框中，单击鼠标右键，弹出一"图层管理"快捷菜单，通过该菜单完成对图层的设置管理，如图 8-16 所示。

（5）"新组过滤器"按钮　单击该按钮，创建一个名为"组过滤器 n"的新图层组过滤器，并将其添加到树状图中。

（6）"图层设置"对话框　在"图层特性管理器"对话框中单击"图层设置"按钮，弹出"图层设置"对话框，用于显示新图层通知、隔离图层和对话框设置，如图 8-17 所示。

（7）"新建图层"按钮　单击该按钮，可以创建新图层，列表将显示名为 LAYER1 的图层。该名称处于选定状态，因此可以输入新图层名。新图层将继承图层列表中当前选定图层的特性（颜色、线型、开或关状态等）。

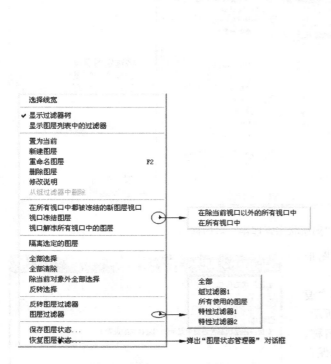

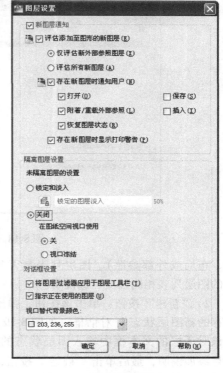

图 8-16　"图层管理"快捷菜单　　　　　图 8-17　"图层设置"对话框

（8）"所有视口中已冻结的新图层视口"按钮　单击该按钮，可以创建新图层，然后在所有现有布局视口中将其冻结。

（9）"删除图层"按钮　单击该按钮，可以删除选定图层。只能删除未被参照的图层。参照的图层包括图层 0 和 DEFPOINTS、包含对象（包括块定义中的对象）的图层、当前图层以及依赖外部参照的图层。

（10）"置为当前"按钮　单击该按钮将选定图层设定为当前图层，只能在当前图层上绘制创建实体对象。

4. "图层状态管理器"对话框

（1）功能　保存、恢复和管理命名图层的状态，可以恢复、编辑、输入和输出命名图层状态以在其他图形中使用。

（2）调用方式

1）键盘输入命令：Layerstate↓。

2）下拉菜单：单击"格式"→"图层状态管理器"。

3）工具条：在"图层"工具条上，单击"图层状态管理器"按钮。

4）功能区面板：在功能区"常用"选项卡中的"图层"面板中的"图层状态"展开菜单中，选择"管理图层状态"选项。

5）快捷菜单：在"图层管理"快捷菜单中选择"恢复图层状态"选项。

6）对话框按钮：在"图层特性管理器"对话框中，单击"图层状态管理器"按钮。

此时，弹出"图层状态管理器"对话框，如图 8-18 所示。

（3）对话框说明

1）"图层状态"显示列表框：列出已保存在图形中的命名图层状态，保存它们的空间（模型空

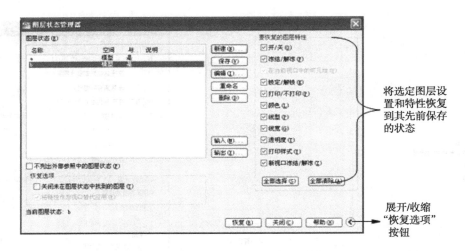

将选定图层设置和特性恢复到其先前保存的状态

展开/收缩"恢复选项"按钮

图 8-18 "图层状态管理器"对话框

间、布局或外部参照)、图层列表是否与图形中的图层列表相同以及可选说明。

2)"新建"按钮：单击该按钮，弹出"要保存的新图层状态"对话框，如图 8-19 所示。在该对话框的文本框中输入图层状态的名称，并且添加说明，最后单击"确定"按钮，保存该图层状态。

3)"编辑"按钮：单击该按钮，弹出"编辑图层状态"对话框，从中可以修改选定的命名图层状态，如图 8-20 所示。

4)"输入"按钮：单击该按钮，弹出"输入图层状态"对话框，如图 8-21 所示。可以在"文件类型"下拉列表中选择输入图层的文件类，即 las、dwg、dws 或 dwt。其中 las 是将已输出的图层状态输入到当前图形。选定 dwg、dws 或 dwt 文件后，将显示"选择图层状态"对话框，从中可以选择要输入的图层状态，如图 8-22 所示。

5)"输出"按钮：单击该按钮，弹出"输出图层状态"对话框，将选定的命名图层状态保存到图层状态(las)文件中。

6)"保存"按钮：单击该按钮，保存选定的命名图层状态。

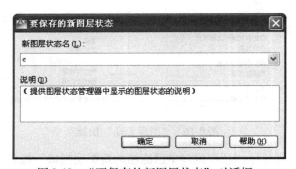

图 8-19 "要保存的新图层状态"对话框

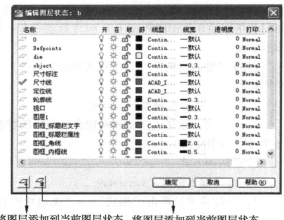

将图层添加到当前图层状态　将图层添加到当前图层状态

图 8-20 "编辑图层状态"对话框

7)"重命名"按钮：允许在位编辑图层状态名。

8)"删除"按钮：删除选定的命名图层状态。

9)"恢复"按钮：将图形中所有图层的状态和特性设置恢复为之前保存的设置。仅恢复使用复选框指定的图层状态和特性设置。

10)"关闭"按钮：关闭图层状态管理器并保存更改。

图 8-21 "输入图层状态"对话框

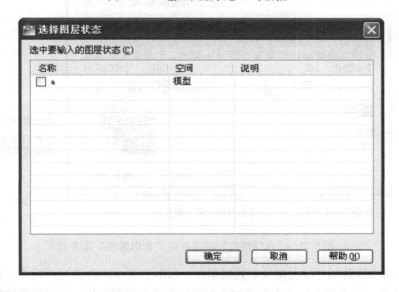

图 8-22 "选择图层状态"对话框

第三节 颜色设置

颜色是指图层上实体的颜色,一般图层上实体的颜色由图层设定的颜色来控制,不同图层的颜色可以设置成相同或不同。在同一图层上绘制实体时,对不同的实体也可使用不同的颜色来加以区别,这时要采用颜色命令来设置新的颜色。采用此方式进行颜色设置后,以后所绘制的实体全都为该颜色,即使改变当前图层,所绘实体的颜色也不会改变。

1. 功能

用来设置颜色,使以后所绘实体均为该颜色,与图层的颜色设置无关。

2. 调用方式

1）键盘输入命令：Color（ddcolor、col）↓。

2）下拉菜单：单击"格式"→"颜色"。

3）工具条：在对象"特性"工具条的颜色控制展开菜单中，选择"选择颜色"选项。

4）功能区面板：在功能区"常用"选项卡中的"特性"面板的"对象颜色"展开菜单中，选择"选择颜色"选项。

此时，弹出"选择颜色"对话框。在该对话框中有"索引颜色""真彩色"和"配色系统"3个选项卡，分别用于设置图层上实体的颜色。

3. 对话框说明

（1）"索引颜色"选项卡　在"选择颜色"对话框中单击"索引颜色"选项卡，如图 8-23 所示。

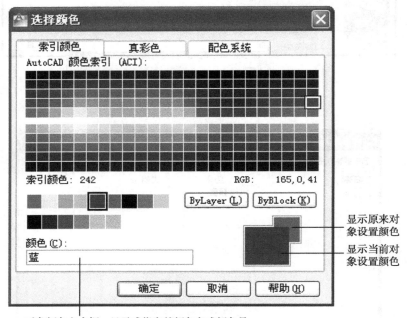

图 8-23　"选择颜色"对话框的"索引颜色"选项卡

索引颜色是将 256 种颜色预先定义好且组织在一张颜色表中。在该对话框中，可以用鼠标指针选取所需要的颜色或在"颜色"文本框中输入相应的颜色名或颜色号，来设置实体的一种颜色。

单击 ByBlock（随块）按钮，颜色为随块方式，在此方式下绘制实体图形的颜色为白色，若把这样的实体制成块，则在块插入时，块的颜色会变为与所插入当前层颜色相同。

单击 ByLayer（随层）按钮，颜色为随层方式，在此方式下绘制实体的颜色与所在图层的颜色相同，同一层上的实体具有相同的颜色，该方式是系统的默认方式。

（2）"真彩色"选项卡　在"选择颜色"对话框中单击"真彩色"选项卡，如图 8-24 所示。

在该对话框中的"颜色模式"下拉列表框中有 RGB 和 HSL 两种颜色模式可以选择。尽管这两种模式都可以得到同一种所需的颜色，但它们是通过不同的方式组合颜色的的。

RGB 颜色模式源于有色光的三原色原理。其中，R 代表红色，G 代表绿色，B 代表蓝色。每种颜色都有 256 不同的亮度值，因此 RGB 模式从理论上讲有 256×256×256（16 兆）种颜色。虽然 16 兆种颜色仍不能涵盖人眼所能看到的整个颜色范围，自然界中的颜色也远远多于 16 兆种，但是这么

 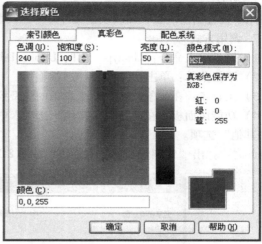

a)   b)

图 8-24   "选择颜色"对话框的"真彩色"选项卡

a) RGB 颜色模式   b) HSL 颜色模式

多种颜色已经足够模拟自然界中的各种颜色。RGB 模式是一种加色模式，即所有其他颜色都是通过红、绿、蓝 3 种颜色叠加而成的。

HSL 颜色模式是以人类对颜色的感觉为基础，描述了颜色的 3 种基本特性。H 代表色调，这是从物体反射或透过物体传播的颜色，在通常的使用中，色调由颜色名称标识，如红色、橙色或绿色；S 代表饱和度（有时称为彩度），是指颜色的强度或纯度，饱和度表示色相中灰色分量所占的比例，它使用从 0%（即灰色）～100%（完全饱和）的百分比来度量；L 代表亮度，是颜色的相对明暗程度，通常用从 0%（黑色）～100%（白色）的百分比来度量。

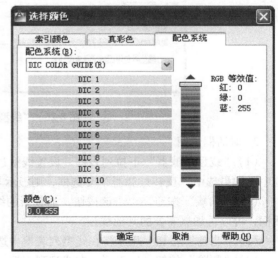

（3）"配色系统"选项卡   在"选择颜色"对话框中单击"配色系统"选项卡，如图 8-25 所示。在该对话框中的"配色系统"下拉列表框中提供了定义好的色库表，可以选择一种色库表，然后在下面的颜色条中选择需要的颜色。

图 8-25   "选择颜色"对话框的"配色系统"选项卡

第四节   线型设置、线型比例设置和线宽设置

一、线型设置

线型是指图层上实体的线型，一幅工程图是由实线、点画线、虚线等不同的线型组成的，使用时根据需要可从系统的线型库中加载标准线型，也可自定义线型。不同图层上的线型可以设置成相同，也可设置成不同。在同一图层上也可以根据绘图需要用不同的线型来表达不同的实体。采用此方式进行线型设置后，以后所绘制的实体全都为该线型，即使改变当前图层，所绘实体的线型也不会改变。

1. 功能

用于设置当前线型、加载线型文件库中的线型及删除无用的线型。

2. 调用方式

1）键盘输入命令：Linetype（LT、Ltype、Ddltype）↓。

2）下拉菜单：单击"格式"→"线型"。

3）工具条：在对象"特性"工具条的线型控制展开菜单中选择"其他"选项。

4）功能区面板：在功能区"常用"选项卡中的"特性"面板的"对象线型"展开菜单中，选择"其他"选项。

此时，弹出"线型管理器"对话框，如图 8-26 所示。

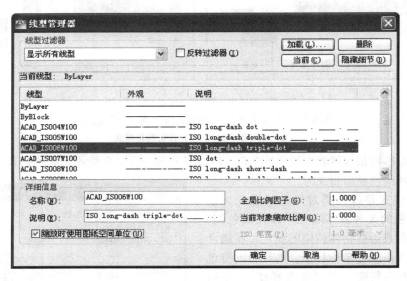

图 8-26 "线型管理器"对话框

3. 对话框说明

（1）"线型过滤器"下拉列表框 设置线型过滤器条件，控制那些已加载的线型显示在主列表框中。如果选中"反转过滤器"复选框，则显示与过滤器设置条件相反的线型。

（2）"加载"按钮 单击该按钮，加载新的线型。单击该按钮后，弹出"加载或重载线型"对话框，可以再加载需要的其他线型。

（3）"当前"按钮 用于将在线型列表框中选中的线型设置为当前线型。

（4）"删除"按钮 用于删除在线型列表框中选中的线型。被删除的线型是在作图时没有用过的线型。

（5）"当前线型"选项组 显示线型及其属性。

1）线型：显示当前图形文件的线型名并可为线型重新命名。选中某一线型名后，单击该线型名，在显示的文本框中输入新的线型名。不能更改线型名为 ByLayer、ByBlock、Continuous 和外部引用依赖的线型名。

2）外观：显示线型的形状。

3）说明：显示线型的描述说明。

（6）"显示细节"或"隐藏细节"按钮 对所选线型的详细说明及重新设置。单击"显示细节"按钮后，显示出"线型管理器"对话框的"详细信息"形式，这时"显示细节"按钮变为"隐藏细节"按钮。

（7）"详细信息"选项组　用于对线型的一些属性的显示和设置。

1）"名称"文本框：显示所选线型名或更改线型名。

2）"说明"文本框：对所选线型的描述和形状显示，可以修改线型的描述和形状。

3）"缩放时使用图纸空间单位"复选框：控制图纸空间和模型空间是否使用相同的比例因子。

4）"全局比例因子"文本框：设置所有线型比例因子。

5）"当前对象缩放比例"文本框：设置新绘制实体的线型比例因子。

6）"ISO 笔宽"列表框：将线型比例设置为标准 ISO 值列表中的一个，实际比例是"全局比例因子"值与实体比例因子的乘积。

二、线型比例设置

系统提供的线型除 Continuous（实线）线型外，其他线型都是由实线段、空白段或点、字符组成的重复序列。系统对线型中每小段的长度是按绘图单位进行定义的，在屏幕上显示的长度与使用时设置的缩放倍数及线型比例成正比。因此，当显示在屏幕上或从绘图机输出的线型不合适时，可以通过调整线型比例值来进行设置，使之符合使用要求，同时与图形协调。

（一）设置全局比例因子

1. 功能

用来确定图形中所有线型的总体比例，即改变线型中实线段及其间隔的长度，全局比例因子对所有线型都起作用。

2. 调用方式

1）键盘输入命令：Ltscale（LTS）↓。

提示如下。

输入新线型比例因子〈当前值〉：（输入一个新比例值）

系统输入一个新的比例值乘以线型定义的每小段长度，而后将图形重新生成。

2）对话框：在"线型管理器"对话框的"详细信息"选项组中的"全局比例因子"文本框中，设置全局线型比例。

（二）设置新实体线型比例

1. 功能

设置该比例后，新绘制实体的线型比例均为该线型比例，对原有线型不产生影响。

2. 格式

1）键盘输入命令：Celtscale↓。

提示：输入 CELTSCALE 的新值〈当前值〉：（输入一个新比例值）

系统输入的新比例值，确定以后所绘制实体线型均为该比例。

2）对话框：在"线型管理器"对话框的"详细信息"选项组中的"当前对象缩放比例"文本框中，设置新绘制实体的线型比例因子。

三、线宽设置

1. 功能

设置后续绘制线型的线宽、线宽显示选项和线宽单位。在所有图层上均采用此线宽来绘制图形，但对原图形的线宽不产生影响。

2. 调用方式

1）键盘输入命令：Lweight（LW、Lineweight）↓。

2）下拉菜单：单击"格式"→"线宽"。

3）状态栏：在状态栏中的"显示/隐藏线宽"按钮上单击鼠标右键，在弹出的快捷菜单中选择"设置"选项。

4）功能区面板：在功能区"常用"选项卡中的"特性"面板中的"对象线宽"展开菜单中，选择"线宽设置"选项。

此时，弹出"线宽设置"对话框，如图8-27所示。

3. 对话框说明

1）"线宽"列表框：设置当前线宽。可从列表中选取合适的线宽来设置为当前线宽。

2）"显示线宽"复选框：用于确定是否按设置的线宽显示图形。通过单击状态栏上的"显示/隐藏线宽"按钮也可以进行显示与不显示切换。

3）"调整显示比例"滑块：可以设置线宽的显示比例。

4）"列出单位"选项组：通过"毫米（M）"和"英寸（I）"两个单选按钮来选择单位。

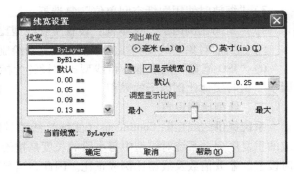

图8-27　"线宽设置"对话框

5）"当前线宽"显示框：显示当前线宽值。

6）"默认"设置框：用于设置默认的线宽值。通过单击该设置框右边的下拉列表箭头，在弹出的下拉列表框中选择一个数值作为系统线宽的默认值。

第五节　图层转换器

1. 功能

将当前图形图层的名称和特性转换成已有图形或标准文件的图层设置，实现图形的标准化和规范化。

2. 调用方式

1）键盘输入命令：Laytrans↓。

2）下拉菜单：单击"工具"→"CAD 标准"→"图层转换器"。

3）工具条：在"CAD 标准"工具条中单击"图层转换器"按钮。

4）功能区面板：在功能区"管理"选项卡中的"CAD 标准"面板中，选择"图层转换器"选项。

此时，弹出"图层转换器"对话框，如图8-28所示。

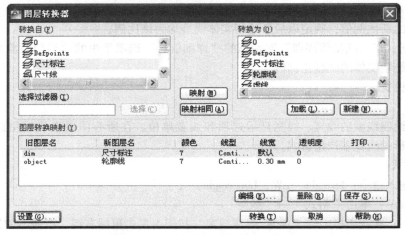

图8-28　"图层转换器"对话框

3. 对话框说明

（1）"转换自"选项组　显示了当前图形中即将被转换的图层结构，可以在列表框中选择，也可以通过"选择过滤器"来选择图层。

（2）"转换为"选项组　用于确定要转换的图层的目标图层。

1）"加载"按钮：单击该按钮，弹出"选择图形文件"对话框，选择可加载的已有图形文件、样板文件、标准文件的图层设置，如图 8-29 所示。

图 8-29　"选择图形文件"对话框

2）"新建"按钮：单击该按钮，弹出"新图层"对话框，可以创建新的图层作为转换匹配图层，新建的图层也会显示在"转换为"选项组中，如图 8-30 所示。

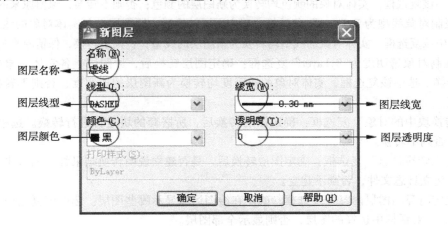

图 8-30　"新图层"对话框

（3）"映射"按钮　单击该按钮，可以将在"转换自"列表框中选中的图层映射到"转换为"列表框中，并且当图层被映射后，它将从"转换自"列表框中删除。

（4）"映射相同"按钮　用于将"转换自"列表框和"转换为"列表框中名称相同的图层进行转换映射。

（5）"图层转换映射"选项组　显示了已经映射的图层名称相关特性值。

当选中一个图层后：

1）单击"编辑"按钮，将弹出"编辑图层"对话框，用于修改转换后的图层特性，如图 8-31 所示。

2）单击"删除"按钮，可以取消该图层的转换映射，该图层将重新显示在"转换自"列表框中。

3）单击"保存"按钮，将打开"保存图层映射"对话框，将图层转换关系保存到一个标准配置文件（*.dws）中。另外，在该列表框中，单击鼠标右键，将弹出一快捷菜单，通过该快捷菜单，也可完成图层的编辑和删除。

（6）"设置"按钮　单击该按钮，打开"设置"对话框，如图8-32所示。通过该对话框，可以设置图层转换规则。

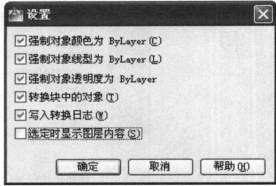

图8-31　"编辑图层"对话框　　　　　　图8-32　"设置"对话框

1）"强制对象颜色为 ByLayer"复选框：确定图层转换后，原图层上各实体对象的颜色是否也进行转换。选中该复选框，实体对象的颜色均转换为新图层的颜色；否则不转换，保留原来的颜色。

2）"强制对象线型为 ByLayer"复选框：确定图层转换后，原图层上各实体对象的线型是否也进行转换。选中该复选框，实体对象的线型均转换为新图层的线型；否则不转换，保留原来的线型。

3）"强制对象透明度为 ByLayer"复选框：确定图层转换后，原图层上各实体对象的透明度是否也进行转换。选中该复选框，实体对象的透明度均转换为新图层的透明度；否则不转换，保留原来的透明度。

4）"转换块中的对象"复选框：确定图层转换后，所嵌套的块是否进行转换。选中该复选框，进行转换，否则不转换。

5）"写入转换日志"复选框：确定图层转换后，是否建立说明转换结果细节的日志文件。选中该复选框，建立日志文件，否则不建立。

6）"选定时显示图层内容"复选框：确定在绘图区域显示哪些图层。选中该复选框，只显示在"图层转换器"对话框中选择的图层，否则显示全部图层。

（7）"转换"按钮　单击该按钮，开始转换图层，并关闭"图层转换"对话框。

第六节　实体特性修改和属性匹配

一、实体特性修改

组成图形的实体除了具有几何参数特性（如形状、大小、位置）外，还具有某些状态特性，如图层、颜色、线型、属性等。根据需要可以对这些特性进行调整和修改。

1. 功能

用来修改已绘制实体图形的某些特性，如位置、大小、颜色、图层、线型、文本及属性内容等。

2. 调用方式

1）键盘输入命令：Ddmodify（Properties、CH）↓。

2）下拉菜单：单击"修改"→"特性"或"工具"→"选项板"→"特性"。

3）工具条：在"标准"工具条中单击"特性"按钮。

4）双击实体：在绘图区双击实体。

5）功能区面板：在功能区"视图"选项卡中的"选项板"面板中单击"特性"按钮，或在功能区"常用"选项卡中的"特性"面板中单击右下角的弹出特性选项板小"斜箭头"。

6）组合键：按组合键〈Ctrl + 1〉。

7）快捷菜单：当选择实体后，在绘图区单击鼠标右键，在弹出的快捷菜单中选择"特性"选项。

此时，弹出"特性"选项板，如图 8-33 所示。

3. "特性"选项板说明

1）打开"特性"选项板，在没有选中对象时，窗口显示整个图纸的特性及它们的当前设置；当选择了一个对象后，窗口将列出该对象的全部特性及其当前设置；选择同一类型的多个对象，则窗口内只列出这些对象的基本特性及当前设置；选择不同类型的多个对象，则窗口内只列出这些对象的基本特性以及它们的当前设置，如颜色、图层、线型、线型比例、打印样式、线宽、超级链接及厚度等。

2）"特性"选项板的打开不影响 AutoCAD 系统的工作，即打开"特性"选项板后，系统仍可执行各种命令操作。

3）单击"快速选择"按钮，将打开"快速选择"对话框，可进行快速创建选择集。

4）单击"选择对象"按钮，切换到绘图窗口，通过该窗口可选择其他对象。

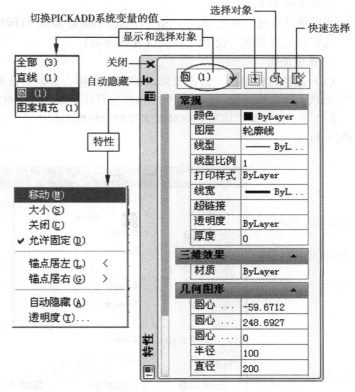

图 8-33　"特性"选项板

5）单击"切换 PICKADD 系统变量的值"按钮，可以修改 PICKADD 系统变量的值，决定是否能选择多个对象进行编辑。

6）在"特性"选项板内单击对象的特性栏，可显示该特性所有可能的取值。

7）修改所选择对象特性时，可以直接在特性栏中输入新的特性值、在显示的下拉列表框中选择、使用拾取点按钮等。

8）单击"自动隐藏"按钮，在不使用"特性"窗口时，自动隐藏该窗口，只显示一个标题栏。

9）单击"特性"按钮或在"特性"窗口标题栏上单击鼠标右键，将弹出一个快捷菜单，确定"特性"窗口的状态。

二、属性匹配

1. 功能

将源目标实体对象的属性，复制给目标实体的属性。可应用的特性类型包括颜色、图层、线型、线型比例、线宽、打印样式、透明度和其他指定的特性。

2. 调用方式

1）键盘输入命令：Matchprop（Printer、MA）↓。

2）下拉菜单：单击"修改"→"特性匹配"。

3）工具条：在"标准"工具条中单击"特性匹配"按钮。

4）功能区面板：在功能区"常用"选项卡中的"剪贴板"面板中单击"特性匹配"按钮。

提示如下。

选择源对象：（选择某一实体为源目标）

后续提示如下。

当前活动设置：颜色 图层 线型 线型比例 线宽 厚度 打印样式 文字 标注 填充图案 多段线 视口

选择目标对象或［设置（S）］：（输入选项）

3. 选项说明

（1）选择目标对象　选择要修改的目标实体，为默认选择。此时，在绘图区光标变为小"刷子"形状，可直接选取一个或多个实体作为目标对象，目标对象的属性修改为源实体对象的属性。

（2）S　设置源实体与目标对象实体对象特性匹配内容。此时，弹出一个"特性设置"对话框，如图 8-34 所示。

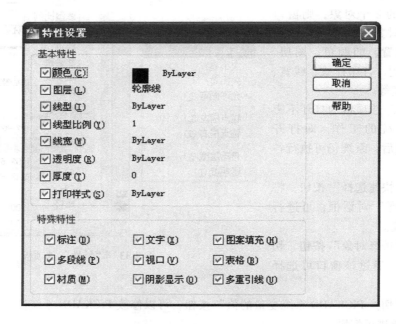

图 8-34　"特性设置"对话框

该对话用于匹配内容的设置，"基本特性"选项组用于基本匹配特性设置，包括颜色、图层、线型、线型比例、线宽、透明度、厚度、打印样式等复选框；"特殊特性"选项组，用于特殊匹配特性设置，包括标注、文字、图案填充、多段线、视口、表格、材质、阴影显示、多重引线等复选框。

不仅可在同一图形文件中进行源对象和目标对象的属性匹配，而且还可以在不同的图形文件中进行源对象和目标对象的属性匹配。

思 考 题

一、问答题

1. 图层有哪些特性？为什么要使用图层？

2. 如何新建一个图层且设置为当前层？如何设定图形的当前颜色、线型、线宽？

3. 如何实现为同一层上的实体指定不同的线型、线宽、颜色？

4. 如何使用"图层状态管理器"？它有什么作用？

5. 如何改变实体的图层？

6. "选择颜色"对话框中包括了哪些选项卡，它们的作用是什么？

7. 如何设置实体的线型？

8. 有哪些方法可以改变一个实体对象的属性，如颜色、线型、标注、图层等？如何操作？

9. 实体"特性"选项板有什么用途？如何操作？

10. 图层转换器的用途是什么？如何操作？

二、填空题

1. 在 AutoCAD 系统中，使用_____对话框可以创建和管理图层。

2. 图层的状态主要有_____、_____、_____、_____、_____等。

3. 属性匹配的"特性设置"对话框主要用于_____和_____对象的特性匹配。"基本特性"选项组包括_____、_____、_____、_____、_____、_____复选框；"特殊特性"选项组包括_____、_____、_____、_____、_____、_____复选框。

4. 线型比例设置包括设置_____和设置_____。

5. "图层"工具条中的图层状态显示框中包括_____、_____、_____、_____和_____图层状态显示项。

第九章 尺 寸 标 注

尺寸标注是图样绘制的一项重要工作，图样上各实体的位置和大小需要通过尺寸标注来表达。利用系统提供的尺寸标注功能，可以方便、准确地标注图样上的各种尺寸。

一、尺寸的组成

一个完整的尺寸由尺寸线（Dimension Lines）、尺寸界线（Extension Lines）、尺寸箭头（Arrows）和尺寸文字（Text）组成，如图9-1所示。通常 AutoCAD 将构成尺寸的四个部分作为一个实体存放在图形文件中。

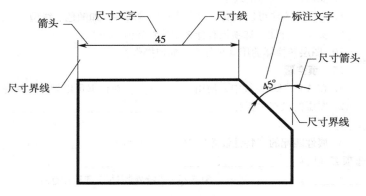

图9-1 尺寸的组成

1）尺寸线：用来确定尺寸的测量方向。一般情况下是直线，角度尺寸标注是一条弧线。

2）尺寸界线：用来确定尺寸的测量范围。一般情况下为了使标注更加清晰，通常用尺寸界线把尺寸移到被标注实体之外，有时也可以利用实体的轮廓线或中心线来代替。

3）尺寸箭头：用来确定尺寸的起止。一般情况下箭头是一个形状为填充的小三角形。

4）尺寸文字：用来确定实体实际尺寸的大小。可以使用 AutoCAD 自动测量值，也可以使用给定的尺寸和文字说明。

二、尺寸标注的类型

系统提供了线性（长度）、半径和角度等基本的尺寸标注类型。标注可以是水平、垂直、对齐、旋转、坐标、基线或连续等，如图9-2所示。

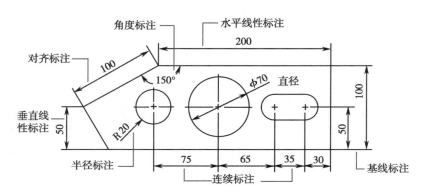

图9-2 尺寸标注的类型

1）长度型尺寸标注：标注长度方向的尺寸，分为单一长度型尺寸（水平型、垂直型、旋转型）、基线型、连续型、两点校准型、弧长型、等距型、打断标注和线性折弯。

2）角度型尺寸标注：标注角度尺寸。

3）直径型、半径型尺寸标注：标注直径尺寸、半径尺寸以及折弯标注。

4）快速尺寸标注：成批快速标注尺寸。

5）坐标型尺寸标注：标注相对于坐标原点的坐标。

6）中心标记：注标圆或圆弧的中心标记。

三、尺寸标注命令的调用

可以用不同的方法调用尺寸标注命令。

1. 工具条

（1）"标注"工具条 在"标注"工具条中，单击按钮可完成相应命令的输入，如图9-3所示。

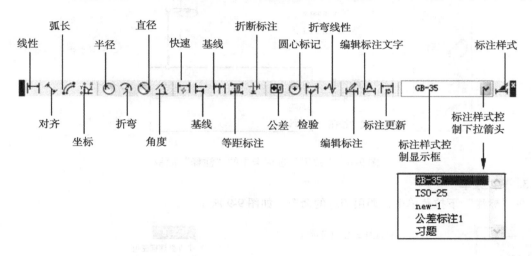

图9-3 "标注"工具条

（2）"多重引线"工具条 在"多重引线"工具条中，单击按钮可完成相应命令的输入，如图9-4所示。

（3）"格式"工具条 在"格式"工具条中，单击按钮可完成相应命令的输入，如图9-5所示。

2. 功能区面板

（1）"常用"选项卡 可以在功能区的"常用"选项卡中的"注释"面板中单击按钮完成相应命令的输入，如图9-6所示。

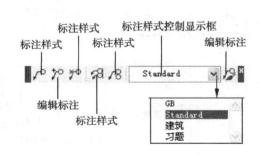

图9-4 "多重引线"工具条

图9-5 "格式"工具条

（2）"注释"选项卡 可以在功能区的"注释"选项卡中的"标注"面板中单击按钮完成相应命令的输入，如图9-7所示；或在"引线"面板中，单击按钮完成相应命令的输入，如图9-8所示。

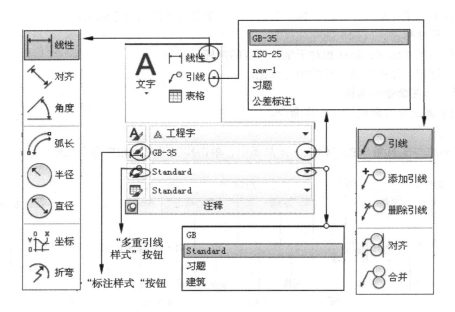

图9-6 "常用"选项卡中的"注释"面板

3. 下拉菜单

在"标注"下拉菜单中，调用相应的命令，如图9-9所示。

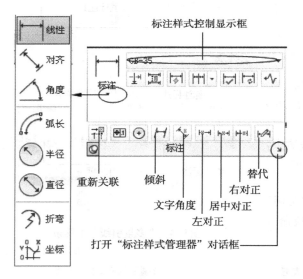

图 9-7 "注释"选项卡中的"标注"面板

图 9-8 "注释"选项卡中的"引线"面板

图 9-9 "标注"下拉菜单

4. 键盘输入

在命令提示符"命令:"下，直接输入命令。

四、尺寸标注的步骤

对图形进行尺寸标注时，通过遵循以下步骤：

1）创建一个用于尺寸标注的图层。

2）创建一个用于尺寸标注的文字样式。

3）创始一个用于尺寸标注的标注样式。

4）调用尺寸标注命令，对图形进行尺寸标注。在尺寸标注时，经常使用对象捕捉功能。

5）对不合适的尺寸进行编辑修改。

第一节 尺寸标注样式的创建及管理

在进行图形尺寸标注之前，应为尺寸标注创建一个尺寸标注样式。通过"标注样式管理器"对话框来创建及管理尺寸标注样式，也可以改变尺寸标注系统变量来设置尺寸标注样式。

一、尺寸标注样式的创建

1. 功能

创建和修改尺寸标注样式。

2. 调用方式

1）键盘输入命令：Ddim（D、Dimstyle）↓。

2）下拉菜单：单击"格式"→"标注样式"或"标注"→"标注样式"。

3）工具条：在"标注"工具条中，单击"标注样式"按钮；在"样式"工具条中，单击"标注样式"按钮。

4）功能区面板：在功能区"常用"选项卡中的"注释"展开面板中，单击"标注样式"按钮；在"注释"选项卡中的"标注"面板中，单击右下角的小斜三角"标注样式"按钮。

此时，弹出"标注样式管理器"对话框，如图 9-10 所示。

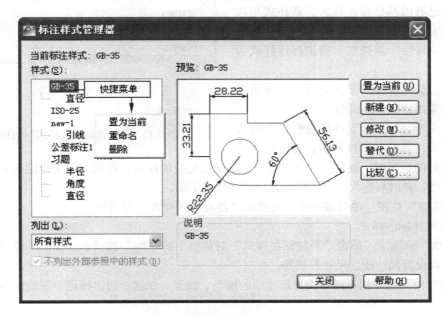

图 9-10 "标注样式管理器"对话框

3. 对话框说明

（1）"当前标注样式："显示栏　显示当前正在使用的尺寸标注样式名称。

（2）"样式"列表框　显示当前图形文件中的所有尺寸标注样式。在该列表中，选中某一尺寸标注样式并单击鼠标右键，弹出一快捷菜单，如图 9-10 所示。利用该快捷菜单可以设置、重命名、删除所选的尺寸标注样式。

（3）"列出："列表框　设置在"样式"列表框中所显示的尺寸标注样式，有"所有样式"和"正在使用的样式"两个选项。

（4）"不列出外部参照中的样式"复选框　确定是否在"样式"列表框中显示外部参照的尺寸标注样式。

（5）"置为当前"按钮　单击该按钮，把在"样式"列表框中选中的尺寸标注样式设置为当前尺寸标注样式。

（6）"预览："显示框　显示当前尺寸标注样式的图形标注效果。

（7）"说明"显示框　显示对当前使用的尺寸标注样式的说明。

另外，在该对话中还包括"新建（N）…""修改（M）…""替代（O）…""比较（C）…"按钮，单击它们可以调出下一级对话框。在用"新建（N）…""修改（M）…""替代（O）…"3 个按钮调出的对话框中都包括 7 个相同的选项卡："线""符号和箭头""文字""调整""主单位""换算单位"和"公差"。

二、创建新尺寸标注样式

1. 确定新尺寸标注样式名称

在"标注样式管理器"对话框中单击"新建（N）…"按钮，弹出"创建新标注样式"对话框，如图 9-11 所示。

对话框说明如下。

（1）"新样式名（N）："文本框　输入新建尺寸标注样式名称。

（2）"基础样式（S）："下拉列表框　用于选择一个已有的基础标注样式，新样式可在该基础样式上生成。

（3）"注释性"复选框　指定标注样式为注释性。

（4）"信息"按钮　单击该按钮，弹出有关注释性对象的详细信息说明。

（5）"用于（U）："下拉列表框　单击右侧的下拉箭头，弹出一下拉列表，当选择"所

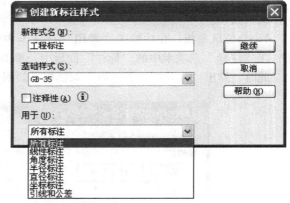

图 9-11　"创建新标注样式"对话框

有标注"以外的选项时，创建一种仅适用于特定标注类型的标注子样式，用于指定新建尺寸标注样式的适用类型，此时新建尺寸样式处于某一尺寸样式下面。

（6）"继续"按钮　单击该按钮，将弹出"新建标注样式"对话框。

2. 创建尺寸标注样式

（1）"线"选项卡　单击"新建标注样式"对话框中的"线"选项卡，如图 9-12 所示。在该对话框中，可以设置尺寸线、尺寸界线等。

1）"尺寸线"选项组：用于设置尺寸线的颜色、线型、线宽、超出标记、基线间距和是否隐藏尺寸线等。

①"超出标记"文本框：当尺寸箭头采用倾斜、建筑标记、小点、积分或无标记等样式时，使

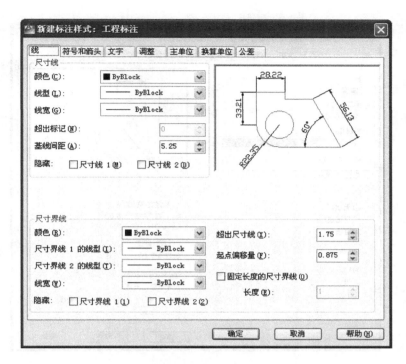

图 9-12 "新建标注样式"对话框的"线"选项卡

用该文本框可以设置尺寸线超出尺寸界线的长度。

②"基线间距"文本框：在使用基线型尺寸标注时，设置两条尺寸线之间的距离。

③"隐藏"复选框：控制尺寸线的可见性。"尺寸线 1"用于控制第一尺寸线的可见性，"尺寸线 2"用于控制第二尺寸线的可见性。

2）"尺寸界线"选项组：用于设置尺寸界线。可设置尺寸界线的颜色、线型、线宽、超出尺寸线的长度和起点偏移量，控制是否隐藏尺寸界线等。

①"超出尺寸线"文本框：用于设置尺寸界线超过尺寸线的距离。

②"起点偏移量"文本框：用于设置尺寸界线的起点与被标注定义点的距离。

③"固定长度的尺寸界线"复选框：当选中该复选框时，可以使用具有特定长度的尺寸界线标注。在"长度"文本框中可以输入尺寸界线的数值。

3）"预览显示框"：显示对标注样式设置的效果。

（2）"符号和箭头"选项卡　单击"新建标注样式"对话框中的"符号和箭头"选项卡，如图9-13 所示。在该对话框中，可以设置标注箭头、圆心标记、弧长符号、折断标注和折弯的格式。

1）"箭头"选项组：可以设置尺寸线和引线箭头的类型及箭头尺寸大小。一般情况下，尺寸线的两个箭头应一致。

为了满足不同类型尺寸标注的需要，系统提供了多种不同类型的箭头样式，可以通过单击右侧相应的下拉箭头，在弹出的下拉列表框中进行选择，如图9-14 所示。在该列表框中，选择"用户箭头"选项后，将弹出"选择自定义箭头"对话框，如图9-15 所示。选择已定义的箭头符号的块名，单击"确定"按钮，以该块作为尺寸的箭头样式，此时块的插入基点与尺寸线端点重合。在"箭头大小"文本框中设置它们的大小。

2）"圆心标记"选项组：用于设置圆心标记的类型和大小。当选中"标记"单选按钮时，绘制圆心标记；当选中"直线"单选按钮时，绘制中心线标记；当选中"无"单选按钮时，没有任何标记。在"大小（Z）"文本框中，设置圆心标记的大小。

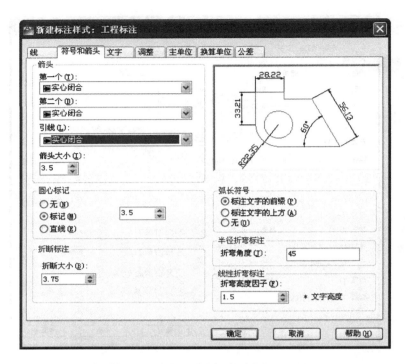

图 9-13 "新建标注样式"对话框的"符号和箭头"选项卡

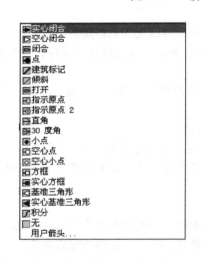

图 9-14 箭头下拉列表框　　　　　　　　图 9-15 "选择自定义箭头"对话框

3）"折断标注"选项组：控制折断标注的间隙宽度。

4）"弧长符号"选项组：可以设置弧长符号显示的位置。当选中"标注文字的前缀"单选按钮时，将弧长符号标注在尺寸文字的前面；当选中"标注文字的上方"单选按钮时，将弧长符号标注在尺寸文字的上方；当选中"无"单选按钮时，不标注弧长符号。

5）"半径折弯标注"选项组：用于设置标注线的折弯角度大小。可以在"折弯角度"文本框中设置折弯角度大小。

6）"线性折弯标注"选项组：控制线性折弯标注的显示。折弯高度因子通过形成折弯的角度的两个顶点之间的距离确定折弯高度。

（3）"文字"选项卡　单击"新建标注样式"对话框中的"文字"选项卡，如图9-16所示。在该对话框中，可以设置标注文字的外观、位置和对齐方式。

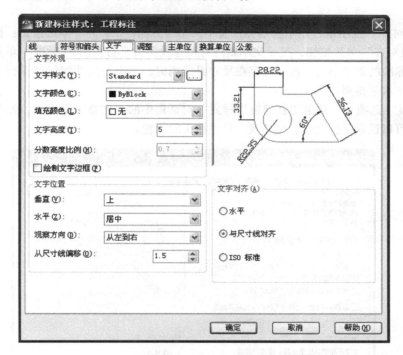

图9-16　"新建标注样式"对话框的"文字"选项卡

1）"文字外观"选项组：用于设置尺寸文字的样式、颜色、高度、填充颜色、分数高度比例以及控制是否绘制文字边框。

①"填充颜色"下拉列表框：设定在标注中文字背景的颜色。

②"分数高度比例"文本框：设置标注文字中的分数相对于其他标注文字的比例，系统将该比例值与标注文字高度的乘积作为分数的高度。

③"绘制文字边框"复选框：设置是否给尺寸文本加边框。

2）"文字位置"选项组：设置文字的垂直、水平、观察方向及距尺寸线的距离。

①"垂直"下拉列表框：设置尺寸文字相对于尺寸线为垂直位置放置。单击该列表框右边的下拉箭头，在弹出的下拉列表框中选择文字相对于尺寸线的位置。该下拉列表框中包括"居中"：把标注文字放置在尺寸线的中断处；"上"：把标注文字放置在尺寸线的上方；"外部"：把标注文字放置在尺寸线的外侧；"JIS"：按照 JIS（日本工业标准）模板的设置放置尺寸文字。

②"水平"下拉列表框：用于控制标注文字在尺寸线方向上相对于尺寸界线为水平位置放置。单击该列表框右边的下拉箭头，在弹出的下拉列表框中选择文字相对于尺寸线的位置。该下拉列表框包括以下选项。

a）"居中"：将标注文字沿尺寸线方向，在尺寸界线之间居中放置。

b）"第一尺寸界线"：文字沿尺寸线放置并且左边和第一条尺寸界线对齐。

c）"第二尺寸界线"：文字沿尺寸线放置并且右边和第二条尺寸界线对齐。

d）"第一尺寸界线上方"：将文字放在第一条尺寸界线上或沿第一条尺寸界线放置。

e）"第二尺寸界线上方"：将文字放在第二条尺寸界线上或沿第二条尺寸界线放置。

③"从尺寸线偏移"文本框：设置尺寸文字与尺寸线间的垂直距离。

④"观察方向"下拉列表框：控制标注文字的观察方向。

"从左到右"选项：按从左到右阅读的方式放置文字；"从右到左"选项：按从右到左阅读的方式放置文字。

3）"文字对齐"选项组：用于控制标注文本的书写方向。"水平"单选按钮：标注文字水平放置；"与尺寸线对齐"单选按钮，尺寸文本始终与尺寸线保持平行；"ISO标准"单选按钮，尺寸文本书写按ISO标准的要求书写，即当文字在尺寸界线内时，文字与尺寸线保持平行，当文字在尺寸界线外时，文字水平排列。

（4）"调整"选项卡 单击"新建标注样式"对话框中的"调整"选项卡，如图9-17所示。在该对话框中，可以设置标注文字、尺寸线、尺寸箭头的位置。

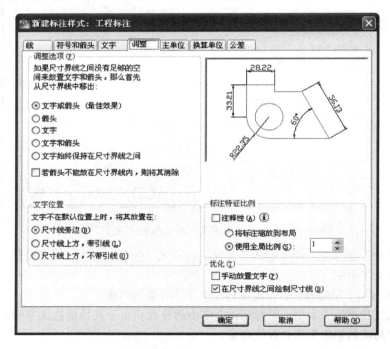

图9-17 "新建标注样式"对话框的"调整"选项卡

1）"调整选项"选项组：用于设置尺寸文本与尺寸箭头的格式。在标注尺寸时，如果没有足够的空间将尺寸文本与尺寸箭头全部写在尺寸界线内部，则可选择该选项组所确定的各种摆放形式，来安排尺寸文本与尺寸箭头的摆放位置。

①"文字或箭头（最佳效果）"单选按钮：系统自动选择一种最佳的方式，来安排尺寸文本和尺寸箭头的位置。

②"箭头"单选按钮：首先将尺寸箭头放在尺寸界线外侧。

③"文字"单选按钮：首先将尺寸文字放在尺寸界线外侧。

④"文字和箭头"单选按钮：将尺寸文字和箭头都放在尺寸界线外侧。

⑤"文字始终保持在尺寸界线之间"单选按钮：将尺寸文本始终放在尺寸界线之间。

⑥"若箭头不能放在尺寸界线内，则将其消除"复选框：如果尺寸箭头不适合标注要求，则抑制箭头显示。

2）"文字位置"选项组：设置文本的特殊放置位置。如果尺寸文本不能按规定放置，则可采用该选项组中的选择设置尺寸文本的放置位置。

①"尺寸线旁边"单选框：将尺寸文本放置在尺寸线旁边。

②"尺寸线上方，带引线"单选按钮：将尺寸文本放在尺寸线上方，并加上引出线。

③"尺寸线上方，不带引线"单选按钮：将尺寸文本放在尺寸线的上方，不加引出线。

3）"标注特征比例"选项组：用于设置全局标注比例或布局（图纸空间）比例。所设置的尺寸标注比例因子，将影响整个尺寸标注所包含的内容。例如，如果文本字高设置为5mm，比例因子为2，则标注时字高为10mm。

①"注释性"复选框：指定标注为注释性。

②"使用全局比例"单选按钮：用于选择和设置尺寸比例因子，使之与当前图形的比例因子相符。例如，在一个准备按1：2缩小输出的图形中（图形比例因子为2），如果箭头尺寸和文字高度都被定义为2.5，且要求输出图形中的文字高度和箭头尺寸也为2.5，那么必须将该值（变量DIM-SCALE）设为2。这样，在标注尺寸时AutoCAD会自动地把标注文字和箭头等放大到5。而当用绘图设备输出该图时，长为5的箭头或高度为5的文字又减为2.5。该比例不改变尺寸的测量值。

③"将标注缩放到布局"单选按钮，确定该比例因子是否用于布局（图纸空间）。如果选中该按钮，则系统会自动根据当前模型空间视口和图纸空间之间的比例关系设置比例因子。

4）"优化"选项组：用于设置标注尺寸时是否进行优化调整。

①"手动放置文字"复选框：选中该复选框后，可根据需要，将标注文字放置在指定的位置。

②"在尺寸界线之间绘制尺寸线"复选框：选中该复选框后，当尺寸箭头放置在尺寸界线之外时，也可以在尺寸界线之内绘制出尺寸线。

（5）"主单位"选项卡　单击"新建标注样式"对话框中的"主单位"选项卡，如图9-18所示。在该对话框中，可以设置主单位的格式、精度，标注文本的前缀和后缀等。

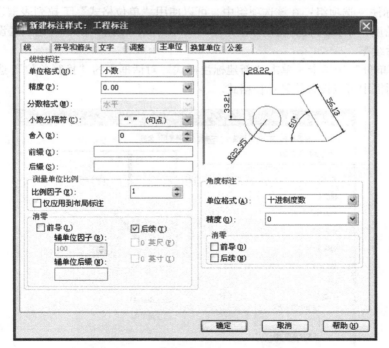

图9-18　"新建标注样式"对话框的"主单位"选项卡

1）"线性标注"选项组：设置线性标注尺寸的单位格式和精度。

①"单位格式（U）"下拉列表框：选择标注单位格式。单击该列表框右边的下拉箭头，在弹出的下拉列表框中选择单位格式。单位格式有"科学""小数""工程""建筑""分数"和"Windows桌面"。

②"精度（P）"下拉列表框：设置尺寸标注的精度，即保留的小数点后的位数。

③"分数格式"下拉列表框：设置分数的格式，该选项只有在"单位格式（U）"选择"分数"或"建筑"后才有效。在下拉列表中有 3 个选项："水平""对角"和"非堆叠"。

④"小数分隔符"下拉列表框：设置十进制数的整数部分和小数部分之间的分隔符。在下拉列表框中有 3 个选项："逗点（,）""句点（.）"和"空格（）"。

⑤"舍入"文本框：设定测量尺寸的圆整值，即精确位数。

⑥"前缀"和"后缀"文本框：设置尺寸文本的前缀和后缀。在相应的文本框中，输入尺寸文本的说明文字或类型代号等内容。

2）"测量单位比例"选项组：可以使用"比例因子"文本框设置测量尺寸的缩放比例，系统的实际标注值为测量值与该比例因子的乘积；选中"仅应用到布局标注"复选框，可以设置该比例关系是否仅适用于布局。

3）"消零"选项组：控制前导和后续零，以及英尺和英寸单位的零是否输出。

①"前导"复选框：系统不输出十进制尺寸的前导零。

②"后续"复选框：系统不输出十进制尺寸的后续零。

③"0 英尺"或"0 英寸"复选框：在选择英尺或英寸为单位时，控制零的可见性。

④"辅单位因子"文本框：将辅单位的数量设定为一个单位。它用于在距离小于一个单位时以辅单位为单位计算标注距离。例如，如果后缀为 m 而辅单位后缀为以 cm 显示，则输入 100。

⑤"辅单位后缀"文本框：在标注值子单位中包含后缀。可以输入文字或使用控制代码显示特殊符号。例如，输入 cm，可将 .96m 显示为 96cm。

4）"角度标注"选项组：在该选项组中，可以使用"单位格式"下拉列表框设置标注角度时的单位，使用"精度"下拉列表框设置标注角度的尺寸精度，使用"消零"选项区设置是否消除角度尺寸的前导或后续零。

（6）"换算单位"选项卡 单击"新建标注样式"对话框中的"换算单位"选项卡，如图 9-19 所示。在该对话框中可以设置换算单位格式。

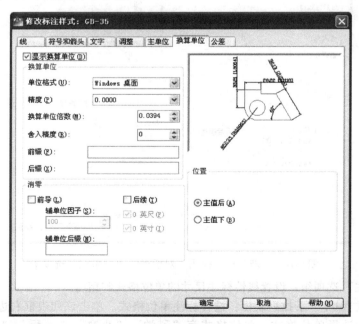

图 9-19 "新建标注样式"对话框的"换算单位"选项卡

通过换算标注单位，可以转换使用不同测量单位制的标注，通常是显示英制标注的等效公制标注，或公制标注的等效英制标注。在标注文字中，换算标注单位显示在主单位旁边的方括号"〔〕"内。

选中"显示换算单位"复选框，该对话框的其他选项才可用，可以在"换算单位"选项组中设置换算单位的"单位格式""精度""换算单位倍数""舍入精度""前缀"及"后缀"，方法与设置主单位的方法相同。

可以使用"位置"选项组中的"主值后"和"主值下"单选按钮，设置换算单位的位置。

（7）"公差"选项卡 单击"新建标注样式"对话框中的"公差"选项卡，如图9-20所示。在该对话框中，可以设置是否标注公差，以及以何种方式进行标注。

图9-20 "新建标注样式"对话框的"公差"选项卡

1）"公差格式"选项组：设置公差标注格式。

①"方式"下拉列表框：选择公差标注类型。单击该列表框右侧的下拉箭头，在弹出的下拉列表框中选取公差标注格式。公差的格式有"无""对称""极限偏差""极限尺寸"和"基本尺寸（标注基本尺寸，并在基本尺寸外加方框）"。

②"精度"下拉列表框：设置尺寸公差的精度。

③"上偏差"和"下偏差"文本框：用于设置尺寸的上偏差和下偏差。

④"高度比例"文本框：设置公差数字高度比例因子。这个比例因子是相对于尺寸文本而言的。例如，尺寸文本的高度为5，若比例因子设置为0.5，则公差数字高度为2.5。

⑤"垂直位置"下拉列表框：控制尺寸公差文字相对于尺寸文字的摆放位置。该下拉列表框中有以下几个选项："下"（尺寸公差对齐尺寸文本的下边缘），"中"（尺寸公差对齐尺寸文本的中线），"上"（尺寸公差对齐尺寸文本的上边缘）。

2）"公差对齐"选项组：堆叠时，控制上偏差值和下偏差值的对齐。

①"对齐小数分隔符"单选按钮：通过值的小数分割符堆叠值。

②"对齐运算符"单选按钮：通过值的运算符堆叠值。

3）"消零"选项组：控制公差中小数点前或后零的可见性。

4）"换算单位公差"选项组：设置换算公差单位的精度和消零的规则。

当完成各项操作后，就建立了一个新的尺寸标注样式，单击"确定"按钮，返回到"标注样式管理器"对话框，再单击"关闭"按钮，完成新尺寸标注样式的设置。

三、修改标注样式

在"标注样式管理器"对话框单击"修改（M）…"按钮，弹出"修改标注样式"对话框。该对话中所包含的内容和使用方法与"新建标注样式"对话框相同。可以对当前尺寸标注样式进行修改。

四、暂时替代当前尺寸标注样式

在"标注样式管理器"对话框中单击"替代（O）…"按钮，弹出"替代当前样式"对话框。该对话中所包含的内容和使用方法与"新建标注样式"对话框相同。只有标注样式处于当前时，才能使用"替代（O）…"按钮。

用于设置当前使用的标注样式的临时替代样式。当创建替代样式后，当前标注的样式将被应用到以后所有的尺寸标注中，直到删除替代样式，但不会改变原来的标注样式。

五、标注样式比较

在"标注样式管理器"对话框中单击"比较（C）…"按钮，弹出"比较标注样式"对话框，如图 9-21 所示。该对话框可以显示当前尺寸标注样式与另一种尺寸标注样式比较的结果差异。

（1）"比较"下拉列表框　选择要比较的尺寸标注样式。

（2）"与"下拉列表框　选择用于比较的尺寸标注样式。

（3）"比较结果"列表框　在此列表框中，将显示出两种尺寸标注样式的区别。

（4）"复制"按钮　单击该按钮，可以将比较结果列表框中的内容复制到剪贴板上，将结果应用到其他程序中。

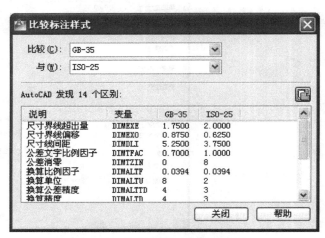

图 9-21　"比较标注样式"对话框

第二节　长度型尺寸标注

一、单一长度（线性）尺寸标注

1. 功能

用来标注水平、垂直和指定角度的长度型尺寸，其系统尺寸测量值是与尺寸线平行的两点之间的距离。

2. 调用方式

1）键盘输入命令：Dimlinear（Dimlin）↓。

2）下拉菜单：单击"标注"→"线性"。

3）工具条：在"标注"工具条中单击"线性"按钮。

4）功能区面板：在功能区"常用"选项卡中的"注释"面板的"尺寸标注"下拉菜单中，单击"线性"按钮；在"注释"选项卡中的"标注"面板中的"标注"下拉菜单中，单击"标注"按钮。

提示如下。

指定第一条尺寸界线原点或〈选择对象〉：（输入选项）

3. 选项说明

（1）指定第一条尺寸界线原点　指定第一条尺寸界线的起始点。后续提示如下。

指定第二条尺寸界线原点：（选择第二条尺寸界线的起始点）

指定尺寸线位置或［多行文字（M）/文字（T）/角度（A）/水平（H）/垂直（V）/旋转（R）］：（输入选择项）

1）"指定尺寸线位置"：若直接确定尺寸线的位置，系统则按自动测量的长度标注出尺寸。

2）"多行文字（M）"：以多行文字形式输入尺寸文本，或以多行文字形式给尺寸数值添加前缀、后缀。

3）文字（T）：以单行文字形式输入尺寸文本，或以单行文字形式给尺寸数值添加前缀、后缀。

4）角度（A）：输入文本转角，使标注的尺寸文本与尺寸线成一定角度。

5）水平（H）：生成一个水平方向尺寸线的线性尺寸标注。

6）垂直（V）：生成一个垂直方向尺寸线的线性尺寸标注。

7）旋转（R）：标注尺寸线将按给定的角度旋转线性尺寸，其系统尺寸测量值是与尺寸线平行的两点之间的距离。

（2）选择标注实体　直接按〈Enter〉键，选择线段、弧线或圆等图形实体，然后以实体的端点作为尺寸界线的起始点。后续提示如下。

选择标注对象：（选择标注对象）

指定尺寸线位置或［多行文字（M）/文字（T）/角度（A）/水平（H）/垂直（V）/旋转（R）］：（输入选项）

二、两点校准型尺寸标注

1. 功能

用于标注一个尺寸线与指定的尺寸界线起始点连线平行或与所选择实体平行的线性尺寸。

2. 调用方式

1）键盘输入命令：Dimaligned（Dimali）↓。

2）下拉菜单：单击"标注"→"对齐"。

3）工具条：在"标注"工具条中单击"对齐"按钮。

4）功能区面板：在功能区"常用"选项卡中的"注释"面板的"尺寸标注"下拉菜单中，单击"对齐"按钮；在"注释"选项卡中的"标注"面板中的"标注"下拉菜单中，单击"对齐"按钮。

提示如下。

指定第一条尺寸界线原点或〈选择对象〉：（输入选项）

3. 选项说明

（1）指定第一条尺寸界线原点　直接指定一点作为第一条尺寸界线的起始点，后续提示如下。

指定第二条尺寸界线原点：（指定第二个尺寸界线的起始点）

指定尺寸线位置或［多行文字（M）/文字（T）/角度（A）］：（输入选项）

（2）选择实体　直接按〈Enter〉键，后续提示如下。

选择标注对象：（选择标注尺寸的对象）

指定尺寸线位置或［多行文字（M）/文字（T）/角度（A）］：（输入各选项）

三、基线型和连续型长度尺寸标注

（一）基线型长度尺寸标注

1. 功能

用来标注从同一条基线开始的一系列尺寸。

2. 调用方式

1）键盘输入命令：Dimbase（Dimbaseline）↓。

2）下拉菜单：单击"标注"→"基线"。

3）工具条：在"标注"工具条中单击"基线"按钮。

4）功能区面板：在"注释"选项卡中的"标注"面板中的"基线/连续"下拉菜单中，单击"基线"按钮。

当刚完成一个相关尺寸标注后，后续提示如下。

提示：指定第二条尺寸界线原点或［放弃（U）/选择（S）］〈选择〉：（输入选项）

当没有相关尺寸标注时，后续提示如下。

选择基准标注：（选择一个基线标注的基准线），后续提示如下。

指定第二条尺寸界线原点或［放弃（U）/选择（S）］〈选择〉：（输入选项）

3. 各选项说明

（1）指定第二条尺寸界线原点　直接指定第二条尺寸界线的起始点，系统连续提示。

（2）放弃（U）　删除前一个基线标注的尺寸。

（3）选择（S）　重新选择一个尺寸界线作为基线尺寸标注的基准线。

（4）〈选择〉　直接按〈Enter〉键，选择一个尺寸界线作为基线标注的基准线。

（二）连续型长度尺寸标注

1. 功能

所标注尺寸的尺寸界线均以前一个尺寸的第二条界线作为该尺寸界线的第一条尺寸界线，并且尺寸线在同一直线上。

2. 调用方式

1）键盘输入命令：Dimcont（Dimcontinue）↓。

2）下拉菜单：单击"标注"→"连续"。

3）工具条：在"标注"工具条中单击"连续"按钮。

4）功能区面板：在"注释"选项卡中的"标注"面板中的"基线/连续"下拉菜单中，单击"连续"按钮。

3. 说明

1）当刚完成一个相关尺寸标注后，后续提示如下。

提示：指定第二条尺寸界线原点或［放弃（U）/选择（S）］〈选择〉：（输入选项）

2）当没有相关尺寸标注时，后续提示如下。

选择连续标注：（选择一个连续标注的基准线），后续提示如下。

指定第二条尺寸界线原点或［放弃（U）/选择（S）］〈选择〉：（输入选项）

在进行连续标注或基线标注时，首先应创建（或选择）一个线性、坐标或角度标注作为基准标注，以确定连续标注或基线标注所需要的前一尺寸标注的尺寸界线。

四、角度型尺寸标注

1. 功能

用来标注两条非平行直线之间的夹角、圆弧的圆心角以及不共线三点决定的两直线之间的夹角。

2. 调用方式

1）键盘输入命令：Dimang（Dimangular）↓。

2）下拉菜单：单击"标注"→"角度"。

3）工具条：在"标注"工具条中单击"角度"按钮。

4）功能区面板：在功能区"常用"选项卡中的"注释"面板的"尺寸标注"下拉菜单中，单击"角度"按钮；在"注释"选项卡中的"标注"面板中的"标注"下拉菜单中，单击"角度"按钮。

提示如下。

选择圆弧、圆、直线或〈指定顶点〉：（输入选项）

此时，可以直接选择要标注的圆弧、圆或不平行的两条直线，若按〈Enter〉键，则可以选择不共线的三点所确定的夹角。

后续提示如下。

指定标注弧线位置或［多行文字（M）/文字（T）/角度（A）/象限点（Q）］：

①当直接确定尺寸线的位置时，系统按测量值标注出角度。

②"多行文字（M）""文字（T）""角度（A）"等选项，用于输入标注的尺寸数值、前/后缀及尺寸文本的倾斜角度等。

③当选择"象限点"选项时，系统提示选择确定角度的象限点，指定标注应锁定到的角度。此时，可以将标注文本的位置手动旋转在任意位置，当标注文本放置在角度标注外时，尺寸线会延伸超过尺寸界线，如图9-22所示。

五、弧长尺寸标注

1. 功能

用来标注圆弧的长度。

2. 调用方式

1）键盘输入命令：Dimarc↓。

2）下拉菜单：单击"标注"→"弧长"。

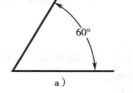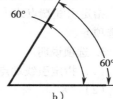

图9-22 角度标注的尺寸文本位置
a）直接确定位置　b）选择"象限点"选项

3）工具条：在"标注"工具条中单击"弧长"按钮。

4）功能区面板：在功能区"常用"选项卡中的"注释"面板的"尺寸标注"下拉菜单中，单击"弧长"按钮；在"注释"选项卡中的"标注"面板的"标注"下拉菜单中，单击"弧长"按钮。

提示如下。

选择弧线段或多段线弧线段：（选择对象）

指定弧长标注位置或［多行文字（M）/文字（T）/角度（A）/部分（P）/引线（L）］：（输出选择项）

①"部分（P）"选项：用于指定部分圆弧的标注，后续提示如下。

指定圆弧长度标注的第一个点：

指定圆弧长度标注的第二个点：

②"引线（L）"和"无引线（N）"选项：分别用于有引线和无引线标注选择，后续提示如下。

指定弧长标注位置或［多行文字(M)/文字(T)/角度(A)/部分(P)/引线(L)］：L↓

提示如下。

指定弧长标注位置或［多行文字(M)/文字（T）/角度（A）/部分（P）/无引线(N)］：

此时，输入N后，又返回到上一提示。

弧长标注图例及说明，如图9-23所示。

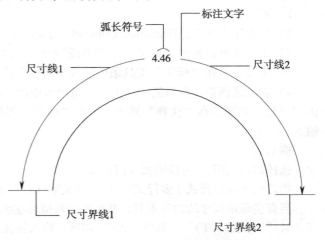

图9-23 弧长标注图例及说明

六、坐标型尺寸标注

1. 功能

以坐标形式标注实体上任一点的坐标值，即确定从原点（称为基准）到要素（如部件上的一个孔）的水平或垂直距离。

2. 调用方式

1）键盘输入命令：Dimord（Dimordinate） ↓ 。

2）下拉菜单：单击"标注"→"坐标"。

3）工具条：在"标注"工具条中单击"坐标"按钮。

4）功能区面板：在功能区"常用"选项卡中的"注释"面板的"尺寸标注"下拉菜单中，单击"坐标"按钮；在"注释"选项卡中的"标注"面板中的"标注"下拉菜单中，单击"坐标"按钮。

提示如下。

指定点坐标：（确定标注的位置点）

指定引线端点或［X 基准（X）/Y 基准（Y）/多行文字（M）/文字（T）/角度（A）］：（输入选项）

3. 选项说明

（1）指定引线端点　使用点坐标和引线端点的坐标差可确定 X 坐标标注或 Y 坐标标注。

（2）"X"　标注 X 坐标。

（3）"Y"　标注 Y 坐标。

（4）"M"　输入多行尺寸文本。

（5）"T"　可以在引线后标注文本。

（6）"A"　表示输入文本转角，产生一个标注文本与水平线呈一定角度的尺寸标注。

第三节　半径型尺寸标注、直径型尺寸标注、折弯半径标注、圆心标记及快速标注

一、半径型尺寸标注

1. 功能

标注圆弧或圆的半径。

2. 调用方式

1）键盘输入命令：Dimradius（Dimrad） ↓ 。

2）下拉菜单：单击"标注"→"半径"。

3）工具条：在"标注"工具条中单击"半径"按钮。

4）功能区面板：在功能区"常用"选项卡中的"注释"面板的"尺寸标注"下拉菜单中，单击"半径"按钮；在"注释"选项卡中的"标注"面板的"标注"下拉菜单中，单击"半径"按钮。

提示如下。

选择圆弧或圆：（选择圆弧或圆对象）

指定尺寸线位置或［多行文字（M）/文字（T）/角度（A）］：（输入选项）

当直接确定尺寸线的位置时，系统按测量值标注出半径及半径符号。另外，还可以用"多行文字（M）""文字（T）""角度（A）"选项，输入标注的尺寸数值及尺寸数值的倾斜角度，当重新输入尺寸值时，应输入前缀"R"。

二、直径型尺寸标注

1. 功能

标注圆或圆弧的直径。

2. 调用方式

1）键盘输入命令：Dimdia（Dimdiameter）↓。

2）下拉菜单：单击"标注"→"直径"。

3）工具条：在"标注"工具条中单击"直径"按钮。

4）功能区面板：在功能区"常用"选项卡中的"注释"面板的"尺寸标注"下拉菜单中，单击"直径"按钮；在"注释"选项卡中的"标注"面板的"标注"下拉菜单中，单击"直径"按钮。

提示如下。

选择圆弧或圆：（选择圆弧或圆对象）

指定尺寸线位置或［多行文字（M）/文字（T）/角度（A）］：（输入选项）

当直接确定尺寸线的位置时，系统按测量值标注出直径及直径符号。另外，还可以用"多行文字（M）""文字（T）""角度（A）"选项，输入标注的尺寸值及尺寸数值的倾斜角度，当重新输入尺寸值时，应输入直径前缀"Φ"（在"文字"选项时应输入"％％C"前缀）。

三、折弯半径标注

1. 功能

折弯标注圆或圆弧的半径。当圆弧或圆的圆心位于图形边界之外时，可以使用该方法标注圆或圆弧的半径。

2. 调用方式

1）键盘输入命令：Dimjogged↓。

2）下拉菜单：单击"标注"→"折弯"。

3）工具条：在"标注"工具条中单击"折弯"按钮。

4）功能区面板：在功能区"常用"选项卡中的"注释"面板的"尺寸标注"下拉菜单中，单击"折弯"按钮；在"注释"选项卡中的"标注"面板的"标注"下拉菜单中，单击"折弯"按钮。

提示如下。

选择圆弧或圆：（选择圆弧或圆）

指定图示中心位置：（指定中心替代位置）

标注文字＝×××（测量尺寸）

指定尺寸线位置或［多行文字（M）/文字（T）/角度（A）］：（输入选项）

当直接确定尺寸线的位置时，系统按测量值标注出半径及半径符号。另外，还可以用"多行文字（M）""文字（T）""角度（A）"选项，输入标注的尺寸数值及尺寸数值的倾斜角度，当重新输入尺寸值时，应输入前缀"R"。

指定折弯位置：（指定尺寸线折弯的位置）

折弯尺寸标注样例，如图 9-24 所示。

四、圆心标记

1. 功能

绘制圆或圆弧的圆心标记或中心线。

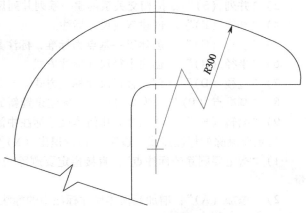

图 9-24　折弯尺寸标注样例

2. 调用方式

1）键盘输入命令：Dimcenter↓。

2）下拉菜单：单击"标注"→"圆心标记"。

3）工具条：在"标注"工具条中单击"圆心标记"按钮。

4）功能区面板：在"注释"选项卡中的"标注"展开面板中单击"圆心标记"按钮。

提示如下。

选择圆弧或圆：（选择圆弧或圆对象）

3. 说明

圆心标记可以是过圆心的十字标记，也可以是过圆心的中心线。它通过系统变量 DIMCEN 的设置来进行控制，当该变量值大于 0 时，作圆心十字标记，且该值是圆心标记的线长度的一半；当变量值小于 0 时，画中心线，且该值是圆心处小十字长度的一半。

五、快速标注

1. 功能

用于快速尺寸标注，可以快速地创建一系列标注，特别适合完成一系列基线或连续标注、一系列圆或圆弧的标注。

2. 调用方式

1）键盘输入命令：Qdim↓。

2）下拉菜单：单击"标注"→"快速标注"。

3）工具条：在"标注"工具条中单击"快速标注"按钮。

4）功能区面板：在"注释"选项卡中的"标注"面板中单击"快速标注"按钮。

提示如下。

关联标注优先级＝端点

选择要标注的几何图形：（选择要标注尺寸的几何体）

选择要标注的几何图形：↓（结束要标注尺寸的几何体选择）

指定尺寸线位置或［连续（C）/并列（S）/基线（B）/坐标（O）/半径（R）/直径（D）/基准点（P）/编辑（E）/设置（T）]〈半径〉：（输入选项）

3. 选项说明

1）"指定尺寸线位置"　确定尺寸线位置。若直接确定尺寸位置，则系统按测量值对所选择的实体进行快速标注。

2）"连续（C）"　创建一系列连续尺寸标注方式。

3）"并列（S）"　按相交关系创建一系列并列尺寸标注。

4）"基线（B）"　创建基线尺寸标注。

5）"坐标（O）"　创建以一基点为标准，标注其他端点相对于基点的相对坐标。

6）"半径（R）"　创建半径尺寸标注方式。

7）"直径（D）"　创建直径尺寸标注方式。

8）"基准点（P）"　为基线和坐标标注设置新的基点。

9）"编辑（E）"　从选择的几何体尺寸标注中添加或删除标注点，即尺寸界线数。后续提示：

指定要删除的标注点或［添加（A）/退出（X）]〈退出〉：（输入选项）

1）"指定要删除的标注点"：直接指定要删除的标注点，减少几何体尺寸标注中的标注端点数量。

2）"添加（A）"：增加几何体尺寸标注中的标注端点数量。

3）"退出（X）"：退出"编辑"选项。

第四节 多重引线标注及管理

在图样上，通过一条线或样条曲线（一端带有箭头，另一端带有多行文字对象或块构成多重引线）对图样进行注释。在使用多重引线时，一般首先创建多重引线样式，然后进行多重引线注释，最后进行修改编辑。

一、多重引线样式的创建

1. 功能

设置当前多重引线样式，创建、修改和删除多重引线样式。多重引线样式可以控制多重引线外观，包括确定基线、引线、箭头和内容的格式。

2. 调用方式

1）键盘输入命令：Mleaderstyle↓。

2）下拉菜单：单击"格式"→"多重引线样式"。

3）工具条：在"样式"工具条中，单击"多重引线样式"按钮；在"多重引线样式"工具条中，单击"多重引线样式"按钮。

4）功能区面板：在功能区"常用"选项卡中的"注释"展开面板中，单击"多重引线样式"按钮；或在"注释"选项卡中的"引线"面板中，单击右下角的小斜箭头"多重引线样式"按钮。

此时，弹出"多重引线样式管理器"对话框，用于多重引线样式的管理，如图9-25所示。

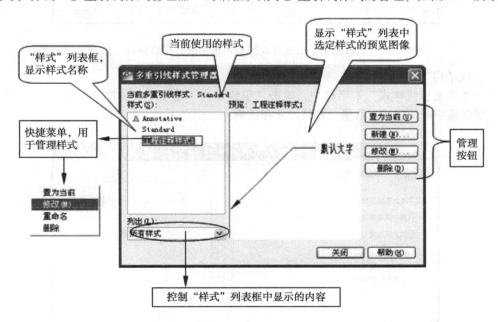

图 9-25 "多重引线样式管理器"对话框

在该对话框中，单击"新建"按钮，弹出"创建新多重引线样式"对话框，用于命名新创建的多重引线样式名称，如图9-26所示。

完成设置后，单击"继续"按钮，弹出"修改多重引线样式"对话框，在该对话框中有3个选项卡，用于创建和修改引线的格式、结构和内容。

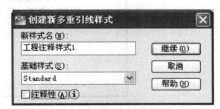

图 9-26 "创建新多重引线样式"对话框

3. "引线格式"选项卡

在"修改多重引线样式"对话框中,单击"引线格式"选项卡,如图 9-27 所示。在该对话框中可以控制多重引线的引线和箭头的格式。

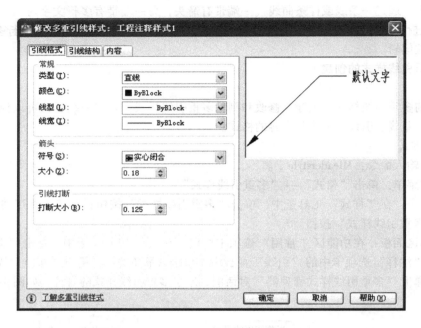

图 9-27 "修改新多重引线样式"对话框中的"引线格式"选项卡

4. "引线结构"选项卡

在"修改多重引线样式"对话框中,单击"引线结构"选项卡,如图 9-28 所示。在该对话框中可以控制多重引线的引线点数量、基线尺寸和比例。

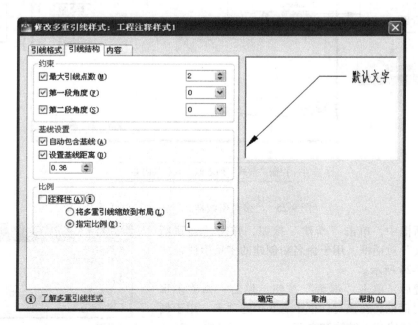

图 9-28 "修改新多重引线样式"对话框的"引线结构"选项卡

5. "内容"选项卡

在"修改多重引线样式"对话框中，单击"内容"选项卡，如图9-29所示。在该对话框中可以控制附着多重引线的内容类型。

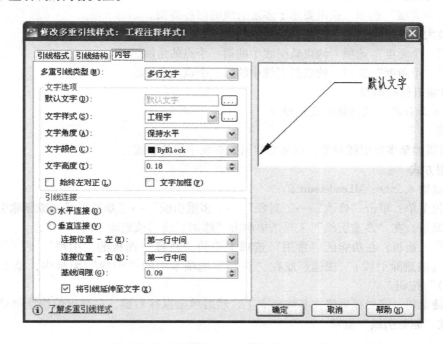

图9-29 "修改新多重引线样式"对话框中的"内容"选项卡

二、多重引线的创建

1. 功能

创建多重引线对象。可以选定设置的多重引线样式，完成多重引线对象的创建，并且创建时可以选择箭头优先、引线基线优先或内容优先。

2. 调用方式

1）键盘输入命令：Mleader↓。

2）下拉菜单：单击"标注"→"多重引线"。

3）工具条：在"多重引线"工具条中单击"多重引线"按钮。

4）功能区面板：在功能区"常用"选项卡中的"注释"面板中，单击"多重引线"按钮；或在"注释"选项卡中的"引线"面板中，单击"多重引线"按钮。

提示如下。

指定引线箭头的位置或［引线基线优先(L)/内容优先(C)/选项(O)］〈选项〉：（输入选项）

3. 选项说明

（1）"指定引线箭头的位置"选项　首先指定多重引线对象箭头的位置。

（2）"引线基线优先"选项　首先指定多重引线对象的基线的位置。

（3）"内容优先"选项　首先指定与多重引线对象相关联的文字或块的位置。

（4）"选项"选项　首先指定用于放置多重引线对象的选项。

后续提示如下。

输入选项［引线类型（L）/引线基线（A）/内容类型（C）/最大节点数（M）/第一个角度（F）/第二个角度（S）/退出选项（X）］〈退出选项〉：（输入选项）

1）"引线类型"选项 指定直线、样条曲线或无引线。

2）"引线基线"选项 更改水平基线的距离。有"是"和"否"选项，若选择"否"，则不会有与多重引线对象相关联的基线。

3）"内容类型"选项 指定要用于多重引线的内容类型。

4）"最大节点数"选项 指定新引线的最大点数。

5）"第一个角度"选项 约束新引线中的第一个点的角度。

6）"第二个角度"选项 约束新引线中的第二个点的角度。

三、多重引线的编辑

（一）添加引线（或删除引线）命令

1. 功能

将引线添加至多重引线对象，或从多重引线对象中删除引线。

2. 调用方式

1）键盘输入命令：MLeaderedit↓。

2）下拉菜单：单击"修改"→"对象"→"多重引线"→"添加引线（或删除引线）"。

3）工具条：在"多重引线"工具条中单击"添加引线（或删除引线）"按钮。

4）功能区面板：在功能区"常用"选项卡中的"注释"面板的"引线"展开菜单中，单击"添加引线（或删除引线）"按钮；或在"注释"选项卡中的"引线"面板中，单击"添加引线（删除引线）"按钮。

5）快捷菜单：将光标悬停在基线夹点上，然后单击鼠标右键，在弹出的快捷菜单中选择"添加引线"或"删除引线"选项。

提示如下。

选择多重引线：（选择要编辑的多重引线）

选择新引线线段的下一个点或［删除引线（R）］：（输入选项）

或指定要删除的引线或［添加引线（A）］：（输入选项）

根据光标的位置，新引线将添加到选定多重引线的左侧或右侧，或从选定的多重引线对象中删除引线。

（二）多重引线对齐命令

1. 功能

对齐并间隔排列选定的多重引线对象。

2. 调用方式

1）键盘输入命令：Mleaderalign↓。

2）下拉菜单：单击"修改"→"对象"→"多重引线"→"对齐"。

3）工具条：在"多重引线"工具条中单击"多重引线对齐"按钮。

4）功能区面板：在功能区"常用"选项卡中的"注释"面板的"引线"展开菜单中，单击"对齐"按钮；或在"注释"选项卡中的"引线"面板中，单击"对齐"按钮。

提示如下。

选择多重引线：（选择多重引线）

……

选择多重引线：↓

当前模式：使引线平行（当前多重引线对齐的模式）

选择要对齐到的多重引线或［选项（O）］：

直接选择多重引线时，使引线平行对齐；当输入选项"O"，并按〈Enter〉键，后续提示如下。

输入选项［分布（D）/使引线线段平行（P）/指定间距（S）/使用当前间距（U）］〈使段平行〉：（输入选项）

3. 各选项说明

（1）"分布（D）"选项　将内容在两个选定的点之间均匀隔开。

（2）"使引线线段平行（P）"使选定多重引线中的每条最后的引线线段均平行。

（3）"指定间距（S）"　指定选定的多重引线内容范围之间的间距。

（4）"使用当前间距（U）"　使用多重引线内容之间的当前间距。

（三）多重引线合并命令

1. 功能

将包含块的选定多重引线整理到行或列中，并通过单引线显示结果。

2. 调用方式

1）键盘输入命令：Mleadercollect↓。

2）下拉菜单：单击"修改"→"对象"→"多重引线"→"合并"。

3）工具条：在"多重引线"工具条中单击"多重引线合并"按钮。

4）功能区面板：在功能区"常用"选项卡中的"注释"面板的"引线"展开菜单中，单击"合并"按钮；或在"注释"选项卡中的"引线"面板中，单击"合并"按钮。

提示如下。

选择多重引线：（选择多重引线）

指定收集的多重引线位置或［垂直（V）/水平（H）/缠绕（W）］：（输入选项）

3. 各选项说明

（1）"指定收集的多重引线位置"　将放置多重引线集合的点指定在集合的左上角。

（2）"垂直（V）"　将多重引线集合放置在一列或多列中。

（3）"水平（H）"　将多重引线集合放置在一行或多行中。

（4）"缠绕（W）"　指定缠绕的多重引线集合的宽度或指定多重引线集合的每行中块的最大数目。

四、引线标注

1. 功能

用连续折线或圆滑线对某一实体特征进行尺寸标注及注释。

2. 格式

键盘输入命令：Lead（Leader）↓。

提示如下。

指定引线起点：（指定引线的起点）

指定下一点：（再指定引线一点）

指定下一点或［注释（A）/格式（F）/放弃（U）］〈注释〉：（输入选项）

3. 选项说明

（1）"指定下一点"　继续指定引线的下一点，后续提示不变。

（2）"注释（A）"　输入尺寸文本及注释。在该"指定下一点或［注释（A）/格式（F）/放弃（U）］〈注释〉："提示下，直接按〈Enter〉键，后续提示：

输入注释文字的第一行或〈选项〉：（输入选项）

1）"输入注释文字的第一行"：直接输入注释文字。后续提示：

输入注释文字的下一行：（输入下一行文字注释）

……

输入注释文字的下一行：↓（结束注释文字输入，完成引线标注）

2）"选项"：确定选项，为默认选项。在"输入注释文字的第一行或〈选项〉："提示下，直接按〈Enter〉键。后续提示：

输入注释选项［公差（T）/副本（C）/块（B）/无（N）/多行文字（M）］〈多行文字〉：（输入选项）

① "公差（T）"：标注形位公差$^{\ominus}$。

② "副本（C）"：表示将已有的文本、注释等复制到引线的标注端。

③ "块（B）"：可在引线标注端指定要插入的块。

④ "无（N）"：表示只画出引线而不进行文本注释。

⑤ "多行文字（M）"：该选项为默认选项，表示进行多行文本注释。

（3）"格式（F）"　确定旁注引线的格式。有样条曲线、直线、箭头或没有箭头等格式。后续提示：输入引线格式选项［样条曲线（S）/直线（ST）/箭头（A）/无（N）］〈退出〉：（输入选项）

1）"样条曲线（S）"：引线为样条曲线。

2）"直线（ST）"：引线由直线段组成。

3）"箭头（A）"：在引线起点绘制箭头。

4）"无（N）"：在引线上不画箭头。

5）"退出"：退出该提示，回到上一级提示，为默认选项，直接按〈Enter〉键即可。

（4）"放弃（U）"　表示取消最近绘制的一段引线的线段。

五、快速引线标注

1. 功能

用连续折线或圆滑线对某一实体对象进行尺寸标注及注释，并能够设置引线标注格式。

2. 格式

键盘输入命令：Qleader↓。

提示：指定第一个引线点或［设置（S）]〈设置〉：（输入选项）

3. 选项说明

（1）"指定第一个引线点"　确定引出线的第一点。当直接确定引线第一点后，后续提示：

指定下一点：（确定引线的下一点）

指定下一点：↓（结束画引线）

指定文字宽度〈当前值〉：（输入文本的宽度）

输入注释文字的第一行〈多行文字（M）〉：输入尺寸文本及注释）

（2）"设置（S）"　设置引线标注格式，为默认选项。直接按〈Enter〉键后，弹出"引线设置"对话框。在该对话框中有"注释""引线和箭头"及"附着"3个选项卡。

1）"注释"选项卡。单击"引线设置"对话框中的"注释"选项卡，如图9-30所示。该对话框主要用来设置引线标注的注释类型、多行文字选项以及是否使用注释等。

2）"引线和箭头"选项卡。单击"引线设置"对话框中的"引线和箭头"选项卡，如图9-31所示。该对话框主要用来设置引线及箭头的类型及格式。

3）"附着"选项卡。单击"引线设置"对话框中的"附着"选项卡，如图9-32所示。该对话框主要用来设置多行文字注释相对引线终点的位置。

㊀　按照国家标准，形位公差应改为几何公差，由于本书所用软件中使用了形位公差，为保证正文与图统一，本书仍使用形位公差一词。

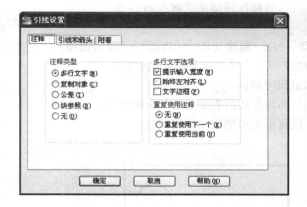 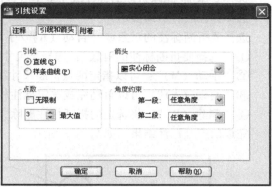

图 9-30 "引线设置"对话框中的　　　　　　　图 9-31 "引线设置"对话框中的
　　　　"注释"选项卡　　　　　　　　　　　　　　"引线和箭头"选项卡

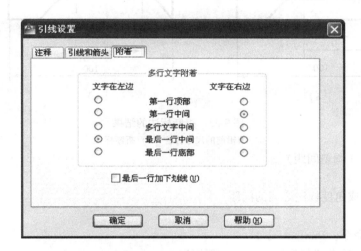

图 9-32 "引线设置"对话框中的"附着"选项卡

第五节　尺寸标注编辑

尺寸标注编辑是指对已存在的尺寸的组成要素进行局部修改，使之更符合有关规定，而不必删除所标注的尺寸对象再重新进行标注。

一、折断标注

1. 功能

在尺寸线和尺寸界线与其他对象的相交处打断或恢复尺寸线和尺寸界线。折断标注可应用于线性标注、角度标注和坐标标注等。

2. 调用方式

1）键盘输入命令：Dimbreak↓。

2）下拉菜单：单击"标注"→"标注打断"。

3）工具条：在"标注"工具条中单击"折断标注"按钮。

4）功能区面板：在功能区"注释"选项卡中的"标注"面板中，单击"打断"按钮。

提示如下。

选择要添加/删除折断的标注或［多个（M）］：（直接选择标注或输入 m 多选）

选择标注后，后续提示：

选择要折断标注的对象或［自动（A）/手动（M）/删除（R）］〈自动〉：（输入选项）

① "选择要折断标注的对象"：选择与尺寸线或与尺寸界线相交的实体对象。

② "手动（M）"：可以指定两点折断尺寸线或尺寸界线。

③ "自动（A）"：可以自动完成选定标注相交的对象的所有交点处的折断标注。

④ "删除（R）"：将选定的折断标注删除，恢复编辑前的尺寸标注状态。

完成的折断标注结果，如图 9-33 所示。

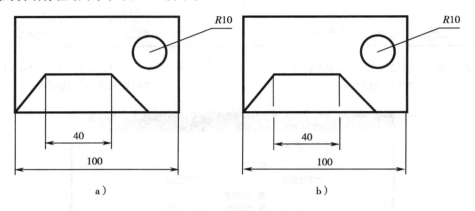

图 9-33　折断标注的结果

a）编辑前的尺寸标注　b）折断标注

二、等距标注（调整间距）

1. 功能

调整线性标注或角度标注之间的间距。

2. 调用方式

1）键盘输入命令：Dimspace↓。

2）下拉菜单：单击 "标注" → "标注间距"。

3）工具条：在 "标注" 工具条中单击 "等距标注" 按钮。

4）功能区面板：在功能区 "注释" 选项卡中的 "标注" 面板中，单击 "调整间距" 按钮。

提示如下。

选择基准标注：（选择平行线性标注或角度标注）

选择要产生间距的标注：（选择平行线性标注或角度标注以从基准标注均匀隔开）

输入值或［自动（A）］〈自动〉：（输入选项）

①输入值：此时将选定的标注按输入的数值等间距隔开。

② "自动"：按选定基准标注的标注样式中指定的文字高度自动计算间距，其间距值是标注文字高度的 2 倍。

完成的等距标注结果，如图 9-34 所示。

三、折弯线性标注

1. 功能

在线性标注或对齐标注中添加或删除折弯线。

2. 调用方式

1）键盘输入命令：Dimjogline↓。

2）下拉菜单：单击 "标注" → "折弯线性"。

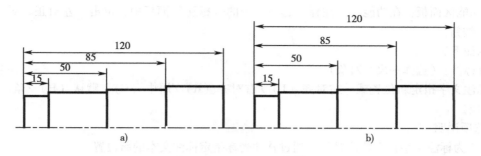

图 9-34　等距标注的结果

a）编辑前的尺寸标注　b）等距标注

3）工具条：在"标注"工具条中单击"折弯线性"按钮。

4）功能区面板：在功能区"注释"选项卡中的"标注"面板中，单击"折弯标注"按钮。

提示如下。

选择要添加折弯的标注或［删除（R）］：（输入选项）

当选择要添加折弯的线性标注或对齐标注后，提示：

指定折弯位置（或按〈Enter〉键）：（直接指定折弯位置或按〈Enter〉键可在标注文字与第一条尺寸界线之间的中点处放置折弯，或在基于标注文字位置的尺寸线的中点处放置折弯）

当选择"删除"选项后，删除折弯的线性标注或对齐标注编辑，恢复到原来的尺寸标注状态。

四、编辑标注

1. 功能

旋转、修改、恢复标注文字或更改尺寸界线的倾斜角。

2. 格式

1）键盘输入命令：Dimedit ↓。

2）下拉菜单：单击"标注"→"对齐文字"→"光标菜单"→"默认或角度"（或"标注"）→"倾斜"。

3）工具条：在"标注"工具条中单击"编辑标注"按钮。

4）功能区面板：在功能区"注释"选项卡中的"标注"面板中单击"倾斜或文字角度"按钮。

提示如下。

输入标注编辑类型［默认（H）/新建（N）/旋转（R）/倾斜（O）］〈默认〉：（输入选项）

3. 选项说明

（1）"默认（H）"　文本的默认位置，将旋转后的文本移动到原来的位置。

（2）"新建（N）"　修改尺寸文本，输入新的尺寸文本。

（3）"旋转（R）"　旋转标注尺寸文本，在命令提示行输入尺寸文本的旋转角度。

（4）"倾斜（O）"　调整线性标注尺寸界线的倾斜角度。

五、调整标注文本位置

1. 功能

用于调整标注文本的位置。

2. 格式

1）键盘输入命令：Dimtedit ↓。

2）下拉菜单：单击"标注"→"对齐文字"→"光标菜单"→"左、居中或右"。

3）工具条：在"标注"工具条中单击"编辑标注文字"按钮。

4）功能区面板：在功能区"注释"选项卡中的"标注"面板中，单击"左对正、居中对正或右对正"按钮。

提示如下。

选择标注：（选择一尺寸对象）

为标注文字指定新位置或［左对齐（L）/右对齐（R）/居中（C）/默认（H）/角度（A）］：（输入选项）

3. 选项说明

（1）"为标注文字指定新位置"　通过移动光标指定标注文本的新位置。

（2）"左对齐（L）"　沿尺寸线左对齐文本。该选项适用于线性、半径和直径标注。

（3）"右对齐（R）"　沿尺寸线右对齐文本。该选项适用于线性、半径和直径标注。

（4）"居中（C）"　把标注文本放在尺寸线的中心。

（5）"默认（H）"　将标注文本移至默认位置。

（6）"角度（A）"　将标注文本旋转至指定角度。

六、修改尺寸标注文本

1. 功能

用于修改尺寸文本，即将原来的文本指定新文本。

2. 格式

1）键盘输入命令：Ddedit↓。

2）下拉菜单：单击"修改"→"对象"→"文字"→"编辑"。

提示如下。

选择注释对象或［放弃（U）］：（输入选项）

3. 选项说明

（1）"选择注释对象"　拾取尺寸文本对象，输入新的尺寸文本。

（2）"放弃（U）"　放弃最近一次的文本编辑操作。

七、分解尺寸组成实体

利用"分解"命令可以分解尺寸组成实体，将其分解为文本、箭头、尺寸线等多个实体。

八、用"特性"对话框修改已标注的尺寸

通过"特性"对话框，对选择的尺寸标注进行样式及属性修改，如图9-35所示。

（1）"常规"　尺寸的常规特性，包括尺寸颜色、图层、线型、线型比例、打印样式、线宽、超链接、透明度和关联等。

（2）"其他"　尺寸的其他样式，通过下拉列表框，选择新的尺寸标注样式。

（3）"直线和箭头"　确定尺寸的线和箭头的因素，包括尺寸箭头的类型、大小、尺寸线线宽、尺寸界线线宽、是否显示第1条尺寸线、是否显示第2条尺寸线、尺寸线颜色、尺寸线线型、尺寸线范围、尺寸界线1的线型、尺寸界线2的线型、是否显示第1条尺寸界线、是否显示第2条尺寸界线、设定是否消去尺寸界线固定长度。

（4）"文字"　尺寸的文字，包括填充颜色（背景颜色）、文字颜色、文字高度、文字偏移、文字界外对齐、水平放置文

图9-35　用"特性"对话框
修改标注尺寸

字、垂直放置文字、文字样式、文字界内对齐、文字位置 X 坐标、文字位置 Y 坐标、文字旋转、测量单位（即尺寸测量值）和文字替代（替换新尺寸数值）等。

（5）"调整" 尺寸的调整，包括尺寸线强制、尺寸线内、标注全局比例、调整、文字在内和文字移动等。

（6）"主单位" 尺寸主单位，包括尺寸小数分隔符、标注前缀、标注后缀、标注舍入、标注线性比例、标注单位、消去前导零、消去后续零、消去零英尺、消去零英寸和精度等。

（7）"换算单位" 尺寸换算单位，包括尺寸启用换算、换算格式、换算圆整、换算比例因子、换算消去前导零、换算消去后续零、换算消去零英尺、换算消去零英寸、换算前缀和换算后缀。

（8）"公差" 尺寸公差，包括尺寸显示公差、公差下偏差、公差上偏差、水平放置公差、公差精度、公差消去前导零、公差消去后续零、公差消去零英尺、公差消去零英寸、公差文字高度、换算公差精度、换算公差消去前导零、换算公差消去后续零、换算公差消去零英尺、换算公差消去零英寸。

九、编辑修改尺寸快捷菜单

当选择一个尺寸标注后，单击鼠标右键，弹出一快捷菜单，其中有关尺寸编辑的选项，如图 9-36 所示。通过尺寸编辑选项，完成尺寸的标注样式、精度、删除样式替代及注释性比例对象等的尺寸编辑。

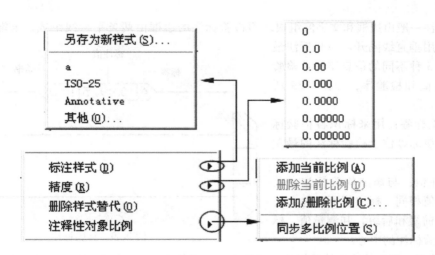

图 9-36　快捷菜单中有关尺寸编辑的选项

十、夹点尺寸编辑

使用尺寸文字夹点和尺寸线端点夹点，可以修改尺寸的文字位置以及在图形中添加标注。

1. 尺寸线端点夹点编辑

选择一个尺寸标注，将光标悬停在尺寸线端点的夹点上，此时弹出一个悬浮菜单，如图 9-37 所示。

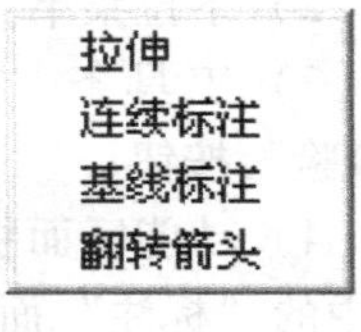

通过该菜单可以完成的功能如下：

1）拉伸。拉伸尺寸界线以移动尺寸线，使其远离或靠近正在标注的对象。使用命令行提示指定不同的基点或复制尺寸线。这是默认的夹点行为。

2）连续标注。调用 DIMCONTINUE 命令。

3）基线标注。调用 DIMBASELINE 命令。

4）翻转箭头。翻转标注箭头的方向。

图 9-37　尺寸线端点夹点悬浮菜单

2. 尺寸文本夹点编辑

选择一个尺寸标注，将光标悬停在尺寸文本的夹点上，此时弹出一个悬浮菜单，如图9-38所示。通过该菜单可以完成的功能如下：

1）拉伸。如果将文字放置在尺寸线上，拉伸将移动尺寸线，使其远离或靠近正在标注的对象。使用命令行提示指定不同的基点或复制尺寸线。如果从尺寸线上移开文字，带或不带引线，拉伸将移动文字而不移动尺寸线。

2）随尺寸线移动。与尺寸线一起移动，将文字放置在尺寸线上，然后将尺寸线远离或靠近被标注对象。

3）仅移动文字。定位标注文字而不移动尺寸线。

4）随引线移动。与引线一起移动，将带有引线的标注文字定位到尺寸线。

图9-38　尺寸文本夹点悬浮菜单

5）在尺寸线上方。在尺寸标注线的上方定位标注文字（用于垂直标注的尺寸线的左侧）。

6）垂直居中。定位标注文字，以使尺寸线穿过垂直居中的文字。

7）重置文字位置。将标注文字移回其默认的位置。

十一、检验标注

检验标注使用户可以有效地传达应检查制造的部件的频率，以确保标注值和部件公差处于指定范围内。

检验标注一般由边框和文字值组成，即检验标注的边框由两条平行线组成，末端呈圆形或方形。文字值用垂直线隔开。检验标注最多可以包含3种不同的信息字段：检验标签、标注值和检验率，如图9-39所示。

1）检验标签：用来标识各检验标注的文字。该标签位于检验标注的最左侧。

2）标注值：与添加检验标注之前的尺寸标注值相同。标注值可以包含公差、文字（前缀和后缀）和测量值。标注值位于检验标注的中心。

图9-39　检验标注

3）检验率：用于传达应检验标注值的频率，以百分比表示。检验率位于检验标注的最右侧。

1. 功能

为选定的标注添加或删除检验信息。

2. 调用方式

1）键盘输入命令：Diminspect↓。

2）下拉菜单：单击"标注"→"检验"。

3）工具条：在"标注"工具条中单击"检验"按钮。

4）功能区面板：在功能区"注释"选项卡中的"标注"面板中单击"检验"按钮。

此时，弹出"检验标注"对话框，如图9-40所示。使用该对话框，可以在选定的标注中添加或删除检验标注。

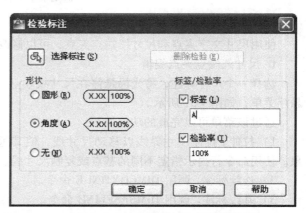

图9-40　"检验标注"对话框

第六节 形位公差标注

形位公差是零件在加工过程中，零件形状和位置的准确性的反映，是判断一个零件加工质量高低的重要依据。

一、形位公差的组成

形位公差一般由公差项目、公差值、公差基准、公差原则等几部分组成，如图9-41所示。

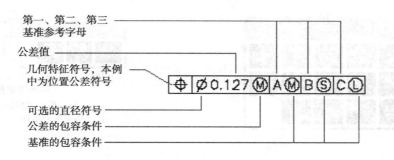

图9-41　形位公差的组成

二、形位公差标注

1. 功能

用于图形的形状和位置公差的标注。

2. 格式

1）键盘输入命令：Tolerance↓。

2）下拉菜单：单击"标注"→"公差"。

3）工具条：在"标注"工具条中单击"公差"按钮。

4）功能区面板：在功能区"注释"选项卡中的"标注"展开面板中，单击"公差"按钮。

此时，弹出"形位公差"对话框，如图9-42所示。

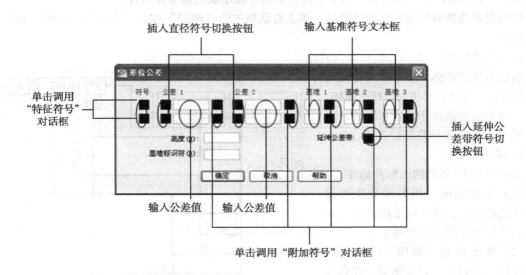

图9-42　"形位公差"对话框及其说明

3. 对话框说明

（1）"符号"选项区　单击任一按钮，弹出"特征符号"对话框，用于选择公差符号，如图 9-43 所示。

（2）"公差 1""公差 2"选项区　用来设置公差框内的第一、第二公差值。单击该框右边的按钮，打开"附加符号"对话框，如图 9-44 所示。

（3）"基准 1""基准 2""基准 3"选项区　用来创建第一、第二、第三公差基准及相应包容条件。

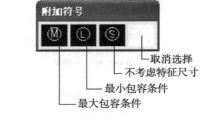

取消选择
不考虑特征尺寸
最小包容条件
最大包容条件

图 9-43　"特征符号"对话框　　　　　　图 9-44　"附加符号"对话框

（4）包容条件　包容条件应用于大小可变的几何特征。

1）最大包容条件（符号为 M，也称为 MMC），几何特征包含极限尺寸内的最大包容量。在 MMC 中，孔具有最小直径，而轴具有最大直径。

2）最小包容条件（符号为 L，也称为 LMC），几何特征包含极限尺寸内的最小包容量。在 LMC 中，孔具有最大直径，而轴具有最小直径。

3）不考虑特征尺寸（符号为 S，也称为 RFS），是指几何特征可以是极限尺寸内的任何尺寸。

（5）"高度（H）"文本框　用来确定标注投影形位公差的高度。

（6）"延伸公差带"按钮　用来创建一个延伸公差带，单击此处的黑方框，在延伸公差带后面加一个公差符号。

（7）"基准标识符"文本框　用于创建由参照字母组成的基准标识符。

根据要求选择或填写完所需选项后，单击对话框中的"确定"按钮，将关闭对话框，此时命令行提示如下。

输入公差位置：（输入公差标注位置）

确定形位公差标注点后，将生成形位公差标注。至此，形位公差标注完毕。

一般形位公差在开始处有引线，因此常用"引线"来标注形位公差。

4. 举例

完成图 9-45 所示的图形及标注。

（1）绘制图形　用各种绘图及编辑命令绘制图形，并注意使用图层、作图工具及追踪功能（过程略）。

（2）图案填充　调用"图案填充和渐变色"对话框，设置图案，并完成图案填充（过程略）。

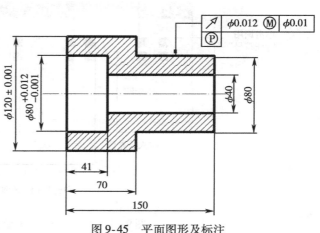

图 9-45　平面图形及标注

（3）设置标注样式

1）创始标注样式"A1"。调用"标注样式管理器"对话框，单击"新建（N）…"按钮，在弹出的"创建新标注样式"对话框中的"新样式名"文本框中输入标注样式"A1"，单击"继续"按钮，弹出"新建标注样式"对话框。

①在"线""符号和箭头"选项卡中进行如下设置：尺寸线和尺寸界线的"颜色"和"线宽"为 ByBlock，"基线间距"为8，"起出尺寸线"为3，"起点偏移量"为0，"箭头大小"为6，"圆心标记"大小为5。

②在"文字"选项卡中进行如下设置："文字样式"为 Standard，"文字颜色"为 ByBlock，"文字高度"为6，"垂直"为上方，"水平"为置中，"从尺寸线偏移"为2，"文字对齐"为"与尺寸线对齐"。

③在"调整"选项卡中进行如下设置：选中"文字或箭头取最佳效果""尺寸线旁边"单选按钮，选中"在尺寸界线之间绘制尺寸线"复选框，选中"使用全局比例"单选按钮，并在文本框中设置为1。

④在"主单位"选项卡中进行如下设置："单位格式"为小数、"精度"为0、"小数分隔符"为"."（句点），"比例因子"为1，选中"后续"复选框，"单位格式"为十进制度数，"精度"为0。

2）创建标注样式"A2"，过程与创建标注样式"A1"基本相同。在"创建新标注样式"对话中的"基础样式"中选择"A1"，调出"新建标注样式"对话框。在"主单位"选项卡中的"前缀"文本框中输入%%C，其他设置不变。

3）创建标注样式"A3"。在"创建新标注样式"对话框中的"基础样式"中选择"A2"，调出"新建标注样式"对话框。在"公差"选项卡中进行如下设置：选择"方式"为对称、"精度"为0.000、"上偏差"为0.001、"高度比例"为1、"垂直位置"为中；选中"后续"复选框。

4）创建标注样式"A4"。在"创建新标注样式"对话的"基础样式"中选择"A3"，调出"新建标注样式"对话框。在"公差"选项卡中进行如下设置：选择"方式"为极限偏差、"精度"为0.000、"上偏差"为0.012、"下偏差"为0.001。

（4）标注尺寸

1）标注水平方向尺寸　调出标注样式"A1"，选择"快速标注"命令，完成相关尺寸标注。

2）标注右侧直径尺寸　调出标注样式"A2"，选择"线性标注"命令，完成相关尺寸标注。

3）标注左侧直径尺寸　分别调用标注样式"A3""A4"，完成相关尺寸标注。

（5）形位公差标注　调用"快速引线"标注。

提示如下。

指定第一个引线点或［设置（S）］〈设置〉：↓

弹出"引线设置"对话框。在该对话框中的"注释"选项卡中选中"公差"单选按钮，单击"确定"按钮，进行公差标注；后续提示：

指定第一个引线点或［设置（S）］〈设置〉：（指定一点）

指定下一点：（指定另一点）

指定下一点：（指定另一点）

由于设置的引线点数为3，所以此时直接弹出"形位公差"对话框，如果需要可以再多设置几个引线点。当不需要指定下一点时，在提示"指定下一点："下直接按〈Enter〉，也可弹出该对话框。在该对话框中按标注要求完成设置，如图9-46所示。单击"确定"按钮，完成形位公差标注。

（6）尺寸标注编辑修改　当完成尺寸标注后，可以使用标注修改命令对不太合适的标注进行修改，以使标注正确、合理。

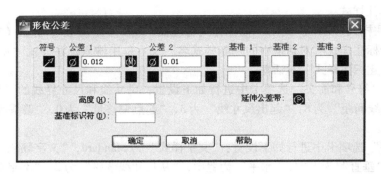

图9-46 "形位公差"对话框

完成的图形标注，如图9-45所示。

思 考 题

一、问答题

1. 在尺寸标注中，尺寸有哪几部分组成？
2. 如何进行形位公差的标注？
3. 形位公差的"包容条件"的含义是什么？
4. 如何设置"标注样式"？
5. 在尺寸标注中，有哪几种常见的类型，各有什么特点？
6. 常见的尺寸编辑有哪些方法？如何使用？
7. "引线"标注有什么用途？
8. 形位公差有哪几个包容条件，它们的含义是什么？

二、填空题

1. "新建标注样式"对话框包括_____、_____、_____、_____、_____、_____选项卡。

2. 在中文版 AutoCAD 2012 中，除了可以创建用于所有尺寸标注的标注样式外，还可以创建特定对象的专用标注样式，如_____、_____、_____、_____、_____等。

3. 在设置圆心标记类型时，如果要绘制圆或圆弧的圆心标记，应选择_____选项；如果要绘制圆或圆弧的中心线，应选择_____选项。

4. 在中文版 AutoCAD 2012 中，用于标注直线尺寸的标注类型有_____、_____、_____、_____。

5. 在中文版 AutoCAD 2012 中，用于尺寸标注编辑的有_____、_____、_____、_____、_____等。

6. 如果要创建成组的基线、连续、阶梯和坐标标注，可使用 AutoCAD 的_____功能。

7. 在中文版 AutoCAD 2012 中，所有的标注命令都位于_____下拉菜单下。

8. "修改多重引线样式"对话框包括_____、_____、_____选项卡。

第十章　块及其属性

一、块的基本概念

块是组成复杂图形的一组实体的集合。一旦生成块后，这组实体就被当做一个实体处理并被赋予一个块名，如图 10-1 所示。在作图时，可以用这个块名把这组实体插入到某一图形文件的任何位置，并且在插入时可以指定不同的比例和旋转角，如图 10-2 所示。

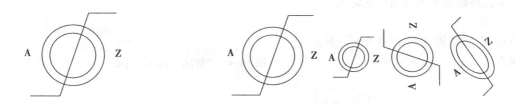

图 10-1　将图形定义成块　　　　　　　　图 10-2　将块插入到图形的形式

二、块与图形文件的关系

用块定义命令（Block 或 Bmake）建立的块，只能插入到建块的图形文件中，不能被其他图形文件调用。用块存盘命令（Wblock），可以将已定义的块存盘生成扩展名为 .dwg 的图形文件，也可以将当前图形文件中的一部分图形实体或整幅图形直接存盘生成图块形文件。存盘后的图形文件可供其他图形调用。因此，任何扩展名为 .dwg 的文件均可作为图块被调用，插入到当前图形中。

三、块与图层的关系

组成块的各个实体可以具有不同的特性，如实体可以处于不同的图层，具有不同颜色、线型、线宽等特性。定义成块后，实体的这些信息将保留在块中。在块引用时，系统规定如下：

1）块插入后，在块定义时位于 0 层上的实体被绘制在当前层上，并按当前层的颜色与线型绘制。

2）对于在块定义时位于其他层上的实体，若块中实体所在图层与当前图形文件中的图层名相同，则块引用时，块中该层上的实体被绘制在图中同名的图层上，并按图中该层的颜色、线型、线宽绘制。如果块中实体所在的图层在当前图形文件中没有相同的图层名，则块引用时，仍在原来的图层上绘出，并给当前图形文件增加相应的图层。

3）当冻结某个图层时，在该层上插入的块以及块插入时绘制在该层上的图形实体都将变为不可见。

若插入的块被分解，则块中实体恢复块定义前的所有特性。

四、块操作命令的调用

可以用不同的方法调用块操作命令。

1. 工具条

在"绘图"工具条中，单击"插入块"按钮；在"插入"工具条中，单击"插入块"按钮。

2. 下拉菜单

可以单击"绘图"→"块"→"级联菜单"，如图 10-3 所示。或通过单击"插入"→"块"，完成调用。

图 10-3　块操作下拉菜单

218

3. 功能区面板

（1）"常用"选项卡 可以在功能区的"常用"选项卡中的"块"展开面板中，单击按钮完成相应命令的输入，如图10-4所示。

（2）"插入"选项卡 可以在功能区的"插入"选项卡中使用"块"展开面板，如图10-5所示；或使用"块定义"展开面板，如图10-6所示。在面板中，单击按钮完成相应命令的输入。

4. 键盘

通过键盘在提示符"命令:"下，直接输入。

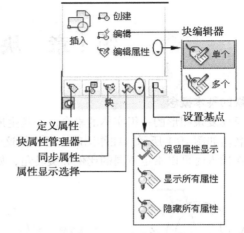

图10-4 "常用"选项卡中的"块"展开面板

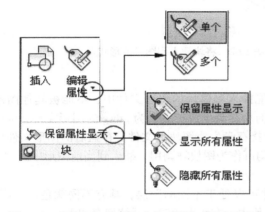

图10-5 "插入"选项卡中的"块"展开面板

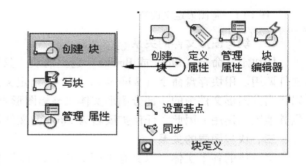

图10-6 "块定义"展开面板

第一节 创建块

1. 功能

把当前图形文件中选择的图形对象创建成一个块。

2. 调用方式

1）键盘输入命令：Block（Bmake、B）↓。

2）下拉菜单：单击"绘图"→"块"→"创建"。

3）工具条：在"绘图"工具条中单击"创建块"按钮。

4）功能区面板：在功能区"常用"选项卡中的"块"面板中，单击"创建"按钮；在"插入"选项卡中的"块定义"面板中，单击"创建块"下拉箭头，在展开的菜单中单击"创建块"按钮。

此时，弹出"块定义"对话框，如图10-7所示。

3. 对话框说明

（1）"名称"文本框 可以在该文本框中输入一个新定义的块名。单击右侧的下拉箭头，弹出一下拉列表框，在该列表框中列出了图形中已定义的块名。

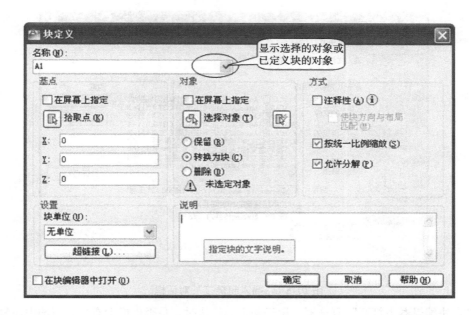

图 10-7 "块定义"对话框

（2）"基点"选项组 指定块的插入基点，作为块插入时的参考点。

1）"在屏幕上指定"复选框，关闭对话框时，将提示用户指定基点。

2）"拾取点"按钮：单击该按钮后，屏幕临时切换到作图窗口，用光标单击一点或在命令提示行中输入一数值作为基点。

3）"X""Y""Z"文本框：在 X、Y、Z 文本框中输入相应的坐标值来确定基点的位置。

（3）"对象"选项组 选择构成块的实体对象，以及创建块之后如何处理这些对象，是保留还是删除选定的对象或者是将它们转换成块实例。

1）"在屏幕上指定"复选框。关闭对话框时，将提示用户指定对象。

2）"选择对象"按钮：单击该按钮后，屏幕切换到作图窗口，选择实体并确认后，返回到"块定义"对话框。

3）"快速选择"按钮：单击该按钮，弹出"快速选择"对话框，通过该对话框定义选择集。

4）"保留"单选按钮：创建块后仍在绘图窗口上保留组成块的各对象；"转换为块"单选按钮：创建块后将组成块的各对象保留并把它们转换成块；"删除"单选按钮：创建块后删除绘图窗口上组成块的原对象。

（4）"方式"选项组 指定块的插入方式。

1）"注释性"复选框：指定块为注释性。

2）"使块方向与布局匹配"复选框：指定在图纸空间视口中的块参照的方向与布局的方向匹配。如果未选中"注释性"复选框，则该选项不可用。

3）"按统一比例缩放"复选框：用于块插入时，在 X、Y、Z 方向是否用同一比例缩放。

4）"允许分解"复选框：用于确定插入后的块是否分解为原组成实体。

（5）"设置"选项组 用于块生成时的设置。

1）"块单位"下拉列表框：用于显示和设置块插入时的单位。

2）"超链接"按钮：创建带超链接的块。单击该按钮后，弹出"插入超链接"对话框，如图 10-8 所示。通过该对话框，可以进行块的超链接设置。

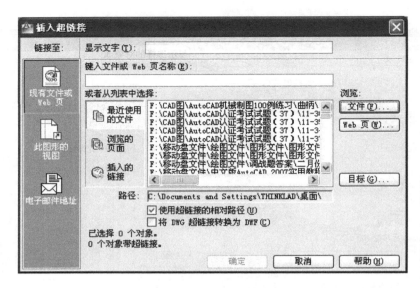

图 10-8 "插入超链接"对话框

（6）"在块编辑器中打开"复选框 用于确定创建块时，是否生成动态块。当选中该复选框后，单击"确定"按钮，将弹出"块编辑器界面"，以进行动态块的制作。

4. 举例

将图 10-9 所示的螺母平面图定义成块"A1"，插入基点为圆心。

1）调用"创建块"命令。调用"创建块"命令，弹出"块定义"对话框。

2）输入块名。在"块定义"对话框的"名称"文本框中输入 A1。

3）选择对象。在"块定义"对话框中单击"选择对象"按钮，在绘图窗口选择构成螺母图形的各实体对象并确认，返回"块定义"对话框。

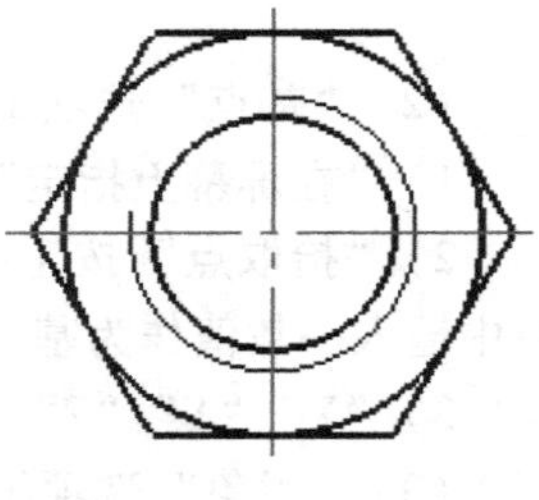

图 10-9　螺母平面图

4）确定基点。在"块定义"对话框中单击"拾取点"按钮，用对象捕捉功能在绘图区拾取圆心作为基点，完成后返回"块定义"对话框。

5）创建块以后选中"删除"单选按钮，从图形中删除该对象。

6）选中"按统一比例缩放"和"允许分解"复选框。

7）设置块插入单位为"毫米"。

8）在"块定义"对话框中单击"确认"按钮，创建块 A1。

第二节　插入块

块定义完成后，可以将其插入到图形文件中。在进行块插入操作时，如果输入的块名不存在，则系统将查找是否存在同名的图形文件。如果有同名的图形文件，则将该图形文件插入到当前图形文件。因此，在块定义时，要注意对块名的定义。

一、单一块插入

1. 功能

通过对话框设置，将块或图形插入当前图形中。

2. 调用方式

1）键盘输入命令：Insert（Ddinsert、I）↓。

2）下拉菜单：单击"插入"→"块"。

3）工具条：在"绘图"工具条中，单击"插入块"按钮；在"插入"工具条中，单击"插入块"按钮。

4）功能区面板：在功能区"常用"选项卡中的"块"面板中，单击"插入"按钮；在"插入"选项卡中的"块"面板中，单击"插入"按钮。

此时，弹出"插入"对话框，如图10-10所示。

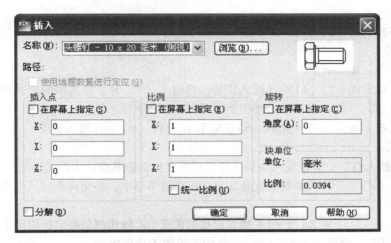

图10-10 "插入"对话框

3. 对话框说明

（1）"名称"下拉列表框 用来设置要插入的块或图形的名称。单击右侧的"浏览（B）…"按钮，弹出"选择图形文件"对话框。在该对话框中，可以指定要插入的图形文件。

（2）"路径"显示区 用于显示外部图形文件的路径。只有在选择外部图形文件后，该显示区才有效。

（3）"预览"窗口 显示要插入的指定块的预览。预览右下角的闪电图标指示该块为动态块。

（4）"插入点"选项组 用于确定块插入点的位置。

1）"在屏幕上指定"复选框：当选中该复选框后，确定块插入基点的X、Y、Z坐标文本框变为灰暗色，不能输入数值。插入块时直接在绘图界面上用光标指定一点或在命令提示行输入点坐标值作块插入点。

2）"X""Y""Z"坐标文本框：分别在X、Y、Z坐标文本框中输入块插入点的坐标。

（5）"比例"选项组 用于确定块插入的缩放比例因子。

1）"在屏幕上指定"复选框：当选中该复选框后，确定块插入的X、Y、Z比例因子文本框变为灰暗色，不能输入数值。插入块时直接在绘图界面上用光标指定两点或根据命令提示行提示输入坐标轴的比例因子。

2）"X""Y""Z"比例因子文本框：分别在X、Y、Z比例因子文本框中输入块插入时的各坐标轴的比例因子。

3）"统一比例"复选框：选中该复选框后，块插入时X、Y、Z轴比例因子相同，只需要确定X轴比例因子，Y、Z轴比例因子文本框变为灰暗色。

（6）"旋转"选项组 用于确定块插入的旋转角度。

1）"在屏幕上指定"复选框：当选中该复选框后，确定块插入的"角度"文本框变为灰暗色，不能输入数值。插入块时直接在绘图界面上用光标指定角度或根据命令提示行的提示输入角度值。

2）"角度"文本框：在该文本框中输入块插入时的旋转角度。

（7）"块单位"选项组　显示有关块单位的信息。

1）"单位"文本框：显示插入块的单位。

2）"比例"文本框：显示单位比例因子，它是通过计算得出来的。

（8）"分解"复选框　选中该复选框，可以将插入的块分解成创建块前的各实体对象。

二、块阵列插入命令

1. 功能

将块以矩阵排列的形式插入，并将插入的矩阵视为一个实体。

2. 调用格式

键盘输入命令：Minsert↓。

提示：输入块名或［?］〈A1〉：（输入块名，当输入"?"时，以文本的形式列出图形中当前定义的块；当输入"~"时，弹出"选择图形文件"对话框）

指定插入点或［基点（B）/比例（S）/X/Y/Z/旋转（R）］：（输入选项）

3. 选项说明

（1）"指定插入点"　直接输入块插入基点或用光标拾取基点，为默认选项。

（2）"基点（B）"　将块临时放置到其当前所在的图形中，并允许在将块参考拖动到位时为其指定新基点。

（3）"比例（S）"　为 X、Y 和 Z 轴设定比例因子。Z 轴比例是指定比例因子的绝对值。

（4）"X/Y/Z"　设定 X 比例因子、Y 比例因子和 Z 比例因子。

（5）"旋转（R）"　设置单独块和整个阵列的插入角度。

4. 操作说明

1）在操作中的"角点"选项是指用块插入点和对角点设置比例因子。

2）"预览比例"：在块插入时，为 X、Y 和 Z 轴设定比例因子，以控制块被拖动到位时的显示。

3）比例因子绝对值大于 1 时，块将被放大插入；比例因子绝对值小于 1 时，块将被缩小插入。当比例因子为负数时，则插入的块沿基点旋转180°后插入。

4）角度值为正数时，沿逆时针方向旋转块插入块；角度值为负数时，沿顺时针方向旋转插入块。

用块阵列插入命令（Minsert）完成图形，如图10-11所示。

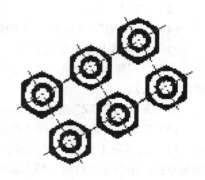

三、等分块插入（Divide）

在绘制点实体时，在提示："输入线段数目或［块（B）]:"下，输入B，即"输入线段数目或［块（B）]：B↓，后续提示：

输入要插入的块名：（输入已创建的块名，如A1）

是否对齐块和对象？［是（Y）/否（N）]〈Y〉：（块插入时是否相对于实体校准，Y：校准，N：不校准）

输入线段数目：（输入实体的等分数）

完成等分块插入。

图10-11　块阵列插入（Minsert）
命令操作结果

四、等距块插入（Measure）

在绘制点实体时，在提示："输入线段数目或［块（B）]:"下，输入B，即"输入线段数目或［块（B）]：B↓，后续提示：

输入要插入的块名：（输入已创建的块名，如a1）

是否对齐块和对象？［是（Y）/否（N）]〈Y〉：（块插入时是否相对于实体校准，Y：校准，N：不校准）

指定线段长度：（输入每段实体长度，也可用光标确定两点的长度）

五、利用拖动方式插入图形文件

将一个图形文件插入到当前图形中，可以用块插入命令来完成。AutoCAD 还提供了一种更为方便的方法，即利用拖动方式进行图形文件的插入。

方法：单击"开始"→"程序"→"附件"→"Windows 资源管理器"，弹出 Windows 资源管理器窗口，如图 10-12 所示。

在资源管理器窗口中，找到要插入的图形文件并选中该文件，然后将其拖动到 AutoCAD 的绘图屏幕上，命令行提示："指定插入点或［基点（B）/比例（S）/X/Y/Z/旋转（R）］：（输入选项）"，按提示完成操作，可以将选择的图形文件以块的形式插入到当前图形中。

图 10-12　Windows 资源管理器窗口

第三节　块的插入基点设置和块存盘

一、块的插入基点设置

1. 功能

块插入时，基点作为其参考点，但要插入没有用"块定义"方式生成的图形文件时，AutoCAD 将该图形的坐标原点作为插入基点进行比例缩放、旋转等操作，这样会给使用带来较大的麻烦，所以系统提供了"基点（Base）"命令，允许对图形文件指定新的插入基点。

2. 调用方式

1）键盘输入命令：Base↓。

2）下拉菜单：单击"绘图"→"块"→"基点"。

3）功能区面板：在功能区"常用"选项卡中的"块"展开面板中，单击"设置基点"按钮；在"插入"选项卡中的"块定义"展开面板中，单击"设置基点"按钮。

提示如下。

输入基点〈0.0000，0.0000，0.0000〉：（输入新的基点，可用光标在图形文件中指定）

系统将输入的点作为图形文件插入时的基点。

二、块存盘

1. 功能

将选定对象保存到指定的图形文件或将块转换为指定的图形文件，以供其他图形文件调用。

2. 调用方式

1）键盘输入命令：Wblock↓。

2）功能区面板：在功能区"插入"选项卡中的"块定义"面板中，单击"创建块"下拉箭头，在展开菜单中单击"写块"按钮。

此时，弹出"写块"对话框，如图 10-13 所示。

3. 对话框说明

(1)"源"选项组 用于确定存盘的源目标。

1)"块"单选按钮：将已定义的块作为存盘源目标。可以在其右边的下拉列表框中输入已定义的块名，或单击下拉箭头，在弹出的下拉列表框中选择已存在的块名。

2)"整个图形（E）"单选按钮：将当前整个图形文件作为存盘源目标。

3)"对象（O）"单选按钮：将重新定义实体作为存盘源目标。

(2)"目标"选项组 用于设置存盘块文件的文件名、存储路径及采用的单位制等。

1)"文件名和路径"文本框：输入存盘块文件的存储位置和路径。单击其右边的下拉列表箭头，弹出下拉列表框，在该列表框中选择已存在的路径。单击该文本框右侧的"浏览图形文件"按钮，弹出"浏览图形文件"对话框。在该对话框中可以确定存盘块文件的放置路径及位置。

2)"插入单位"下拉列表框：设置存盘块文件插入时的单位制。

图 10-13 "写块"对话框

4. 说明

1)用"Wblock"命令建立的块，可以在任意图形中插入。

2)当用"Wblock"命令创建的块文件插入到图形中时，WCS 被设置成平行于当前的 UCS。

5. 举例

例 1 利用 Wblock 命令将螺栓、螺母和垫圈，分别以 A、B、C 三点为插入基点创建成块文件，块文件名分别为 LS、LM、DQ，如图 10-14 所示。

操作过程：

(1)将螺栓创建成块文件名为 LS 的块文件

1)确定存盘的源目标，输入命令 Wblock↓，弹出"写块"对话框，选中"对象（O）"单选按钮，单击"选择对象"按钮，在作图窗口定义实体对象作为存盘源目标；单击"拾取点"按钮，在作图窗口定义块插入基点。

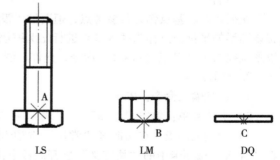

图 10-14 螺栓、螺母和垫圈图形

2)确定存盘目标及插入单位，在"文件名和路径（F）"文本框中输入存盘块文件的存储位置和路径，也可以单击该文本框右侧的按钮，弹出"浏览图形文件"对话框，设置存盘块文件的路径及位置；在"插入单位（U）"下拉列表框中，设置存盘块文件插入时的单位制为"毫米"。

3)单击"确定"按钮，完成"写块"对话框中的各项操作，将定义的螺栓块文件（LS）存盘。

(2)将螺母创建成名为 LM 的块文件 操作过程与将螺栓创建成名为 LS 的块文件过程相同。

(3)将垫圈创建成名为 DQ 的块文件 操作过程与将螺栓创建成名为 LS 的块文件过程相同。

例 2 在图 10-15a 所示图形所在的图形文件中，插入创建的块文件：LS、LM 和 DQ，完成图 10-15b 所示的图形。

　　应用"插入块"命令，将螺栓、螺母和垫圈插入到图 10-15a 所示的图形所在的图形文件中，经过编辑就可以得到图 10-15b 所示的图形。

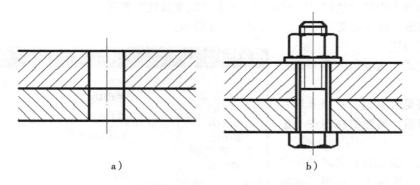

a）　　　　　　　　　　　　　　　　b）

图 10-15　块插入应用

a）未插入块的图形　b）块插入并经过编辑的图形

第四节　属性的基本概念、特点及其定义

一、属性的基本概念、特点

1. 属性的基本概念

属性是从属于块的文本信息，它是块的一个组成部分，可以通过"属性定义"命令以字符串的形式表示出来。一个具有属性的块由图形实体和属性两部分组成。一个块可以含有多个属性，在每次块插入时，属性可以隐藏也可以显示出来，还可以改变属性值。

2. 属性的特点

属性虽然是块中的文本信息，但它不同于块中一般的文字实体。它有以下几个特点：

1）一个属性包括属性标签（Attribute tag）和属性值（Attribute value）两个内容。例如，把"name（姓名）"定义为属性标签，而每一次块引用时的具体姓名（如"张华"）就是属性值（也称为属性）。

2）在定义块之前，每个属性要用属性定义命令（Attdef）进行定义，由此来确定属性标签、属性提示、属性默认值、属性的显示格式、属性在图中的位置等。属性定义完成后，该属性以其标签在图形中显示出来，并把有关的信息保留在图形文件中。

3）在定义块前，可以修改属性定义，属性必须依赖于块而存在，没有块就没有属性。

4）在插入块时，通过属性提示要求输入属性值，插入块后属性用属性值显示，因此同一个定义块，在不同的插入点可以有不同的属性值。

5）在块插入后，可以用属性显示控制命令（Attdisp）来改变属性的可见性显示，可以用属性编辑命令（Attedit）对属性作修改，也可以用属性提取命令（Attexit）把属性单独提取出来写入文件，以供制表使用，还可以与其他高级语言（如 Fortran、Basic、C 等）或数据库（如 Dbase、Foxbase）进行数据通信。

二、定义块属性

1. 功能

用于建立块的属性定义，即对块进行文字说明。

2. 调用方式

1）键盘输入命令：Attdef（Ddattdef、ATT）↓。

2）下拉菜单：单击"绘图"→"块"→"定义属性"。

3）功能区面板：在功能区"常用"选项卡中的"块"展开面板中，单击"定义属性"按钮；在"插入"选项卡中的"块定义"面板中，单击"定义属性"按钮。

此时，弹出"属性定义"对话框，如图10-16所示。

3. 对话框说明

（1）"模式"选项组 用于设置属性的模式。

1）"不可见"复选框：插入块并输入该属性值后，属性值在图中不显示。

2）"固定"复选框：将块的属性设为一恒定值，块插入时不再提示属性信息，也不能修改该属性值，即该属性保持不变。

3）"验证"复选框：插入块时提示验证属性值是否正确。

4）"预设"复选框：将块插入时指定的属性设为默认值，在以后插入块时，系统不再提示输入属性值，而是自动填写默认值。

5）"锁定位置"复选框：锁定块

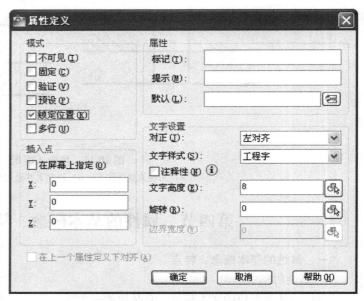

图10-16 "属性定义"对话框

参照中属性的位置。解锁后，属性可以相对于使用夹点编辑的块的其他部分移动，并且可以调整多行文字属性的大小。

6）"多行"复选框：指定属性值可以包含多行文字。选中该复选框后，可以指定属性的边界宽度。

（2）"属性"选项组 用于设置属性标志、提示内容及默认属性值。

1）"标记"文本框：用于输入属性的标志，即属性标签。

2）"提示"文本框：用于输入在块插入时提示输入属性值的信息，若不输入属性提示，则系统将相应的属性标签当做属性提示。

3）"默认"文本框：用于输入属性的默认值，可以选属性中使用次数较多的属性值作为其默认值。若不输入内容，表示该属性无默认值。

4）"插入字段"按钮：单击"默认"文本框右侧的"插入字段"按钮，弹出"字段"对话框，可在"默认"文本框中插入一字段。

（3）"文字设置"选项组 用于确定属性文本的字体、对齐方式、字高及旋转角等。

1）"对正"文本框：用于确定属性文本相对于参考点的排列形式，可以通过单击其右边的下拉箭头，在弹出的下拉列表框中选择一种文本排列形式。

2）"文字样式"文本框：用于确定属性文本的样式，可以通过单击其右边的下拉箭头，在弹出的下拉列表框中选择一种文字样式。

3）"注释性"复选框：指定属性为注释性。如果块是注释性的，则属性将与块的方向相匹配。

4）"文字高度"按钮及文本框：该按钮及文本框用于确定属性文本字符的高度，可直接在该项后面的文本框中输入数值，也可以单击该按钮，切换到作图窗口，在命令提示行中输入数值，或用光标在作图区确定两点来确定文本字符高度。

5)"旋转"按钮及文本框：该按钮及文本框用于确定属性文本的旋转角，可直接在该项后面的文本框中输入数值，也可以单击该按钮，切换到作图窗口，在命令提示行中输入数值，或用光标在作图区确定两点所构成的线段与X轴正向的夹角来确定文本旋转角度。

6)"边界宽度"按钮及文本框：在多行文字属性中，换行至下一行前，指定多行文字属性中一行文字的最大长度。值 0.000 表示对文字行的长度没有限制。

（4）"插入点"选项组　用于确定属性值在块中的插入点。

1）"X""Y""Z"文本框：可以分别在"X""Y""Z"文本框中输入相应的坐标值。

2）"在屏幕上指定"复选框：在作图窗口中的命令提示行中输入插入点坐标，或用光标在作图区拾取一点来确定属性值的插入点。

（5）"在上一个属性定义下对齐"复选框　用于设置当前定义的属性采用上一个属性的字体、字高及旋转角度，且与上一个属性对齐。此时，"文字设置"和"插入点"选项组显示灰色，不能选择。如果之前没有创建属性定义，则该复选框不可用。

（6）"确定"按钮　完成"属性定义"对话框的各项设置后，单击该按钮，即可完成一次属性定义。

可以重复该操作，对块进行多个属性定义。将定义好的属性连同相关图形一起，用块创建命令创建成带有属性的块。在块插入时，按设置的属性要求对块进行文字说明。

4. 举例

现在要绘制一教室的平面图，教室中布置了许多形式相同的课桌，如图 10-17 所示。

作图过程：

（1）绘制课桌平面图　用绘图命令绘制课桌平面图，如图 10-18 所示（作图过程略）。

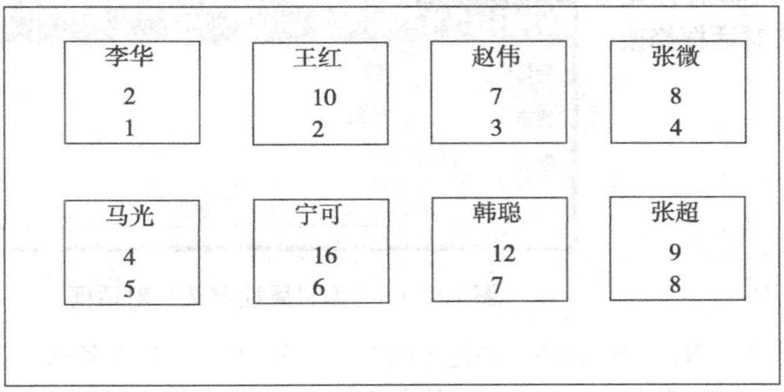

李华	王红	赵伟	张微
2	10	7	8
1	2	3	4

马光	宁可	韩聪	张超
4	16	12	9
5	6	7	8

图 10-17　教室课桌平面图 　　　　　　　　　　图 10-18　课桌平面图

（2）定义属性　用属性定义命令分别定义每位学生的姓名、性别、年龄、学号、成绩及课桌编号这 6 个属性，即确定课桌的属性标签、属性提示、属性默认值和属性可见性等，见表 10-1。

表 10-1　课桌属性

项目	属性标签	属性提示	属性默认值	显示与否
学生姓名	XM	姓名	无	可见
学生性别	XB	性别	M	不可见
年龄	NL	年龄	18	不可见
学号	XH	学号	无	可见
成绩	CJ	成绩	60	不可见
课桌编号	BH	编号	无	可见

调用属性定义命令，此时弹出"属性定义"对话框。在该对话框中，根据表 10-1 中所确定的每位学生的姓名、性别、年龄、学号、成绩及课桌编号这 6 个属性的属性标签、属性提示、属性默认值和属性可见性等，分别进行属性定义，如图 10-19 所示。

图 10-19　属性定义

（3）定义具有属性的块　用块定义命令定义具有属性的块，块名为 K1。

（4）插入具有属性的块　用块插入命令并根据提示完成属性提示的输入，绘制成教室课桌平面图（见图 10-17）。

第五节　修改属性定义、属性显示控制、块属性的编辑

一、修改属性定义

1. 功能

在具有属性的块定义前或将块炸开后，修改某一属性定义。

2. 调用方式

1）键盘输入命令：Ddedit（ED）↓。

2）下拉菜单：单击"修改"→"对象"→"文字"→"编辑"。

3）工具条：在"文字"工具条中单击"编辑"按钮。

4）快速选择：双击属性文字对象。

提示：选择注释对象或［放弃（U）］：（拾取要修改的属性定义的标签或按〈Enter〉键放弃）

当选择的是注释对象后，弹出"编辑属性定义"对话框，如图 10-20 所示。通过该对话框修改属性，可连续修改。

二、属性显示控制

1. 功能

控制属性值可见性显示。

2. 格式

图 10-20　"编辑属性定义"对话框

1）键盘输入命令：Attdisp↓。

提示：输入属性的可见性设置［普通（N）/开（ON）/关（OFF）］〈普通〉：（输入各选项）

在该提示下的各选项的含义如下："N"表示正常方式，即按属性定义时的可见性方式来显示属性；"ON"表示打开方式，即所有属性均为可见；"OFF"表示关闭方式，即所有属性均不可见。

2）下拉菜单：单击"视图"→"显示"→"属性显示"→"级联菜单"，如图 10-21 所示。

3）功能区面板：在功能区"常用"选项卡中的"块"展开面板中或在"插入"选项卡中的"块"展开面板中，单击"属性显示控制"下拉箭头，在展开

图 10-21　属性显示控制级联菜单

的下拉菜单中选择"保留属性显示""显示所有属性"或"隐藏所有属性"。

三、插入块的属性编辑

1. 功能

对已插入块的属性进行编辑，包括属性值及字体和线型、颜色、图层、线宽等特性。

2. 调用方式

1）键盘输入命令：Eattedit↓。

2）下拉菜单：单击"修改"→"对象"→"属性"→"单个"。

3）工具条：在"修改Ⅱ"工具条中单击"编辑属性"按钮，如图 10-22 所示。

4）功能区面板：在功能区"常用"选项卡中的"块"面板中，单击"编辑属性（单个）"按钮；在"插入"选项卡中的"块"面板中，单击"编辑属性（单个）"按钮。

5）快速选择：双击带属性的块。

提示如下。

选择块：（选择带属性的块）

此时，弹出"增强属性编辑器"对话框。在该对话框中有"属性""文本选项"和"特性"3 个选项卡。

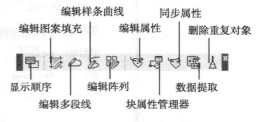

图 10-22　"修改Ⅱ"工具条

3. 对话框说明

（1）"属性"选项卡　修改属性值。单击"增强属性编辑器"对话框中的"属性"选项卡，如图 10-23 所示。在该对话框的列表框中显示出块中的每个属性标记、属性提示及属性值，选择某一属性，在"值（V）"文本框中显示出相应的属性值，并可以输入新的属性值。

（2）"文字选项"选项卡　修改属性值的文本格式。单击"增强属性编辑器"对话框中的"文字选项"选项卡，如图 10-24 所示。在该对话框的"文本样式"文本框中，设置文字样式；在"对正"文本框中，设置文字的对齐方式；在"高度"文本框中，设置文字高度；在"旋转"文本框中，设置文字的旋转角度；在"宽度因子"文本框中，设置文字的宽度系数；在"倾斜角度"文本框中，设置文字的倾斜角度；"反向"复选框用于设置文本是否反向绘制；"颠倒"复选框用于设置文本是否上下颠倒绘制；"注释性"复选框用于设置属性为注释性；"边界宽度"文本框，文字换行至下一行前，指定多行文字属性中一行文字的最大长度，值 0 表示一行文字的长度没有限制，该选项不适用于单行文字属性。

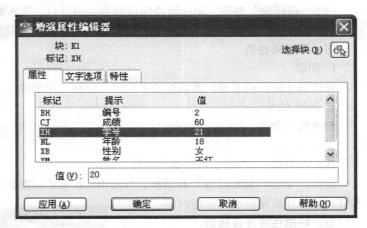

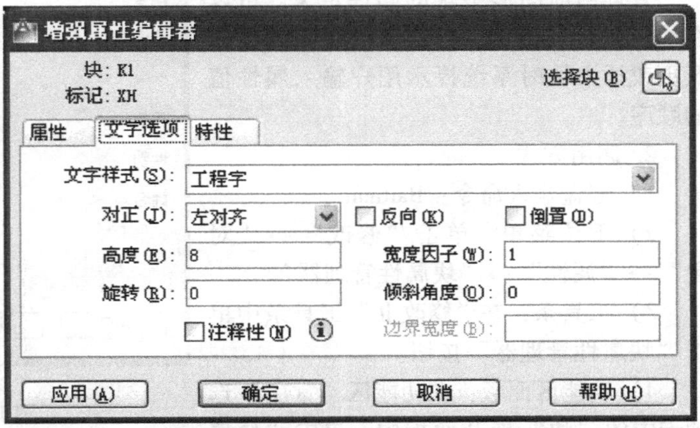

图 10-23　"增强属性编辑器"对话框的"属性"选项卡

图 10-24　"增强属性编辑器"对话框的"文字选项"选项卡

（3）"特性"选项卡　修改属性值特性。单击"增强属性编辑器"对话框中的"特性"选项卡，如图 10-25 所示。在该对话框中可以对"图层""线型""颜色""线宽"及"打印样式"等进行修改。

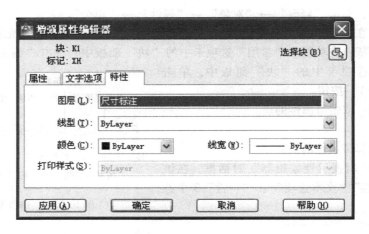

图 10-25 "增强属性编辑器"对话框的"特性"选项卡

（4）"选择块"按钮　单击该按钮返回到绘图窗口，选择要编辑带属性的块。

（5）"应用"按钮　在"增强属性编辑器"对话框打开的情况下，更新已更改属性的图形。

四、编辑属性值

1. 功能

修改属性值，但不能修改属性值的位置、字高、字型等。

2. 调用方式

键盘输入命令：Ddatte（attedit）↓。

提示如下。

选择块参照：（选择引用带属性的块）

此时，弹出"编辑属性"对话框，如图 10-26 所示。在该对话框中，通过已定义的各属性值文本框对各属性值重新输入新的内容。

五、块属性特性管理器

1. 功能

管理当前图形中块的属性定义。可以在块中编辑属性定义、从块中删除属性以及更改插入块时系统提示用户输入属性值的顺序。

2. 调用方式

1）键盘输入命令：Battman↓。

2）下拉菜单：单击"修改"→"对象"→"属性"→"块属性管理器"。

3）工具条：在"修改Ⅱ"工具条中单击"块属性管理器"按钮。

4）功能区面板：在功能区"常用"选项卡中的"块"展开面板中，单击"块属性管理器"按钮；

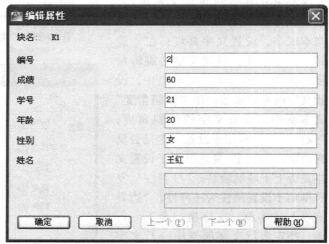

图 10-26 "编辑属性"对话框

在"插入"选项卡中的"块定义"面板中，单击"创建块"下拉箭头，在展开菜单中单击"管理属性"按钮；在"插入"选项卡中的"块定义"面板中，单击"管理属性"按钮。

此时，弹出"块属性管理器"对话框，如图10-27所示。

3. 对话框说明

（1）"选择块"按钮　选择要编辑的块。单击该按钮，切换到绘图窗口，选择需要编辑的块。

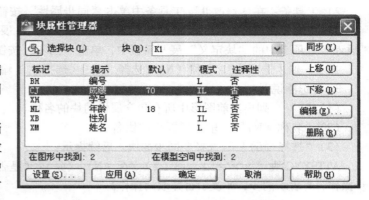

图10-27　"块属性管理器"对话框

（2）"块"下拉列表框　显示当前选择块的名称，单击右侧的下拉列表箭头，在弹出的下拉列表框中列出了当前图形中含有属性的所有块的名称，从中也可以选择要编辑的块。

（3）属性列表框　在对话框的中间区域列出了当前所选择块的所有属性，包括"标记""提示""默认""模式""注释性"等。

（4）"同步"按钮　更新具有当前定义的属性特性的选定块的全部实例。

（5）"上移（U）"和"下移（D）"按钮　单击"上移（U）"或"下移（D）"按钮，将在属性列表框中选中的属性行上移一行或下移一行。

（6）"编辑（E）…"按钮　修改属性特性。单击该按钮，弹出"编辑属性"对话框。在该对话框中有"属性""文字选项"和"特性"3个选项卡，用于重新设置属性定义的构成、文字特性和图形特性等。

"编辑属性"对话框中的"属性"选项卡，如图10-28所示。在该对话框中，"模式"选项组用于修改属性的模式，"数据"选项组用于修改属性的定义，"自动预览修改"复选框用于确定当更改可见属性的特性后，是否在绘图窗口立即更新所做的修改。

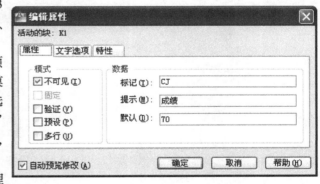

图10-28　"属性"选项卡

（7）"设置"按钮：设置在"块属性管理器"对话框中的属性列表框中显示哪些内容。单击该按钮，弹出"块属性设置"对话框，如图10-29所示。

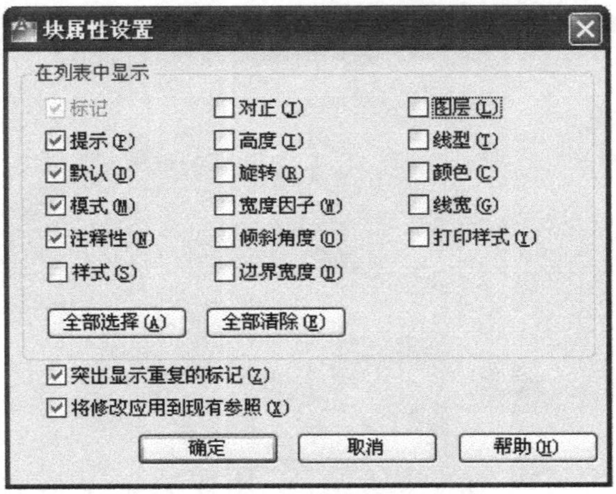

（8）"删除"按钮　从块定义中删除在属性列表框中选中的属性定义。此时，块中的对应属性值也被删除。

（9）"应用"按钮　在保持"块属性管理器"对话框打开的情况下确认进行的修改。

六、属性同步

1. 功能

对带有属性的块进行修改后，使属性与块本身的变化保持同步。

2. 调用方式

1）键盘输入命令：Attsync↓。

图10-29　"块属性设置"对话框

2）工具条：在"修改Ⅱ"工具条中单击"同步属性"按钮。

3）功能区面板：在功能区"常用"选项卡中的"块"展开面板中，单击"同步"按钮；在"插入"选项卡中的"块定义"展开面板中，单击"同步"按钮。

提示：输入选项［？/名称（N）/选择（S）］〈选择〉：（输入选项）

3. 各选项说明

（1）"？"　列出当前图形中所有包含属性的块的名称。

（2）"名称（N）"　输入要同步的块名。

（3）"选择（S）"　选择要同步的块。后续提示：

ATTSYNC 块"×××"？［是（Y）/否（N）］〈是〉：（是否对当前选择的"×××"块进行同步操作，Y 表示同步，N 表示否并取消操作）

思 考 题

1. 块与图形文件有什么关系？块与图层有什么关系？

2. Block 命令与 Wblock 命令有什么区别？

3. 什么是属性？为什么要引进属性？属性与块有什么关系？

4. 带有属性的块与不带属性的块，在插入时有什么不同？

第十一章 三维图形环境设置及显示

在工程绘图中，常常需要绘制三维（3D）图形或实体造型。AutoCAD 系统提供了较为完善的三维（3D）立体表达能力，合理运用其三维功能，可以准确地表达设计思想，提高设计效率，使读图人员能快速、准确地理解图样的设计意图。

在三维绘图时，经常使用"三维建模"或"三维基础"工作空间，如图 11-1 和图 11-2 所示。对于有 AutoCAD 基础的用户，常常习惯使用"AutoCAD 经典"工作空间，但不论使用何种工作空间，仅仅是调用命令的方式有所变化，是用户的使用习惯不同而已。

以"三维建模"、"三维基础"工作空间和"AutoCAD 经典"工作空间，介绍三维绘图的操作。AutoCAD 系统的主要具有的三维功能：设置三维绘图环境、三维图形显示、三维绘图及实体造型及三维图形编辑等功能。

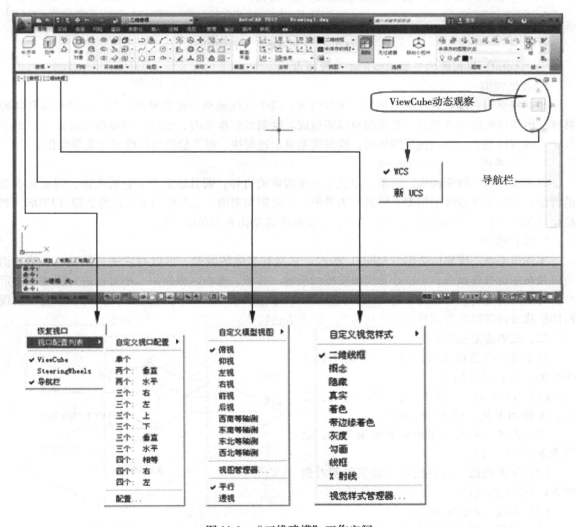

图 11-1 "三维建模"工作空间

图 11-2 "三维基础"工作空间

一、AutoCAD 系统的三维模型的类型及特点

1. 线框模型

线框模型用三维线对三维实体轮廓进行描述,属于三维模型中最简单的一种。它没有面和体的特征,由描述实体边框的点、直线和曲线所组成。绘制线框模型时,通过二维绘图的方法在三维空间建立线框模型,只须切换视图即可。线框模型显示速度快,但不能进行消隐或渲染等操作。

2. 表面模型

表面模型由三维面构成。它不仅定义了三维实体的边界,而且还定义了它的表面,因而具有面的特征。可以先生成线框模型,将其作为骨架在上面附加表面。表面模型可以进行消隐(HIDE)和渲染(RENDER)。表面模型是空心结构,在反映内部结构方面存在不足。

3. 实体模型

实体模型由三维实体造型(Solids)构成。它具有实体的特性,可以对它进行钻孔、挖槽、倒角以及布尔运算等操作,可以计算实体模型的质量、体积、重心、惯性矩,还可以进行强度、稳定性及有限元的分析,并且能够将构成的实体模型的数据转换成 NC(数控加工)代码等。它在表现形体形状或内部结构方面具有强大的功能,还能表达物体的物理特征及数据生成。

二、三维绘图相关术语

在创建三维图形之前,应首先了解下面几个术语,如图 11-3 所示。

(1)XY 平面 它是一个平滑的三维面,仅包含 X 轴和 Y 轴,即 Z 坐标为 0。

(2)Z 轴 它是三维坐标系的第三轴,总是垂直于 XY 平面。

(3)平面视图 以视线与 Z 轴平行所看到的 XY 平面上的视图。

(4)高度 Z 轴坐标值。

(5)厚度 指三维实体沿 Z 轴测量的长度。

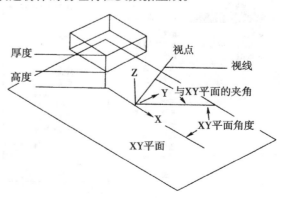

图 11-3 三维绘图术语

（6）视点（相机位置）　若假定用照相机观察三维图形，照相机的位置相当于视点。

（7）目标点　通过照相机看某物体时，聚集到一个清晰点上，该点就是所谓的目标点。在 AutoCAD 中，坐标系原点即为目标点。

（8）视线　假想的线，它把相机位置与目标点连接起来。

（9）与 XY 平面的夹角　即视线与其在 XY 平面的投影线之间的夹角。

（10）XY 平面角度　即视线在 XY 平面的投影线与 X 轴之间的夹角。

在绘制二维图形时，所有的操作都在一个平面上（即 XY 平面，也称为构造平面）完成。但在三维绘图时，却经常涉及坐标系原点的移动、坐标系的旋转及作图平面的转换。所以在绘制三维图形时，首先应设置三维绘图环境。因此，在进行三维模型图形绘制时，绘图环境的设置及显示是非常重要的，只有确定合适的三维绘图环境，才能绘制及显示出三维图形。

第一节　用户坐标系定义和基面设置

用户坐标系是根据需要将符合右手定则的空间 3 个互相垂直的 X、Y、Z 轴，设置在世界坐标系中的任意点上，并且还可以旋转及倾斜其坐标轴。

一、世界坐标系和用户坐标系

1. 世界坐标系

世界坐标系（World Coordinate System，WCS）又称为通用坐标系。在未指定用户 UCS 坐标系时，AutoCAD 将世界坐标系设为默认坐标系。世界坐标系是固定的，不能改变。

2. 用户坐标系

使用世界坐标系，绘图和编辑都在单一的固定坐标系中进行。这个系统对于二维绘图基本能够满足，但对于三维立体绘图，实体上的各点位置关系不明确，绘制三维图形会很不方便。因此，在 AutoCAD 系统中可以建立自己的专用坐标系——用户坐标系（User Coordinate System，UCS）。

二、创建与使用用户坐标系

1. 功能

定义用户坐标系，用于精确绘图。在三维绘图时，常用于建立图形和建模的 XY 平面（工作平面）和 Z 轴方向。

2. 调用方式

1）键盘输入命令：UCS↓。

通过输入命令提示完成 UCS 设置。

提示如下。

指定 UCS 的原点或［面（F）/命名（NA）/对象（OB）/上一个（P）/视图（V）/世界（W）/X/Y/Z/Z 轴（ZA）］〈世界〉:（输入选项）

各选项说明如下。

①"指定 UCS 的原点"：使用一点、两点或三点定义一个新的 UCS。

如果指定单个点，则确定新建 UCS 的原点而不改变 X、Y 和 Z 轴的方向；如果指定第二个点，则 UCS 正 X 轴通过该点；如果指定第三个点，则确定 UCS 的 XY 平面上的点，即 UCS 绕新的 X 轴旋转来定义正 Y 轴。

②"面（F）"：选择一个三维面确定新的 UCS。

提示：选择实体面、曲面或网格:（用光标指定面）

后续提示：输入选项［下一个（N）/X 轴反向（X）/Y 轴反向（Y）］〈接受〉:（输入选项）

a）"下一个（N）"：将 UCS 定位于邻接的面或选定边的后向面。

b)"X 轴反向（X）"：将 UCS 绕 X 轴旋转 180°。

c)"Y 轴反向（Y）"：将 UCS 绕 Y 轴旋转 180°。

③"命名（NA）"：保存或恢复命名 UCS 定义。

后续提示：输入选项［恢复（R）/保存（S）/删除（D）/?］：（输入选项）

④"对象（OB）"：将 UCS 与选定的二维或三维对象对齐。

大多数情况下，UCS 的原点位于离指定点最近的端点，X 轴将与边对齐或与曲线相切，并且 Z 轴垂直于对象对齐。对于非三维面的对象，新 UCS 的 XY 平面与绘制该对象的 XY 平面平行。但 X 和 Y 轴可作不同的旋转。用实体对象创建新 UCS 的定义规则，见表 11-1 所示。

表 11-1　实体对象创建新 UCS 的定义规则

实体对象	确定新 UCS 的规则
圆弧（Arc）	圆弧的圆心成为新 UCS 的原点。X 轴通过距离选择点最近的圆弧端点
圆（Circle）	圆的圆心成为新 UCS 的原点。X 轴通过选择点
标注（Dimension）	标注文字的中点成为新 UCS 的原点。新 X 轴的方向平行于绘制该标注时生效的 UCS 的 X 轴
直线（Line）	离选择点最近的端点成为新 UCS 的原点。AutoCAD 选择新的 X 轴使该直线位于新 UCS 的 XZ 平面上。该直线的第二个端点在新坐标系中的 Y 坐标为 0
点（Point）	该点成为新 UCS 的原点
二维多段线（Polyline）	多段线的起点成为新 UCS 的原点。X 轴沿从起点到下一顶点的线段延伸
实体填充（Solid）	二维实体填充的第一点确定新 UCS 的原点。新 X 轴沿前两点之间的连线方向
宽线（Trace）	宽线的"起点"成为新 UCS 的原点，X 轴沿宽线的中心线方向
三维面（3D Face）	取第一点作为新 UCS 的原点，X 轴沿前两点的连线方向，Y 的正方向取自第一点和第四点。Z 轴由右手定则确定
形、块参照、属性定义、外部引用	该对象的插入点成为新 UCS 的原点，新 X 轴由对象绕其拉伸方向旋转定义。用于建立新 UCS 的对象在新 UCS 中的旋转角度为 0

⑤"上一个（P）"：恢复上一个 UCS。可以连续返回当前任务中的最后 10 个 UCS 设置。

⑥"视图（V）"：将 UCS 的 XY 平面与垂直于观察方向的平面对齐。原点保持不变，但 X 轴和 Y 轴分别变为水平和垂直。

⑦"世界（W）"：将 UCS 与世界坐标系（WCS）对齐。

⑧"X/Y/Z/"：绕指定的 X、Y、Z 轴按输入角度旋转来确定新的 UCS。后续提示：

指定绕 n 轴的旋转角度〈0〉：（指定角度）

在提示中，n 代表 X、Y 或 Z。输入正或负的角度以旋转 UCS。AutoCAD 用右手定则来确定绕该轴旋转的正方向。

⑨"Z 轴（ZA）"，将 UCS 与指定的正 Z 轴对齐。UCS 原点移动到第一个点，其正 Z 轴通过第二个点。后续提示：

指定新原点或［对象（O）]〈0，0，0〉：（指定新原点或对象）

指定 Z 轴范围上的一点或指定一对象，根据相切于离对象指定点最近的端点来对齐 Z 轴，即 Z 轴正半轴指向背离对象的方向。

2）下拉菜单：单击"工具"→"新建 UCS"→"级联菜单"，完成 UCS 设置，如图 11-4 所示。

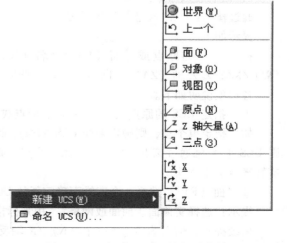

图 11-4　"新建 UCS"的级联菜单

3）工具条：通过工具条完成 UCS 的设置。

①UCS 工具条。通过 UCS 工具条完成 UCS 设置，如图 11-5 所示。

②UCS Ⅱ 工具条。通过 UCS Ⅱ 工具条完成 UCS 设置，如图 11-6 所示。

③功能区面板。在"三维建模"工作空间的"常用"选项卡或"视图"选项卡的"坐标"面板中，选择相应选项，完成 UCS 的设置，如图 11-7 所示。

④UCS 夹点及菜单。使用 UCS 夹点及菜单完成 UCS 设置。

单击 UCS 图标，在 UCS 坐标原点和轴端点形成夹点，当光标停留在夹点上时，该夹点成为热夹点，并弹出夹点菜单，如图 11-8 所示。

⑤UCS 快捷菜单。使用 UCS 快捷菜单完成 UCS 设置。

图 11-5　UCS 工具条

图 11-6　UCS Ⅱ 工具条及下拉列表框

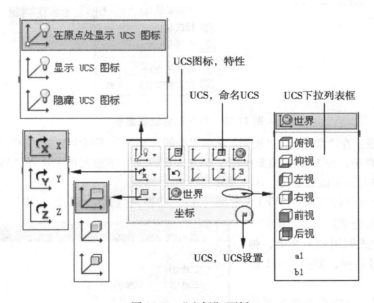

图 11-7　"坐标"面板

当光标放置在 UCS 图标上或放置在 UCS 坐标夹点上时，单击鼠标右键，弹出 UCS 快捷菜单，如图 11-9 所示。

⑥动态 UCS。在实体模型中，使用动态 UCS 功能，可以在创建对象时使 UCS 的 XY 平面自动与实体模型上的平面临时对齐，而无需使用 UCS 命令，结束创建对象后，UCS 将恢复到其上一个状态。可以在状态栏上打开动态 UCS 或按〈F6〉键，调用动态 UCS。

三、坐标系图标控制

1. 功能

控制 UCS 图标的可见性、位置、外观和可选性。

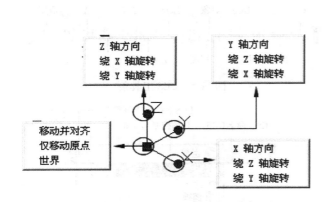

图 11-8　UCS 坐标原点、轴端点形成夹点及夹点菜单　　　　图 11-9　UCS 快捷菜单

2. 调用方式

1）键盘输入命令：Ucsicon↓。

2）下拉菜单：单击"视图"→"显示"→"UCS 图标"→级联菜单，如图 11-10 所示。

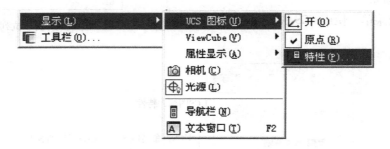

图 11-10　UCS 图标级联菜单

3）功能区面板：在"常用"或"视图"选项卡中的"坐标"面板中单击"UCS 图标特性"按钮。

4）UCS 快捷菜单：在 UCS 快捷菜单的"UCS 图标设置"下拉菜单中选择"特性"。

当通过键盘输入调用该命令时，出现提示：

输入选项 ［开（ON）/关（OFF）/全部（A）/非原点（N）/原点（OR）/可选（S）/特性（P）］〈开〉：（输入选项）

当通过其他方式调用该命令时，弹出"UCS 图标"对话框，如图 11-11 所示。

通过该对话框，可以设置坐标系图标式样、大小及颜色等特性。

3. 各选项说明

1）"开（ON）"：显示坐标系图标。

2）"关（OFF）"：不显示图标。

3）"全部（A）"：对所有视口都起作用，否则只对当前视口有效。

4）"非原点（N）"：使图标显示在视口左下角（非原点）。

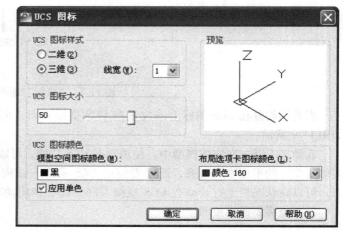

图 11-11　"UCS 图标"对话框

5）"原点（OR）"：使图标显示在当前 UCS 原点，如果图标显示不全，则改在视口左下角显示。

6）"可选（S）"：控制 UCS 图标是否可选并且可以通过夹点操作。

7）"特性（P）"：调用"UCS 图标"对话框，设置坐标系图标的显示模式。此时，弹出"UCS 图标"对话框（见图 11-11 所示）。

4. "UCS 图标"对话框说明

1）"UCS 图标样式"选项组：指定二维或三维 UCS 图标的显示及其外观。

2）"预览"窗口：显示 UCS 图标在模型空间中的预览。

3）"UCS 图标大小"选项组：按视口大小的百分比控制 UCS 图标的大小，默认值为 50，有效范围为 5 ~ 95，UCS 图标的大小与显示它的视口大小成比例。

4）"UCS 图标颜色"选项组：控制 UCS 图标在模型空间视口和布局选项卡中的颜色。

四、已定义的 UCS 管理

1. 功能

管理已定义的用户坐标系。列出、重命名和恢复用户坐标系（UCS）定义，并控制视口的 UCS 和 UCS 图标设置。

2. 调用方式

1）键盘输入命令：Dducs（Ucsman）↓。

2）下拉菜单：单击"工具"→"命名 UCS"。

3）工具条　在"UCSII"工具条中单击"命名 UCS"按钮。

4）功能区面板：在"常用"或"视图"选项卡中的"坐标"面板中单击"UCS，命名 UCS"按钮。

此时，弹出"UCS"对话框，在该对话框中有"命名 UCS""正交 UCS"和"设置"3 个选项卡。

3. 对话框说明

（1）"命名 UCS"选项卡　在 UCS 对话框中单击"命名 UCS"选项卡，如图 11-12 所示。

对话框说明如下。

1）"当前 UCS:"：显示当前的 UCS 名。

2）"UCS"列表框：显示已命名的 UCS、世界、上一个、当前未命名的 UCS 及已命名的 UCS 列表及其管理。可用鼠标双击已命名的 UCS 和未命名的 UCS，此时可对其重新命名。单击列表框中的某一 UCS，再单击"置为当前（C）"按钮，可设置为当前 UCS。前面有三角标记的为当前使用坐标系。单击列表框中的某一 UCS，再单击"详细信息（T）"按钮，弹出"UCS 详细信息"对话框，如图 11-13 所示。在该对话框中，可显示设定 UCS 位于参考坐标系的原点坐标、X 轴、Y 轴、Z 轴的正向。

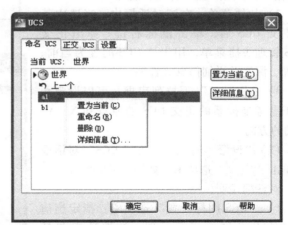

图 11-12　"命名 UCS"选项卡及快捷菜单

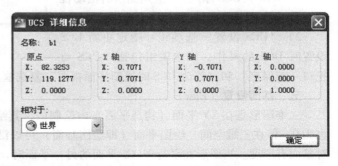

图 11-13　"UCS 详细信息"对话框

3）快捷菜单：在 UCS 列表框中选择某一 UCS 后，单击鼠标右键，此时弹出 UCS 管理快捷菜单。通过该快捷菜单也可完成 UCS 的重新命名、设置当前 UCS、删除 UCS 及显示 UCS 详细说明信息等操作。

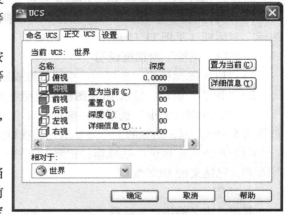

当完成对话框内容设置后，单击"确定"按钮，即可完成对 UCS 的重新命名、设置当前 UCS 等管理。

（2）"正交 UCS"选项卡　在 UCS 对话框中，单击"正交 UCS"选项卡，如图 11-14 所示。

对话框说明如下。

1）正交 UCS 列表框：在该列表框中，显示当前的正交 UCS 或将选择的正交 UCS 设置为当前UCS。双击某一正交的 UCS 名称时，可将某一选定的正交 UCS 设置为当前的 UCS；或单击某一 UCS，再单击"置为当前（C）"按钮，也可将选定的正交 UCS 设置为当前的 UCS，双击"深度"数值时，可弹出"正交 UCS 深度"对话框，如图 11-15。在该对话框中的"底端深度"文本框中可以指定正交 UCS 的 XY 平面与经过坐标系原点的平行平面

图 11-14　"正交 UCS"选项卡及快捷菜单

间的距离。在"正交 UCS 深度"对话框中，输入值或选择"选择新原点"按钮，可以使用定点设备来指定新的深度或新的原点。

2）快捷菜单：在该对话框中，当选中某一正交 UCS 后，单击鼠标右键，弹出正交 UCS 管理快捷菜单，用于该 UCS 的置为当前、重置、深度及详细信息等管理。

图 11-15　"正交 UCS 深度"对话框

3）"相对于"下拉列表框：可以设定相对于参考坐标系的正交 UCS 的原点和 X、Y、Z 轴的方向。

（3）"设置"选项卡　在"UCS"对话框中单击"设置"选项卡，如图 11-16 所示。

对话框说明：

1）"UCS 图标设置"选项组：指定当前视口的 UCS 图标显示设置。该选项组包括"开""显示于 UCS 原点""应用到所有活动视口"和"允许选择 UCS 图标"复选框。

2）"UCS 设置"选项组：指定更新 UCS设置时 UCS 的操作。该选项组包括"UCS 与视口一起保存"和"修改 UCS 时更新平面视图"复选框。

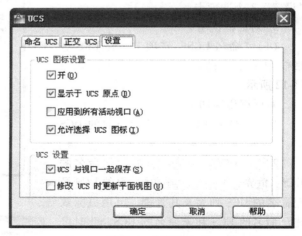

图 11-16　"设置"选项卡

五、基面设置（Elev）

二维图形是在 XY 平面（构造平面）内绘制的，其绘图平面的 Z 轴坐标为 0，绘制的图形厚度也为 0。但在三维空间，绘图平面（即绘图基面）可以沿 Z 轴向上、向下移动，绘制的图形可以相对基面有厚度。当图形在平行于 XY 平面的另一平面时，可以通过改变绘图基面（不改变当前坐标系）来绘制图形，在绘制由柱状形体构成的三维图形时十分方便。

1. 功能

用于为后面绘制的实体设置当前的基准高度和以此基面为基准的延伸厚度，高度和延伸厚度均以当前的 UCS 的 Z 轴坐标为基准，并且规定当前的 UCS 的 XOY 平面的高度为 0，沿 Z 轴正方向的厚度为正，反之延伸厚度为负。

2. 调用方式

键盘输入命令：Elev↓。

提示如下。

指定新的默认标高〈当前值〉：（输入新基面高度）

指定新的默认厚度〈当前值〉：（输入新厚度）

例1 绘制阶梯轴，如图 11-17a 所示。

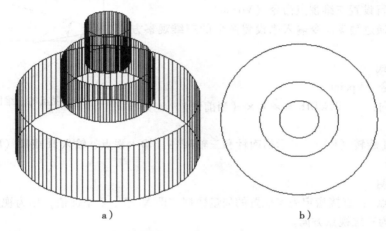

a）   b）

图 11-17 Elev 应用举例

a）通过视点（Vpoint）命令观察的图形 b）没有改变视点的图形

操作过程：

1. 绘制直径为 80 的圆

命令：Elev↓

指定新的默认标高〈0.0000〉：↓

指定新的默认厚度〈20.0000〉：30↓

绘制一个直径为 80 的圆。

2. 绘制直径为 40 的圆

命令：Elev↓

指定新的默认标高〈0.0000〉：30↓

指定新的默认厚度〈30.0000〉：20↓

绘制一个直径为 40 的圆（与前一个圆同心）

3. 绘制直径为 20 的圆

命令：Elev↓

指定新的默认标高〈30.0000〉：50↓

指定新的默认厚度〈20.0000〉：40↓

绘制一个直径为 20 的圆（与前一个圆同心），完成图形，如图 11-17b 所示。

4. 变换视点（用 Vpoint 命令）

改变视点后的图形如图 11-17a 所示。

第二节 三维模型的显示观察

利用三维图形显示功能，根据需要选定视点，可以从空间中任意一点按某种方式观察三维图形。

一、设置三维视点及视图

视点是指观察图形的方向。每个视口都有自己的视点，视点与坐标原点的连线即为观察方向，即视点 A（X，Y，Z）与坐标原点 O 的连线，如图 11-18 所示。视点只指定方向，不指定距离，即在直线 OA 及其延长线上选择任意一点作为视点，其投影效果是相同的。

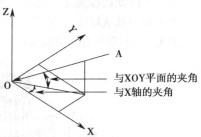

图 11-18 视点与三维图形的投影方向

1. 命令提示行设置三维视点命令（Vpoint）

（1）功能 通过键盘命令输入来设置图形的三维观察方向。

（2）调用方式

键盘输入命令：Vpoint↓。

当前视图方向： VIEWDIR = × × ×（当前值）

提示如下。

指定视点或［旋转（R）]〈显示指南针和三轴架〉：（输入视点、输入 R 或按〈Enter〉键以显示指南针和三轴架）

（3）选项说明

1）"指定视点"：直接指定视点位置的矢量数据，即 X、Y、Z 坐标值，作为视点。由坐标点到坐标原点的连线为三维视点方向。

2）"R"：用旋转方式指定视点。通过指定视线与 XOY 平面的夹角和在 XOY 平面中与 X 轴的夹角来生成视图。

3）"显示指南针和三轴架"：为默认选项，当直接按〈Enter〉键后，在屏幕上会产生一个视点罗盘，如图 11-19 所示。通过移动罗盘上的光标，三维轴坐标架图标相应旋转，可以动态地设置视图位置。

罗盘是用二维图像表达三维空间，在罗盘上选取点，实际定义了视点在 XOY 平面上的投影与 X 轴的角度和视线到 XOY 平面的角度。

当光标位于罗盘中心时，观察视点位于 XOY 平面上方的 Z 轴上，视线方向与 XOY 平面垂直成 90°角。

当光标位于罗盘内圈时，观察视点位于 XOY 平面上方非 Z 轴的部分，视线方向与 XOY 平面成 0°～90°角。

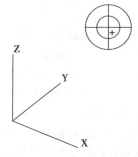

图 11-19 罗盘和三维轴坐标架

当光标位于罗盘内圈上时，观察点位于 XOY 平面上，视线方向与 XOY 平面成 0°角。

当光标位于罗盘内外圈之间时，观察视点位于 XOY 平面下方非 Z 轴的部分，视线方向与 XOY 平面成 -90°～0°角。

当光标位于罗盘外圈上时，观察视点位于 XOY 平面下方的 Z 轴上，视线方向与 XOY 平面垂直。

另外，罗盘上水平和垂直的直线代表 XOY 平面内 0°、90°、180°和 270°。相对水平线和垂直线的光标位置决定了视线方向与 X 轴的夹角。

常用视点坐标设置及对应的视图，见表 11-2 所示。

表 11-2　常用视点坐标设置及对应的视图

视点坐标	所显示的视图	视点坐标	所显示的视图
0，0，1	顶面（俯视）	-1，-1，-1	底面、正面、左面
0，0，-1	底面（仰视）	1，1，-1	底面、背面、右面
0，-1，0	正面（前视）	-1，1，-1	底面、背面、左面
0，1，0	背面（后视）	1，-1，1	顶面、正面、左面（东南轴测图）
1，0，0	右面（右视）	-1，-1，1	顶面、正面、右面（西南轴测图）
-1，0，0	左面（左视）	1，1，1	顶面、背面、右面（东北轴测图）
1，-1，-1	底面、正面、右面	-1，1，1	顶面、背面、左面（西北轴测图）

2. 对话框设置三维视点

（1）功能

通过对话框设置三维视点，设置图形的三维观察方向。

（2）调用方式

1）键盘输入命令：Ddvpoint↓。

2）下拉菜单：单击"视图"→"三维视图"→"视点预置"。

此时，弹出"视点预设"对话框，如图 11-20 所示。在该对话框中，定义视点需要的两个角度即视线在 XOY 平面上投影与 X 轴的夹角和视线与 XOY 平面的角度。

（3）对话框说明

1）在该对话框中，左图用于设置原点和视点之间的连线与 XOY 平面上投影与 X 轴正向的夹角，右图用于设置该连线与投影之间的夹角。可以在图上直接拾取，也可以在"X"轴、"XY 平面"两个文本框中输入相应的角度。

2）"绝对于 WCS"单选按钮：设置世界坐标系为参考坐标系。

3）"相对于 UCS"单选按钮：设置相对于 UCS 为参考坐标系。

4）"设置为平面视图"按钮：可以将坐标系设置为平面视图。默认视点为 XOY 平面上与 X 轴的夹角为 90°，视线与 XOY 平面的夹角为 270°。

3. 下拉菜单设置三维视点及视图

单击"视图"→"三维视图"→级联菜单，设置三维视点及视图，如图 11-21 所示。

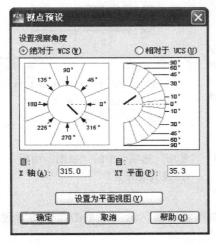

图 11-20　"视点预设"对话框

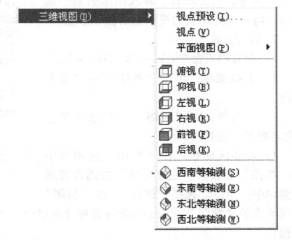

图 11-21　视点设置级联菜单

4. 工具条设置三维视点及视图

通过"视图"工具条设置三维视点，如图11-22所示。

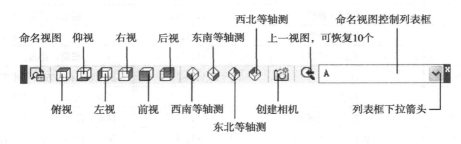

图 11-22 "视图"工具条

在该工具条中单击"创建相机"按钮，采用照相机形式设置视图。后续提示：

指定新相机位置〈当前值〉：（输入照相机新位置）

指定新相机目标〈当前值〉：（输入照相机目标新位置）

完成新视点设置。

5. 功能区面板设置三维视点及视图

1）通过"常用"选项卡中的"视图"面板设置三维视点及视图，如图11-23所示。

2）通过"视图"选项卡中的"视图"面板设置三维视点及视图，如图11-24所示。

6. 通过"视图控件"设置视点及视图

通过绘图窗口的"视图控件"展开菜单设置三维视点及视图（见图11-1）。

二、命名视图

1. 功能

在当前视口内进行视图及视点设置并实现视图管理，当要观看、修改图形的某一部分时，将该部分命名的视图显示在屏幕上。

2. 调用方式

1）键盘输入命令：View（V、Ddview）↓。

2）下拉菜单：单击"视图"→"命名视图"。

3）工具条：在"视图"工具条中单击"命名视图"按钮。

4）功能区面板：在"常用"选项卡中的"视图"面板的"三维导航"视图设置展开菜单中，单击"视图管理器"；在"视图"

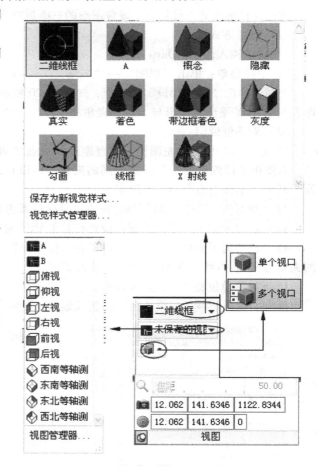

图 11-23 "常用"选项卡中的"视图"面板及其展开菜单

选项卡中的"视图"面板的视图设置展开菜单中，选择"视图管理器"选项或单击"视图管理器"按钮。

5）"视图控件"菜单：在绘图窗口的"视图控件"展开菜单中，选择"视图管理器"选项。

此时，弹出"视图管理器"对话框，如图 11-25 所示。

3. 对话框说明

（1）"视图"列表框，显示可用视图的列表。

1）"当前"视图：显示当前视图及其"查看"和"剪裁"特性。

2）"模型视图"：显示命名视图和相机视图列表，并列出选定视图的"常规""查看"和"剪裁"特性。

3）"布局视图"：在定义视图的布局上显示视口列表，并列出选定视图的"常规"和"查看"特性。

4）"预设视图"：显示正交视图和等轴测视图列表，并列出选定视图的"常规"特性。

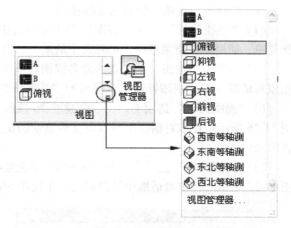

图 11-24　"视图"选项卡中的"视图"面板及其展开菜单

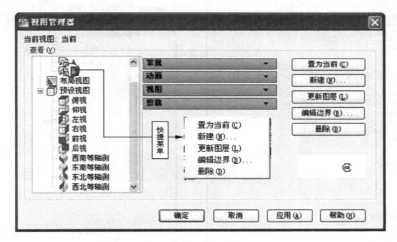

图 11-25　"视图管理器"对话框

（2）"特性"显示框：显示所选"视图"的特性，不同的视图显示的内容有所不同。

1）"常规"特性：包括名称、类别、视口关联、UCS、恢复正交 UCS、设定相对于、图层快照、注释比例、视觉样式、背景、活动截面等选项。

2）"动画"特性：包括视图类型、转场类型、转场持续时间、移动、回放持续时间、距离、向上距离、向下距离、向前距离、向后距离、向左/向右度数、向上/向下度数、向左/向右（平移）距离、向上/向下（平移）距离、放大/缩小百分比、当前位置、始终朝向轴心点等选项。

3）"视图"特性：包括相机 X、相机 Y、相机 Z、目标 X、目标 Y、目标 Z、摆动角度、高度、宽度、透视、焦距（mm）、视野等选项。

4）"剪裁"特性：包括前向面、后向面、剪裁等选项。

（3）"置为当前"按钮　将在"视图"列表框选中的某一命名视图设置为当前视图。

（4）"更新图层"按钮　更新与选定的视图一起保存的图层信息，使其与当前模型空间和布局视口中的图层可见性匹配。

（5）"编辑边界"按钮　单击该按钮后，返回到作图区，重新设置视图的显示范围，按〈Enter〉键，完成边界的编辑。

（6）"删除"按钮　删除选定的视图。

（7）"快捷菜单"　在"视图"列表框中选中某一命名视图名后，单击鼠标右键，则弹出一快捷菜单，通过该快捷菜单中，可对选中的某一命名视图进行操作。

（8）"新建"按钮　创建新的命名视图。单击该按钮后，弹出"新建视图/快照特性"对话框。在该对话框中有"视图特性"选项卡和"快照特性"两个选项卡。

1）"视图特性"选项卡。在"新建视图/快照特性"对话框中，单击"视图特性"选项卡，如图 11-26 所示。在该对话框中可以定义要显示的图形区域、控制视图中对象的视觉外观以及为命名视图指定背景。

2）"快照特性"选项卡。在"新建视图/快照特性"对话框中，单击"快照特性"选项卡，如图 11-27 所示。在该对话框中可以定义用于使用 ShowMotion 回放的视图的转场和运动。

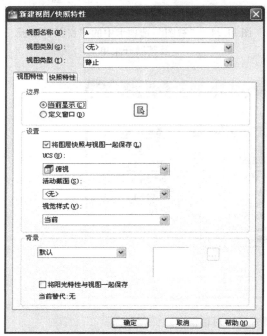

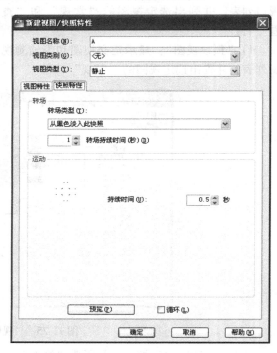

图 11-26　"视图特性"选项卡　　　　　图 11-27　"快照特性"选项卡

三、三维动态观察器

三维动态观察是指围绕目标移动，可以动态、交互式、直观地显示三维模型，从而使得在检查创建的实体是否符合要求时更加方便。有三种动态观察工具：受约束的动态观察、自由动态观察和连续动态观察。

1. 命令的调用方式

（1）下拉菜单　通过"视图"下拉菜单的"动态观察"级联菜单，完成命令调用，如图 11-28 所示。

（2）工具条　在"三维导航"工具条中，单击按钮可完成相应命令的输入，如图 11-29 所示。

（3）功能区面板　在功能区的"视图"选项卡中的"导航"面板中，单击按钮可完成相应命令的输入，如图 11-30 所示。

（4）快捷菜单　启动任意三维导航命令，在绘图区域中单击鼠标右键，弹出三维动态观察快捷菜单，通过该菜单完成相应命令的调用，如图 11-31 所示。

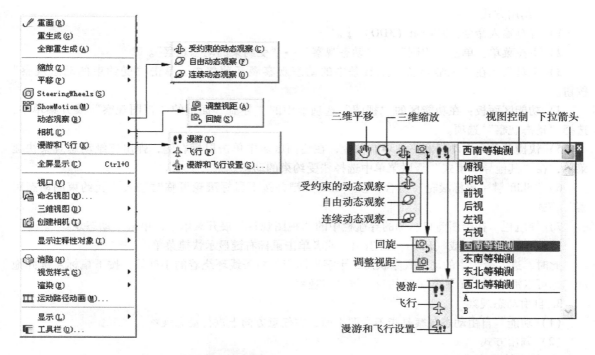

图 11-28 "视图"下拉菜单及部分级联菜单 　　　　　　图 11-29 "三维导航"工具条

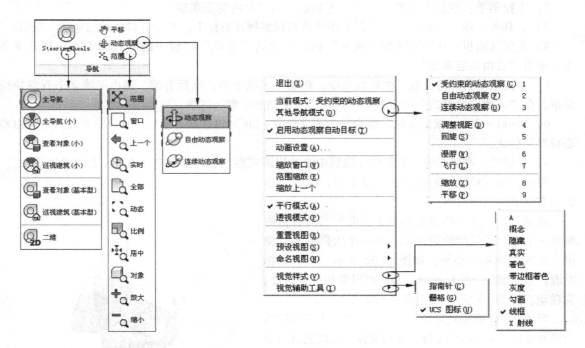

图 11-30 "视图"选项卡中的"导航"面板
及其展开菜单

图 11-31 三维动态观察快捷菜单

（5）键盘输入　通过键盘输入三维动态观察命令英文名，完成相应命令的输入。

2. 受约束的动态观察

（1）功能　在三维空间中旋转视图，但仅限于水平动态观察和垂直动态观察。

（2）调用方式

1）键盘输入命令：3Dorbit（3DO）↓。

2）下拉菜单：单击"视图"→"动态观察"→"受约束的动态观察"。

3）工具条：在"三维导航"工具条中的动态观察展开菜单中，单击"受约束的动态观察"按钮。

4）功能区面板：在功能区的"视图"选项卡中的"导航"面板的"视图观察"展开菜单中，选择"动态观察"选项。

5）快捷菜单：启动任意三维导航命令，在绘图区域中单击鼠标右键，弹出三维动态观察快捷菜单，在"其他导航模式"级联菜单中选择"受约束的动态观察"选项。

6）"Shift 键 + 鼠标滚轮"组合：按〈Shift〉键并按下鼠标滚轮可临时进入"受约束的动态观察"模式。

7）导航栏　在绘图窗口右侧的导航栏中的"视图观察"展开菜单中，单击"动态观察"。

提示：按〈Esc〉或〈Enter〉键退出，或者单击鼠标右键显示快捷菜单。

此时，进入受约束的动态观察状态，十字光标变为两条线环绕着的小球体，按下鼠标左键并拖动光标可以沿 X 轴、Y 轴和 Z 轴约束三维动态观察。

3. 自由动态观察

（1）功能　自由动态观察是指不参照平面，在任意方向上进行动态观察。

（2）调用方式

1）键盘输入命令：3DFOrbit（3DFO）↓。

2）下拉菜单：单击"视图"→"动态观察"→"自由动态观察"。

3）工具条：在"三维导航"工具条中的动态观察展开图标中，单击"自由动态观察"按钮。

4）功能区面板：在功能区的"视图"选项卡中的"导航"面板中的"视图观察"展开菜单中，单击"自由动态观察"。

5）快捷菜单：启动任意三维导航命令，在绘图区域中单击鼠标右键，弹出三维动态观察快捷菜单，在"其他导航模式"级联菜单中选择"自由动态观察"选项。

6）"Shift + Ctrl + 鼠标滚轮"组合键：按〈Shift + Ctrl〉键并按下鼠标滚轮可临时进入"自由动态观察"模式。

7）导航栏　在绘图窗口右侧的导航栏中的"视图观察"展开菜单中，单击"自由动态观察"。

提示：按〈Esc〉或〈Enter〉键退出，或者单击鼠标右键显示快捷菜单。

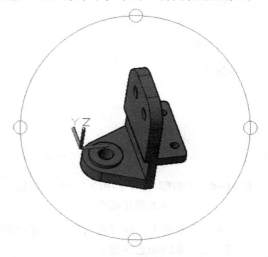

此时，进入自由动态观察状态，即在当前视窗内激活一个交互式三维轨道视图，在一个大圆的 4 个象限点处放置着 4 个小圆，如图 11-32 所示。按下鼠标左键，移动鼠标，坐标系原点和观察对象相应地转动，实现动态观察，对象呈现不同的观察状态。

当光标位于圆形轨道的 4 个小圆上时，十字光标变为椭圆形状，按下鼠标左键，移动鼠标，三维模型将会绕中心的水平轴或垂直轴旋转；当光标在圆形内轨道移动时，三维模型将绕目标点旋转；当光标在轨道外旋转时，三维模型将绕目标点顺时针（或逆时针）旋转。

4. 连续动态观察

（1）功能　在三维空间中连续旋转视图。

图 11-32　自由动态观察轨道视图

（2）调用方式

1）键盘输入命令：3Dcorbit↓。

2）下拉菜单：单击"视图"→"动态观察"→"连续动态观察"。

3）工具条：在"三维导航"工具条中的动态观察展开菜单中，单击"连续动态观察"按钮。

4）功能区面板：在功能区的"视图"选项卡中的"导航"面板中的"视图观察"展开菜单中，单击"连续动态观察"。

5）快捷菜单：启动任意三维导航命令，在绘图区域中单击鼠标右键，弹出三维动态观察快捷菜单，在"其他导航模式"级联菜单中选择"连续动态观察"选项。

6）导航栏 在绘图窗口右侧的导航栏中的"视图观察"展开菜单中，单击"连续动态观察"。

提示：按〈Esc〉或〈Enter〉键退出，或者单击鼠标右键显示快捷菜单。

此时，进入连续动态观察状态。按下鼠标左键并拖动到适当位置后释放，模型会沿着拖动的方向连续旋转，旋转的速度取决于拖动光标的速度。在该观察模式下，通过再次按下鼠标左键并拖动可以改变连续动态观察的方向，单击鼠标左键停止转动。

四、使用相机

在图形中，通过旋转一个或多个相机来定义三维透视图；可以打开或关闭相机并使用夹点来编辑相机的位置、目标或焦距；可以通过位置 XYZ 坐标、目标 XYZ 坐标和视野/焦距定义相机；还可以定义剪裁平面，以建立关联视图的前、后边界。

1. 创建相机

（1）功能 设置相机位置和目标位置，以创建并保存对象的三维透视图。

（2）调用方式

1）键盘输入命令：Camera↓。

2）下拉菜单：单击"视图"→"创建相机"。

3）工具条：在"视图"工具条中单击"创建相机"按钮。

4）功能区面板：在功能区的"渲染"选项卡的"相机"面板中，单击"创建相机"选项。

提示如下。

当前相机设置：高度＝"×××"焦距＝"×××"mm

指定相机位置：（输入相机位置）

指定目标位置：（输入目标位置）

输入选项［？/名称（N）/位置（LO）/高度（H）/目标（T）/镜头（LE）/剪裁（C）/视图（V）/退出（X）］〈退出〉：（输入选项）

（3）各选项说明

1）"？"：显示当前已定义相机的列表。

2）"名称（N）"：给相机命名。

3）"位置（LO）"：指定相机的位置。

4）"高度（H）"：指定相机的高度。

5）"目标（T）"：指定相机的目标。

6）"镜头（LE）"：指定相机的焦距（以 mm 为单位）。

7）"剪裁（C）"：定义前后剪裁平面并设定它们的值。

8）"视图（V）"：设定当前视图以匹配相机设置。

9）"退出（X）"：取消该命令。

2. 修改相机特性

在图形中创建相机后，当夹点选中相机时，打开"相机预览"窗口，如图11-33所示。预览窗口用于显示相机视图的显示效果；"视觉样式"下拉列表框用于指定用于预览的视觉样式；"编辑相机时显示该窗口"复选框用于指定编辑时，是否显示"相机预览"窗口。

选中相机后，可以通过以下方式修改相机：

1）单击并拖动夹点，以调整焦距、视野大小或重新设置相机位置。

2）使用动态输入工具栏提示，在菜单中选择选项，以及在文本框中输入 X、Y、Z 坐标值或角度值。

3）使用"特性选项板"修改相机特性，如图 11-34 所示。

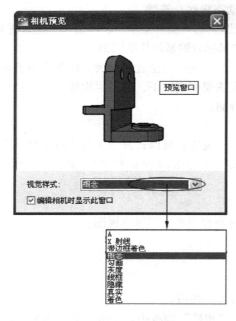

图 11-33 "相机预览"窗口

图 11-34 相机的"特性选项板"

3. 调整视距

（1）功能　启动交互式三维视图并使对象显示得更近或更远。

（2）调用方式

1）键盘输入命令：3Ddistance↓。

2）下拉菜单：单击"视图"→"相机"→"调整视距"。

3）工具条：在"三维导航"工具条的"调整视距/回旋"展开菜单中，单击"调整视距"按钮。

4）快捷菜单：启动任意三维导航命令，在绘图区域中单击鼠标右键，弹出三维动态观察快捷菜单，在"其他导航模式"级联菜单中选择"调整视距"选项。

提示：按〈Esc〉或〈Enter〉键退出，或者单击鼠标右键显示快捷菜单。

此时，将光标更改为具有上箭头和下箭头的直线。按下鼠标左键并向屏幕底部垂直拖动光标使相机靠近对象，从而使对象显示得较大；反之向屏幕顶部垂直拖动光标使相机远离对象，从而使对象显示得较小。

4. 回旋

（1）功能　在拖动方向上更改视图的目标。

（2）调用方式

1）键盘输入命令：3Dswivel↓。

2）下拉菜单：单击"视图"→"相机"→"回旋"。

3）工具条：在"三维导航"工具条的"调整视距/回旋"展开菜单中，单击"回旋"按钮。

4）快捷菜单：启动任意三维导航命令，在绘图区域中单击鼠标右键，弹出三维动态观察快捷菜单，在"其他导航模式"级联菜单中选择"回旋"选项。

提示：按〈Esc〉或〈Enter〉键退出，或者单击鼠标右键显示快捷菜单。

在拖动方向上模拟平移相机，并可沿 XY 平面或 Z 轴回旋视图。

五、动态视点

1. 功能

使用相机和目标来定义平行投影或透视视图。通过该命令可以设置准确的视点和目标点的位置，从而可以更明确地观察位置。

2. 调用方式

键盘输入命令：Dview↓。

提示如下。

选择对象或〈使用 DviewBlock〉：（选择对象或按〈Enter〉键自动显示一个简单线框模型）

输入选项 [相机（CA）/目标（TA）/距离（D）/点（PO）/平移（PA）/缩放（Z）/扭曲（TW）/剪裁（CL）/隐藏（H）/关（O）/放弃（U）]：（输入选项）

3. 选项说明

（1）"CA"（相机）：调整视点（相机）与目标物的相对位置（距离不变）。

（2）"TA"（目标）：调整目标点的位置（距离不变），即使目标相对于相机旋转。

（3）"D"（距离）：调整视点与目标的距离。用于生成透视图，生成透视图必须设定距离。D选项设置相机距目标点的距离。默认距离为相机和目标点的当前距离。

（4）"PO"（点）：设置相机和目标的相对位置。

（5）"PA"（平移）：移动屏幕画面，同 PAN 移动视区命令一样，只移动屏幕画面而不改变透视效果。

（6）"Z"（缩放）：通过滑块确定缩放的比例，范围从 0～16 倍，也可以输入比例值。

（7）"TW"（扭曲或旋转）：该选项可以使整个画面绕视线旋转一角度，所产生的画面相当于用户把照相机绕镜头轴线转动一角度后产生的效果。

（8）"CL"（剪裁）：用于设置前后裁剪平面和控制裁剪功能的有无，裁剪平面总垂直于视线，前裁剪平面在视点于目标点之间，后裁剪平面在目标点另一边，当裁剪功能打开时，则仅显示在两个裁剪平面之间的物体的透视图。

（9）"H"（隐藏）：不显示选定对象上的隐藏线以增强可视性。

（10）"O"（闭）：关闭透视方式，使用"距离"选项可以打开透视视图。

（11）"U"（放弃）：取消上一个 DVIEW 操作效果。可以取消多个 DVIEW 操作。

六、动态观察控制盘

动态观察控制盘（SteeringWheels）用于追踪悬停在绘图窗口上的控制盘。它将多个常用导航工具结合到一个单一界面中，可以快捷地调用二维和三维导航命令。

1. 功能

通过光标快速调用导航命令。

2. 调用方式

1）键盘输入命令：Navswheel↓。

2）下拉菜单：单击"视图"→"SteeringWheels"。

3）视口控件下拉菜单：单击绘图窗口左上角的"视口"控件图标，在弹出的下拉菜单中单击"SteeringWheels"选项。

4）功能区面板：在功能区的"视图"选项卡的"导航"面板的"SteeringWheels"展开菜单中选择动态观察工具，然后单击"导航"面板上的"SteeringWheels"按钮。

5）快捷菜单：在等待命令输入的情况下，在绘图区域单击鼠标右键，在弹出的快捷菜单中选择"Steering-Wheels"选项。

6）导航栏　在绘图窗口右侧的导航栏中的"SteeringWheels"展开菜单中选择动态观察工具，然后单击"导航栏"上的"SteeringWheels"按钮，如图11-35所示。

3. 控制盘菜单

调用动态观察控制盘后，在屏幕上显示由控制盘菜单中设置的动态观察工具，根据控制盘的不同提供的控制盘菜单内容也有不同。在"全导航控制盘"设置中，单击鼠标右键或单击"全导航控制盘"右下角的小箭头，弹出全导航控制盘菜单，如图11-36所示。

4. 导航控制盘

通过导航控制盘菜单选项，可以设置不同形式的动态观察工具。控制盘分为大控制盘和小控制盘，大控制盘中每个按钮都有标签，小控制盘不显示标签。控制盘包括二维导航控制盘、查看对象控制盘/查看对象控制盘（小）、巡视建筑控制盘/巡视建筑控制盘（小）、全导航控制盘/全导航控制盘（小）。

使用导航控制盘时，应按住鼠标左键并拖动所需的导航工具。松开鼠标，返回到控制盘并选择其他导航工具。

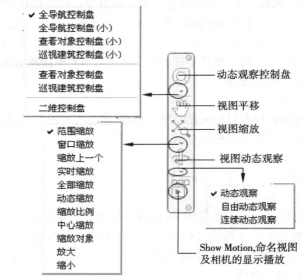

图 11-35　"导航栏"面板及其说明

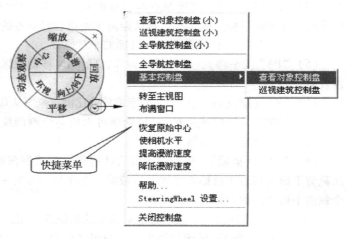

图 11-36　全导航控制盘菜单

（1）二维导航控制盘　该控制盘用于模型的基本导航。二维导航控制盘的图标及说明，见表11-3所示。

表 11-3　二维导航控制盘的图标及说明

控制盘名称	图标	按钮	功能
二维控制盘		缩放	调整当前视图的比例
		回放	恢复上一个视图，可以在先前视图中向后或向前查看
		平移	平移当前视图

（2）查看对象控制盘　该控制盘用于从外部观察三维对象。查看对象控制盘的图标及说明，见表 11-4 所示。

表 11-4　查看对象控制盘的图标及说明

控制盘名称	图标	按钮	功能
查看对象控制盘（大）	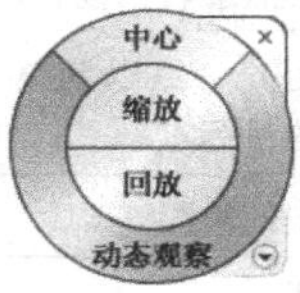	中心	在模型上指定一个点以调整当前视图的中心，或更改用于某些工具的目标点
		缩放	调整当前视图的比例
		回放	恢复上一个视图，可以在先前视图中向后或向前查看
		动态观察	绕固定的轴心点旋转当前视图
查看对象控制盘（小）	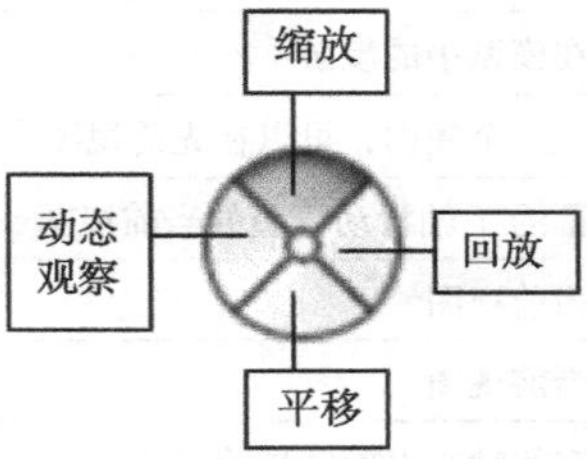	缩放	调整当前视图的比例
		回放	恢复上一个视图，可以在先前视图中向后或向前查看
		平移	平移当前视图
		动态观察	绕固定的轴心点旋转当前视图

（3）巡视建筑控制盘　该控制盘用于模型内部的三维导航。巡视建筑控制盘的图标及说明，见表 11-5 所示。

表 11-5　巡视建筑控制盘的图标及说明

控制盘名称	图标	按钮	功能
巡视建筑控制盘（大）	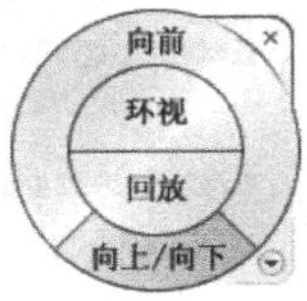	向前	调整视图的当前点与所定义的模型轴心点之间的距离
		环视	回旋当前视图
		回放	恢复上一个视图，可以在先前视图中向后或向前查看
		向上/向下	沿屏幕的 Y 轴滑动模型的当前视图
巡视建筑控制盘（小）	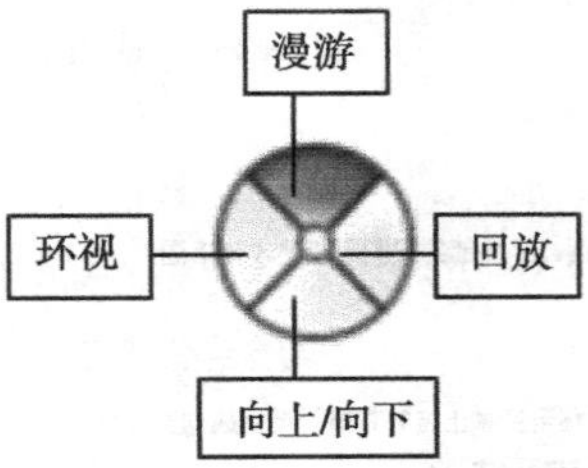	漫游	模拟在模型中的漫游
		回放	恢复上一个视图，可以在先前视图中向后或向前查看
		向上/向下	沿屏幕的 Y 轴滑动模型的当前视图
		环视	回旋当前视图

（4）全导航控制盘　该控制盘将查看对象控制盘和巡视建筑控制盘上的二维和三维导航工具结合在一起，用于模型的导航。全导航控制盘的图标及说明，见表 11-6 所示。

表 11-6　全导航控制盘的图标及说明

控制盘名称	图标	按钮	功能
全导航控制盘（大）	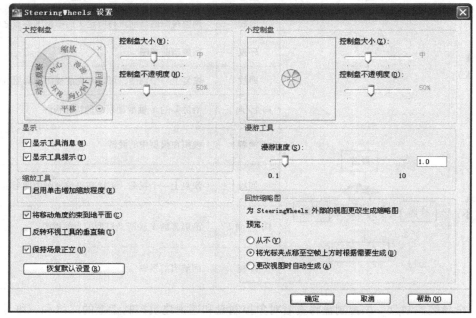	缩放	调整当前视图的比例
		回放	恢复上一个视图，可以在先前视图中向后或向前查看
		平移	平移当前视图
		动态观察	绕固定的轴心点旋转当前视图
		中心	在模型上指定一个点以调整当前视图的中心，或更改用于某些工具的目标点
		漫游	模拟在模型中的漫游
		环视	回旋当前视图
		向上/向下	沿屏幕的 Y 轴滑动模型的当前视图
全导航控制盘（小）		缩放	调整当前视图的比例
		漫游	模拟在模型中的漫游
		回放	恢复上一个视图，可以在先前视图中向后或向前查看
		向上/向下	沿屏幕的 Y 轴滑动模型的当前视图
		平移	平移当前视图
		环视	回旋当前视图
		动态观察	绕固定的轴心点旋转当前视图
		中心	在模型上指定一个点以调整当前视图的中心，或更改用于某些工具的目标点

5. 导航控制盘设置

在全导航控制盘菜单中选择"SteeringWheels 设置"选项，弹出"SteeringWheels 设置"对话框，如图 11-37 所示。该对话框用于控制 SteeringWheels 的设置。

图 11-37　"SteeringWheels 设置"对话框

七、视觉样式及视觉样式管理器

（一）视觉样式

视觉样式是一组设置，用来控制视口中边和着色的设置。

1. 功能

设置当前视口的视觉样式。

2. 调用方式

1）键盘输入命令：Vscurrent↓。

此时，出现如下提示。

输入选项 [二维线框（2）/线框（W）/消隐（H）/真实（R）/概念（C）/着色（S）/带边缘着色（E）/灰度（G）/勾画（SK）/X射线（X）/其他（O）]〈概念〉:（输入选项）

各选项说明如下。

① "2（二维线框）"：显示用直线和曲线表示边界的对象。

② "W（线框）"：显示用直线和曲线表示边界的对象。

③ "H（消隐）"：显示用三维线框表示的对象并隐藏表示后向面的直线。

④ "R（真实）"：着色多边形平面间的对象，并使对象的边平滑化。

⑤ "C（概念）"：着色多边形平面间的对象，并使对象的边平滑化。

⑥ "S（着色）"：产生平滑的着色模型。

⑦ "E（带边缘着色）"：产生平滑、带有可见边的着色模型。

⑧ "G（灰度）"：使用单色面颜色模式可以产生灰色效果。

⑨ "SK（勾画）"：使用外伸和抖动产生手绘效果。

⑩ "X（X射线）"：更改面的不透明度使整个场景变成部分透明。

⑪ "O（其他）"：将显示以下提示：

输入视觉样式名称 [?]:（输入当前图形中的视觉样式的名称或输入？以显示名称列表并重复该提示）

2）下拉菜单：单击"视图"→"视觉样式"→级联菜单，如图11-38所示。

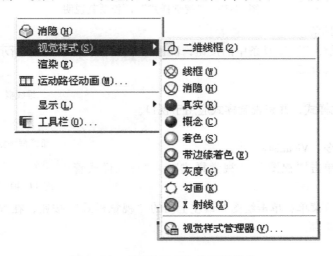

图11-38 "视觉样式"的级联菜单

通过视觉样式的级联菜单的选项，设置视觉样式。

3）视口控件下拉菜单 单击绘图窗口左上角的"视觉样式"按钮，弹出下拉菜单，通过视觉样式控件下拉菜单的选项，设置视觉样式。

4）功能区面板。

①在功能区的"常用"选项卡的"视图"面板的"视觉样式"展开菜单中，单击相应的"视觉样式"按钮，设置视觉样式。

②在功能区的"视图"选项卡的"视觉样式"面板的"视觉样式"展开菜单中，单击相应的"视觉样式"按钮，设置视觉样式，如图11-39所示。

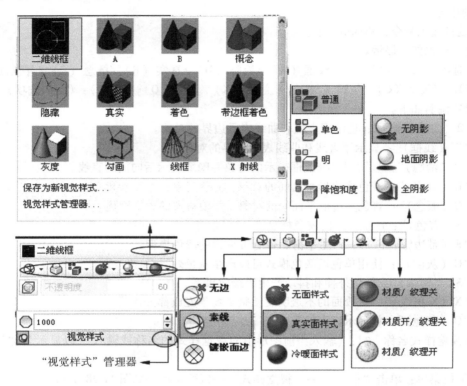

图11-39　"视觉样式"面板及其说明

5）视觉样式工具条

通过单击"视觉样式"工具条中的按钮，设置视觉样式，如图11-40所示。

（二）视觉样式管理器

1. 功能

创建和修改视觉样式，并将视觉样式应用于视口。

2. 调用方式

1）键盘输入命令：Visualstyles↓。

2）下拉菜单：单击"视图"→"视觉样式"→"视觉样式管理器"。

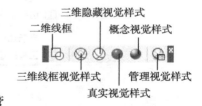

图11-40　"视觉样式"工具条

3）视口控件下拉菜单：单击绘图窗口左上角的"视觉样式"按钮，在弹出的下拉菜单中选择"视觉样式管理器"选项。

4）功能区面板

①在功能区的"常用"选项卡的"视图"面板的"视觉样式"展开菜单中，选择"视觉样式管理器"选项。

②在功能区的"视图"选项卡的"视觉样式"面板中，单击右下角的"视觉样式管理器"小斜箭头图标。

③在功能区的"视图"选项卡的"选项板"面板中，单击"视觉样式"按钮。

5）工具条：在"视觉样式"工具条中，单击"管理视觉样式"按钮。

此时，弹出"视觉样式管理器"选项板，如图 11-41 所示。

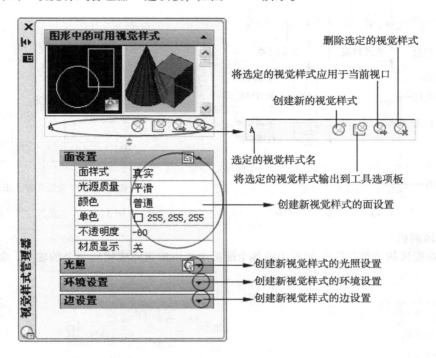

图 11-41　"视觉样式管理器"选项板

在该对话框中单击"创建新的视觉样式"按钮，弹出"创建新的视觉样式"对话框，如图 11-42 所示。在该对话框中，对新创建的视觉样式命名，并可以进行说明。

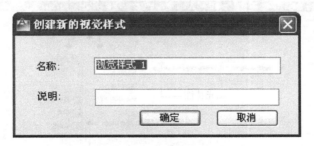

图 11-42　"创建新的视觉样式"对话框

第三节　三维图形的渲染

三维图形的渲染是指用指定的光源，对指定材质的三维图形进行渲染。它可以对三维曲面或形体表面进行近乎照片真实感的着色处理，经过渲染生成的图像可用多种图像格式进行保存和输出。

一、三维图形渲染操作的调用方法

1. 工具条

1）在"渲染"工具条中，单击按钮可完成相应命令的输入，如图 11-43 所示。

2）在"光源"工具条中，单击按钮可完成相应命令的输入，如图 11-44 所示。

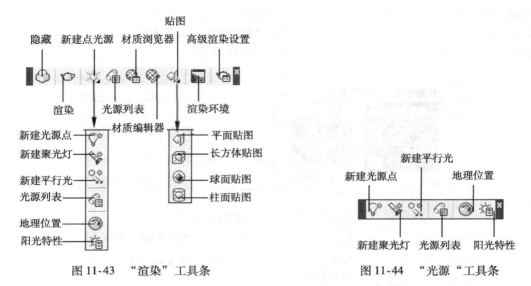

图 11-43 "渲染"工具条 　　　　　　　　　图 11-44 "光源"工具条

2. 功能区面板

可以在功能区的"渲染"选项卡中的各个面板中单击按钮完成相应命令的输入,如图 11-45 所示。

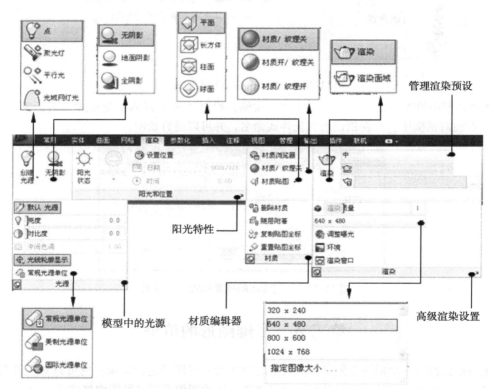

图 11-45 "渲染"选项卡中的各面板

3. 下拉菜单

在"视图"下拉菜单中的"渲染"级联菜单中,选择各选项可完成命令的输入,如图 11-46 所示。

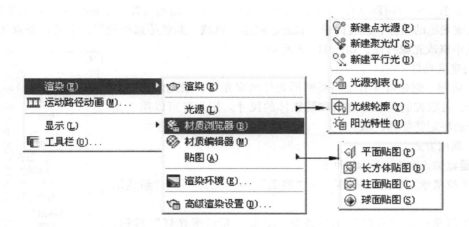

图 11-46 "渲染"级联菜单

4. 键盘输入

通过键盘输入命令，完成相应命令的输入。

二、创建光源

在创建三维模型渲染的过程中，光源是一个非常重要的因素。采用不同类型的光源，进行各种必要的设置，可以产生完全不同的效果。光源由强度和颜色两个因素决定。在渲染时，不仅可以使用自然光，也可以使用人工光源。

1）自然光源。相对于地平面来说，日光具有来自单一方向的平行光线，即自然照明场景。方向和角度根据时间、纬度和季节而变化。

2）人工光源。由点光源、聚光灯或平等光照明的场景，为人工照明场景。

3）默认光源。在具有三维着色视图的视口中绘图时，默认光源来自两个平行光源，在模型中移动时该光源会跟随视口。模型中所有的面均被照明，以使其可见。用户可以控制亮度和对比度，但不需要自己创建或放置光源。

1. 创建点光源

（1）功能　点光源从其所在位置向四周发射光线，它不以某一对象为目标。使用点光源可以达到基本的照明效果。

（2）调用方式

1）键盘输入命令：Pointlight↓。

2）下拉菜单：单击"视图"→"渲染"→"光源"→"创建聚光源"。

3）工具条：在"光源"工具条中，单击"新建点光源"按钮；或在"渲染"工具条中单击"新建点光源"按钮。

4）功能区面板：在功能区的"渲染"选项卡的"光源"面板的"创建光源"展开菜单中，单击"点"按钮。

此时，弹出"光源-视口光源模式"对话框，如图 11-47 所示。

完成操作后，出现提示：

指定源位置〈默认值〉：（指定光源位置）

输入要更改的选项［名称（N）/强

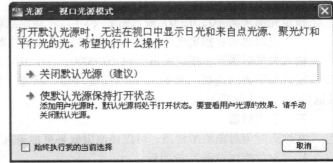

图 11-47　"光源-视口光源模式"对话框

度（I）/状态（S）/阴影（W）/衰减（A）/颜色（C）/退出（X）]〈退出〉：（输入选项）

可完成光源的名称、强度因子、状态、阴影、衰减、颜色等选项设置。也可以在点光源的"特性"面板中修改光源特性，如图 11-48 所示。

2. 创建聚光灯

（1）功能　创建可发射定向圆锥形光柱的聚光灯。聚光灯发射定向锥形光，可以控制光源的方向和圆锥体的尺寸。聚光灯可以用于亮显模型中的特定特征和区域。

（2）调用方式

1）键盘输入命令：Spotlight↓。

2）下拉菜单：单击"视图"→"渲染"→"光源"→"新建聚光灯"。

3）工具条：在"光源"工具条中，单击"新建聚光灯"按钮；或在"渲染"工具条中，单击"新建聚光灯"按钮。

4）功能区面板：在功能区的"渲染"选项卡的"光源"面板的"创建光源"展开菜单中，单击"聚光灯"按钮。

提示如下。

指定光源位置〈默认值〉：（指定光源位置）

指定目标位置〈目标位置〉：（指定目标位置）

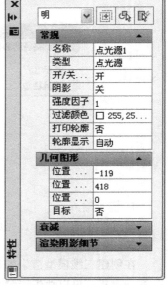

图 11-48　点光源的
"特性"面板

输入要更改的选项［名称（N）/强度（I）/状态（S）/聚光角（H）/照射角（F）/阴影（W）/衰减（A）/颜色（C）/退出（X）]〈退出〉：（输入选项）

创建聚光灯时，当指定了光源和目标的位置后，还可以设置光源的名称、强度因子、状态、光度、聚光角、阴影、衰减、颜色等选项。另外，还可以使用聚光灯的"特性"面板进行设置修改。

3. 创建平行光

（1）功能　创建平行光。平行光仅向一个方向发射统一的平行光光线。

（2）调用方式

1）键盘输入命令：Distantlight↓。

2）下拉菜单：单击"视图"→"渲染"→"光源"→"新建平行光"。

3）工具条：在"光源"工具条中，单击"新建平行光"按钮；或在"渲染"工具条中，单击"新建平行光"按钮。

4）功能区面板：在功能区的"渲染"选项卡的"光源"面板的"创建光源"展开菜单中，单击"平行光"按钮。

提示如下。

指定光源来向〈0，0，0〉或［矢量（V）]：（指定点或输入 v）

输入点后提示：指定光源去向〈1，1，1〉：（确定位置）

输入矢量后提示：指定矢量方向〈0.0000，−0.0100，1.0000〉：（输入矢量）

输入要更改的选项［名称（N）/强度（I）/状态（S）/阴影（W）/颜色（C）/退出（X）]〈退出〉：（输入选项）

三、使用材质

在渲染时为对象添加材质，可以使渲染效果更加逼真和完美。

1. "材质库浏览器"选项板

（1）功能　可以快速访问预设材质选项，为对象指定材质或修改材质。

（2）调用方式

1）键盘输入命令：Matbrowseropen（Materials）↓。

2）下拉菜单：单击"视图"→"渲染"→"材质浏览器"；或单击"工具"→"选项板"→"材质浏览器"。

3）工具条：在"渲染"工具条中单击"材质浏览器"按钮。

4）功能区面板：在功能区的"渲染"选项卡的"材质"面板中，单击"材质浏览器"按钮；或在功能区的"视图"选项卡的"选项板"面板中，单击"材质浏览器"按钮。

此时，弹出"材质浏览器"选项板，用于材质的不同特性的设置，如图11-49所示。

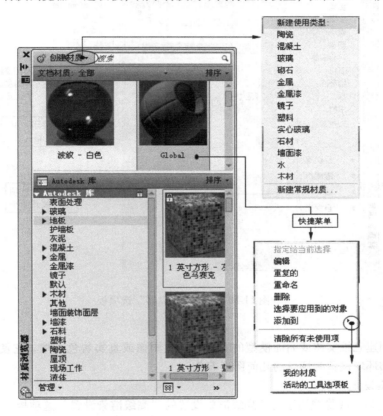

图11-49　"材质浏览器"选项板及其说明

2. "材质编辑器"选项板

（1）功能　可以编辑材质，设置新材质。

（2）调用方式

1）键盘输入命令：Mateditoropen↓。

2）下拉菜单：单击"视图"→"渲染"→"材质编辑器"；或单击"工具"→"选项板"→"材质编辑器"。

3）工具条：在"渲染"工具条中单击"材质编辑器"按钮。

4）功能区面板：在功能区的"渲染"选项卡的"材质"面板中，单击右下角的"材质编辑器"小斜箭头按钮；或在功能区的"视图"选项卡的"选项板"面板中，单击"材质编辑器"按钮。

5）"材质浏览器"选项板菜单：在"材质浏览器"选项板的"创建材质"下拉菜单中，单击"新建常规材质"选项；或在快捷菜单中，单击"编辑"选项。

此时，弹出"材料编辑器"选项板，如图 11-50 所示。

图 11-50 "材料编辑器"选项板

四、渲染

渲染是指创建三维实体或曲面模型的真实照片级图像或真实着色图像。它使用已设置的光源、已应用的材质和环境设置为场景的几何图形着色。

1. 高级渲染设置

（1）功能 显示或隐藏用于访问高级渲染设置的"高级渲染设置"选项板。

（2）调用方式

1）键盘输入命令：Rpref↓。

2）下拉菜单：单击"视图"→"渲染"→"高级渲染设置"；或单击"工具"→"选项板"→"高级渲染设置"。

3）工具条：在"渲染"工具条中单击"高级渲染设置"按钮。

4）功能区面板：在功能区的"渲染"选项卡的"渲染"面板中，单击右下角的"高级渲染设置"小斜箭头按钮；或在功能区的"视图"选项卡的"选项板"面板中，单击"高级渲染设置"按钮。

此时，弹出"高级渲染设置"选项板，如图 11-51 所示。该选项板包含渲染器使用的所有主要控件，可以从预定义的渲染设置中选择，也可以指定自定义设置。

（3）"渲染预设管理器"对话框 在"高级渲染设置"选项板中的"渲染预设"下拉列表中，选择"管理渲染预设"选项，此时弹出"渲染预设管理器"对话框，如图 11-52 所示。可重用的渲染参数存储为渲染预设。

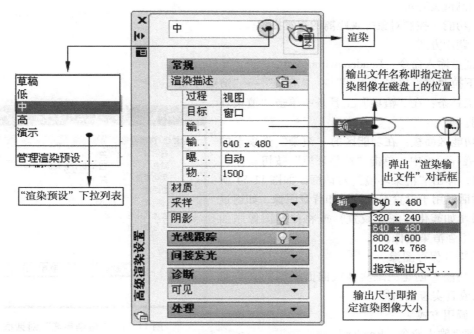

图 11-51 "高级渲染设置"选项板及其说明

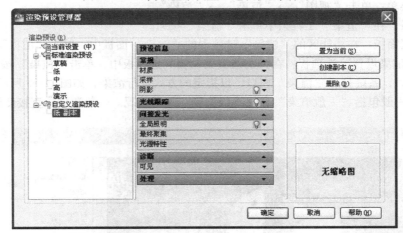

图 11-52 "渲染预设管理器"对话框

可以从一组已安装的渲染预设中选择，也可以创建自定义的渲染预设。渲染预设通常为相对快速的预览渲染而创建，其他设置可能为速度较慢但质量较高的渲染而创建。

（4）"输出尺寸"对话框 在"高级渲染设置"选项板中的"输出尺寸"下拉列表中，选择"指定输出尺寸"选项，此时，弹出"输出尺寸"对话框，如图 11-53 所示。在该对话框中，用户可以设置渲染图像的输出分辨率。用户设置唯一的输出尺寸后，该尺寸将添加到"渲染设置"选项板的"输出尺寸"列表中。

图 11-53 "输出尺寸"对话框

2. 控制渲染环境

（1）功能　控制对象外观距离的视觉提示。

（2）调用方式

1）键盘输入命令：Renderenvironment↓。

2）下拉菜单：单击"视图"→"渲染"→"渲染环境"。

3）工具条：在"渲染"工具条中单击"渲染环境"按钮。

4）功能区面板：在功能区的"渲染"选项卡的"渲染"展开面板中，单击"渲染环境"按钮。

此时，弹出"渲染环境"对话框，如图 11-54 所示。该对话框用于设置雾化效果和背景图像，如通过雾化效果（如雾化和深度设置）或将位图图像添加为背景来增强渲染图像。

3. 渲染并保存图像

（1）功能　创建三维实体或曲面模型的真实照片级图像或真实着色图像。

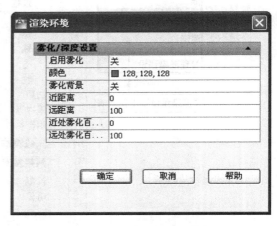

图 11-54　"渲染环境"对话框

（2）调用方式

1）键盘输入命令：Render↓。

2）下拉菜单：单击"视图"→"渲染"→"渲染"。

3）工具条：在"渲染"工具条中单击"渲染"按钮。

4）功能区面板：在功能区的"渲染"选项卡的"渲染"面板中，单击"渲染"按钮。

5）"高级渲染设置"选项板：在"高级渲染设置"选项板中，单击"渲染"按钮。

启动命令后，系统打开"渲染"窗口，以指定的方式进行渲染，如图 11-55 所示。

渲染对象一般包括"一般渲染"和"高级渲染"两种情况。一般渲染：直接使用渲染命令来渲

图 11-55　"渲染"窗口

染模型，而不必应用任何材质、添加任何光源或设置场景，渲染新模型时，渲染器会自动使用"与肩齐平"的虚拟平行光，该光源不能移动或调整。高级渲染：通过"高级渲染设置"选项板进行不同的设置，以满足不同用户对渲染效果的要求。

第四节　轴测图的绘制

轴测图是一个三维物体的二维表达方法，它模拟三维对象沿特定视点产生的三维平行投影视图。轴测图有多种类型，都需要有特定的构造技术来绘制。这里主要介绍等轴测图的绘制，等轴测图除沿 X、Y、Z 轴方向距离可测外，其他方向尺寸均不能测量。

一、启动等轴测绘图模式

在"草图设置"对话框的"捕捉和栅格"选项卡中的"捕捉类型"选项组中选中"等轴测捕捉"单选按钮，并单击"确定"按钮。

此时，光标处于正等轴测图绘图环境，空间 3 个互相垂直的坐标轴 OX、OY、OZ，变为轴间角均为 120°，轴向变形系数为 1。把空间平行于 YOZ 平面的平面称为左平面（Left），平行于 XOY 平面的平面称为顶平面（Top），平行于 XOZ 平面的平面称为右平面（Right），如图 11-56 所示。

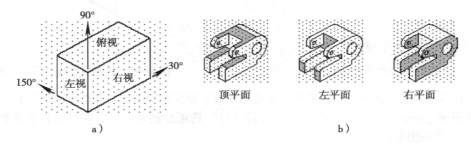

图 11-56　等轴测图及平面

a）等轴测模式　b）等轴测平面

当处于等轴测图绘图环境后，可在 3 个平面上工作，每个平面的坐标轴方式为：

1）左轴测面，光标十字线变为 90°和 150°方向。

2）右轴测面，光标十字线改为 30°和 90°方向。

3）顶轴测面，光标十字线改为 30°和 150°方向。

可以通过命令"Isoplane"、连续按〈Enter〉键、按〈F5〉键或按组合键〈Ctrl + E〉，按 L→T →R →L 顺序实现等轴测绘图面的转换。

二、等轴测图的绘制方法

1. 设置正等轴测图绘图环境

将捕捉和栅格设置为等轴测绘图方式。

2. 绘制等轴测图

1）绘制直线。一般常采用栅格捕捉、对象捕捉来绘制直线。

2）绘制圆和圆弧。由于在正等轴测图中圆变为椭圆，所以采用绘制椭圆的命令中的"等轴测图"选项来完成轴测图上的圆绘制。

三、举例

绘制零件的正等轴测图，如图 11-57 所示。

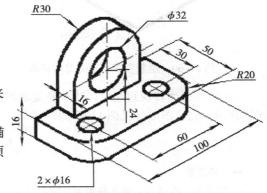

图 11-57　零件的正等轴测图

操作过程:

1) 用栅格捕捉命令或通过"草图设置"对话框,将绘图环境设为等轴测图绘图环境。

2) 转换等轴测作图面,可通过命令 Isoplane、按〈F5〉键等方法进行选择。

3) 切换到右侧作图面上,a) 绘制中心,在中心线图层,用"双向构造线"绘制;b) 绘制半圆柱面(直径和圆孔),此时将图层转换到名称为"轮廓线"的图层,用椭圆命令的"等轴测圆(I)"选项,并用"对象捕捉"功能捕捉作图辅助线的交点来绘制,并经过修剪编辑后得到图形,如图 11-58 所示;c) 用直线完成有关图形,完成机架后表面的复制,要注意选取的对象和基点,如图 11-59 所示。

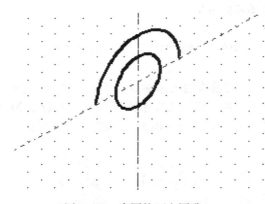

图 11-58 半圆柱面和圆孔

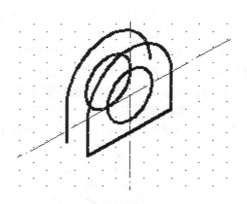

图 11-59 绘制的直线并完成复制

4) 将作图面转换到顶面,绘制直线、中心辅助线并修剪编辑图形,如图 11-60 所示。

5) 在顶面作图上,用椭圆的"等轴测圆(I)"选项绘制 4 个圆,并经过修剪编辑后得到,如图 11-61 所示的图形。

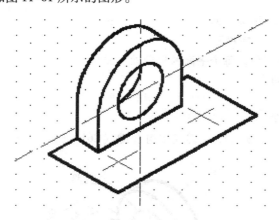

图 11-60 绘制直线图形并修剪编辑

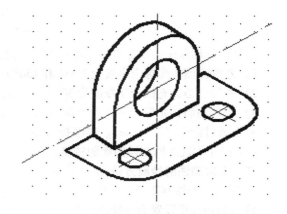

图 11-61 绘制 4 个圆并编辑后的图形

6) 将作图面转换到左面,选中要复制的实体,选择基点,复制机架底面;绘制直线,并进行编辑修剪,完成图形(见图 11-57)。

思 考 题

一、问答题

1. 常见的三维模型有哪几种类型?它们有什么特点?

2. 如何创建用户坐标系(UCS)?怎样使用 UCS 夹点操作?如何使用动态 UCS?

3. 如何建立视点及视图？

4. 如何建立命名视图？它有什么用途？

5. 如何使用三维动态观察器？

6. 动态观察控制盘的功能有哪些？如何使用？

7. 视觉样式的作用是什么？如何使用？

8. 如何创建光源？如何使用材质？

9. 模型渲染的作用是什么？如何使用高级渲染？

10. 等轴测图的特点是什么？等轴测图绘制的环境是怎样设置的？

二、填空题

1. 在调用 UCS 命令设置用户坐标系时，选择项有＿＿＿＿＿＿＿、＿＿＿＿＿＿＿＿、＿＿＿＿＿＿＿、＿＿＿＿＿＿＿、＿＿＿＿＿＿＿＿、＿＿＿＿＿＿＿、＿＿＿＿＿＿＿、＿＿＿＿＿＿＿、＿＿＿＿＿＿＿等。

2. 在绘制三维图形时，可以使用＿＿＿＿＿＿＿＿＿设置标高和厚度。

3. 在三维绘图时，选择＿＿＿＿＿＿＿命令，可通过单击和拖动的方式，在三维空间中动态观察实体对象。

4. 在中文版 AutoCAD 2012 中渲染图形时，常用的光源有＿＿＿＿＿＿＿、＿＿＿＿＿＿＿＿和＿＿＿＿＿＿＿。

5. 在绘制等轴测图时，可以使用＿＿＿＿＿＿＿、＿＿＿＿＿＿＿、＿＿＿＿＿＿＿和＿＿＿＿＿＿＿等方法，按＿＿＿＿＿＿＿顺序实现等轴测绘图面的转换。

第十二章 三维图形绘制

第一节 概　述

三维图形绘制包括线框模型方式、曲面模型方式和实体模型方式。线框模型方式是一种轮廓模型，它由三维的直线和曲线组成，没有面和体的特征。曲面模型用曲面描述三维对象，它不仅定义了三维对象的边界，而且还定义了表面，即具有面的特征。三维实体造型是客观物体的三维图形，它是一个真实的实体。实体模型与客观物体的真实物理性质联系在一起，如实体模型具有表面积、体积、密度、弹性模量、热传导性等。通过计算可以得到重心、质量等实体特性，还可以计算表面面积、惯性、旋转半径等物理量。

实体、曲面和网格对象提供不同的功能，这些功能综合使用时可提供强大的三维建模工具套件。例如，可以将图元实体转换为网格，以便使用网格锐化和平滑处理；可以将模型转换为曲面，以便使用关联性和 NURBS 建模。

三维图形绘制命令的调用方法。

一、在"AutoCAD 经典"界面

1. 工具条

（1）"曲面创建"工具条　通过单击该工具条中的按钮，调用相应的曲面绘制命令，如图 12-1 所示。

为作图方便，在"曲面创建"工具条中的"创建曲面嵌套按钮"展开的按钮菜单，形成一个"曲面创建Ⅱ"工具条，如图 12-2 所示。

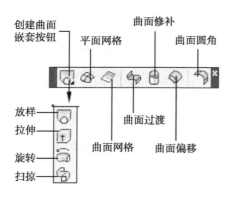

图 12-1　"曲面创建"工具条　　　　　　　　图 12-2　"曲面创建Ⅱ"工具条

（2）"平滑网格"工具条　通过单击该工具条中的按钮，调用相应的平滑网格曲面绘制命令，如图 12-3 所示。

为作图方便，在"平滑网格"工具条中的"创建网格曲面嵌套按钮"展开的按钮菜单，形成一个"平滑网格图元"工具条，如图 12-4 所示。

（3）"建模"工具条　通过单击该工具条中的按钮，调用相应的实体造型绘制命令，如图 12-5 所示。

2. 下拉菜单

通过单击"绘图(D)"→"建模(M)"→"级联菜单"，调用三维图形绘制命令，如图 12-6 所示。

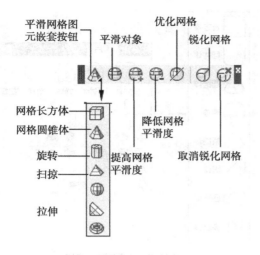

图 12-3 "平滑网格"工具条

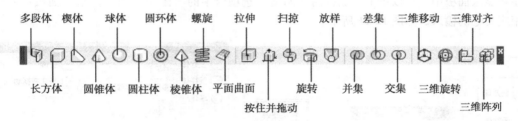

图 12-4 "平滑网格图元"工具条

图 12-5 "建模"工具条

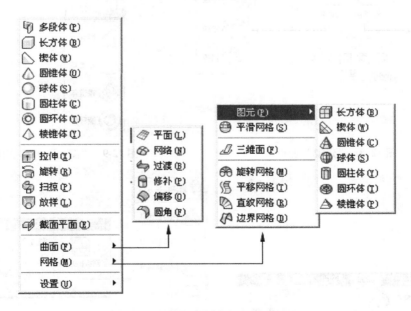

图 12-6 "建模"下拉菜单及级联菜单

二、在"三维绘图基础"界面

在功能区面板中，可以单击功能区的"常用"选项卡中的"创建"面板中的按钮，完成相应命令的输入，如图 12-7 所示。

三、在"三维建模"界面

1. "常用"选项卡

在功能区面板中，可以单击功能区的"常用"选项卡中的"建模"面板中的按钮，完成相应命令的输入，如图 12-8 所示。

2. "实体"选项卡

在功能区面板中，可以单击功能区的"实体"选项卡中的"图元"和"实体"面板中的按钮，完成相应命令的输入，如图 12-9 所示。

3. "曲面"选项卡

在功能区面板中，可以单击功能区的"曲面"选项卡中的"创建"面板中的按钮，完成相应命令的输入，如图 12-10 所示。

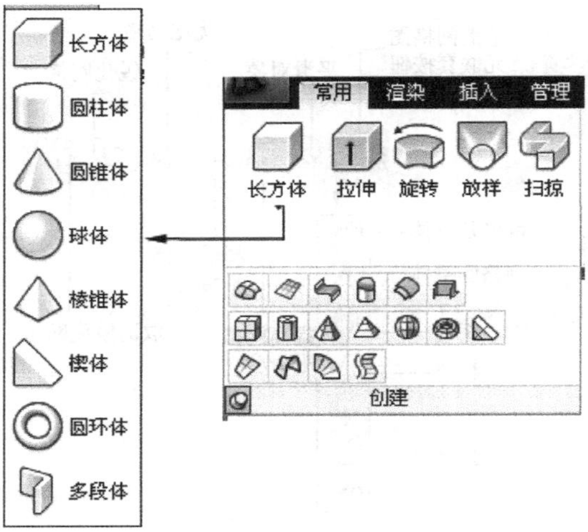

4. "网格"选项卡

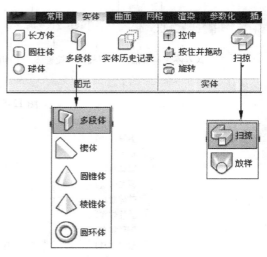

图 12-7 "创建"面板

在功能区面板中，可以单击功能区的"网格"选项卡中的"图元"和"网格"面板中的按钮，完成相应命令的输入，如图 12-11 所示。

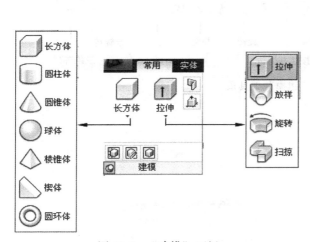

图 12-8 "建模"面板

图 12-9 "图元"和"实体"面板

图 12-10 "创建"面板

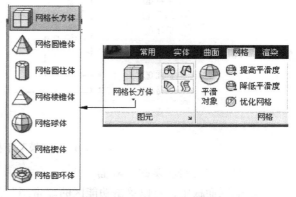

图 12-11 "图元"和"网格"面板

四、键盘输入

在各种界面中，通过键盘输入命令，完成相应命令的输入。

在三维实体造型中，有以下 3 个与实体有关的变量。

1）ISOLINES 变量：用于设置三维实体以线框形式表示时，其上面的总网格线数。

2）FACETRES 变量：用于设置消隐或渲染实体时的多边形网格密度。

3）DISPLILH 变量：用于确定是否显示实体的轮廓线，该变量的值为 0 时，不显示；该变量的值为 1 时，显示。

第二节　三维线框实体

一、三维点和三维直线

三维点和三维直线的绘制方法与二维点和二维线的绘制方法类似，只是在三维绘图时输入三维空间点坐标。

二、三维样条曲线（Spline）绘制

1. 功能

以输入各点三维坐标的方式绘制三维样条曲线。

2. 格式

通过键盘输入、下拉菜单、工具条以及面板等方式调用该命令。

命令提示如下。

当前设置：方式＝拟合　节点＝弦

指定第一个点或［方式（M）/节点（K）/对象（O）］:

3. 提示说明

（1）方式（M）　生成样条曲线的方式。

指定第一个点或［方式（M）/节点（K）/对象（O）］: m↓

输入样条曲线创建方式［拟合（F）/控制点（CV）]〈拟合〉:

1）当选择"拟合（F）"方式生成样条曲线时，后续提示：

当前设置：方式＝拟合　节点＝平方根

指定第一个点或［方式（M）/节点（K）/对象（O）］:

当选择"节点（K）"选项后，节点参数化有 3 种选项："弦(C)""平方根(S)"和"统一(U)"。

当选择完成后，确定样条曲线第一个点后，后续提示：

输入下一个点或［起点切向（T）/公差（L）］:

输入下一个点或［端点相切（T）/公差（L）/放弃（U）］:

输入下一个点或［端点相切（T）/公差（L）/放弃（U）/闭合（C）］:

……

2）当选择"控制点（CV）"方式生成样条曲线时，后续提示：

当前设置：方式＝控制点　阶数＝3

指定第一个点或［方式（M）/阶数（D）/对象（O）］:

选择"阶数（D）"选项，用于确定样条曲线的除数。

当选择完成后，确定样条曲线第一个点后，后续提示：

输入下一个点：

输入下一个点或［放弃（U）］:

输入下一个点或［闭合（C）/放弃（U）］:

……

（2）"对象（O）" 选择生成样条曲线实体。

只有样条曲线拟合的多段线，才可以转换为样条曲线。

三、三维多段线（3Dpoly）绘制

1. 功能

绘制由直线段组成的三维多义线。

2. 格式

通过键盘输入、下拉菜单、工具条以及面板等方式调用该命令。

提示如下。

指定多段线的起点：（指定起点三维坐标）

指定直线的端点或［放弃（U）］：（指定终点三维坐标/取消操作）

指定直线的端点或［闭合（C）/放弃（U）］：（输入各选项）

（"指定直线的端点"：直接输入三维多义线端点；"C"：闭合该多义线；"U"：删去上一条线段，可连续使用）

……

指定直线的端点或［闭合（C）/放弃（U）］：↓

四、三维面（3DFACE）

1. 功能

构造一个三维面图形，三维图形的每个角点可以给不同的 Z 值，从而产生一个空间平面（所给的一组点在同一平面上，此时顶点数不能超过 4 个），也可以产生非平面图形（各点不在同一空间平面上）。由此命令建立的三维平面具有不透明特征。

2. 格式

通过键盘输入、下拉菜单等方式调用该命令。

提示如下。

指定第一点或［不可见（I）］：

指定第二点或［不可见（I）］：

指定第三点或［不可见（I）］〈退出〉：

指定第四点或［不可见（I）］〈创建三侧面〉：

指定第三点或［不可见（I）］〈退出〉：

指定第四点或［不可见（I）］〈创建三侧面〉：

……

3. 选项说明

（1）"I（Invisible）" 不可见。当在输入第一个面的第一个顶点坐标以前先输入 I 时，该面不可见；当在输入 3D 面的某一条边的起点坐标以前输入 I 时，则该边不可见。

（2）"创建三侧面" 生成只有三个角点的 3D 平面。输入 3 个顶点坐标后在提示下连续按〈Enter〉键即可。

第三节　三维曲面实体

曲面模型是不具有质量或体积的薄壳体。系统提供了两种类型的曲面：程序曲面和 NURBS 曲面。

程序曲面是一种关联曲面，即保持与其他对象间的关系，以便可以将它们作为一个组进行处理，如图 12-12a 所示。

NURBS 曲面不是关联曲面。该类曲面具有控制点，可以利用控制点方式对其进行造型，如图 12-12b 所示。

可以将已有轮廓通过扫掠、放样、拉伸和旋转等方法创建曲面，还可以通过对其他曲面进行过渡、修补、偏移、创建圆角和延伸来创建曲面，如图 12-13 所示。

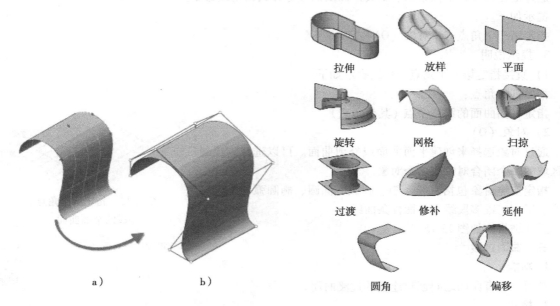

图 12-12　程序曲面和 NURBS 曲面
　　a）程序曲面　b）NURBS 曲面

图 12-13　通过不同方法创建的曲面

创建曲面时，曲面连续性和凸度幅值是创建曲面时的常用特性。创建新曲面时，可以使用特殊夹点指定连续性和凸度幅值。连续性是衡量两条曲线或两个曲面交汇时平滑程度的指标。凸度幅值是测量曲面与另一曲面汇合时的弯曲或"凸出"程度的一个指标。

一、网格曲面

1. 功能

在 U 方向和 V 方向（包括曲面和实体边子对象）的几条曲线之间的空间中创建曲面。

2. 格式

通过键盘输入、下拉菜单、工具条以及面板等方式调用该命令。

3. 提示说明

1）沿第一个方向选择曲线或曲面边。沿 U 或 V 方向选择开放曲线、开放曲面边或面域边（而不是曲面或面域）的网格。

2）沿第二个方向选择曲线或曲面边。沿 U 或 V 方向选择开放曲线、开放曲面边或面域边（而不是曲面或面域）的网格。

3）凸度幅值。设定网格曲面边与其原始曲面相交处该网格曲面边的圆度。有效值介于 0 和 1 之间。默认值为 0.5。仅当放样边属于三维实体或曲面（而不是曲线）时，此选项才显示。

操作结果，如图 12-14 所示。

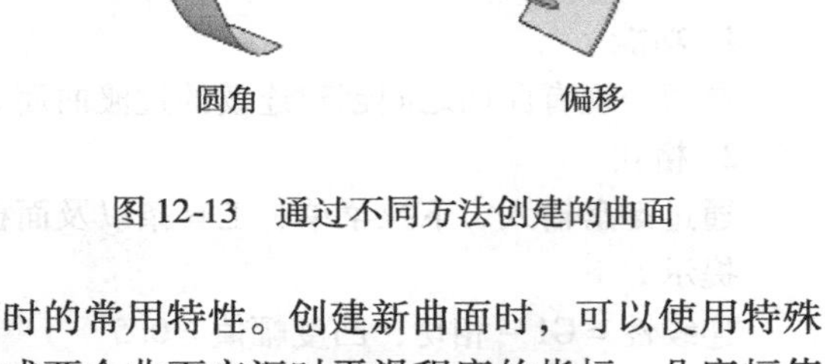

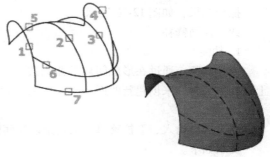

图 12-14　形成的网格曲面

二、平面曲面

1. 功能

创建平面曲面。可以通过选择封闭的对象或指定矩形表面的对角点创建平面曲面。

2. 格式

通过键盘输入、下拉菜单、工具条以及面板等方式调用该命令。

提示如下。

指定第一个角点或 [对象（O）]：

3. 提示说明

1）直接指定第一个角点，后续提示如下。

指定其他角点：

指定平面曲面的第二个点（其他角点）

2）对象（O）

通过对象选择来创建平面曲面或修剪曲面。可以选择构成封闭区域的一个闭合对象或多个对象。

指定实体对象包括直线、圆、圆弧、椭圆、椭圆弧、二维多段线、平面三维多段线和平面样条曲线。

操作结果，如图 12-15 所示。

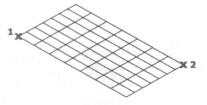

图 12-15　指定两个角点形成的平面曲面

三、曲面过渡

1. 功能

在两个现有曲面之间创建连续的过渡曲面。

2. 格式

通过键盘输入、下拉菜单、工具条以及面板等方式调用该命令。

提示如下。

连续性 = G1 – 相切，凸度幅值 = 0.5

选择要过渡的第一个曲面的边或 [链（CH）]：

3. 提示说明

（1）选择曲面边　选择边子对象或者曲面或面域（而不是曲面本身）作为第一条边和第二条边。

（2）链　选择连续的连接边。

（3）连续性　确定曲面彼此融合的平滑程度。

（4）凸度幅值　设定过渡曲面边与其原始曲面相交处该过渡曲面边的圆度。默认值为 0.5。有效值为 0 ~ 1。

操作结果，如图 12-16 所示。

四、曲面修补

1. 功能

修补曲面。通过在形成闭环的曲面边上拟合一个封口来创建新曲面。

2. 格式

通过键盘输入、下拉菜单、工具条以及面板等方式调用该命令。

提示如下。

选择要修补的曲面边或 [链（CH）/曲线（CU）]〈曲线〉：

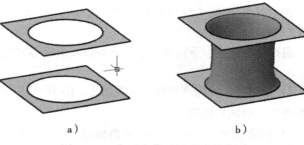

图 12-16　在两个曲面间形成的曲面

a）两个曲面　b）在两个曲面间形成的曲面

3. 提示说明

（1）曲面边　选择个别曲面边并将它们添加到选择集中。

（2）链　选择连接的但单独的曲面对象的连续边。

（3）曲线　选择曲线而不是边。

选择一条或多条闭合曲面边（而不是曲面本身）、一个边链、一条或多条曲线。不能同时选择边和曲线。

创建修补曲面时，可以指定曲面连续性和凸度幅值。

操作结果，如图 12-17 所示。

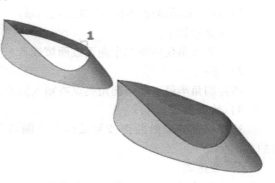

图 12-17　形成的修补曲面

五、曲面偏移

1. 功能

创建与原始曲面相距指定距离的平行曲面。

2. 格式

通过键盘输入、下拉菜单、工具条以及面板等方式调用该命令。

选择要偏移的曲面或面域：

后续提示如下。

指定偏移距离或 ［翻转方向（F）/两侧（B）/实体（S）/连接（C）/表达式（E）］〈0.0000〉：

3. 提示说明

（1）指定偏移距离　指定偏移曲面和原始曲面之间的距离。

（2）翻转方向　反转箭头显示的偏移方向。

（3）两侧　沿两个方向偏移曲面（创建两个新曲面）。

（4）纯色　从偏移创建实体（与 THICKEN 命令类似）。

（5）连接　如果原始曲面是连接的，则连接多个偏移曲面。

（6）表达式　输入公式或方程式来指定曲面偏移的距离。

操作结果，如图 12-18 所示。

 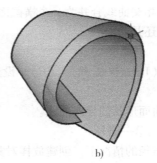 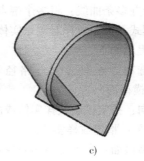

a)　　　　　　　　　　b)　　　　　　　　　　c)

图 12-18　形成的偏移曲面

a）原曲面　b）向外偏移　c）向内偏移

六、圆角曲面

1. 功能

在两个曲面之间创建圆角曲面。

2. 格式

通过键盘输入、下拉菜单、工具条以及面板等方式调用该命令。

提示：半径 = 1.0000，修剪曲面 = 是

选择要圆角化的第一个曲面或面域或者［半径（R）/修剪曲面（T）］：

3. 提示说明

1）选择要圆角化的第一个曲面或面域。

后续提示如下。

选择要圆角化的第二个曲面或面域或者［半径（R）/修剪曲面（T）］：

2）半径。

指定圆角半径。使用圆角夹点或输入值来更改半径。输入的值不能小于曲面之间的间隙。

3）修剪曲面。

选择是否将原始曲面或面域修剪成圆角曲面的边。

4）表达式。

输入公式或方程式来指定圆角半径。

操作结果，如图 12-19 所示。

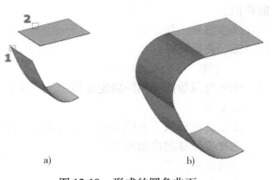

图 12-19　形成的圆角曲面

a）两个曲面　b）形成的曲面

七、放样曲面

1. 功能

在若干横截面之间的空间中创建三维实体或曲面。

2. 格式

通过键盘输入、下拉菜单、工具条以及面板等方式调用该命令。

提示如下。

当前线框密度：　ISOLINES = 4，闭合轮廓创建模式 = 曲面

按放样次序选择横截面或［点（PO）/合并多条边（J）/模式（MO）］：

3. 提示说明

1）按放样次序选择横截面：按曲面或实体将通过曲线的次序指定开放或闭合曲线。

2）点：如果选择"点"选项，则必须选择闭合曲线。

3）合并多条曲线：将多个端点相交曲线合并为一个横截面。

4）模式：控制放样对象是实体还是曲面。

后续提示如下。

输入选项［导向（G）/路径（P）/仅横截面（C）/设置（S）/连续性（CO）/凸度幅值（B）］〈仅横截面〉：

①导向：指定控制放样实体或曲面形状的导向曲线。

②路径：指定放样实体或曲面的单一路径。

③仅横截面：在不使用导向或路径的情况下，创建放样对象。

④仅横截面：在不使用导向或路径的情况下，创建放样对象。

⑤设置：显示"放样设置"对话框。

⑥连续性：指定在曲面相交的位置连续性，仅当 LOFTNORMALS 系统变量设定为 1（平滑拟合）时，此选项才显示。

⑦凸度幅值：指定凸度幅值，仅当 LOFTNORMALS 系统变量设定为 1（平滑拟合）时，此选项才显示。

操作结果，如图 12-20 所示。

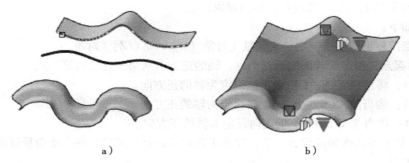

图 12-20　放样曲面

a）原三维图形　b）创建的曲面

八、拉伸

1. 功能

通过延伸对象的尺寸创建三维实体或曲面。

2. 格式

通过键盘输入、下拉菜单、工具条以及面板等方式调用该命令。

提示如下。

当前线框密度：　　ISOLINES = 4，闭合轮廓创建模式 = 曲面

选择要拉伸的对象或［模式（MO）］：

3. 提示说明

（1）选择要拉伸的对象　指定要拉伸的对象。

（2）模式　设置拉伸对象是实体还是曲面。

后续提示如下。

指定拉伸的高度或［方向（D）/路径（P）/倾斜角（T）/表达式（E）］〈0.0000〉：

1）拉伸高度：确定拉伸高度，如果输入正值，将沿对象所在坐标系的 Z 轴正方向拉伸对象；如果输入负值，将沿 Z 轴负方向拉伸对象。

2）方向：用两个指定点指定拉伸的长度和方向。

3）路径：指定基于选定对象的拉伸路径。

4）倾斜角：指定拉伸的倾斜角。正角度表示从基准对象逐渐变细地拉伸，而负角度则表示从基准对象逐渐变粗地拉伸。角度范围为 − 90° ~ + 90°的倾斜角。

5）表达式：输入公式或方程式以指定拉伸高度。

操作结果，如图 12-21 所示。

九、旋转

1. 功能

通过绕旋转轴旋转对象创建三维实体或曲面。

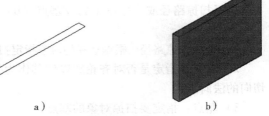

a）　　　　　　　　b）

图 12-21　拉伸矩形

a）矩形　b）拉伸后形成的矩形曲面

2. 格式

通过键盘输入、下拉菜单、工具条以及面板等方式调用该命令。

提示如下。当前线框密度：　　ISOLINES = 4，闭合轮廓创建模式 = 曲面

选择要旋转的对象或［模式（MO）］：

3. 提示说明

（1）模式　设置旋转对象是实体还是曲面。

（2）选择要旋转的对象　确定要旋转的对象。

后续提示如下。

指定轴起点或根据以下选项之一定义轴［对象（O）/X/Y/Z］〈对象〉：

1）指定轴起点：指定旋转轴的第一个点。轴的正方向从第一点指向第二点。

2）X（轴）：将当前 UCS 的 X 轴正向设定为轴的正方向。

3）Y（轴）：将当前 UCS 的 Y 轴正向设定为轴的正方向。

4）Z（轴）：将当前 UCS 的 Z 轴正向设定为轴的正方向。

5）对象：指定要用做轴的现有对象。轴的正方向从该对象的最近端点指向最远端点。

后续提示如下。

指定旋转角度或［起点角度（ST）/反转（R）/表达式（EX）］〈360〉：

①指定旋转角度：指定选定对象绕轴旋转的角度。正角度将按逆时针方向旋转对象，负角度将按顺时针方向旋转对象，还可以拖动光标以指定和预览旋转角度。

②起点角度：为从旋转对象所在平面开始的旋转指定偏移。

可以拖动光标以指定和预览对象的起点角度。

③反转：更改旋转方向；相当于输入负角度值。

④表达式：用公式或方程式确定旋转角度。

操作结果，如图 12-22 所示。

十、扫掠

1. 功能

通过沿路径扫掠二维对象或三维对象创建三维实体或曲面。

2. 格式

通过键盘输入、下拉菜单、工具条以及面板等方式调用该命令。

提示如下。

ISOLINES = 4，闭合轮廓创建模式 = 曲面

选择要扫掠的对象或［模式（MO）］：

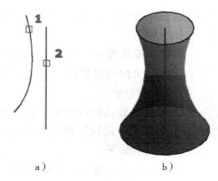

图 12-22　将曲线旋转形成的曲面
a）旋转曲线和旋转轴　b）形成的曲面

3. 提示说明

（1）选择要扫掠的对象　指定要用做扫掠截面轮廓的对象。

（2）模式　设置扫掠对象是实体还是曲面。

后续提示如下。

选择扫掠路径或［对齐（A）/基点（B）/比例（S）/扭曲（T）］：

说明：

1）选择扫掠路径：根据选择的对象指定扫掠路径。

2）对齐：指定是否对齐轮廓以使其作为扫掠路径切向的法向。

3）基点：指定要扫掠对象的基点。

4）比例：指定比例因子以进行扫掠操作。从扫掠路径的开始到结束，比例因子将统一应用到扫掠的对象。可通过参照，即通过拾取点或输入值来根据参照的长度缩放选定的对象。

5）扭曲：设置正被扫掠的对象的扭曲角度。扭曲角度指定沿扫掠路径全部长度的旋转量。

操作结果，如图 12-23 所示。

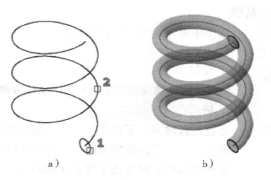

图 12-23　扫掠形成的曲面
a）扫掠对象及路径　b）扫掠曲面

十一、三维表面网格面实体

（一）基本三维表面网格面实体

1. 功能

通过系统提供的基本三维表面网格面图形库绘图功能，形成基本的三维网格表面图形，包括长方体、圆锥体、圆柱体、棱锥体、球体、楔体或圆环体等。可以通过对面进行平滑处理、锐化、优化和拆分来重新改变网格对象的形状，还可以通过拖动边、面和顶点来改变整体形状。

2. 格式

1）键盘输入命令：Mesh↓。

提示：当前平滑度设置为 0

输入选项［长方体（B）/圆锥体（C）/圆柱体（CY）/棱锥体（P）/球体（S）/楔体（W）/圆环体（T）/设置（SE）］〈圆环体〉：

2）下拉菜单：单击"绘图（D）"→"建模（M）"→"网格（M）"→"图元（P）"→"级联菜单"。

3）工具条：在"平滑网格"工具条（见图12-3）、"平滑网格图元"工具条（见图12-4）中，单击相应的按钮。

4）在"网格"控制面板（见图12-11）中，单击相应的按钮。

当选择某一图元绘制选项或命令后，可完成相应基本三维表面网格面图形的绘制，见表12-1。

表 12-1 基本三维表面网格面图形的绘制说明及图例

图元名称	功　能	操作说明	图　例
网格长方体（Box）	创建三维网格长方体	指定第一个角点或［中心（C）］： 可选择指定角点或中心来绘制。 按选项和提示完成相应操作后，后续提示： 指定高度或［两点（2P）］〈0.0000〉： 按选项和提示确定高度	
网格圆锥体（Cone）	创建三维网格圆锥体。它以圆或椭圆为底面，以对称方式形成锥体表面，最后交于一点，或交于一个平面	指定底面的中心点或［三点（3P）/两点（2P）/切点、切点、半径（T）/椭圆（E）］： 按选项和提示完成底面的绘制后，后续提示： 指定高度或［两点（2P）/轴端点（A）/顶面半径（T）］〈0.0000〉： 按选项和提示确定高度	
网格圆柱体（Cylinder）	创建三维网格圆柱体	指定底面的中心点或［三点（3P）/两点（2P）/切点、切点、半径（T）/椭圆（E）］： 按选项和提示完成底面的绘制后，后续提示： 指定底面半径或［直径（D）］〈0.0000〉： 按选项和提示确定直径后，后续提示： 指定高度或［两点（2P）/轴端点（A）］〈0.0000〉： 按选项和提示确定高度	

（续）

图元名称	功　能	操作说明	图　例
网格棱锥体 （Pyramid）	创建三维网格 棱锥体	指定底面的中心点或［边（E）/侧面（S）］： 按选项和提示完成相应操作后，后续提示： 指定底面半径或［内接（I）］〈0.0000〉： 按选项和提示完成相应操作后，后续提示： 指定高度或［两点（2P）/轴端点（A）/顶面半径（T）］〈0.0000〉： 按选项和提示完成确定高度	
网格球体 （Sphere）	创建三维网格 球体	指定中心点或［三点（3P）/两点（2P）/切点、切点、半径（T）］： 按选项和提示完成相应操作后，后续提示： 指定半径或［直径（D）］〈0.0000〉： 按选项和提示完成确定球体大小	
网格楔体 （Wedge）	创建三维网格 楔体	指定第一个角点或［中心（C）］： 按选项和提示完成相应操作后，后续提示： 指定其他角点或［立方体（C）/长度（L）］： 按选项和提示完成相应操作后，后续提示： 指定高度或［两点（2P）］〈0.0000〉： 按选项和提示确定高度	
网格圆环体 （Torus）	创建三维网格 圆环体	指定中心点或［三点（3P）/两点（2P）/切点、切点、半径（T）］： 按选项和提示完成相应操作后，后续提示： 指定半径或［直径（D）］〈0.0000〉： 按选项和提示完成确定圆环大小操作后，后续提示： 指定圆管半径或［两点（2P）/直径（D）］： 按选项和提示完成确定圆管大小	

（二）三维面（3Dface）

1. 功能

在三维空间中创建三侧面或四侧面的曲面。

2. 格式

通过键盘输入、下拉菜单等方式调用该命令。

提示如下。

指定第一点或［不可见（I）］：

3. 提示说明

1）不可见（I）：控制三维面各边的可见性。

2）指定第一点。

后续提示如下。

指定第二点或［不可见（I）］：

指定第三点或［不可见（I）］〈退出〉：

指定第四点或［不可见（I）］〈创建三侧面〉：

……（可连续操作）

操作结果，如图12-24所示。

（三）旋转网格（Revsurf）

1. 功能

通过一条指定的作为轨迹的曲线（或直线）绕一条旋转轴旋转，创建网格回转面。

2. 格式

通过键盘输入、下拉菜单等方式调用该命令。

提示如下。

当前线框密度：SURFTAB1 = 6　SURFTAB2 = 6（当前系统变量的值）

选择要旋转的对象：（选择轨迹曲线）

选择定义旋转轴的对象：（选择旋转轴）

指定起点角度〈0〉：（指定起始旋转角）

指定包含角（ + = 逆时针，－ = 顺时针）〈360〉：（输入旋转角度值）

操作结果，如图12-25所示。

3. 说明

1）轨迹曲线必须事先绘出，它们只能是线（Line）、弧（Arc）、圆（Circle）、样条曲线（Spline）、二维多义线（Pline）、三维多义线（3Dpolyline）等。旋转轴只能是线（Line）、二维多义线（Pline）、三维多义线（3Dpolyline）等。如果指定多义线为旋转轴，其首尾点连线为旋转轴。

2）起始角指回转角的起始位置与轨迹曲线之间的夹角。

3）在提示"选择定义旋转轴的对象："下，在旋转轴上点取点的位置会影响轨迹曲线的旋转方向。可以用右手规则判断旋转方向。

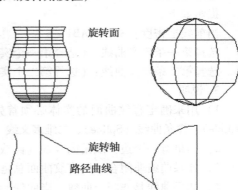

图12-25　用"旋转网格"命令构造的曲面

4）轨迹曲线的放置方向称为 M 方向，旋转轴方向称为 N 方向。M 方向的分段数由系统变量 SURFTAB1 确定，N 方向的分段数由系统变量 SURFTAB2 确定。旋转面是一个 M × N 的网格面。

（四）平移网格（Tabsurf）

1. 功能

将路径曲线沿方向矢量方向平移后构成平移曲面。

2. 格式

通过键盘输入、下拉菜单等方式调用该命令。

提示如下。

当前线框密度：SURFTAB1 = 6

选择用做轮廓曲线的对象：（选择曲线）

选择用做方向矢量的对象：（选择方向矢量）

操作结果，如图 12-26 所示。

3. 说明

1）轨迹曲线必须首先绘出，它们只能是线（Line）、弧（Arc）、圆（Circle）、样条曲线（Spline）、二维多义线（Pline）、三维多义线（3Dpolyline）等。方向矢量只能是线（Line）或非闭合的二维多义线（Pline）、三维多义线（3Dpolyline）等。当方向矢量选择为多义线时，方向为多义线两个端点的连线方向。

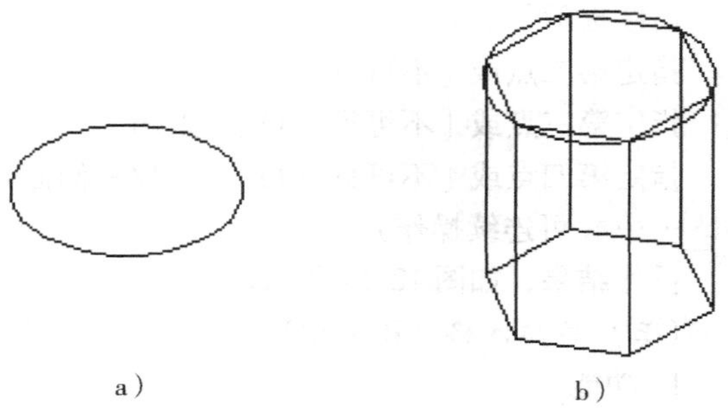

a ）　　　　　　　b ）

图 12-26　用"平移曲面"命令构造的曲面
a）矢量对象和平移对象　b）生成的曲面

2）方向矢量的起始点是距选择点最近的那个端点，即系统沿着远离点取点的端点方向形成柱面。

3）柱面的分段数由系统变量 SURFTAB1 确定，默认值为 6。

（五）直纹网格（Rulesurf）

1. 功能

创建用于表示两条直线或曲线之间的曲面的网格。

2. 格式

通过键盘输入、下拉菜单等方式调用该命令。

提示如下。

当前线框密度：SURFTAB1 = 6

选择第一条定义曲线：（选择第一个实体）

选择第二条定义曲线：（选择第二个实体）

3. 说明

1）用来确定直纹曲面的实体必须首先绘出，它们只能是线（Line）、点（Point）、弧（Arc）、圆（Circle）、样条曲线（Spline）、二维多义线（Pline）、三维多义线（3Dpolyline）等。

2）如果有一个边界线是闭合线（圆或闭合多义线），则另一边也必须是闭合线或点。

3）如果曲线非闭合，则直纹曲面总是从曲线上离点取点近的一端画出。

4）如果曲线是非闭合曲线，当曲线为圆时，直线曲线从圆的零度角的位置开始画起。当曲线是闭合的多义线时，则从该多义线的最后一个顶点开始画。

5）直线曲面的分段数由系统变量 SURFTAB1 确定，它的默认值为 6，值越大，网格密度越大。

操作结果，如图 12-27 所示。

（六）边界网格

1. 功能

由 4 条首尾要相连的边构造一个由三维多边形网格表示的曲面。曲线形成边界线，经插值处理形成双三次曲面。这 4 条边界线可以是任意二维或三维曲线，其端点一定要准确相连，曲面的形状由这 4 条边控制。

2. 格式

1）键入方式命令：Edgesurf ↓ 。

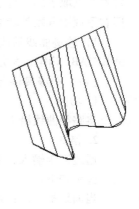

图 12-27　用"直纹网格"命令构造的曲面

2）下拉菜单：单击"绘图（D）"→"曲面（F）"→"边界曲面（D）"。

3）工具条：在"曲面"工具条中，单击"边界曲面"按钮。

提示如下。

当前线框密度：SURFTAB1 = 6　　SURFTAB2 = 6（当前系统变量的值）

选择用做曲面边界的对象 1：（选择用做曲面第一条边界的实体 1）

选择用做曲面边界的对象 2：（选择用做曲面第二条边界的实体 2）

选择用做曲面边界的对象 3：（选择用做曲面第三条边界的实体 3）

选择用做曲面边界的对象 4：（选择用做曲面第四条边界的实体 4）

3. 说明

1）用于生成边界曲面的各边必须事先绘出，它们只能是线（Line）、弧（Arc）、样条曲线（Spline）、二维多义线（Pline）、三维多义线（3Dpolyline）等，且 4 条边必须首尾相连。

2）边界曲面是一个空间 M × N 网格面，第一条选择边的方向为 M 方向，与它相邻边的方向为 N 方向。边界曲面的密度由系统变量 SURFTAB1 和 SURFTAB2 控制。

操作结果，如图 12-28 所示。

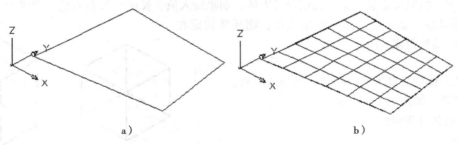

a）　　　　　　　　　　　　　　　　　　　b）

图 12-28　用"边界网格"命令构造的曲面

a）构成曲面的边界　b）生成的曲面

第四节　三维实体造型

一、基本三维实体

在 AutoCAD 系统中，提供了绘制长方体、圆锥体、圆柱体、球体、楔形体和圆环体等基本三维实体造型的功能，可以通过命令直接绘制基本三维实体。

（一）多段体（Polysolid）

1. 功能

可以将直线、二维多段线、圆弧和圆转换成实体，也可以创建具有固定高度和宽度的多段体。

2. 格式

通过键盘输入、下拉菜单、工具条以及面板等方式调用该命令。

提示如下。

高度 = 80. 0000，宽度 = 5. 0000，对正 = 居中

指定起点或［对象（O）/高度（H）/宽度（W）/对正（J）］〈对象〉：

3. 提示说明

1）指定起点：通过指定起点方式生成多段体，该多段体可由直线段和圆弧组成。

2）对象：通过指定要转换的对象生成多段体。

3）高度：指定实体的高度。

4）宽度：指定实体的宽度。

5）对正：在采用指定方式生成多段体时，可以将实体的宽度和高度设定为左对正、右对正或居中。对正方式由轮廓的第一条线段的起始方向决定。

用指定起点方式形成的多段体，如图 12-29 所示。

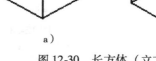

图 12-29　用指定起点方式形成的多段体

（二）长方体（Box）

1. 功能

生成一个长方体或立方体，各边分别与当前的 UCS 坐标轴平行。

2. 格式

通过键盘输入、下拉菜单、工具条以及面板等方式调用该命令。

提示：指定第一个角点或［中心（C）］：（输入选项）

3. 各选项说明

1）中心点：使用指定的中心点创建长方体。

2）立方体：创建一个长、宽、高相同的长方体。

3）长度：按照指定长、宽、高创建长方体。如果输入值，长度与 X 轴对应，宽度与 Y 轴对应，高度与 Z 轴对应。如果拾取点以指定长度，则还要指定在 XY 平面上的旋转角度。

4）两点

指定长方体的高度为两个指定点之间的距离。

操作结果，如图 12-30 所示。

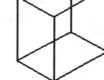

a)　　　　　　　b)

图 12-30　长方体（立方体）

a) 立方体　b) 长方体

（三）楔体（Wedge）

1. 功能

生成一个三维楔形体，且楔形体的底面与当前 UCS 的 XOY 平面平行，倾斜方向始终沿 UCS 的 X 轴正方向。

2. 格式

通过键盘输入、下拉菜单、工具条以及面板等方式调用该命令。

提示如下。

指定第一个角点或［中心（C）］：

3. 提示说明

1）指定第一个角点：通过指定楔形体的底面和高度来生成楔形体。

2）中心点：通过指定的中心点创建楔形体。

3）立方体：创建等边楔形体。

4）长度：按照指定长、宽、高创建楔形体。长度与 X 轴对应，宽度与 Y 轴对应，高度与 Z 轴对应。

5）两点：指定楔形体的高度为两个指定点之间的距离。

4. 说明

1）楔形体的长、宽、高分别沿当前 UCS 的 X、Y、Z 轴的方向。

2）输入楔形体的长、宽、高时，可输入正值，也可输入负值。如果输入正值时，则沿着相应坐标轴的正向生成楔形体，否则沿着相应坐标轴的负向生成楔形体。

操作结果，如图 12-31 所示。

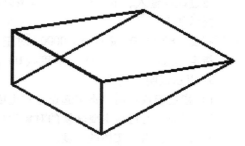

图 12-31　楔形体

（四）圆锥体（Cone）

1. 功能

创建一个三维圆锥体或椭圆锥体。可以通过 FACETRES 系统变量控制着色或隐藏视觉样式的三维曲线式实体（如圆锥体）的平滑度，通过 ISOLINES 系统变量控制线框密度。

2. 格式

通过键盘输入、下拉菜单、工具条以及面板等方式调用该命令。

提示：指定底面的中心点或［三点(3P)/两点(2P)/切点、切点、半径(T)/椭圆(E)］：

3. 提示说明

1）指定底面的中心点：通过指定底面中心后，根据提示生成实体。在该选项下有两个选项：轴端点，指定圆锥体轴的端点位置（轴端点是圆锥体的顶点，或圆台的顶面圆心）；顶面半径，指定创建圆锥体平截面时圆锥体的顶面半径。

2）三点：通过指定 3 个点来定义圆锥体的底面周长和底面。

3）二点：通过指定两个点来定义圆锥体的底面直径。

4）切点、切点、半径：定义具有指定半径，且与两个对象相切的圆锥体底面。

5）椭圆：指定圆锥体为椭圆底面。

操作结果，如图 12-32 所示。

（五）球体（Sphere）

1. 功能

生成一个三维球体。

2. 格式

通过键盘输入、下拉菜单、工具条以及面板等方式调用该命令。

提示如下。

指定中心点或［三点（3P）/两点（2P）/切点、切点、半径（T）］：

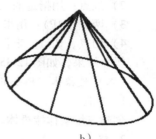

图 12-32　圆锥体和椭圆锥体
a）圆锥体　b）椭圆锥体

3. 操作说明

1）指定中心点：通过指定球体的圆心来创建球体。

2）三点：通过在三维空间的任意位置指定三个点来定义球体的圆周。

3）两点：通过在三维空间的任意位置指定两个点来定义球体的圆周。

4）切点、切点、半径：通过指定半径定义可与两个对象相切的球体。

操作结果，如图 12-33 所示。

（六）圆柱体（Cylinder）

1. 功能

创建一个三维圆柱体或椭圆柱体。

2. 格式

通过键盘输入、下拉菜单、工具条以及面板等方式调用该命令。

提示如下。

指定底面的中心点或［三点（3P）/两点（2P）/切点、切点、半径（T）/椭圆（E）］：

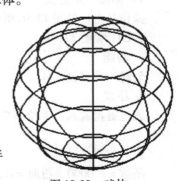

图 12-33　球体

3. 提示说明

1）指定底面的中心点：通过指定底面中心点，并按照提示创建三维圆柱体。

2）三点：通过指定三个点来定义圆柱体的底面周长和底面，并按照提示创建三维圆柱体。

3）两点：通过指定两个点来定义圆柱体的底面直径，并按照提示创建三维圆柱体。

4）切点、切点、半径：定义具有指定半径，且与两个对象相切的圆柱体底面，并按照提示创建三维圆柱体。

5）椭圆：指定圆柱体的椭圆底面，并按照提示创建三维椭圆柱体。

操作结果，如图 12-34 所示。

（七）圆环体（Torus）

1. 功能

创建一个三维圆环体。

2. 格式

通过键盘输入、下拉菜单、工具条以及面板等方式调用该命令。

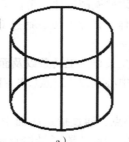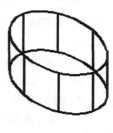

a）　　　　　　　　　b）

图 12-34　圆柱体和椭圆柱体
a）圆柱体　b）椭圆柱体

提示如下。

指定中心点或［三点（3P）/两点（2P）/切点、切点、半径（T）］：

1）指定中心点：通过指定圆环中心点，并按照提示创建三维圆环体。

2）三点：用指定的三个点定义圆环体的圆周，并按照提示创建三维圆环体。

3）两点（2P）：用指定的两个点定义圆环体的圆周，并按照提示创建三维圆环体。

4）切点、切点、半径：使用指定半径定义可与两个对象相切的圆环体。

操作结果，如图 12-35 所示。

（八）棱锥体（Pyramid）

1. 功能

创建三维实体棱锥体。

2. 格式

通过键盘输入、下拉菜单、工具条以及面板等方式调用该命令。

提示如下。

指定底面的中心点或［边（E）/侧面（S）］：

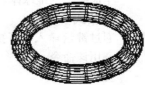

图 12-35　圆环体

3. 提示说明

1）指定底面的中心点：指定底面的中心点，并按照提示创建三维棱锥体。

2）边：通过拾取两点，指定棱锥体底面一条边的长度，并按照提示创建三维棱锥体。

3）侧面：指定棱锥体的侧面数，数值在 3 ~ 32。

操作结果，如图 12-36 所示。

（九）螺旋（Helix）

1. 功能

创建三维弹簧实体。

2. 格式

通过键盘输入、下拉菜单、工具条以及面板等方式调用该命令。

提示如下。

圈数 = 3.0000　扭曲 = CCW

指定底面的中心点：

指定底面半径或［直径（D）］〈1.0000〉：

指定顶面半径或［直径（D）］〈20.0000〉：

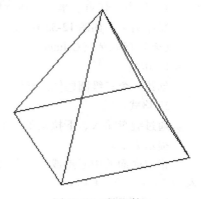

图 12-36　棱锥体

指定螺旋高度或［轴端点（A）/圈数（T）/圈高（H）/扭曲（W）］〈1.0000〉：

3. 提示说明

1）指定底面直径：指定螺旋底面的直径。

2）指定顶面直径：指定螺旋顶面的直径。

3）轴端点：指定螺旋轴的端点位置。轴端点可以位于三维空间的任意位置。轴端点定义了螺旋的长度和方向。

4）圈数：指定螺旋的圈（旋转）数。螺旋的圈数不能超过500。

5）圈高：指定螺旋内一个完整圈的高度。

6）扭曲：指定以顺时针（CW）方向还是逆时针方向（CCW）绘制螺旋。

操作结果，如图 12-37 所示。

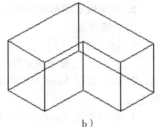

图 12-37　螺旋

二、通过二维图形创建实体造型

在 AutoCAD 系统中，可以通过二维图形来创建三维实体造型。通过命令将已有轮廓通过扫掠、放样、拉伸和旋转等方法创建实体，其方法与创建曲面是相同的，在创建时，选择实体选项即可。

下面介绍"按住并拉伸（Presspull）"命令，将二维图形创建为三维实体。

1. 功能

在有边界区域内，选择该区域并移动光标创建一个三维实体。

2. 通过键盘输入、工具条以及面板等方式调用该命令。

选择区域，进行操作，可连续进行。

操作结果，如图 12-38 所示。

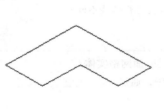

a）　　　　　　　　b）

图 12-38　"按住并拉伸"命令创建的三维实体
a）二维图形　b）三维实体

第五节　面域造型

面域是指其内部可以由封闭实体构成的孔、岛的具有封闭边界的平面实体。

1. 功能

将一些实体构成的封闭区域建立成面域。

2. 格式

1）键盘输入命令：Region↓ 。

2）在"AutoCAD 经典"介面中

①下拉菜单：单击"绘图（D）"→"面域（N）"。

②工具条：在"绘图"工具条中，单击"面域"按钮。

3）在"草图与注释"界面中的"常用"选项卡的"绘图"面板中，单击"面域"按钮。

提示如下。

选择对象：（选择构成面域的实体）

……

选择对象：↓（结束选择实体）

已提取 n 个环。

已创建 n 个面域。

将选择有效的 n 个封闭区域生成 n 个面域。

3. 说明

1）构成面域的封闭区域可以是由圆（Circle）、椭圆（Ellipse）、三维面（3Dface）、封闭的二维多义线（Pline）及封闭的样条曲线（Spline）围成的封闭区域，也可以是由弧（Arc）、直线（Line）、二维多义线、椭圆、椭圆弧、样条曲线等围成的首尾相连的封闭区域。

2）对面域可以进行复制、移动等编辑操作，也可以拉伸或旋转成三维实体造型。

3）对面域可以进行并（Union）、差（Subtract）、交（Intersection）布尔运算，还可以拉伸、旋转成三维实体造型。

思考题

一、问答题

1. 常用的三维表面网格实体的绘制命令有哪几个？

2. 基本实体造型命令有哪几个？

3. 比较实体造型和三维实体绘图的区别，简述实体造型的用途。

4. 如何生成面域造型？

5. 三维线框图形与三维网格表面有哪些不同？

二、填空题

1. 可以用_____、_____、_____、_____、_____等方法绘制三维表面网格实体。

2. 在中文版 AutoCAD 2012 中，通过_____、_____法，可以将二维实体转换为三维实体造型。

3. 在中文版 AutoCAD 2012 中，绘制圆锥体或椭圆锥体时，可使用_____命令。

4. 在绘制圆环实体造型时，需要依次指定圆环的中心位置、_____半径或直径以及_____的半径或直径。

5. 在三维实体造型中，与实体造型有关的三个变量是_____、_____和_____变量。

6. 在中文版 AutoCAD 2012 中，可以绘制_____、_____、_____、_____、_____和_____等基本三维实体造型。

第十三章　三维图形的编辑、尺寸标注和文字注写

第一节　概　　述

在绘制三维图形时，常常需要进行各种编辑操作，以得到新的三维图形。一般情况下，二维图形的编辑命令也适用于三维图形编辑，只是在操作时，坐标的输入是空间三维坐标。

另外，由于尺寸标注和文字注写只能在 XY 平面中使用，因此要完成三维实体的尺寸标注和文字注写，必须灵活地移动、旋转坐标系或尺寸和文字样式。

三维图形编辑命令的输入方法。

一、在"AutoCAD 经典"界面

1. 工具条

（1）"曲面编辑"工具条　通过单击该工具条中的按钮，调用相应的曲面编辑命令，如图 13-1 所示。

（2）"平滑网格"工具条　通过单击该工具条中的按钮，调用相应的网格编辑命令，如图 13-2 所示。

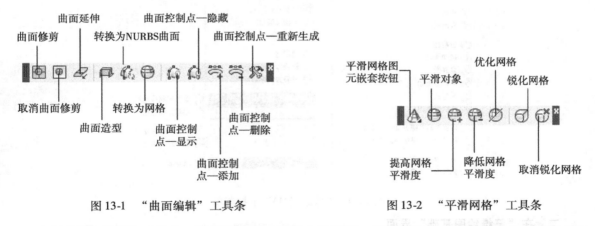

图 13-1　"曲面编辑"工具条　　　　　图 13-2　"平滑网格"工具条

（3）"实体编辑"工具条　通过单击该工具条中的按钮，调用相应的实体编辑命令，如图 13-3 所示。

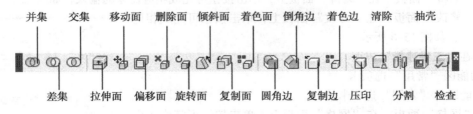

图 13-3　"实体编辑"工具条

2. 下拉菜单

通过单击"修改（M）"→"三维操作（3）"→"级联菜单"，调用命令，如图 13-4 所示。

通过单击"修改（M）"→"实体编辑（N）"→"级联菜单"，调用命令（见图13-4）。

通过单击"修改（M）"→"曲面编辑（F）"→"级联菜单"，调用命令（见图13-4）。

通过单击"修改（M）"→"网格编辑（M）"→"级联菜单"，调用命令（见图13-4）。

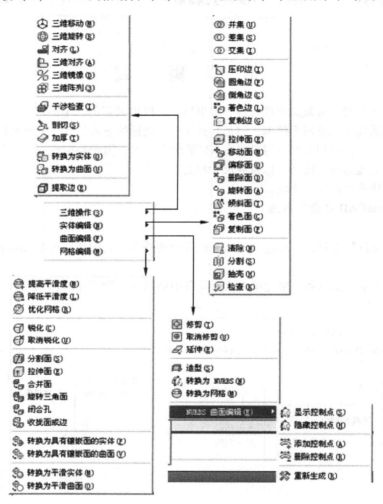

图13-4 "修改（M）"下拉菜单

二、在"三维绘图基础"界面

在功能区的"常用"选项卡情况下：

（1）"编辑"面板 在"编辑"面板上，单击按钮可完成相应命令的输入，如图13-5所示。

（2）"修改"面板 在"修改"面板上，单击按钮可完成相应命令的输入，如图13-6所示。

三、在"三维建模"界面

1. 功能区"常用"选项卡

在功能区的"常用"选项卡情况下：

（1）"网格"面板 在"网格"面板上，单击按钮可完成相应命令的输入，如图13-7所示。

（2）"修改"面板 在"修改"面板上，单击按钮可完成相应命令的输入，如图13-8所示。

图13-5 "编辑"面板

图 13-6　"修改"面板

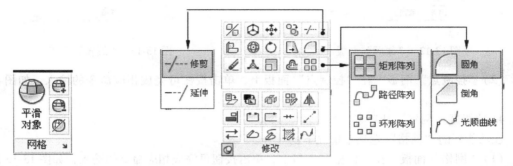

图 13-7　"网格"面板　　　　　　　　　图 13-8　"修改"面板

（3）"截面"面板　在"截面"面板上，单击按钮可完成相应命令的输入，如图 13-9 所示。

2. 功能区"实体"选项卡

在功能区的"实体"选项卡情况下：

（1）"布尔值"面板　在"布尔值"面板上，单击按钮可完成相应命令的输入，如图 13-10 所示。

（2）"实体编辑"面板　在"实体编辑"面板上，单击按钮可完成相应命令的输入，如图 13-11 所示。

（3）"截面"面板　在"截面"面板上，单击按钮可完成相应命令的输入，如图 13-12 所示。

3. 功能区"曲面"选项卡

在功能区的"曲面"选项卡情况下：

图 13-9　"截面"面板

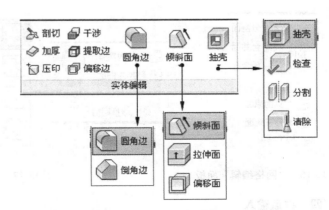

图 13-10　"布尔值"面板　　　　　　　　图 13-11　"实体编辑"面板

（1）"编辑"面板　在"编辑"面板上，单击按钮可完成相应命令的输入，如图13-13所示。

图13-12　"截面"面板

图13-13　"编辑"面板

（2）"控制点"面板　在"控制点"面板上，单击按钮可完成相应命令的输入，如图13-14所示。

4. 功能区"网格"选项卡

在功能区的"网格"选项卡情况下：

（1）"网格"面板　在"网格"面板上，单击按钮可完成相应命令的输入，如图13-15所示。

图13-14　"控制点"面板

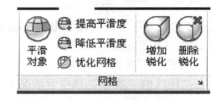

图13-15　"网格"面板

（2）"网格编辑"面板　在"网格编辑"面板上，单击按钮可完成相应命令的输入，如图13-16所示。

（3）"转换网格"面板　在"转换网格"面板上，单击按钮可完成相应命令的输入，如图13-17所示。

（4）"截面"面板　在"截面"面板上，单击按钮可完成相应命令的输入（见图13-12）。

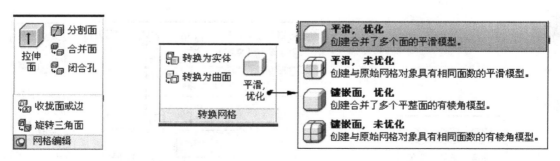

图13-16　"网格编辑"面板　　　　图13-17　"转换网格"面板

四、键盘输入

在各种界面中，通过键盘输入命令，完成相应命令的输入。

第二节　三维实体（或面域）布尔运算和
三维图形的尺寸标注及文字注写

AutoCAD 系统可以对三维实体（包括面域）进行并（Union）、交（Intersection）、差（Subtract）、干涉（Interfere）等布尔运算，组合生成一个较复杂的三维实体（面域）。各种布尔运算的结果，如图 13-18 所示。

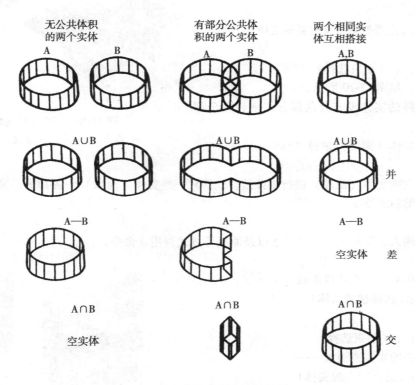

图 13-18　各种布尔运算的结果

一、三维实体（面域）并集（Union）

1. 功能

可以将两个或多个三维实体、曲面或二维面域合并为一个组合三维实体、曲面或面域。必须选择类型相同的对象进行合并。

2. 格式

通过键盘输入、下拉菜单、工具条以及面板等方式调用该命令。

提示如下。

选择对象：（选择要进行并运算的实体）

……

选择对象：↓（结束选择）

完成实体造型求并运算操作。

操作结果，如图 13-19 所示。

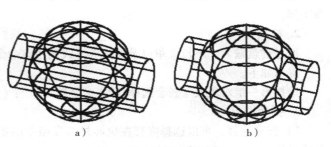

图 13-19　三维实体并集

a）两个三维实体　b）求并后的结果

二、三维实体（面域）**交集**（Intersect）

1. 功能

对选择的三维实体（面域）进行求交运算，生成一个新的三维实体（面域），该实体为所选择的各个实体的公共部分。

2. 格式

通过键盘输入、下拉菜单、工具条以及面板等方式调用该命令。

提示如下。

选择对象：（选择要进行交运算的实体）

……

选择对象：↓（结束选择）

操作结果，如图 13-20 所示。

如果所选择的实体没有公共部分，则删除全部所选择的实体。

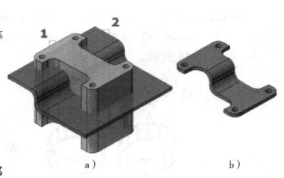

图 13-20　三维实体交集
a）两个三维实体　b）求交后的结果

三、三维实体（面域）**求差**（Subtract）

1. 功能

对选择的三维实体（面域）进行求差运算，即从一些实体（面域）中去掉另一些实体（面域）生成一个独立的新三维实体（面域）。

2. 格式

通过键盘输入、下拉菜单、工具条以及面板等方式调用该命令。

提示如下。

选择要从中减去的实体或面域……

选择对象：（选择被减实体）

……

选择对象：↓（结束选择）

选择要减去的实体或面域 ……

选择对象：（选择减去的实体）

……

选择对象：↓（结束选择）

操作结果，如图 13-21 所示。

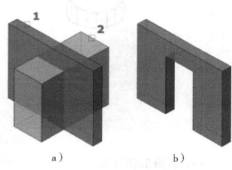

图 13-21　三维实体差集
a）两个三维实体　b）求差后的结果

四、三维实体（面域）**干涉检查**（Interfere）

1. 功能

通过两组选定三维实体之间的干涉创建临时三维实体。如果需要可以将干涉实体保留成新的三维实体。

2. 格式

通过键盘输入、下拉菜单以及面板等方式调用该命令。

提示如下。

选择第一组对象或［嵌套选择（N）/设置（S）］：（选取实体）

3. 提示说明

1）嵌套选择：可以选择嵌套在块和外部参照中的单个实体对象，即选择将哪个嵌套对象包括到选择集中。

2）设置：对"干涉设置"对话框进行设置。

3）选择第一组对象：指定要检查的一组对象。如果不选择第二组对象，则会在此选择集中的所有对象之间进行检查。

4）选择第二组对象：指定要与第一组对象进行比较的其他对象集。如果同一个对象选择两次，则该对象将作为第一个选择集的一部分进行处理。

后续提示如下。

选择第一组对象或［嵌套选择（N）/设置（S）］：（选取实体）

选择第一组对象或［嵌套选择（N）/设置（S）］：（选取实体）

……

选择第一组对象或［嵌套选择（N）/设置（S）］：↓（结束选择）

选择第二组对象或［嵌套选择（N）/检查第一组（K）］〈检查〉：（选取实体）

选择第二组对象或［嵌套选择（N）/检查第一组（K）］〈检查〉：（选取实体）

……

选择第二组对象或［嵌套选择（N）/检查第一组（K）］〈检查〉：↓（结束选择）

此时，弹出"干涉检查"对话框。

4. "干涉检查"对话框说明

"干涉检查"对话框，如图 13-22 所示。该对话框用于循环、缩放、删除或保留干涉对象。

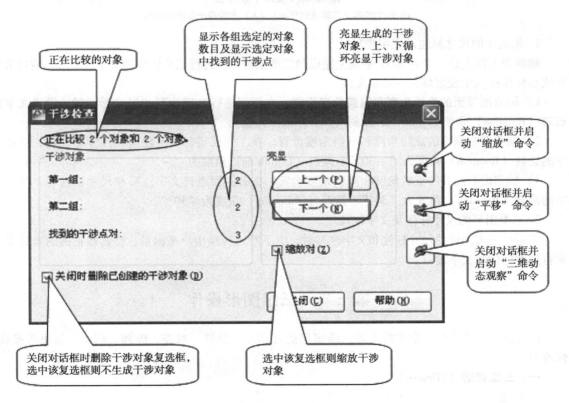

图 13-22　"干涉检查"对话框及其说明

操作结果，如图 13-23 所示。

五、三维图形的尺寸标注和文字注写

尺寸标注和文字注写都是在 XOY 作图面上完成的，因此对于三维图形的文字注写和尺寸标注应特别注意其方向性。

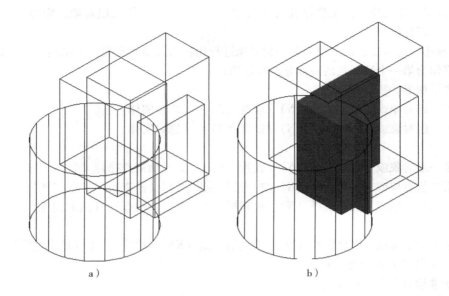

图 13-23　实体干涉检查

a）四个实体（二维线框显示）　　b）干涉检查形成的图形

1. 轴测图的尺寸标注及文字注写

轴测图实际上是一个在 XOY 平面上完成的二维图形。在进行尺寸标注和文字注写时，应在文字样式和标注样式中设置好相应的角度值。

1）轴测图顶面的旋转角度和倾斜角度设置。在顶面进行文字注写和尺寸标注时，设置文字的旋转（Rotation）角度为"30°"、倾斜（Obliquing）角度为"–30°"。

2）轴测图左侧面的旋转角度和倾斜角度设置。在左侧面进行文字注写和尺寸标注时，设置文字的旋转（Rotation）角度为"–30°"、倾斜（Obliquing）角度为"–30°"

3）轴测图右侧面的旋转角度和倾斜角度设置。在右侧面进行文字注写和尺寸标注时，设置文字的旋转（Rotation）角度为"30°"、倾斜（Obliquing）角度为"30°"。

2. 三维图形的尺寸标注及文字注写

在进行三维图形的尺寸标注和文字注写时，应不断地转换用户坐标系，使其在正确的坐标系中进行尺寸标注和文字注写。

第三节　三维图形操作

在绘制三维图形时，常常需要对三维图形进行移动、旋转、对齐、阵列、剖切、加厚等操作，修改图形。

一、三维移动（3Dmove）

1. 功能

在三维视图中，显示三维移动小控件以帮助在指定方向上按指定距离移动三维对象。

2. 格式

通过键盘输入、下拉菜单、工具条以及面板等方式调用该命令。

提示如下。

选择对象：

选择对象：

……

指定基点或［位移（D）］〈位移〉：

此时，显示三维移动小控件，如图 13-24 所示。

可以通过单击小控件上的相关位置来约束移动：

1）沿轴移动。单击轴以将移动约束到该轴上。

2）沿平面移动。单击轴之间的区域以将移动约束到该平面上。

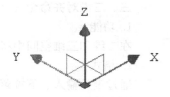

图 13-24　三维移动小控件

3. 选项说明

1）拉伸点：使用小控件指定移动时，将设定选定对象的新位置。拖动并单击以动态移动对象。

2）复制：使用小控件指定移动时，可在移动位置上复制选定对象，可以通过指定不同的位置来复制多个实体。

3）基点：指定要移动的三维对象的基点。

4）第二点：指定要将三维对象拖动到的位置。也可以移动光标指示方向，然后输入距离。

5）位移：使用在命令提示下输入的坐标值指定选定三维对象的位置的相对距离和方向。

4. "三维移动小控件" 快捷菜单

在显示的 "三维移动小控件" 上单击鼠标右键，弹出 "三维移动小控件" 快捷菜单，如图 13-25 所示。用以设定三维对象的约束、切换小控件、移动或对齐小控件。

图 13-25　"三维移动小控件" 快捷菜单

二、三维旋转命令（3Drotate）

1. 功能

在三维视图中，显示三维旋转小控件以完成绕基点旋转三维对象。

2. 格式

通过键盘输入、下拉菜单、工具条以及面板等方式调用该命令。

提示如下。

UCS 当前的正角方向：　　ANGDIR = 逆时针　　ANGBASE = 0

选择对象：

选择对象：

……

此时，显示三维旋转小控件，如图 13-26 所示。

使用三维旋转小控件，可以自由旋转选定的对象和子对象，或将旋转约束到轴。

3. 提示说明

1）基点：设定旋转的中心点。

2）拾取旋转轴：在三维缩放小控件上指定旋转轴。移动鼠标使要选择的轴轨迹变为黄色，然后单击以选择此轨迹。

3）指定角度起点或输入角度：设定旋转的相对起点。也可以输入角度值。

4）指定角度端点：绕指定轴旋转对象。单击结束旋转。

4. "三维旋转小控件" 快捷菜单

图 13-26　三维旋转小控件

"三维旋转小控件" 快捷菜单的形式与 "三维移动小控件" 快捷菜单的形式一样，仅仅在选项中选取为 "旋转" 选项。

三、三维对齐命令（3Dalign）

1. 功能

在二维和三维空间中将对象与其他对象对齐。

2. 格式

通过键盘输入、下拉菜单、工具条以及面板等方式调用该命令。

提示如下。

选择对象：

……

指定源平面和方向……（将移动和旋转选定的对象，使三维空间中的源和目标的基点、X 轴和 Y 轴对齐）

指定基点或［复制（C）］：

指定第二个点或［继续（C）］〈C〉：

指定第三个点或［继续（C）］〈C〉：

指定目标平面和方向……

指定第一个目标点：

指定第二个目标点或［退出（X）］〈X〉：

指定第三个目标点或［退出（X）］〈X〉：

操作结果，如图 13-27 所示。

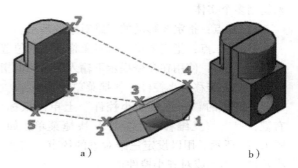

图 13-27　三维对齐操作
a）原来的两个实体　b）对齐结果

四、对齐命令（Align）

1. 功能

在二维和三维空间中将对象与其他对象对齐

2. 格式

通过键盘输入、下拉菜单以及面板等方式调用该命令。

可以指定一对、两对或三对源点和定义点以移动、旋转或倾斜选定的对象，从而将它们与其他对象上的点对齐。

操作结果，如图 13-28 所示。

五、三维镜像命令（3Dmirror）

1. 功能

将选定的实体按指定的空间平面镜像复制，原实体可以保留也可以删除。

2. 格式

通过键盘输入、下拉菜单以及面板等方式调用该命令。

选择对象：（选择对象）

提示如下。

选择对象：（选择镜像实体）

……

选择对象：↓（结束选择）

指定镜像平面（三点）的第一个点或　［对象（O）/最近的（L）/Z 轴（Z）/视图（V）/XY 平面（XY）/YZ 平面（YZ）/ZX 平面（ZX）/三点（3）］〈三点〉：

是否删除源对象？［是（Y）/否（N）］〈否〉：（是否删除原实体）

3. 选项说明

（1）"三点（3）"　用三点确定镜像平面，在提示下直接输入点。该选项为默认选项。

（2）"对象（O）"　以一个二维实体所在的平面作为镜像面。

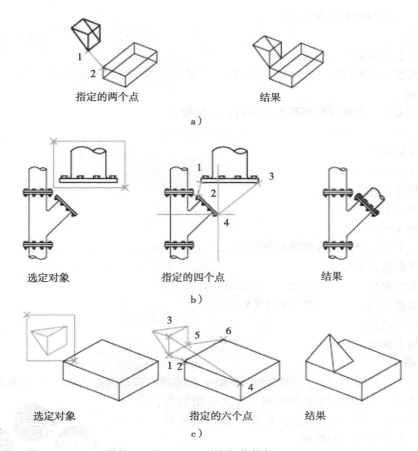

图 13-28 对齐操作结果

a）选择一对源点和目标点对齐 b）选择两对源点和目标点对齐 c）选择三对源点和目标点对齐

（3）"最近的（L）" 用上一次执行 3D mirror 命令时所设置的镜像平面作为镜像面。

（4）"Z 轴（Z）" 镜像平面由平面中的一个点及该平面 Z 轴上的一个点确定。

（5）"视图（V）" 指定一个平行于当前视图且通过指定点的平面为镜像平面。

（6）"XY 平面（XY）" 指定一个平行于 XY 平面且通过指定点的平面为镜像平面。

（7）"YZ 平面（YZ）" 指定一个平行于 YZ 平面且通过指定点的平面为镜像平面。

（8）"ZX 平面（ZX）" 指定一个平行于 ZX 平面且通过指定点的平面为镜像平面。

操作结果，如图 13-29 所示。

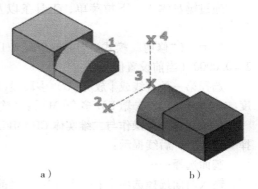

图 13-29 三维镜像操作

a）镜像源对象 b）镜像后对象

六、三维阵列命令（3Darray）

1. 功能

建立实体在三维空间的阵列。其分为矩形阵列和环形阵列。原实体可以保留也可以删除。

2. 格式

通过键盘输入、下拉菜单、工具条以及面板等方式调用该命令。

提示如下。

选择对象　（选择阵列三维对象）

……

选择对象：↓（结束三维对象选择）

输入阵列类型［矩形（R）/环形（P）］〈矩形〉：（输入选项，"R"表示矩形；"P"表示环形）

3. 提示说明

（1）矩形（R）　当选择矩形阵列选项时，后续提示：

输入行数（－－－）〈1〉：

输入列数（｜｜｜）〈1〉：

输入层数（……）〈1〉：

指定行间距（－－－）：

指定列间距（｜｜｜）：

指定层间距（……）：

（2）环形（P）　当选择环形阵列选择项时，后续提示：

输入阵列中的项目数目：

指定要填充的角度（＋＝逆时针，－＝顺时针）〈360〉：

旋转阵列对象？［是（Y）/否（N）］〈Y〉：

指定阵列的中心点：

指定旋转轴上的第二点：

4. 阵列说明

矩形阵列中，若行间距为正，则实体沿 X 轴正向阵列，若行间距为负，则实体沿 X 轴负向阵列；若列间距为正，则沿 Y 轴正向阵列，若列间距为负，则沿 Y 轴负向阵列；若层间距为正，则沿 Z 轴正向阵列，若层间距为负，则沿 Z 轴负向阵列。

用矩形阵列完成的图形，如图 13-30 所示。

七、实体造型倒直角命令（Chamfer）

1. 功能

切去三维实体造型的外角或填充内角。

2. 格式

通过键盘输入、下拉菜单、工具条以及面板等方式调用该命令。

提示：（"修剪"模式）当前倒角距离 1 = 0.0000，距离 2 = 0.0000（当前设置值）

图 13-30　矩形阵列完成的图形

选择第一条直线或［放弃（U）/多段线（P）/距离（D）/角度（A）/修剪（T）/方式（E）/多个（M）］：（输入选项）

各选项含义及操作与二维实体 CHAMFER 命令的选项含义及操作基本相同。完成选项设置且选择一条边后，后续提示：

基面选择……

输入曲面选择选项［下一个（N）/当前（OK）］〈当前〉：（选择用于倒角的基面）

……

指定基面倒角距离或［表达式（E）］：

选择边或［环（L）］：（直接选择一条边进行倒角，为默认选项；L，对基面上各边均倒角）

操作结果，如图 13-31 所示。

八、实体造型倒圆角命令（Fillet）

1. 功能

对三维实体造型的外角或内角倒圆角。

2. 格式

通过键盘输入、下拉菜单、工具条以及面板等方式调用该命令。

提示如下。

当前设置：模式＝修剪，半径＝0.0000（设置当前值）

选择第一个对象或［放弃（U）/多段线（P）/半径（R）/修剪（T）/多个（M）］:（输入选项）

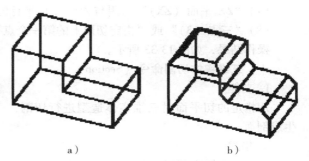

图 13-31　实体倒角操作
a）原图　b）操作后

各选项含义及操作与二维实体 FILLET 命令的选项含义及操作基本相同。完成选项设置且选择一条边后，系统继续提示：

输入圆角半径或［表达式（E）］:（输入圆角半径）

选择边或［链（C）/半径（R）］:（指定边倒圆角，为默认选项；C，链段方式倒圆角；R，设置倒圆角半径）

……

操作结果，如图 13-32 所示。

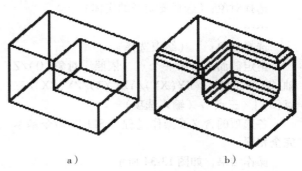

图 13-32　实体倒圆角操作
a）原图　b）操作后

九、三维实体造型剖切命令（Slice）

1. 功能

用一平面将所选择的三维实体切开，根据需要可保留切开后的一半实体，也可以保留切开后的所有实体。

2. 格式

通过键盘输入、下拉菜单以及面板等方式调用该命令。

选择对象：（选择要剖切的实体）

……

选择对象：↓（结束剖切实体的选择）

指定切面上的第一个点，依照［对象（O）/Z 轴（Z）/视图（V）/XY 平面（XY）/YZ 平面（YZ）/ZX 平面（ZX）/三点（3）］〈三点〉:

指定切面的起点或［平面对象（O）/曲面（S）/Z 轴（Z）/视图（V）/XY（XY）/YZ（YZ）/ZX（ZX）/三点（3）］〈三点〉:（输入选项）

3. 选项说明

（1）"平面对象 O"　选择实体所在的平面为切平面切开三维实体造型。所选择的实体应为圆（Circle）、弧（Arc）、椭圆及椭圆弧（Ellipse）、二维多义线（Pline）、二维样条曲线（Spline）等。

（2）曲面（S）　将剪切平面与曲面对齐。

（3）"Z 轴（Z）"　用 Z 轴所在的平面作为切平面切开三维实体造型。

（4）"视图（V）"　用与当前视图平面平行的切平面切开实体。

（5）"XY 平面（XY）"　用与 XOY 平面平行的切平面切开实体。

（6）"YZ 平面（YZ）"　用与 YOZ 平面平行的切平面切开实体。

（7）"ZX 平面（ZX）"　用与 ZOX 平面平行的切平面切开实体。

（8）"三点（3）"或"指定切面上的第一个点"　通过三点确定切平面，为默认选项。

操作结果，如图 13-33 所示。

十、三维实体切割命令（Section）

1. 功能

用指定的切平面对三维实体造型进行切割，生成剖面。

2. 格式

通过键盘输入调用该命令。

提示如下。

选择对象：（选择要切开的实体）

……

选择对象：↓（结束选择）

指定截面上的第一个点，依照［对象（O）/Z 轴（Z）/视图（V）/XY（XY）/YZ（YZ）/ZX（ZX）/三 点（3）］〈三点〉：（输入选项）

各选项的含义及操作过程与 SLICE 命令基本完全相同。

操作结果，如图 13-34 所示。

十一、曲面加厚命令（Thicken）

1. 功能

以指定的厚度将曲面加厚并转换为三维实体。

2. 格式

通过键盘输入、下拉菜单以及面板等方式调用该命令。

提示如下。

选择要加厚的曲面：

……

操作结果，如图 13-35 所示。

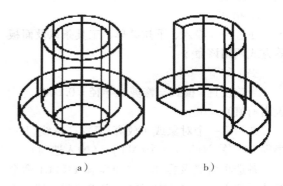

图 13-33　实体切开操作
a）原图　b）操作后

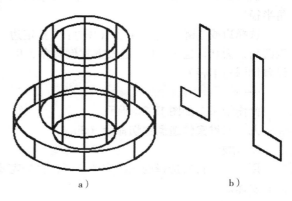

图 13-34　三维实体生成剖面
a）原图　b）操作后

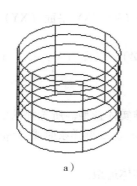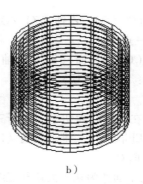

a）　　　　　　　　b）　　　　　　　　c）

图 13-35　曲面加厚操作
a）曲面（线框显示）　b）操作后（线框显示）　c）操作后（渲染显示）

第四节　三维实体边、面与体的编辑

在 AutoCAD 系统中，提供了的三维实体边、面和体的编辑操作，用于对三维实体进行各种编辑操作，以满足对三维实体的修改要求。

一、三维实体边编辑

功能：用于改变三维实体中被选棱边的边操作。

（一）压印边（Imprint）

1. 功能

将一个实体对象转印到另一个实体造型上，从而在平面上创建其他边。该对象至少要与被压印实体上的一个面相交。实体对象包括弧、圆、线、多义线、椭圆、样条曲线、面域和三维实体。

2. 格式

1）键盘输入命令：Solidedit↓。

提示如下。

实体编辑自动检查：Solidcheck = 1（当前设置）

输入实体编辑选项［面（F）/边（E）/体（B）/放弃（U）/退出（X）］〈退出〉：B↓

输入体编辑选项［压印（I）/分割实体（P）/抽壳（S）/清除（L）/检查（C）/放弃（U）/退出（X）］〈退出〉：I↓

或命令：Imprint↓

2）通过下拉菜单、工具条以及面板等方式调用该命令。

提示如下。

选择三维实体或曲面：（选择被印的三维实体或曲面）

选择要压印的对象：（选择要印的对象，即源对象）

是否删除源对象［是（Y）/否（N）］〈N〉：（是否删除源对象，Y—删除，N—不删除）

……

操作结果，如图 13-36 所示。

（二）圆角边（Filletedge）

1. 功能

将实体对象边编辑为圆角。

2. 格式

通过键盘输入、下拉菜单、工具条以及面板等方式调用该命令。

提示如下。

半径 = ×××

选择边或［链(C)/环(L)/半径(R)］：

……

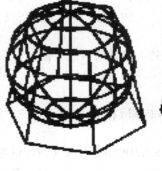 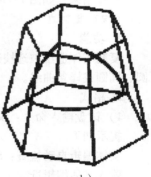

a) b)

图 13-36　球体压印到棱台的压印操作
a) 原图　b) 操作后

3. 提示说明

1）选择边：指定同一实体上要进行圆角的一个或多个边。按〈Enter〉键后，可以拖动圆角夹点来指定半径，也可以使用"半径"选项。

2）链：指定多条边的边相切。

3）循环：在实体的面上指定边的环。对于任何边，有两种可能的循环。选择循环边后，系统将提示接受当前选择，或选择下一个循环。

4）半径：指定半径值。

操作结果，如图 13-37 所示。

（三）倒角边（Chamferedge）

1. 功能

为三维实体边和曲面边建立倒角。

2. 格式

通过键盘输入、下拉菜单、工具条以及面板等方式调用该命令。

提示如下。

距离 1 = × × × ，距离 2 = × × ×

选择一条边或 ［环（L）/距离（D）］：

选择同一个面上的其他边或 ［环（L）/距离（D）］：

……

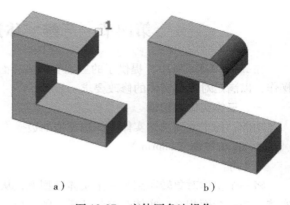

图 13-37　实体圆角边操作

a）原实体　b）操作后

3. 提示说明

1）选择边：选择要建立倒角的一条实体边或曲面边。

2）距离 1：设定第一条倒角边与选定边的距离，默认值为 1。

3）距离 2：设定第二条倒角边与选定边的距离，默认值为 1。

4）环：对一个面上的所有边建立倒角。对于任何边，有两种可能的循环。选择循环边后，系统将提示接受当前选择，或选择下一个循环。

5）表达式：使用数学表达式控制倒角距离。

操作结果，如图 13-38 所示。

（四）复制边

1. 功能

复制实体造型被选棱边，使其成为线、弧、圆、椭圆或样条曲线。

2. 格式

1）键盘输入命令：Solidedit↓。

提示如下。

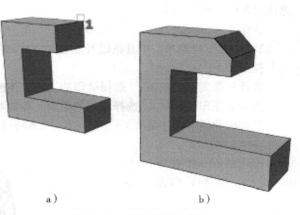

图 13-38　实体倒角边操作

a）原实体　b）操作后

实体编辑自动检查：SOLIDCHECK = 1（当前设置）

输入实体编辑选项 ［面（F）/边（E）/体（B）/放弃（U）/退出（X）］〈退出〉：E↓

输入边编辑选项 ［复制（C）/着色（L）/放弃（U）/退出（X）］〈退出〉：C↓

2）通过下拉菜单、工具条以及面板等方式调用该命令。

提示如下。

选择边或 ［放弃（U）/删除（R）］：

……

指定基点或位移：（确定基点或位移）

指定位移的第二点：（确定位移的第二点）

完成边复制操作。

（五）着色边

1. 功能

改变实体造型被选边的颜色。

2. 格式

1）键盘输入命令：Solidedit↓。

提示如下。

实体编辑自动检查：SOLIDCHECK = 1（当前设置）

输入实体编辑选项［面（F）/边（E）/体（B）/放弃（U）/退出（X）]〈退出〉：E↓

输入边编辑选项［复制（C）/着色（L）/放弃（U）/退出（X）]〈退出〉：L↓

2）通过下拉菜单、工具条以及面板等方式调用该命令。

提示如下。

选择边或［放弃（U）/删除（R）]：（选择边/回退一步/移出选择的边）

……

选择面或［放弃（U）/删除（R）]：↓（结束边选择）

此时，弹出"选择颜色""对话框，通过该对话框选择所需的颜色，完成边的颜色改变。

二、三维实体面编辑

对三维实体造型的面进行拉伸、移动、偏移、删除、旋转、倾斜、着色和复制等编辑操作。

（一）拉伸面

1. 功能

使实体被选平面沿指定的高度或路径拉伸。

2. 格式

1）键盘输入命令：Solidedit↓。

提示如下。

实体编辑自动检查：SOLIDCHECK = 1

输入实体编辑选项［面（F）/边（E）/体（B）/放弃（U）/退出（X）]〈退出〉：F↓

输入面编辑选项［拉伸（E）/移动（M）/旋转（R）/偏移（O）/倾斜（T）/删除（D）/复制（C）/颜色（L）/材质（A）/放弃（U）/退出（X）]〈退出〉：E↓

2）通过下拉菜单、工具条以及面板等方式调用该命令。

提示如下。

选择面或［放弃（U）/删除（R）]：（选择面/回退一步/移出选择的面）

选择面或［放弃(U)/删除(R)/全部(ALL)]：（选择面/回退一步/移出选择的面/全选）

……

指定拉伸高度或［路径（P）]：（指定拉伸高度或路径）

指定拉伸的倾斜角度〈0〉：（指定拉伸的倾斜角度）

操作结果，如图 13-39 所示。

（二）移动面

1. 功能

使实体上被选平面沿指定基点、位移移动。

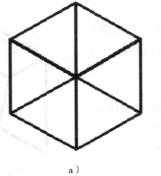
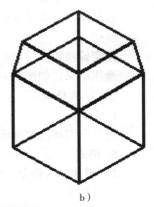

a）　　　　　　　　　　b）

图 13-39　实体面拉伸操作

a）原图　b）操作后（倾斜角度为 10°）

2. 格式

1）键盘输入命令：Solidedit↓。

提示如下。实体编辑自动检查：SOLIDCHECK＝1

输入实体编辑选项［面（F）/边（E）/体（B）/放弃（U）/退出（X）］〈退出〉：F↓

输入面编辑选项［拉伸（E）/移动（M）/旋转（R）/偏移（O）/倾斜（T）/删除（D）/复制（C）/颜色（L）/材质（A）/放弃（U）/退出（X）］〈退出〉：M↓

2）通过下拉菜单、工具条以及面板等方式调用该命令。

提示如下。

选择面或［放弃(U)/删除(R)］：（选择面/回退一步/移出选择的面）

选择面或［放弃(U)/删除(R)/全部(ALL)］：（选择面/回退一步/移出选择的面/全选）

……

指定基点或位移：（输入基点或位移）

操作结果，如图 13-40 所示。

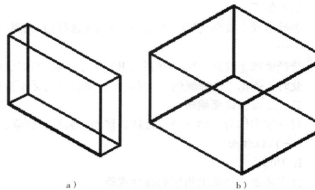

图 13-40　实体面移动操作
a）原图　b）操作后

（三）偏移面

1. 功能

使实体被选面按指定的距离进行等距平行移动。

2. 格式

1）键盘输入命令：Solidedit↓。

提示如下。

实体编辑自动检查：SOLIDCHECK＝1

输入实体编辑选项［面（F）/边（E）/体（B）/放弃（U）/退出（X）］〈退出〉：F↓

输入面编辑选项［拉伸（E）/移动（M）/旋转（R）/偏移（O）/倾斜（T）/删除（D）/复制（C）/颜色（L）/材质（A）/放弃（U）/退出（X）］〈退出〉：0↓

2）通过下拉菜单、工具条以及面板等方式调用该命令。

提示如下。

选择面或［放弃（U）/删除（R）］：（选择面/回退一步/移出选择的面）

选择面或［放弃（U）/删除（R）/全部（ALL）］：（选择面/回退一步/移出选择的面/全选）

……

指定偏移距离：（输入平移距离）

操作结果，如图 13-41 所示。

（四）旋转面

1. 功能

使三维实体的被选面绕指定轴旋转。

2. 格式

1）键盘输入命令：Solidedit↓。

提示如下。

实体编辑自动检查：SOLIDCHECK＝1

输入实体编辑选项［面（F）/边（E）/体（B）/放弃（U）/退出（X）］〈退出〉：F↓

输入面编辑选项［拉伸（E）/移动

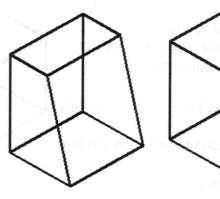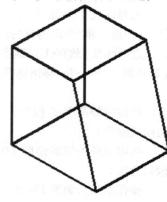

图 13-41　实体面偏移操作
a）原图　b）操作后

（M）／旋转（R）／偏移（O）／倾斜（T）／删除（D）／复制（C）／颜色（L）／材质（A）／放弃（U）／退出（X）]〈退出〉：R↓

2）通过下拉菜单、工具条以及面板等方式调用该命令。

提示如下。

选择面或［放弃（U）／删除（R）]：（选择面/回退一步/移出选择的面）

选择面或［放弃(U)/删除(R)/全部(ALL)]：（选择面/回退一步/移出选择的面/全选）

……

指定轴点或［经过对象的轴（A）／视图（V）／X轴（X）／Y轴（Y）／Z轴（Z）]〈两点〉：（输入选项）

当确定某一选项后，后续提示：

指定旋转原点〈0，0，0〉：（指定旋转原点）

指定旋转角度或［参照（R）]：（输入旋转角度或参照（R））

操作结果，如图13-42所示。

（五）倾斜面

1. 功能

使实体造型被选面按指定的角度偏转。面向内或向外偏转是由基点与第二点的选取顺序以及偏转角度的正负值来确定的（输入正值被选面向内偏转；反之，向外偏转）。

2. 格式

1）键盘输入命令：Solidedit↓。

提示如下。

实体编辑自动检查：SOLIDCHECK=1

输入实体编辑选项［面（F）／边（E）／体（B）／放弃（U）／退出（X）]〈退出〉：F↓

输入面编辑选项［拉伸（E）／移动（M）／旋转（R）／偏移（O）／倾斜（T）／删除（D）／复制（C）／颜色（L）／材质（A）／放弃（U）／退出（X）]〈退出〉：T↓

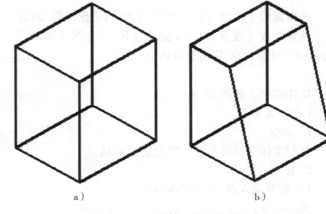

图13-42　实体面旋转操作

a）原图　b）操作后

2）通过下拉菜单、工具条以及面板等方式调用该命令。

提示如下。

选择面或［放弃（U）／删除（R）]：（选择面/回退一步/移出选择的面）

选择面或［放弃（U）／删除（R）／全部（ALL）]：（选择面/回退一步/移出选择的面/全选）

……

指定基点：（指定倾斜轴的起点）

指定沿倾斜轴的另一个点：（确定偏转轴另一点）

指定倾斜角度：（确定偏转角）

操作结果，如图13-43所示。

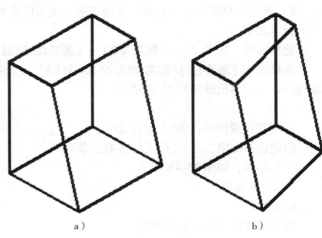

图13-43　实体面倾斜操作

a）原图　b）操作后

（六）删除面

1. 功能

删除实体造型被选面。

2. 格式

1）键盘输入命令：Solidedit↓。

提示如下。

实体编辑自动检查：SOLIDCHECK = 1

输入实体编辑选项［面（F）/边（E）/体（B）/放弃（U）/退出（X）］〈退出〉：F↓

输入面编辑选项［拉伸（E）/移动（M）/旋转（R）/偏移（O）/倾斜（T）/删除（D）/复制（C）/颜色（L）/材质（A）/放弃（U）/退出（X）］〈退出〉：D↓

2）通过下拉菜单、工具条以及面板等方式调用该命令。

提示如下。

选择面或［放弃（U）/删除（R）］：（选择面/回退一步/移出选择的面）

选择面或［放弃（U）/删除（R）/全部（ALL）］：

（选择面/回退一步/移出选择的面/全选）

……

操作结果，如图 13-44 所示。

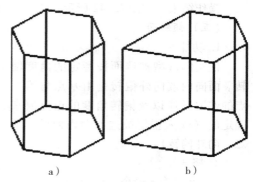

图 13-44　实体删除面操作

a）原图　b）操作后

（七）复制面

1. 功能

复制实体造型被选面，重复创建面域。

2. 格式

1）键盘输入命令：Solidedit↓。

提示如下。

实体编辑自动检查：SOLIDCHECK = 1

输入实体编辑选项［面（F）/边（E）/体（B）/放弃（U）/退出（X）］〈退出〉：F↓

输入面编辑选项［拉伸（E）/移动（M）/旋转（R）/偏移（O）/倾斜（T）/删除（D）/复制（C）/颜色（L）/材质（A）/放弃（U）/退出（X）］〈退出〉：C↓

2）通过下拉菜单、工具条以及面板等方式调用该命令。

提示如下。

选择面或［放弃（U）/删除（R）］：（选择面/回退一步/移出选择的面）

选择面或［放弃（U）/删除（R）/全部（ALL）］：（选择面/回退一步/移出选择的面/全选）

……

指定基点或位移：（输入基点或位移）

指定位移的第二点：（输入位移第二点）

操作结果，如图 13-45 所示。

（八）着色面

1. 功能

改变实体造型被选面的颜色。

2. 格式

1）键盘输入命令：Solidedit↓。

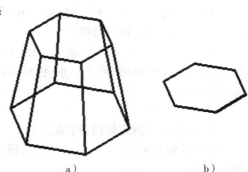

图 13-45　实体复制面操作

a）原图　b）操作后

提示如下。

实体编辑自动检查：SOLIDCHECK = 1

输入实体编辑选项 ［面（F）/边（E）/体（B）/放弃（U）/退出（X）］〈退出〉：F↓

输入面编辑选项 ［拉伸（E）/移动（M）/旋转（R）/偏移（O）/倾斜（T）/删除（D）/复制（C）/颜色（L）/材质（A）/放弃（U）/退出（X）］〈退出〉：L↓

2）通过下拉菜单、工具条以及面板等方式调用该命令。

提示如下。

选择面或 ［放弃（U）/删除（R）］：（选择面/回退一步/移出选择的面）

选择面或 ［放弃（U）/删除（R）/全部（ALL）］：（选择面/回退一步/移出选择的面/全选）

……

选择面或 ［放弃（U）/删除（R）/全部（ALL）］：↓（结束面选择）

此时，弹出"选择颜色"对话框，通过该对话框选择所需的颜色，完成所选择面的颜色改变操作。

三、三维实体编辑

功能：用于将一个实体对象进行拆分、抽壳、清除和检查等操作。在应用这些命令时，应注意以下几点：

1）通过分割操作，可以将组合实体造型分割成零件。组合三维实体造型对象不能共享公共的面积或体积。在将三维实体造型分割后，独立的实体造型保留其图层和原始颜色。所有嵌套的三维实体造型对象都将分割成最简单的结构。

2）通过清除操作，可以删除两侧或顶点共同的面或顶点。

3）通过执行抽壳操作，可以从三维实体造型对象中以指定的厚度创建壳体或中空的墙体。系统通过将现有的面原位置的内部或外部进行偏移来创建新的面。偏移时，系统将连续相切的面看做单一的面。

4）通过执行检查操作，可以检查实体造型对象是否是有效的三维实体造型。对于有效的三维实体造型，对其进行修改不会导致 ACIS 失败的错误的信息。如果三维实体造型无效，则不能编辑对象。

（一）分割

1. 功能

可将不相连的三维实体分割成各自独立的三维实体。

2. 格式

1）键盘输入命令：Solidedit↓。

提示如下。

实体编辑自动检查：SOLIDCHECK = 1（当前设置）

输入实体编辑选项 ［面（F）/边（E）/体（B）/放弃（U）/退出（X）］〈退出〉：B↓

输入体编辑选项 ［压印（I）/分割实体（P）/抽壳（S）/清除（L）/检查（C）/放弃（U）/退出（X）］〈退出〉：P↓

2）通过下拉菜单、工具条以及面板等方式调用该命令。

提示如下。

选择三维实体：（选择要分割的三维实体造型）

……

选择三维实体：↓（结束要分割的实体选择）

完成实体造型的分割操作。

（二）抽壳

1. 功能

可以在三维实体上生成一个指定厚度的外壳，系统通过平移三维实体的面而生成外壳，一个三维实体仅有一个外壳。

2. 格式

1）键盘输入命令：Solidedit↓。

提示如下。

实体编辑自动检查：SOLIDCHECK = 1（当前设置）

输入实体编辑选项［面（F）/边（E）/体（B）/放弃（U）/退出（X）］〈退出〉：B↓

输入体编辑选项［压印（I）/分割实体（P）/抽壳（S）/清除（L）/检查（C）/放弃（U）/退出（X）］〈退出〉：P↓

2）通过下拉菜单、工具条以及面板等方式调用该命令。

提示如下。

选择三维实体：（选择进行抽壳操作的三维实体造型）

删除面或［放弃(U)/添加(A)/全部(ALL)］：（移出选择面/回退一步/增加选择面/全选）

……

删除面或［放弃（U）/添加（A）/全部（ALL）］：↓（结束选择）

输入抽壳偏移距离：（输入实体抽壳平移距离）

操作结果，如图 13-46 所示。

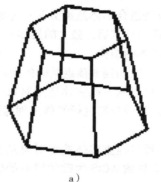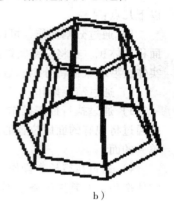

a)　　　　　　　　　　　　b)

图 13-46　实体抽壳操作结果

a）原图　b）操作后

（三）清除

1. 功能

清除多余的边线、顶点或转印对象。

2. 格式

键盘输入命令：Solidedit↓。

提示如下。

实体编辑自动检查：SOLIDCHECK = 1
（当前设置）

输入实体编辑选项［面（F）/边（E）/体（B）/放弃（U）/退出（X）］〈退出〉：B↓

输入体编辑选项［压印（I）/分割实体（P）/抽壳（S）/清除（L）/检查（C）/放弃（U）/退出（X）］〈退出〉：L↓

提示如下。

选择三维实体：（选择被清除的三维实体）

完成实体清除操作。

（四）检查

1. 功能

用于检查实体的有效性。

2. 格式

键盘输入命令：Solidedit↓。

提示如下。

实体编辑自动检查：SOLIDCHECK = 1（当前设置）

　　输入实体编辑选项［面（F）/边（E）/体（B）/放弃（U）/退出（X）]〈退出〉：B↓

　　输入体编辑选项［压印（I）/分割实体（P）/抽壳（S）/清除（L）/检查（C）/放弃（U）/退出（X）]〈退出〉：C↓

　　提示如下。

　　选择三维实体：（选择三维实体造型）

　　完成实体检查操作。

　　系统变量 SOLIDCHECK 用于检查三维实体的有效性，默认设置为 1，即打开检查状态。

思 考 题

一、问答题

1. 有几种"布尔运算"？它们的用途是什么？

2. 在三维编辑操作菜单中，有哪几种三维编辑命令？

3. 如何改变三维造型某个面的颜色？

4. 实体干涉生成一个什么样的实体造型？

5. 尺寸标注和文字注写是在什么作图面上完成的？

二、填空题

1. 在中文版 AutoCAD 2012 中，除了可以对三维实体造型进行复制、移动、旋转、阵列等编辑外，还可以对三维实体的＿＿＿＿＿＿＿＿进行编辑。

2. 在三维图形的矩形阵列操作时，需要依次指定＿＿＿＿＿、＿＿＿＿＿、＿＿＿＿＿、＿＿＿＿＿、＿＿＿＿＿和＿＿＿＿＿等。

3. 在三维图形对齐操作时，需要指定＿＿＿＿＿点。

4. 在进行三维实体倒角编辑时，切去三维实体造型的＿＿＿＿＿角或填充＿＿＿＿＿角。

5. 三维实体切割命令的功能是：＿＿＿＿＿＿＿＿＿＿＿＿＿＿＿＿＿＿＿。

6. 三维实体编辑中的面编辑包括＿＿＿＿＿、＿＿＿＿＿、＿＿＿＿＿、＿＿＿＿＿、＿＿＿＿＿和＿＿＿＿＿等编辑操作。

7. 在进行等轴测图文字注写与尺寸标注时，文字和尺寸的旋转角度及倾斜角度在顶面上分别是＿＿＿＿＿和＿＿＿＿＿，在左侧面上分别是＿＿＿＿＿和＿＿＿＿＿，在右侧面上分别是＿＿＿＿＿和＿＿＿＿＿。

第十四章　图形的输入、输出与打印

AutoCAD 系统提供了输入与输出接口，不仅可以将其他应用程序处理好的数据传输到 AutoCAD 中，显示出图形，还可以将在 AutoCAD 中绘制好的图形信息传输到其他应用程序。

AutoCAD 系统还提供了使用软盘或网络进行交流或保存，或用图形输出设备（打印机或绘图机）将图样打印输出到图纸上，同时还可以进行电子打印。在打印图样时，在很多情况下，需要在一张图样中输出图形的多个视图、添加标题块、尺寸标注、文字注释等，或输出多张表达内容不同的图样，这就要使用图纸空间。图纸空间是完全模拟图纸页面的一种工具，用于在绘图之前或之后安排图形的输出布局。

另外，为了更好地管理图纸，尤其是专业性强、包含有大量图纸的项目，系统还提供了图纸集的功能。

第一节　图形的输入、输出

在系统中，可以导入或导出其他格式的图形文件。

一、导入图形

1. 功能

导入其他格式的图形文件。

2. 格式

1）键盘输入命令：Import↓。

2）下拉菜单：单击"插入（I）"→"3D Studio"（或"ACIS 文件"、"二进制图形交换"、"Windows 图元文件"、"OLE 对象"）。

3）工具条：在"插入"工具条中，单击"输入"按钮。

4）功能区面板：在功能区的"插入"选项卡中的"输入"面板中，单击"输入"按钮。

此时，弹出"输入文件"对话框，如图 14-1 所示。

在该对话框中，选择要导入的图形文件名称，在"文件类型"下拉列表框中的"图元文件"、"ACIS"或"3D Studio"中选择一种图形文件格式并确认，即可完成所选图形文件格式的图形文件的导入。

二、DXF 文件

DXF 格式文件，也就是图形交换文件。

DXF 文件是标准的 ASCⅡ码文本文件，一般由以下 5 个信息段组成。

（1）标题段　存储的是图形的一般信息，由用来确定 AutoCAD 作图状态和参数的标题变量组成，而且大多数变量与 AutoCAD 的系统变量相同。

（2）表段　表段包含以下 8 个列表，每个表中又包含不同数量的表项。

1）线型表：描述图形中的线型信息。

2）层表：描述图形的图层状态、颜色及线型等信息。

3）字体样式表：描述图形中字体样式信息。

4）视图表：描述视图的高度、宽度、中心以及投影方向等信息。

5）用户坐标系统表：描述用户坐标系原点、X 轴和 Y 轴方向等信息。

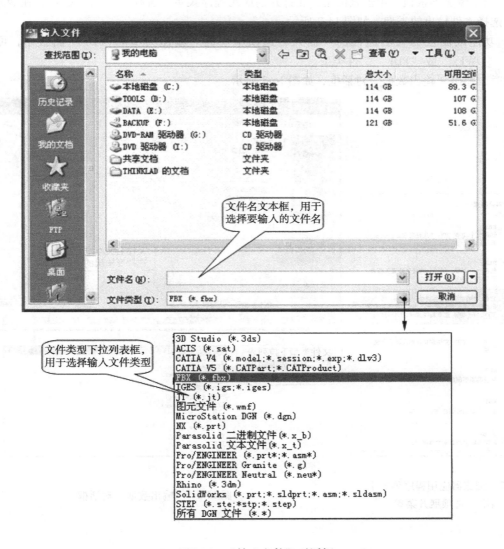

图 14-1 "输入文件"对话框

6）视口配置表：描述各视口的位置、高度比、栅格捕捉及栅格显示等信息。

7）尺寸标注字体样式表：描述尺寸标注字体样式及有关标注信息。

8）登记申请表：该表中的表项用于为应用建立索引。

（3）块段 描述图形中块的有关信息，如块名、插入点、所在图层以及块的组成对象等。

（4）实体段 描述图中所有图形对象及块的信息，是 DXF 文件的主要信息段。

（5）结束段 DXF 文件结束段，位于文件的最后两行。

三、图形文件输出

1. 功能

将图形文件以不同的类型输出。

2. 格式

1）键盘输入命令：Export↓。

2）下拉菜单：单击"文件"→"输出"。

3）菜单浏览器按钮　单击该按钮，在打开的应用程序菜单中选择"输出"选项，在展开的菜单中，选择文件输出的类型，如图 14-2 所示。

4）功能区面板　在功能区的"输入"选项卡中的"输出为 DWF/PDF"面板中，可选择"DWF""DWFx"或"PDF"文件类型。

此时，弹出"输出数据"对话框，如图 14-3 所示。

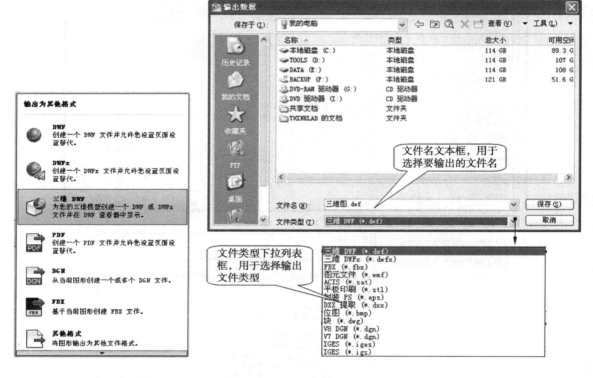

图 14-2　浏览器应用程序菜单中　　　　　　　　图 14-3　"输出数据"对话框
"输出"选项展开菜单

第二节　模型空间和图纸空间

一、模型空间和图纸空间

AutoCAD 中有两个空间，分别是模型空间和图纸空间。通常在模型空间中进行 1:1 比例绘图。为了进行交流、加工或工程施工，需要输出图纸，这就需要在图纸空间进行排版，即规划视图位置与大小，将不同比例的视图安排在一张图纸上并对它们标注尺寸，给图纸加上图框、标题栏、文字注释等内容，然后打印输出。因此，可以认为模型空间是设计空间，而图纸空间是表现空间。

1. 模型空间

模型空间是真实世界的三维空间，也就是设计绘图的空间。多数绘图工作是在该空间内完成的。在这个环境中，可根据需要绘制各种二维或三维图形，并且可以根据需要，用多个二维或三维视图来表示物体。在该空间中，可以创建多个不重叠的（平铺）视口，以显示图形的不同视图。

2. 图纸空间

图纸空间是一个二维空间，代表着一张二维图纸，是打印出图的一个空间。它是一种工具，用于在绘图输出前的图形布局、打印设置等。同时，在图纸空间中，视口被作为对象来看待，并且可用 AutoCAD 的编辑命令对其进行编辑。这样，就可以在同一绘图页进行不同视图的放置和绘制。每个视口显示空间实体的不同部分的视图或不同视点的视图。每个视口中的视图可以独立编辑、绘制成不同的比例、冻结和解冻特定的图层、给出不同的标注或注释。这样，就可以在图纸空间更灵活方便地编辑、安排及标注图形，以得到一幅丰富详细而且完整的图形。

在输出图形时，模型空间只能输出当前一个视口的图形，而在图纸空间，可以将所显示的多个视口内的图形一并输出。

在图纸空间绘制的图形，转换到模型空间后将不能显示。

二、布局

"布局"是用于组织二维或三维图形的多个视图，为打印机或绘图仪输出设置出图样式。当图形显示处于"布局"时，从"模型"标签转换到"布局"标签。在"布局"标签中，通过状态栏中的"图纸"和"模型"按钮转换，可以工作在图纸空间或模型空间中。

一个图形文件只能有一个模型空间，但根据需要可以设置多个布局，即一个模型空间的图形可以生成多个打印方案。

三、"布局"和"模型"之间的切换

在绘图时，常常需要在图纸空间和模型空间进行切换，可通过单击绘图区域下方的"模型"和布局标签进行切换。

四、在"布局"中模型空间和图纸空间的切换

在打开"布局"标签后，可以完成图形的排列、尺寸标注、文字注写、生成局部放大图和绘制视图等操作。但有时为了修改原图形，需要进行图纸空间和模型空间之间的转换。系统常常提供的方法是：

1）单击状态栏中的空间切换按钮"模型"或"图纸"，可实现这两种空间的转换。

2）在一个视口中用鼠标左键双击，即可在模型空间中将该视口变为当前视口；此时，在该视口外、布局内的任何地方双击鼠标左键，可使当前视口转换为图纸空间。

第三节　多视口管理

一、概述

1. 视口

视口是屏幕上用于显示图形的一个矩形区域。所观察的视图就显示在视口中。在默认情况下，系统将整个绘图区域定义为单一视口。可根据绘图需要把绘图区设置成多个视口。每个视口可以显示图形的不同部分，从而更清晰地反映对象的形状。在 AutoCAD 系统中，视口可以分为平铺视口和浮动视口。

2. 当前视口

在模型空间中，虽然可以同时在屏幕上激活多个模型空间视口，但同一时间仅有一个是当前视口。当前视口周围显示有粗的边框，可通过该特征来辨别当前视口。在当前视口内，光标以十字光标的形式显示，在当前视口以外的位置上，光标显示为箭头。可通过单击视口来改变当前视口。

3. 视口锁定

在执行某些命令的时候，无法改变当前视口。这时，当前视口处于锁定状态，该状态意味着光标被限制在当前视口内。锁定视口的命令有捕捉（Snap）、缩放（Zoom）、三维视点（Vpoint）、栅格（Grid）、平移（Pan）、动态视点（Dview）、三维轨道（3Dorbit）、Vplayer 和 Vports 等。

二、在"模型"标签中的多视口设置

在"模型"空间，可以将屏幕划分成若干区域（即创建平铺视口），可以同时在每个视口中显示不同的视图。它使绘图更加方便，如可以在一个视口中查看整个图形，同时在另一个视口中将图形的某一部分放大来查看；也可以同时查看一个大型图形完全分开的部分。

1. 功能

在模型空间建立和管理多视口。在绘制三维图形时，常常把一个绘图区域分割成几个视口，在各个视口中设置不同的视点，从而更加全面地观察图形。

2. 格式

1）键盘输入命令：Vports↓。

2）下拉菜单：单击"视图（V）"→"视口（V）"→"新建视口（E）…"（或"命名视口（N）…"）。

3）工具条：在"视口"或"布局"工具条中，单击"显示'视口'对话框"按钮。

4）功能区面板：在功能区的"视图"选项卡中的"视口"面板中，单击"命名"按钮。

此时，弹出"视口"对话框，在该对话框中有"新建视口"和"命名视口"两个选项卡。

3. 对话框说明

（1）"新建视口"选项卡 在"视口"对话框中，单击"新建视口"选项卡，如图14-4所示。

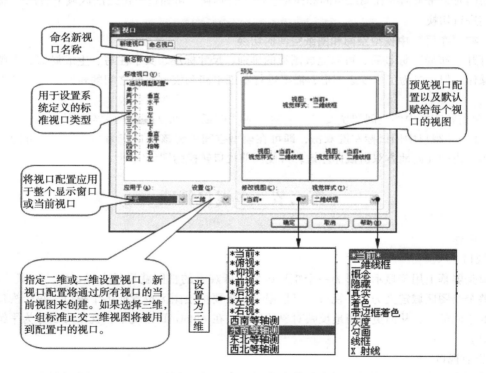

图14-4 "新建视口"选项卡及其说明

（2）"命名视口"选项卡 在"视口"对话框中，单击"命名视口"选项卡，如图14-5所示。

1）"当前名称"显示框：显示当前设置的视口名。

2）"命名视口（N）"下拉列表框：显示图形中定义的视口名列表。单击某一命名视口名，再单击"确定"按钮，即可将该视口设置为当前视口。另外，当选择某一视口名后，单击鼠标右键，在弹出的快捷菜单中可删除或重命名已命名的视口（见图14-5）。

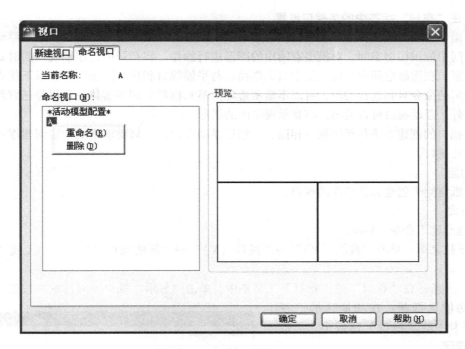

图 14-5　"命名视口"选项卡

4. 用下拉菜单进行多视口管理

通过单击"视图（V）"→"视口（V）"→"级联菜单"，进行多视口管理，如图 14-6 所示。

5. 用命令提示行进行多视口管理（– Vports）

在模型空间中，该命令可以在建立的当前视口中建立视口，对建立的视口进行管理。

通过键盘输入命令：– Vports↓。

提示：输入选项［保存（S）/恢复（R）/删除（D）/合并（J）/单一（SI）/? /2/3/4 切换（T）/模式（MO）]〈3〉：（输入选项）

选项说明如下。

1）"保存（S）"：将当前视口配置命名并保存。

2）"恢复（R）"：将已存储的某一命名视口配置设置为当前视口。

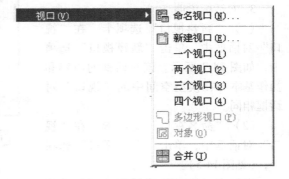

图 14-6　下拉菜单"视图"中的
多视口管理级联菜单

3）"删除（D）"：删除已存储的某一命名视口配置。

4）"合并（J）"：将当前屏幕视口配置中相邻的两个视口合并成一个视口。

5）"单一（SI）"：将多视口合并为单一视口，单一视口继承了原当前视口的视图。

6）"?"：显示当前视口配置情况及视口信息。

7）"2/3/4"：分别用来把当前视口分成 2、3 或 4 个视口。

当完成选项输入并按〈Enter〉键后，后续提示如下。

输入配置选项［水平（H）/垂直（V）/上（A）/下（B）/左（L）/右（R）]〈右〉：（输入选项）

输入一个视口放置的位置。

三、在"布局"标签中的多视口设置

在布局中创建的视口称为浮动视口，它是联系模型空间与图纸空间的窗口。通过浮动视口可以在图纸空间中使用模型空间，对模型空间中的图形进行操作。在布局中，浮动视口同时是图纸空间的构成元素，在图纸空间中按输出要求组织图面。与平铺视口相比，浮动视口有以下优点：可以使用编辑图形的命令对其进行编辑，可以不显示边界只显示模型空间的实体，可以是任意形状、任意个数。另外，浮动视口可以关闭，不显示视口内的图形。

浮动视口的创建方法与平铺视口相同，在创建浮动视口时，只要求系统指定创建浮动视口的区域即可创建视口。

1. 功能

在图纸空间中创建和管理浮动视口。

2. 格式

1）键盘输入命令：Vports↓。

2）下拉菜单：单击"视图（V）"→"视口（V）"→"新建视口（E）…"（或"命名视口（N）…"）。

3）工具条：在"视口"或"布局"工具条中，单击"显示'视口'对话框"按钮。

4）功能区面板：在功能区的"视图"选项卡中的"视口"面板中，单击"命名"按钮。

此时，弹出"视口"对话框，在该对话框中有"新建视口"和"命名视口"两个选项卡。

3. 对话框说明

（1）"新建视口"选项卡 在"视口"对话框中，单击"新建视口"选项卡，如图14-7所示。该对话框的内容和操作基本与在模型空间中的"视口"对话框相同。

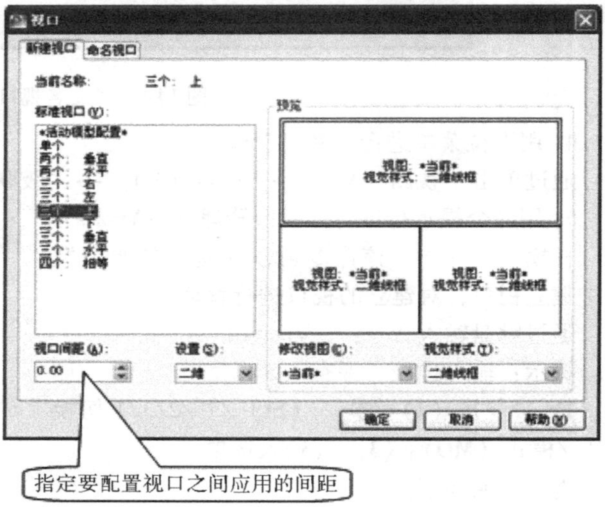

（2）"命名视口"选项卡 在"视口"对话框中，单击"命名视口"选项卡，（见图14-5）。

当完成"视口"对话框的相关设置后，单击"确定"按钮，后续提示如下。

图 14-7　"新建视口"选项卡

指定第一个角点或［布满（F）］〈布满〉：

当用户直接按〈Enter〉键，即选择F（布满）时，图纸布局会被选定的视口布满。在布局中，如果没有任何视口，可供使用的图纸空间将由虚线标识出来，布满的范围即为该虚线线框内；也可通过指定两个角点，指定要生成该视口类型的范围之后，指定的视口类型显示在选择的范围内。

4. 利用"视口"工具条创建和管理浮动视口

通过"视口"工具条，完成浮动视口的创建和管理，如图14-8所示。

5. 用命令提示行设置图纸空间浮动视口（Mview、–Vports）

（1）功能　通过命令提示行提示操作设置和管理浮动视口。

（2）格式　键盘输入命令：Mview（–Vports）↓。

提示如下。

指定视口的角点或［开（ON）/关（OFF）/布满（F）/着色打印（S）/锁定（L）/对象（O）/多边形（P）/恢复（R）/2/3/4］〈布满〉：（输入选项）

（3）选项说明

1）"开（ON）"/"关（OFF）"：打开或关闭视口中的模型空间实体图形。一个打开的视口将显示图形的模型空间视图。而一个关闭的视口是空白的，将不会再重新生成内容。

2）"布满（F）"：在图纸空间建立一个浮动视口，视口的大小填满图纸的页边，如果图纸背景显示是关闭的则填满整个显示范围。

3）"着色打印（S）"：从图纸空间绘图输出时，按屏幕着色进行打印。

4）"锁定（L）"：用于锁定视口的缩放比例。

5）"对象（O）"：把指定的封闭多义线、椭圆、曲线、面域、圆转换为浮动视口。

6）"多边形（P）"：生成一个多边形的视口。

7）"恢复（R）"：把模型空间建立的视口转换成图纸空间的视口。

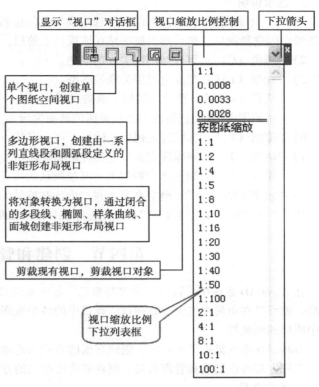

图 14-8　布局中"视口"工具条及其说明

8）"指定视口的角点"：直接在图纸空间指定两对角点来设置浮动视口，即生成按指定的角点或布满方式生成单一视口。为默认选项。

9）"2/3/4"：设置视口为 2、3 或 4 个分隔。

四、视口内图层控制

在图层的命令中，层的状态控制（即层的可见性）是由冻结/解冻、打开/关闭等选项控制的，同一层上在所有视口内的可见性是相同的。如果想使某一层在一个或几个视口内可见，而在其他视口内为不可见，则可使用视口内图层控制命令来控制。该命令只能用于图纸布局标签中，并且 Tilemode 的值为 0。

1. 功能

用于控制各个视口中某些层的可见性。它可在一个或若干个视口上冻结或解冻某个或某些图层，把某层恢复到其默认可见性，建立一个在所有视口自动冻结的新层，以及在新视口上给某个或某些图层设置默认可见性。

2. 格式

键盘输入命令：Vplayer↓。

提示如下。

输入选项［? /颜色（C）/线型（L）/线宽（LW）/透明度（TR）/冻结（F）/解冻（T）/重置（R）/新建冻结（N）/视口默认可见性（V）］：（输入选项）

当完成一选项操作后，提示行又重新出现，可连续执行其他选项操作，若想退出该命令可按

〈Enter〉键来回应。

3. 选项说明

1)"?"（查询）：列出被冻结在某选定视口上的层名清单。若在模型空间工作，则系统暂时转到图纸空间选择视口，然后列出被冻结在该视口上的层。

2)"颜色（C）"：更改与图层关联的颜色。

3)"线型（L）"：更改与图层关联的线型。

4)"线宽（LW）"：更改与图层关联的线宽。

5)"透明度（TR）"：更改与图层关联的透明度级别。

6)"冻结（F）"：冻结选定视口上的层。可指定某一层或某些层在一个或多个视口上冻结。

7)"解冻（T）"：解冻选定视口上的冻结图层。

8)"重置（R）"：恢复选定视口上的某层默认的可见性。

9)"新建冻结（N）"：建立在所有视口内均被冻结的新图层。

10)"视口默认可见性（V）"：设定特定视口上的层的默认可见性。

第四节　创建和管理布局

在 AutoCAD 系统中，可以创建多种布局，每个布局都代表一张单独的打印输出图纸。创建新布局后，就可以在布局中创建浮动视口。视口中的各个视图可以使用不同的打印比例，并能够控制视口中图层的可见性。

AutoCAD 系统提供了多种用于创建布局的方式和管理布局的方法，无论是在布局空间，还是在模型空间，都可以创建和管理布局。创建和管理布局的方法如下。

1. 下拉菜单

通过单击"插入（I）"→"布局（L）"→"级联菜单"，调用布局创建命令，如图 14-9 所示。

2. 工具条

通过单击"布局"工具条上的按钮，调用布局创建和管理命令，如图 14-10 所示。

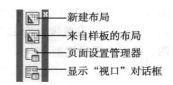

图 14-9　布局创建命令下拉菜单　　　　图 14-10　"布局"工具条及其说明

3. 快捷菜单

通过快捷菜单中的选项，可以对布局进行新建、删除、重命名、移动及复制等创建和管理操作。

（1）"布局"选项卡快捷菜单　在绘图区下方的"布局"选项卡上，单击鼠标右键弹出一快捷菜单，用于创建和管理布局，如图 14-11 所示。

（2）"查看快速布局"选项卡快捷菜单　在状态栏的"查看快速布局"选项卡上，单击鼠标右键弹出一快捷菜单，用于创建和管理布局，如图 14-12 所示。

4. 键盘输入

通过键盘输入命令，完成相应命令的输入。

实际绘图中一个布局可能不能满足绘图的要求，需要创建更多的布局，并且打印时也要根据具体需要对布局进行页面设置，以达到最佳打印效果。

图 14-11 "布局"选项卡快捷菜单　　　图 14-12 "查看快速布局"选项卡快捷菜单

一、使用"创建布局向导"创建布局

使用布局向导创建的布局，一般不需要对布局进行较多的设置和调整即可执行打印操作。

1. 功能

创建新的布局选项卡并指定页面和打印设置。

2. 格式

通过各种命令调用方法调用该命令后，弹出"创建布局"向导，通过提示完成新布局的创建。

1）在弹出的"创建布局-开始"对话框的"输入新布局的名称"文本框中，输入新建图形布局的名称，如"传动轴"，如图 14-13 所示。

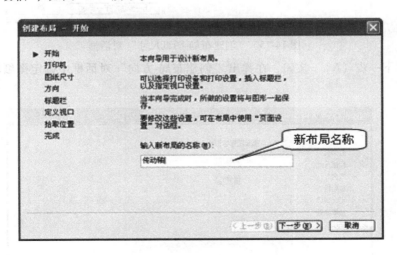

图 14-13 "创建布局-开始"对话框

2）单击"下一步（N）"按钮，在弹出的"创建布局-打印机"对话框的"为新布局选择配置的绘图仪"列表框中选择输出设备，如图 14-14 所示。

3）单击"下一步（N）"按钮，在弹出的"创建布局-图纸尺寸"对话框中确定图纸大小和单位，如图 14-15 所示。

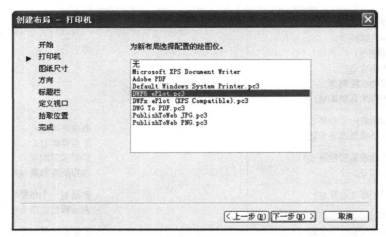

图 14-14 "创建布局-打印机"对话框

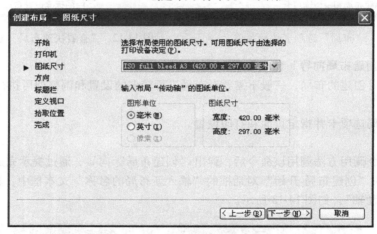

图 14-15 "创建布局-图纸尺寸"对话框

4）单击"下一步（N）"按钮，在弹出"创建布局-方向"对话框中确定图纸输出的方向，如图 14-16 所示。

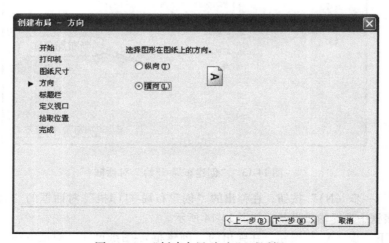

图 14-16 "创建布局-方向"对话框

5）单击"下一步（N）"按钮，在弹出的"创建布局-标题栏"对话框中确定图框及标题栏格式，如图 14-17 所示。

6）单击"下一步（N）"按钮，在弹出的"创建布局-定义视口"对话框中确定视窗的比例和视窗形式。该对话框中有 4 种确定视窗形式单选按钮："无"（无视窗）、"单个"（单个视窗）、"标准三维工程视图"（标准三维工程视窗）和"阵列"（阵列视窗），如图 14-18 所示。

7）单击"下一步（N）"按钮，在弹出的"创建布局-拾取位置"对话框中可确定图形在布局图纸中的范围。单击"选择位置"按钮，则切换到屏

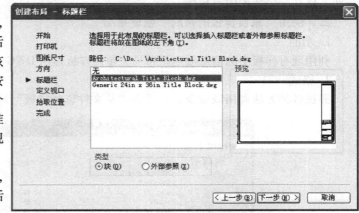

图 14-17　"创建布局-标题栏"对话框

幕作图状态，确定图形在布局图纸中占据的位置和范围。如果要让图形充满整个图形布局图纸范围，可直接单击"下一步（N）"按钮，如图 14-19 所示。

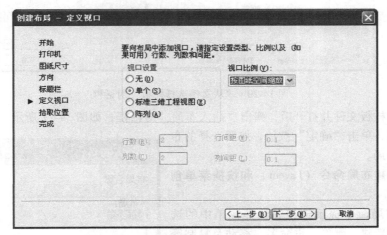

图 14-18　"创建布局-定义视口"对话框

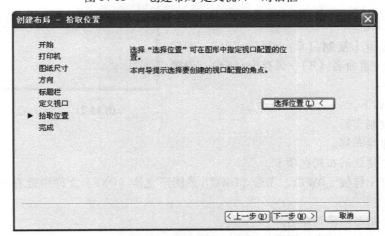

图 14-19　"创建布局-拾取位置"对话框

8）单击"下一步（N）"按钮，弹出"创建布局-完成"对话框。在该对话框中，单击"完成"按钮，建立一个新的图形布局。

二、使用"来自样板的布局"创建布局

1. 功能

利用现有样板中的信息创建新布局。布局样板是从 DWG 和 DWT 文件中导入的布局。

2. 格式

通过各种方法调用该命令后，弹出"从文件选择样板"对话框，如图 14-20 所示。

图 14-20　"从文件选择样板"对话框

当选择图形样板文件并打开后，弹出"插入布局"对话框，如图 14-21 所示。在该对话框中选择样板中的布局，单击"确定"按钮，按照选择的布局样板创建新布局。

三、使用创建布局命令（Layout）和快捷菜单创建和管理布局

通过创建布局命令提示选项和快捷菜单中的选项，对布局进行新建、删除、重命名、移动及复制等创建和管理操作。

提示如下。

输入布局选项［复制（C）/删除（D）/新建（N）/样板（T）/重命名（R）/另存为（SA）/设置（S）/?]〈设置〉：

各选项说明如下。

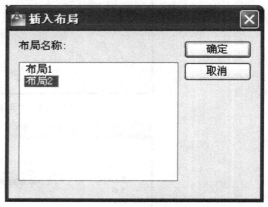

图 14-21　"插入布局"对话框

1）复制：复制布局。

2）删除：删除布局。

3）新建：创建新的布局选项卡。

4）样板：基于样板（DWT）、图形（DWG）或图形交换（DXF）文件中现有的布局创建新布局选项卡。

5）重命名：给布局重新命名。

6）另存为：将布局另存为图形样板（DWT）文件。

7）设置：设置当前布局。

8）?：列出布局。列出图形中定义的所有布局。

四、页面设置

1. 功能

可以创建命名页面设置、修改现有页面设置，或从其他图纸中输入页面设置等。

2. 格式

1）键盘输入命令：Pagesetup↓。

2）下拉菜单：单击"文件"→"页面设置管理器…"。

3）快捷菜单：在管理布局快捷菜单中选择"页面设置管理器"选项。

4）功能区面板：在功能区的"输出"选项卡中的"打印"面板中，单击"页面设置管理器"按钮。

此时，弹出"页面设置管理器"对话框，如图 14-22 所示。

3. 对话框说明

1）在"当前布局"名称的右面显示该页面设置所处的当前布局位置。当处于"模型"标签时，显示模型；当处于某一布局时显示该布局的名称。

图 14-22　"页面设置管理器"对话框

2）在"当前页面位置"名称的右面显示当前所处的页面设置，在下面的显示框内显示所应用于当前布局的页面设置。单击"置为当前"按钮，可将选择的页面置为当前布局页面。通过页面上的快捷菜单，可以对该页面进行管理，如进行"置为当前""删除""重命名"等操作（见图14-22 中的快捷菜单）。

3）"创建新布局时显示"复选框。当选中该复选框时，指定选中新的布局选项卡或创建新的布局，显示"页面设置"对话框。

4）"新建"按钮。在"页面设置管理器"对话框中单击"新建"按钮后，弹出"新建页面设置"对话框，如图 14-23 所示。

在该对话框的"新页面设置名"文本框中输入新页面的名称，在"基础样式"下拉列表框中可以选择新建页面的参考样式，完成设置并单击"确定"按钮后，弹出"页面设置"对话框，如图 14-24 所示。

在"页面设置"对话框中，其主要选项的功能如下。

① "打印机/绘图仪"选项组：指定打印机的名称、位置和说明。在"名称"下拉列表框中，可以选择当前配置的设置出图设备。

单击"特性"按钮，弹出"绘图仪配置编辑器"对话框，在该对话框中有"常规""端口"和"设备和文档设置" 3 个选项卡，用于显示打印配置的基本信息，输出端口的设置以及对出图设备指定介质来源、纸张类型、图形类型和初始化字符串等。在"绘图仪配置

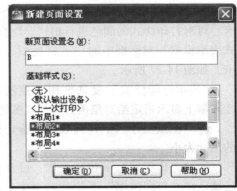

图 14-23　"新建页面设置"对话框

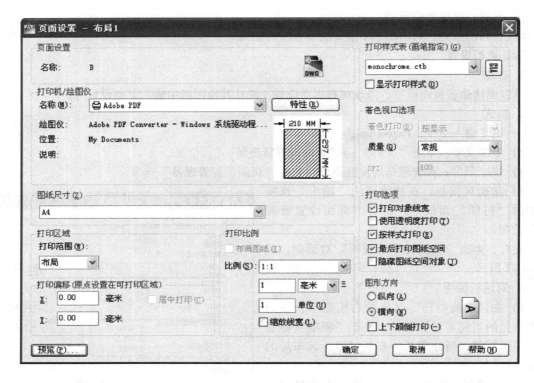

图 14-24　"页面设置"对话框

编辑器"对话框中，单击"设备和文档设置"选项卡，如图 14-25 所示。

②"打印样式表（画笔指定）"选项组：为当前布局指定打印样式和打印样式表。在"打印样式表"下拉列表框中，可以设置图形出图样式，当选择"新建"选项时，将打开使用"添加颜色相关打印样式表"对话框来创建新的打印样式，如图 14-26 所示。

单击右侧的"编辑…"按钮，弹出"打印样式表编辑器"对话框。在该对话框中有"常规""表视图"和"表格视图"3 个选项卡，可对打印样式的颜色进行编辑。"打印样式表编辑器"对话框中的"表格视图"选项卡，如图 14-27 所示。

"显示打印样式"复选框用于控制是否在屏幕上显示指定给对象的打印样式的特性。

③"图纸尺寸"下拉列表框：指定图纸的尺寸大小。

④"打印区域"下拉列表框：设置打印区域。在"打印范围"下拉列表框中，可以选择要打印的区域，包括布局、视图、显示和窗口。

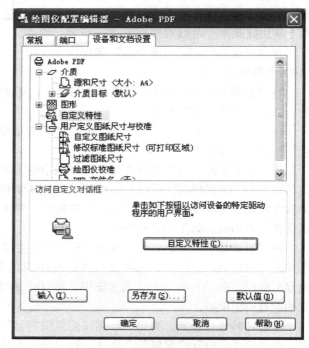

图 14-25　"绘图仪配置编辑器"对话框的
"设备和文档设置"选项卡

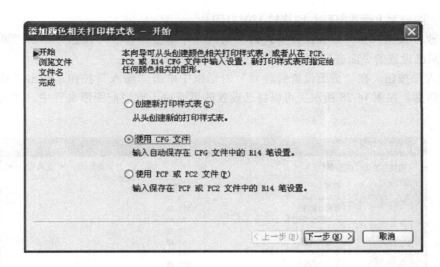

图 14-26　"添加颜色相关打印样式表"对话框

　　⑤"打印偏移"选项组：显示相对介质源左下角的打印偏移的设置。

　　⑥"打印比例"选项组：设置打印比例。在"打印比例"下拉列表框中，可以选择标准的缩放比例，也可以设置自定义比例。当选中"缩放线宽"复选框时，按打印比例缩放线宽。

　　⑦"着色视口选项"选项组：指定着色和渲染视口的打印方式，并确定它们的分辨率大小和 DPI 值。在"着色打印"下拉列表框中，可以指定视图的打印方式。

　　⑧"打印选项"选项组：设置打印选项，如打印对象线宽、显示打印样式和打印几何图形的次序等。如果选中"打印对象线宽"复选框，则可以打印对象和图层的线宽；如果选中"使用透明度打印"复选框，则打印以透明度形式打印；如果选中"按样式打印"复选框，则可以打印应用于对象和图层的打印样式；如果选中"最后打印图纸空间"复选框，则可以先打印模型空间的几何图形，通常先打印图纸空间几何图形，然后再打印模型空间的几何图形；如果选中"隐藏图纸空间对象"复选

图 14-27　"打印样式表编辑器"对话框中的
"表格视图"选项卡

框，可以指定"消隐"操作应用于图纸空间视口中的对象，该选项仅在布局选项卡可用，并且该设置的效果反映在打印预览中，而不反映在布局中。

　　⑨"图形方向"选项组：指定图形方向是横向还是纵向。选中"上下颠倒打印"复选框，还可

以指定图形在图纸页上倒置打印，即旋转180°打印。

5）"修改"按钮。在"页面设置管理器"对话框中单击"修改"按钮，弹出"页面设置"对话框，可以对已设置的页面进行修改。

6）"输入"按钮。在"页面设置管理器"对话框中单击"输入"按钮，弹出"从文件选择页面设置"对话框，如图14-28所示。可以将已设置的页面输入到当前图形文件中，并用于当前图形中的布局。

图 14-28 "从文件选择页面设置"对话框

五、使用浮动视口

在构造布局时，可以将浮动视口视为图纸空间的图形对象，并对其进行移动和调整。浮动视口可以相互重叠或分离。

1. 删除、新建和编辑浮动视口

在布局中，可以将生成的浮动删除，即选择浮动视口边界后，采用删除命令（或按〈Delete〉键）完成删除。

当删除浮动视口后，可以单击"视图"→"视口"→"光标菜单"或"视口"工具条，完成新浮动视口的创建。相对于图纸空间而言，浮动视口和一般的图形对象没有什么区别。每个浮动视口均被绘制在当前层上，且采用当前层的颜色和线型。因此，可以用通常的图形编辑方法来编辑浮动视口。

2. 调整图纸空间浮动视口的比例

如果布局图中使用了多个浮动视口，就可以为这些视口中的视图建立不相同的缩放比例。

3. 控制浮动视口中对象的可见性

在浮动视口中，可以使用多种方法来控制对象的可见性，如消隐视口中的线条，打开或关闭浮动视口等。利用这些方法可以限制图形的重生成，突出显示或隐藏图形中的不同元素。

如果图形中包括三维面、网格、拉伸对象、表面或实体，打印时可以删除选定视中的隐藏线。视口对象的隐藏打印特性只影响打印输出，而不影响屏幕显示。打印布局时，在"页面设置"对话框中选中"隐藏图纸空间对象"复选框，可以只消隐图纸空间的几何图形。

在浮动视口中，利用"图层管理器"对话框可以在一个浮动视中冻结/解冻某层，而不影响其他视口，使用该方法可以在图纸空间中输出对象的三视图或多视图。

第五节　出图设备的配置管理及出图样式设置管理

一、出图设备的配置管理

AutoCAD 提供了许多出图设备的驱动程序，利用"绘图设备管理器"可以配置绘图设备。

1. 功能

用于出图设备管理，包括添加出图设备、设置网络打印服务器、配置系统出图设备等。

2. 格式

1）键盘输入命令：Plottermanager↓。

2）下拉菜单：单击"文件"→"绘图仪管理器…"，或单击"工具"→"选项…"→"打印和发布"选项卡→"添加或配置绘图仪…"按钮。

3）Windows 系统：单击"开始"→"控制面板"→"Autodesk 绘图仪管理器"图标。

4）菜单浏览器按钮：单击"打印"→"管理绘图仪"。

5）功能区面板：在功能区的"输出"选项卡中的"打印"面板中，单击"管理绘图仪"按钮。

此时，弹出"Plotters（绘图仪）"对话框，如图 14-29 所示。

图 14-29　"Plotters（绘图仪）"对话框

3. 对话框说明

在该对话框中，双击"添加绘图仪向导"图标，弹出"添加绘图仪"向导对话框，根据提示，可以设置添加新的绘图仪。

通过单击"工具"→"向导"→"添加绘图仪…"，可以直接调出"添加绘图仪"向导对话框。

二、出图样式设置管理

通常将某些属性（如颜色、线型、线宽、线条尾端、接头样式、填充样式、灰度等级等）设置给实体、图层、视口、布局等，这些设置给实体、图层、视口、布局等属性的集合就是出图式样。

出图式样有两种模式：Color-Dependent（依赖颜色）和 Named（命名）。绘图式样定义在绘图式样表格中，可以把绘图式样定义与模板标签和布局相联系。为图形指定绘图式样后，如果删除或断开式样与图形的联系，绘图式样对图形不会产生影响。为同一图形指定多个绘图式样，可以创建不同的图形输出效果。

当图层处于 Color-Dependent（依赖颜色）出图式样，而不是 Named（命名）出图式样时，则不能为图层设置出图式样。

1. 功能

用于改变输出图形的外观。通过修改图形的绘图样式，定义输出时的实体、线型、颜色、线宽等。

2. 格式

1）键盘输入命令：Stylesmanager↓。

2）下拉菜单：单击"文件"→"打印样式管理器…"或单击"工具"→"选项…"→"打印和发布"选项卡→"打印样式表设置…"按钮→"添加或编辑打印样式表…"按钮。

3）Windows 系统：单击"开始"→"设置"→"控制面板"→"Autodesk 打印样式管理器"图标。

4）菜单浏览器按钮：单击"打印"→"管理打印样式"。

此时，弹出"Plot Styles（出图式样）"对话框，如图 14-30 所示。

图 14-30　"Plot Styles（出图式样）"对话框

3. 对话框说明

在该对话框中，双击"添加打印样式表向导"图标，弹出"添加打印样式表"向导对话框。通过对该对话框的操作，完成新打印样式的设置。

通过单击"工具"→"向导"→"添加打印样式表…"（或"添加命名打印样式表…"），可直接进行新打印样式的设置。

三、打印样式编辑

在输出图形时，有时需要对出图样式进行编辑修改操作。

1. 颜色相关型打印样式（Color-Dependent Plot Style Table）

颜色相关型打印样式是根据实体的颜色定义的，系统支持 255 种颜色定义的出图样式。在颜色相关型出图样式中，不能添加、删除或更名出图样式。通过调整相应颜色的打印样式，控制具有相同颜色实体的输出。该类型输出式样保存在扩展名为" *.ctb"的文件中。

在以前的 AutoCAD 版本中，使用了绘图笔分配，可以用实体的颜色来控制绘图笔的数量、线型、线宽等。用这种方法使实体的颜色受到一定的限制，因为指定的绘图笔与特定的颜色相联系，失去了独立设置线宽、线型、颜色的灵活性。

2. 命名型打印样式（Named Plot Style Table）

命名型打印样式不依赖于实体颜色，可以把这种打印样式指定给任何颜色实体。更改实体颜色特性和其他实体特性一样不受限制。命名型打印样式保存在扩展名为" *.stb"的文件中。

两种打印样式转换方法：在"选项"对话框的"打印和发布"选项卡中，单击"打印样式表设置"按钮，在弹出的"打印样式表"对话框中的"使用颜色相关打印样式"和"使用命名打印样式"单选按钮中任选一个。

3. 颜色相关型打印样式编辑（Color-Dependent Plot Style Table）

在 Plot Styles（打印样式）对话框中，双击任一个颜色相关型打印样式图标（文件后缀为" *.ctb"），弹出"打印样式表编辑器"对话框。在该对话框中有常规、表视图和表格视图 3 个选项卡，可以对颜色相关型打印样式进行编辑，如图 14-31 ~ 图 14-33 所示。

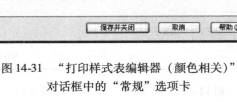

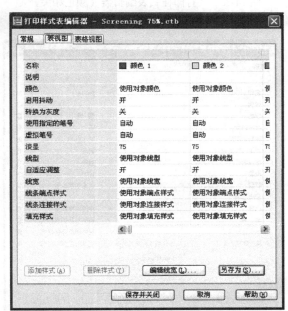

图 14-31　"打印样式表编辑器（颜色相关）"
对话框中的"常规"选项卡

图 14-32　"打印样式表编辑器（颜色相关）"
对话框中的"表视图"选项卡

4. 命名型打印样式编辑（Named Plot Style Table）

命名型打印样式不依赖于实体的颜色，可以把这种打印样式指定给任何颜色实体。更改实体颜色特性和其他实体特性一样不受限制。

在 Plot Styles（打印样式）对话框中，双击任一命名型打印样式（Named Plot Style Table）图标（文件后缀为" *.stb"），弹出"打印样式表编辑器"对话框。在该对话框中有常规、表视图和表格视图 3 个选项卡，可以对命名型打印样式进行编辑，如图 14-34 ~ 图 14-36 所示。

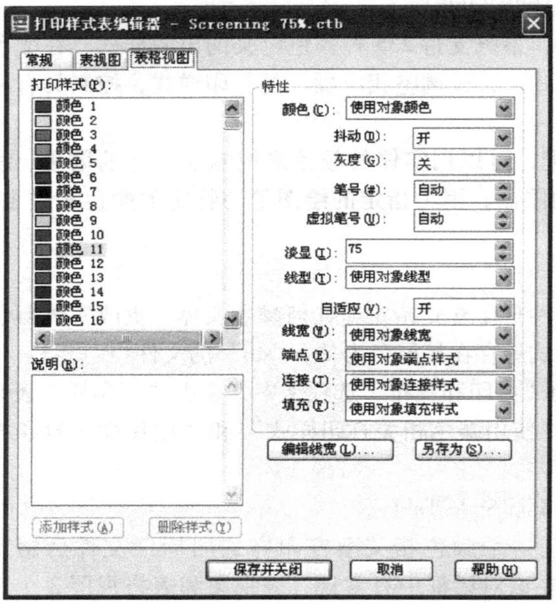

332

图 14-33 "打印样式表编辑器（颜色相关）"
对话框中的"表格视图"选项卡

图 14-34 "打印样式表编辑器（命名）"
对话框中的"常规"选项卡

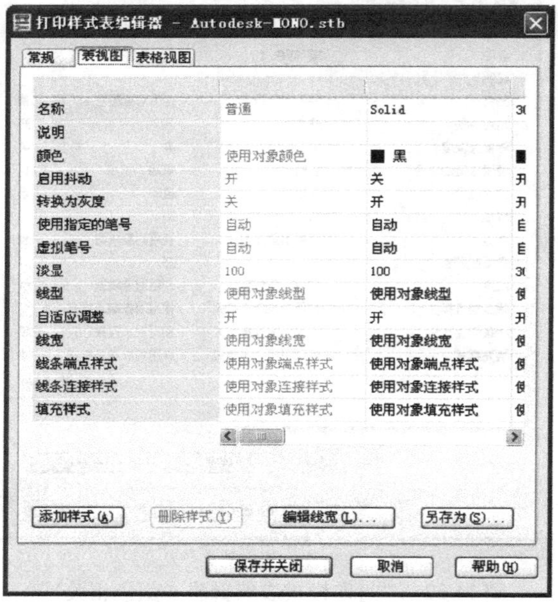

图 14-35 "打印样式表编辑器（命名）"
对话框中的"表视图"选项卡

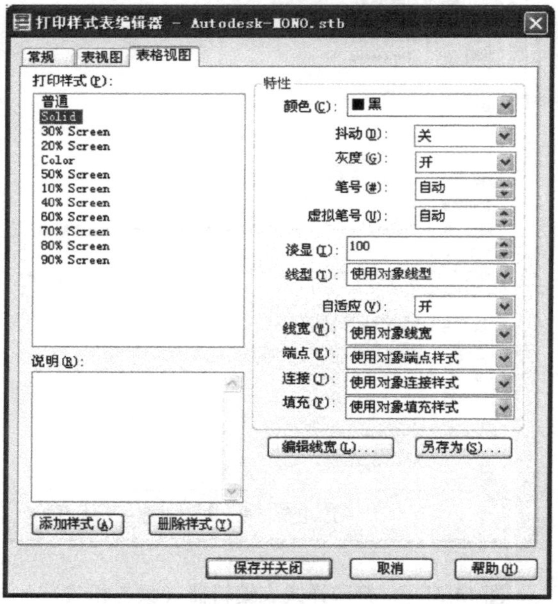

图 14-36 "打印样式表编辑器（命名）"
对话框中的"表格视图"选项卡

在"打印样式表编辑器"对话框中，"常规"选项卡显示了打印样式的名称、描述、打印样式数目、保存路径名，在该选项卡中可以修改描述内容，指定非标准直线和填充模式的全局比例因子；"表视图"和"表格视图"选项卡提供了两种修改打印样式设置的途径，这两个选项卡形式都可以列出打印样式的设置内容，可以对线型、线宽、颜色等设置进行修改。当打印样式数目较少时，使用"表视图"选项卡比较方便；当打印样式数目较多时，使用"表格视图"选项卡较为方便。

第六节 图形打印（PLOT）

根据不同的需要，可以打印一个或多个视口，或设置选项决定打印的内容和图像在图纸上的布置。可打印模型空间的图形，也可以打印图纸空间的布局上显示的图形。

模型空间打印与图纸空间打印操作基本相同，打印对话框与页面设置对话框也基本相同的。

在布局中打印出图比在模型空间中打印出图方便，这是因为布局的过程实际上是一个打印排版的过程，在创建布局时，很多打印时需要的设置（如打印设备、图纸尺寸、打印方向、出图比例等）都已预先设定好了，在打印时就不需要再进行设置了。

以在布局中打印出图为例介绍纸质输出图形。

1. 功能

用于设置出图参数及控制出图设备，并使用当前图形输出设备输出图形。

2. 格式

1）键盘输入命令：Plot（Print）↓。

2）下拉菜单：单击"文件"→"打印"。

3）工具条：在"标准"工具条中单击"打印"按钮。

4）菜单浏览器按钮：单击"打印"→"打印"选项。

5）功能区面板：在功能区的"输出"选项卡中的"打印"面板中，单击"打印"按钮。

6）快捷菜单：在"布局"选项卡上（在模型空间时在"模型"选项卡上）单击鼠标右键，在弹出的快捷菜单中选择"打印"选项。

此时，弹出"打印-传动轴"对话框（在模型空间时，为"打印-模型"对话框），如图 14-37 所示。

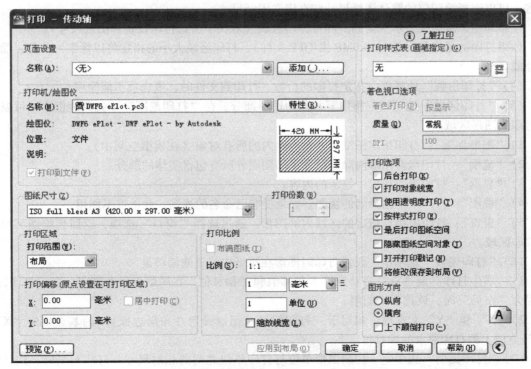

图 14-37 "打印-传动轴"对话框（在布局中）

3. 对话框说明

（1）"页面设置"选项组　列出图形中已命名或已保存的页面。

1）"名称"下拉列表框：显示当前页面设置的名称，并且可以在该下拉列表框中选择页面设置。

2）"添加"按钮：单击"名称"下拉列表框右侧的"添加"按钮，弹出"添加页面设置"对话框，如图 14-38 所示。可以将"打印"对话框中的当前设置保存到命名页面设置，并且可以通过页面设置管理器修改此页面设置。

图 14-38　"添加页面设置"对话框

（2）"打印机/绘图仪"选项组　指定打印布局时使用已配置的打印设备。

1）"名称"下拉列表框：列出可用的 pc3 文件或系统打印机，可以从下拉列表框中选择，以打印当前布局。设备名称前面的图标识别其为 pc3 文件还是系统打印机。

2）"特性"按钮：单击"特性"按钮弹出"绘图仪配置编辑器（pc3 编辑器）"对话框，从中可以查看或修改当前绘图仪的配置、端口、设备和介质设置。

3）"绘图仪"：显示当前所选页面设置中指定的打印设备。

4）"位置"：显示当前所选页面设置中指定的输出设备的物理位置。

5）"说明"：显示当前所选页面设置中指定的输出设备的说明文字。

6）"打印到文件"复选框：打印输出到文件而不是打印设备。

7）"局部预览"：精确显示相对于图纸尺寸和可打印区域的有效打印区域。工具提示显示图纸尺寸和可打印区域。

（3）"图纸尺寸"下拉列表框　显示所选打印设备可用的标准图纸尺寸。如果未选择绘图仪，将显示全部标准图纸尺寸的列表以供选择。如果所选绘图仪不支持布局中选定的图纸尺寸，将显示警告，可以选择绘图仪的默认图纸尺寸或自定义图纸尺寸。

在布局中，由虚线表示页面的实际可打印区域（取决于所选打印设备和图纸尺寸）。

如果打印的是光栅图像（如 BMP 或 TIFF 文件），打印区域大小的指定将以像素为单位，而不是英寸或毫米。

（4）"打印份数"选择框　指定打印的份数。打印到文件时，该选项不能使用。

（5）"打印区域"选项组　指定要打印的图形部分。在"打印范围"下拉列表框中，可以选择要打印的图形区域。

1）"图形界限"：打印指定图纸尺寸页边距内的所有对象（在模型空间中）。

2）"范围"：打印当前图形内除冻结和关闭图层外所有包含实体的部分。

3）"显示"：打印当前视口中显示的内容。

4）"视图"：打印一个已命名的视图。如果没有已命名的视图，此选项不能用。

5）"窗口"：打印由用户指定的区域内的图形。通过选择"窗口"选项，返回到绘图区域，指定打印区域。

（6）"打印偏移"选项组　设置打印时图形在图纸中位置的偏移量。

1）"居中打印"复选框：自动计算 X 偏移值和 Y 偏移值，在图纸上居中打印。当"打印区域"设置为"布局"时，该选项不能用。

2）"X"和"Y"文本框：相对于"打印偏移（原点设置在布局边框）"的基点指定"X"或"Y"方向上的打印原点的偏移量。

（7）"打印比例"选项组　控制图形单位与打印单位之间的相对尺寸。打印布局时，默认缩放比例设置为 1:1。在"模型"选项卡打印时，默认设置为"布满图纸"。

1）"布满图纸"：缩放打印图形以布满所选图纸尺寸，并在"比例""英寸（或毫米、像素）＝"和"单位"显示框中显示自定义的缩放比例因子。

2）"比例"：定义打印的精确缩放比例。

3）"自定义"：指定用户定义的比例。可以通过输入与图形单位数等价的英寸（或毫米）数来创建自定义比例。

4）"英寸＝""毫米＝"或"像素＝"：指定与指定的单位数等价的英寸数、毫米数或像素数。当前所选图纸尺寸决定单位是英寸、毫米还是像素。

5）"单位"：指定与指定的英寸数、毫米数或像素数等价的单位数。

6）"缩放线宽"复选框：与打印比例成正比缩放线宽。线宽通常指定打印对象的线的宽度并按线宽尺寸打印，而不考虑打印比例。

（8）"打印样式表（笔指定）"选项组　显示指定的打印样式表，并提供当前可用的打印样式表的列表。如果选择"新建"选项，将显示"添加打印样式表"向导，可用来创建新的打印样式表。单击右侧的"编辑"按钮，显示选择的打印样式表的"打印样式表编辑器"对话框，从中可以查看或修改当前指定的打印样式表的打印样式。

（9）"着色视口选项"选项组　指定着色和渲染视口的打印方式，并确定它们的分辨率大小和每英寸点数（DPI）。

1）"着色打印"下拉列表框：指定视图的打印方式。在该下拉列表框中可以选择："按显示"，按对象在屏幕上的显示方式打印；"线框"，在线框中打印对象，不考虑其在屏幕上的显示方式；"消隐"，打印对象时消除隐藏线，不考虑其在屏幕上的显示方式。

2）"质量"下拉列表框：指定着色和渲染视口的打印分辨率。在该下拉列表框中可以选择："草稿"，将渲染和着色模型空间视图设置为线框打印；"预览"，将渲染和着色模型空间视图的打印分辨率设置为当前设备分辨率的1/4，DPI 最大值为150；"常规"，将渲染和着色模型空间视图的打印分辨率设置为当前设备分辨率的1/2，DPI 最大值为300；"演示"，将渲染和着色模型空间视图的打印分辨率设置为当前设备的分辨率，DPI 最大值为600；"最大"，将渲染和着色模型空间视图的打印分辨率设置为当前设备的分辨率，无最大值；"自定义"，将渲染和着色模型空间视图的打印分辨率设置为"DPI"框中指定的分辨率设置，最大可为当前设备的分辨率；"DPI"，指定渲染和着色视图的每英寸点数，最大可为当前打印设备的最大分辨率。只有在"质量"下拉列表中选择了"自定义"后，该项才能选用。

（10）"打印选项"选项组　指定线宽、打印样式、着色打印和对象的打印次序等选项。

1）"后台打印"复选框：指定在后台处理打印。

2）"打印对象线宽"复选框：指定是否打印为对象或图层指定的线宽。

3）"使用透明度打印"复选框：指定是否打印对象透明度。仅当打印具有透明对象的图形时才使用该选项。

4）"按样式打印"复选框：指定是否打印应用于对象和图层的打印样式。如果选择该选项，也将自动选择"打印对象线宽"。

5）"最后打印图纸空间"复选框：首先打印模型空间几何图形。通常先打印图纸空间几何图形，然后再打印模型空间几何图形。

6）"隐藏图纸空间对象"复选框：指定的 HIDE（消隐）操作是否应用于图纸空间视口中的对象。该选项仅在布局选项卡中可用。此设置的效果反映在打印预览中，而不反映在布局中。

7）"打开打印戳记"复选框：用于指定是否在每个输出图形的某个位置上显示绘图标记，以及是否产生日志文件。"打印戳记"包括图形名称、布局名称、日期和时间、绘图比例、绘图设备及纸张尺寸等。

8）"打印戳记设置"复选框及按钮：用于打开打印戳记，在每个图形的指定角点处放置打印戳记并（或）将戳记记录到文件中。当选中该复选框后，在其右侧出现"打印戳记设置"按钮，单击该按钮，弹出"打印戳记"对话框，如图14-39所示。通过对该对话框中"打印戳记"各选项的设置，完成自定义打印戳记。

9）"将修改保存到布局"复选框：将在"打印"对话框中所做的修改保存到布局中。

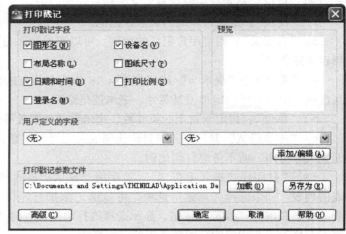

图14-39 "打印戳记"对话框

（11）"图形方向"选项组 为支持纵向或横向的绘图仪指定图形在图纸上的打印方向。选中"纵向""横向"单选按钮或"上下颠倒打印"复选框，可以更改图形方向，以获得0°、90°、180°或270°的旋转图形。图纸图标代表所选图纸的介质方向。字母图标代表图形在图纸上的方向。

1）纵向"单选按钮：放置并打印图形，使图形的短边位于图形页面的顶部。

2）"横向"单选按钮：放置并打印图形，使图纸的长边位于图形页面的顶部。

3）"上线颠倒打印"单选框：上下颠倒地放置并打印图形。

（12）"预览"按钮 执行 PREVIEW 命令，在图纸上打印的方式显示图形。按〈Esc〉键、单击工具条上的"关闭预览窗口"按钮，或单击鼠标右键，在弹出的快捷菜单上选择"退出"选项，可以退出打印预览并返回"打印"对话框。出图设置打印预览，如图14-40所示。

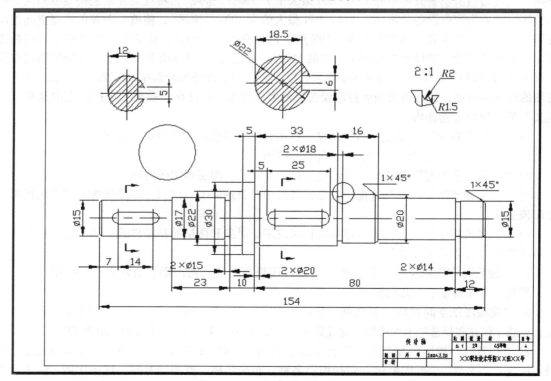

图14-40 出图设置打印预览

（13）"应用到布局"按钮　将当前"打印"对话框设置保存到当前布局。

（14）"更多（或更少）选项"按钮　显示或隐藏"打印"对话框右侧选项区域"打印样式表（画笔指定）""着色视口选项""打印选项"和"图形方向"。

（15）"确定"按钮　单击该按钮，按完成的设置打印图形。

思 考 题

1. 输出图形的目的是什么？
2. 出图式样有什么用途？
3. 图形布局的作用是什么？
4. 有哪两种出图式样？
5. 图形空间和图纸空间的作用是什么？
6. 视窗和视口各有什么用途？
7. 如何创建布局？用向导创建布局的步骤有哪些？
8. 如何将图形进行打印输出？

第三篇 AutoCAD 定制与开发部分

第十五章 AutoCAD 设计中心、工具选项板、AutoCAD 标准文件

第一节 AutoCAD 设计中心简介

一、AutoCAD 设计中心简介

AutoCAD 设计中心（AutoCAD Design Center）与 Windows 管理器类似，利用该设计中心，不仅可以浏览、查找、预览和管理 AutoCAD 图形、块、外部引用（参照）及光栅图像等不同的资源文件，而且还可以共享尺寸标注样式、文字样式、表格样式、布局、图层、线型、图案填充、外部参照和光栅图像；还可以通过简单的拖放操作，将位于本地计算机、局域网或 Internet 上的资源插入到当前图形，实现已有资源的再利用和共享，提高图形的管理和图形设计的效率。

二、AutoCAD 设计中心的功能

通过 AutoCAD 设计中心可以完成以下功能：

1）浏览图形内容不同的数据资源。

2）查看块、层等实体的定义，并可复制、粘贴到当前图形中。

3）创建经常访问的图形、文件夹、插入位置及 Internet 网址的快捷方式。

4）在本地计算机或网络中查找图形目录，可以根据图形文件中包含的块、层的名称搜索，或根据文件的最后保存日期搜索。查找到文件后，可以在设计中心中打开，或拖动到当前图形中。

5）在设计中心的图形窗口中把文件拖动到当前图形区域。

三、AutoCAD 设计中心可以访问的数据类型

通过 AutoCAD 设计中心可以访问以下数据类型：

1）作为块或外部引用的图形实体。

2）在图形的块的引用。

3）其他图形内容，如图层、线型、布局、文字样式、尺寸标注样式、表格样式等。

4）用第三方应用程序开发的内容。

四、打开和关闭 AutoCAD 设计中心

1. 打开 AutoCAD 设计中心

1）键盘输入命令：Adcenter↓。

2）下拉菜单：单击"工具（T）"→"选项板"→"设计中心"。

3）工具条：在"标准"工具条中单击"设计中心"按钮。

4）功能区面板：在功能区的"视图"选项卡中的"选项板"面板中，单击"设计中心"按钮。

5）组合键：按〈Ctrl + 2〉组合键。

此时，弹出"设计中心"窗口界面，如图 15-1 所示。

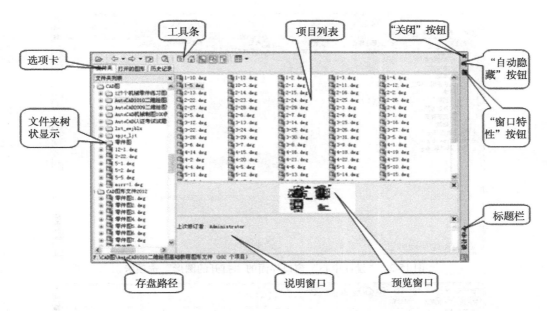

图 15-1 "设计中心"窗口界面的"文件夹"选项卡

2. 关闭 AutoCAD 设计中心

1) 键盘输入命令：Adcclose↓。

2) 下拉菜单：单击"工具（T）"→"选项板"→"设计中心"。

3) 工具条：在"标准"工具条中单击"设计中心"按钮。

4) 功能区面板：在功能区的"视图"选项卡中的"选项板"面板中，单击"设计中心"按钮。

5) 组合键：按〈Ctrl + 2〉组合键。

6) "关闭"按钮：直接单击"设计中心"标题栏上的"关闭"按钮，关闭"设计中心"窗口界面。

五、"设计中心"窗口界面

"设计中心"界面采用的也是 Windows 系统的标准界面，因此在结构和使用方面，与 Windows 系统的资源管理器非常相似。

1. "设计中心"窗口界面选项卡

"设计中心"窗口界面中包括"文件夹""打开的图形"和"历史记录"3 个选项卡。选择不同的选项卡，"设计中心"窗口界面显示的内容也不相同。

（1）"文件夹"选项卡 单击该选项卡，弹出"设计中心"窗口界面的"文件夹"选项卡（见图 15-1），用于显示"设计中心"资源，可以将"设计中心"的内容设置为本地计算机桌面或本地计算机资源信息，也可以是网上邻居的信息。

（2）"打开的图形"选项卡 单击该选项卡，弹出"设计中心"窗口界面的"打开图形"选项卡，如图 15-2 所示。该选项卡用于显示在当前 AutoCAD 环境中打开的所有图形，其中包括最小化了的图形。此时单击某个文件图标，就可以看到该图形的有关设置，如图层、线型、文字样式、块及尺寸样式等。

（3）"历史记录"选项卡 单击该选项卡，弹出"设计中心"窗口界面的"历史记录"选项卡，如图 15-3 所示。该选项卡用于显示最近在设计中心访问过的文件。在访问过的文件上单击鼠标右键，在弹出的快捷菜单中选择不同的选项可以对设计中心进行相应的操作。

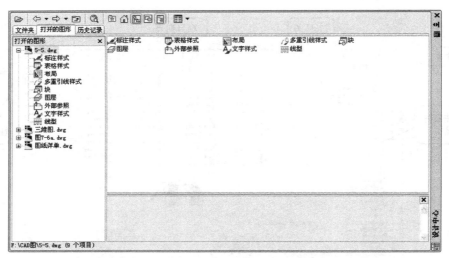

图 15-2 "设计中心"窗口界面的"打开的图形"选项卡

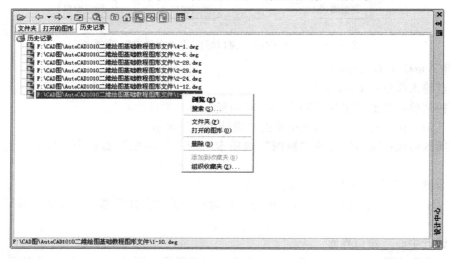

图 15-3 "设计中心"窗口界面的"历史记录"选项卡

2. "设计中心"窗口界面工具条 在"设计中心"窗口界面上有一个工具条,用于对设计中心的各种操作,如图 15-4 所示。

"设计中心"窗口界面工具条说明:

(1) "加载"按钮 单击该按钮,打开"加载"对话框,加载图形。

(2) "上一页"按钮 将在"设计中心"的操作向上返翻一页。单击该按钮右侧的下拉箭头,将弹出一翻页列表框,以显示翻页的内容。

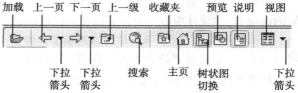

图 15-4 "设计中心"窗口界面工具条

(3) "下一页"按钮 将在"设计中心"的操作向下翻一页。单击该按钮右侧的下拉箭头,将弹出一翻页列表框,以显示翻页的内容。

(4) "上一级"按钮 将在"设计中心"的操作向上翻一级。

(5) "搜索"按钮 单击该按钮,打开"搜索"对话框,用于快速查找对象。

（6）"收藏夹"按钮　单击该按钮，可以在"文件夹列表中"显示 Favorites/Autodesk 文件夹（即收藏夹）中的内容。可以通过收藏夹来标记存放在本地硬盘、网络驱动器或 Internet 网页上常用的文件。

（7）"主页"按钮　单击该按钮，可以快速找到 DesignCenter 文件夹。

（8）"树状图切换"切换按钮　单击该按钮，可以显示或隐藏树状视图。

（9）"预览"切换按钮　单击该按钮，可以打开或关闭预览窗口。

（10）"说明"按钮　单击该按钮，可以打开或关闭说明窗口。

（11）"视图"按钮　单击该按钮，在弹出的下拉菜单中选择项目列表控制面板所显示内容的显示格式，包括"大图标""小图标""列表""详细信息"等选项。

六、AutoCAD 设计中心窗口界面操作快捷菜单

在"设计中心"窗口界面的"文件夹"选项卡中的"项目列表"区域内的空白处单击鼠标右键，弹出一个"设计中心"窗口操作快捷菜单，如图 15-5 所示。

快捷菜单说明：

（1）"添加到收藏夹（D）"　将内容添加到 AutoCAD 的 Autodesk 收藏夹中。选择该选项后，在 AutoCAD 收藏夹中添加所选定的内容。

（2）"组织收藏夹（Z）"　组织管理收藏夹。单击该选项后，弹出一个"Autodesk（收藏夹组织管理）"对话框，可以对收藏夹中的各个文件夹进行管理和打开文件夹内容。

（3）"刷新（R）"　将图形文件添加到文件夹后，刷新树状显示窗口才能反映出文件中的新变化。

（4）"打开（O）…"　它与"设计中心"工具条中的"加载"按钮功能相同。

其他各选项及功能与"设计中心"工具条中相应选项及功能相同。

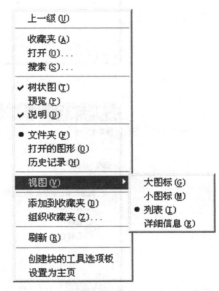

图 15-5　"设计中心"窗口操作快捷菜单

第二节　AutoCAD 设计中心的应用

一、在"设计中心"中查找内容

在"设计中心"中通过"搜索"对话框可以快速查找图形、块、图层、尺寸样式等图形内容。另外，在查找时还可以设置查找条件来缩小搜索范围。

在"搜索"对话框的"搜索"下拉列表框中设置的查找对象不同，"搜索"对话框的形式也不相同。以在"搜索"下拉列表框中选择了"图形"选项后为例，此时在"搜索"对话框中包含"图形""修改日期"和"高级"3 个选项卡，用于搜索图形文件。

1. "图形"选项卡

在"搜索"对话框中，单击"图形"选项卡，如图 15-6 所示。在该对话框中，可以根据指定"搜索"路径、"搜索文字"和"搜索字段"等条件查找图形文件。

2. "修改日期"选项卡

在"搜索"对话框中，单击"修改日期"选项卡，如图 15-7 所示。在该对话框中，可以根据指定图形文件的创建或上一次修改日期，或指定日期范围等条件查找图形文件。

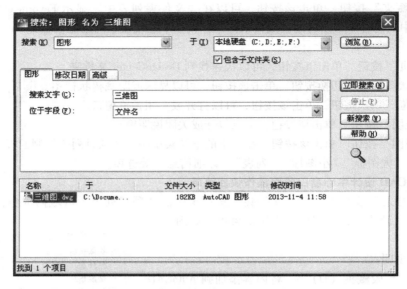

图 15-6 "搜索"对话框的"图形"选项卡

图 15-7 "搜索"对话框的"修改日期"选项卡

3. "高级"选项卡

在"搜索"对话框中，单击"高级"选项卡，如图 15-8 所示。在该对话框中，可以根据指定其他参数等条件（如输入文字说明或文件的大小范围等），查找图形文件。

在"搜索"下拉列表框中选择不同的对象时，"搜索"对话框将显示不同的对象内容选项卡。

（1）"块"选项卡　用于搜索块的名称。

（2）"标注样式"选项卡　用于搜索标注样式的名称。

（3）"图形和块"选项卡　用于搜索图形和块的名称。

（4）"填充图案文件"选项卡　用于搜索填充模式文件的名称。

（5）"填充图案"选项卡　用于搜索填充模式的名称。

（6）"图层"选项卡　用于搜索图层的名称。

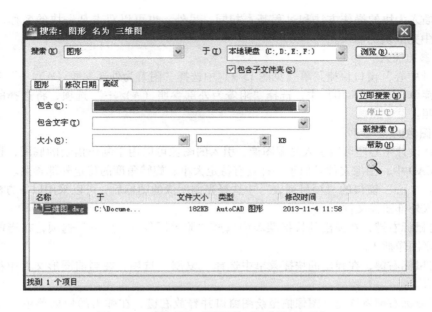

图 15-8 "搜索"对话框的"高级"选项卡

（7）"布局"选项卡 用于搜索布局的名称。

（8）"线型"选项卡 用于搜索线型的名称。

（9）"文字样式"选项卡 用于搜索文字样式的名称。

（10）"外部参照"选项卡 用于搜索外部参照的名称。

二、通过设计中心打开图形文件

在"设计中心"窗口界面的"文件夹"选项卡中的"项目列表"区域内选中某一图形文件，单击鼠标右键，在弹出的快捷菜单中选择"在应用程序窗口中打开（O）"选项，打开图形文件，如图 15-9 所示。

三、使用 AutoCAD 设计中心插入块和外部参照

1. 将图形文件插入为块

1）在"设计中心"窗口界面的"文件夹"选项卡中的"项目列表"区域内选中某一图形文件，单击鼠标右键，在弹出的快捷菜单中选择"插入为块（I）…"选项，弹出"插入"对话框。通过该对话框，在当前图形文件中将选择的图形插入为块。

2）此时，在快捷菜单中选择"复制"选项，在当前图形文件中，通过提示将选择的图形粘贴为块。

3）在"设计中心"窗口界面的"文件夹"选项卡中的"项目列表"区域内选中某一图形文件，按下鼠标右键将该图形文件拖动到绘图窗口并释放右键，此时弹出一快捷菜单，选择"插入为块（I）…"选项，将选择的图形文件插入为块，如图 15-10 所示。

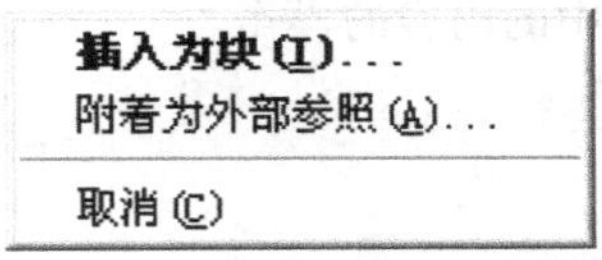

4）在"设计中心"窗口的项目列表中选中某一图形文件，按下鼠标左键将该图形文件拖动到绘图窗口并释放左键，根据提示，将选择的图形文件插入为块。

2. 将块插入到当前图形文件中

在"设计中心"窗口的项目列表中选中某一块，后面的操作

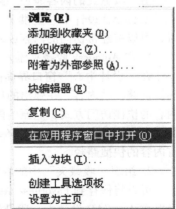

图 15-9 "设计中心"项目列表中
选择某一图形文件的快捷菜单

图 15-10 释放右键快捷菜单

与图形文件插入为块的操作方法和过程基本相同。另外，也可以双击某一块的名称，在弹出"插入"对话框中完成块的插入。

3. 外部参照插入

在"设计中心"窗口快捷菜单（见图 15-9）中选择"附着为外部参照（A）…"选项，或在释放右键快捷菜单（见图 15-10）中，选择"附着为外部参照（A）…"选项，将选择的图形文件插入为外部参照。

4. 光栅图像的插入

AutoCAD 设计中心还可以引入光栅图像。引入的图像可以用于制作描绘的底图，也可用做图标等。在 AutoCAD 中，图像文件类似于一种具有特定大小、旋转角度的特定外部参照。

在"设计中心"窗口的"项目列表"中选择光栅图像的图标后，可以采用以下方法从 AutoCAD 设计中心引入外部图像文件。

1）单击鼠标右键，在弹出的快捷菜单中选择"附着图像（A）…"选项，在当前图形文件中将选择的光栅图像插入。

2）单击鼠标右键，在弹出的快捷菜单中选择"复制"选项，在当前图形文件中将选择的光栅图像粘贴插入。

3）按下鼠标右键将该光栅图像拖至绘图窗口并释放右键，在弹出的快捷菜单中选择"附着图像（A）…"选项，在当前图形文件中将选择的光栅图像插入。

4）按下鼠标左键将该光栅图像拖至绘图窗口并释放左键，此时将选择的光栅图像插入。

5）双击光栅图像图标，弹出"图像"对话框，完成光栅图像的插入。

四、插入自定义式样

AutoCAD 设计中心可以非常方便地调用某个图形的式样，并将其插入到当前编辑的图形文件中。图形的自定义式样包括图层、图块、线型、标注式样、文字式样、布局式样等。在 AutoCAD 设计中心里，要将这些式样插入到当前图形中，只须在其中选择需要插入的内容，并将其拖放到绘图区域即可，也可以用右键菜单等操作来完成。

五、收藏夹的内容添加和组织

AutoCAD 设计中心提供了一种快速访问有关内容的方法——Favorites/ Autodesk 收藏夹。使用时，可以将经常访问的内容放入该收藏夹。

1. 向 Autodesk 收藏夹添入访问路径

在"设计中心"窗口界面的"树状"显示窗口或"项目列表"窗口中，用鼠标右键单击要添加快捷路径的内容，在弹出的快捷菜单中选择"添加到收藏夹"选项，就可以在收藏夹中建立相应内容的快捷访问方式，但原始内容并没有移动。实际上，用 AutoCAD 设计中心创建的所有快捷路径都保存在收藏夹中。Favorites/ Autodesk 收藏夹中可以包含本地计算机、局域网或 Internet 站点的所有内容的快捷路径。

2. 组织"收藏夹"中的内容

可以将保存到 Favorites/ Autodesk 收藏夹内的快捷访问路径进行移动、复制或删除等操作。这时可以在 AutoCAD 设计中心背景处单击鼠标右键，从弹出的快捷菜单中选择"组织收藏夹"选项，此时弹出 Autodesk 窗口。该窗口用来显示 Favorites/ Autodesk 收藏夹中的内容，可以利用该对话框进行相应的组织操作。同样，在 Windows 资源管理器和 IE 浏览器中，也可以进行添加、删除和组织收藏夹中的内容的操作。

第三节　工具选项板

AutoCAD 系统提供的工具选项板是把常用的块、填充、命令等添加到一个工具选项板上，组成的一个工具的组合。它提供了个性化的用户操作，提高了绘图速度。系统默认的工具选项板窗口由"机械""电力""土木工程/结构""建筑""注释"等由块组成的选项卡，以及由"命令工具""图案填充"等命令组成的选项卡。

一、工具选项板窗口的调用

1. 功能

调用工具选项板，实现用户个性化的操作。

2. 格式

1）键盘操作命令：Toolpalettes↓。

2）下拉菜单：单击"工具（T）"→"选项板"→"工具选项板（T）"。

3）工具条：在"标准"工具条中单击"工具选项板"按钮。

4）功能区面板 在功能区的"视图"选项卡中的"选项板"面板中，单击"工具选项板"按钮。

5）组合键：按〈Ctrl + 3〉组合键。

此时，弹出"工具选项板"，选择不同的选项卡其内容也不同，"机械"选项卡如图 15-11 所示。

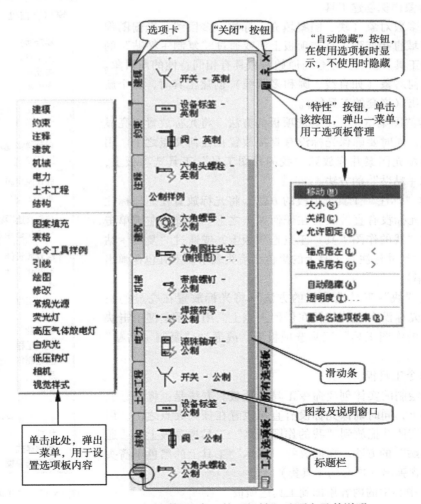

图 15-11 "工具选项板"窗口的"机械"选项卡及其说明

　　可以拖动"工具选项板"窗口，使其处于浮动状态。在"工具选项板"窗口的空白处单击鼠标右键，弹出一快捷菜单，如图15-12所示；在"工具选项板"窗口的标题栏上单击鼠标右键，同样也将弹出一快捷菜单，如图15-13所示。通过这两个菜单，也可以对"工具选项板"进行各种操作。

　　3. 使用

　　单击"工具选项板"窗口中的图标，根据提示，在绘图区完成所选图标对应的操作，或者用鼠标左键单击图标并拖至绘图窗口，释放左键也可以完成该图标对应的操作。

　　二、工具选项板的创建

　　根据需要可以使用"设计中心""复制＋粘贴"和"拖动"等方法创建工具选项板。在"工具选项板"窗口中的快捷菜单（见图15-12和图15-13）中选择"新建选项板"选项，在"工具选项板"窗口标题栏上将显示"新建工具选项板"，并且显示要命名新的工具选项板文本框。可以在该文本框中输入新的工具选项板名称，如输入"我的作图工具"，并确定。

　　1. 通过对象样例创建工具

　　可以将大多数对象（块、图案填充、标注、多段线、光栅图像等）从绘图区域直接拖到工具选项板上，或通过"复制＋粘贴"的方法，创建新工具。新工具创建与原始对象具有相同特性的新对象。使用标注或几何对象（如直线、圆和多段线）创建工具时，每个新工具都包含弹出（嵌套的工具集）。

　　（1）创建"图案填充"工具选项板的方法　　将光标放置在亮显的填充图案上，同时要确保光标没有直接放置在任何夹点之上。用鼠标左键单击填充图案并拖放到"我的作图工具"工具选项板上，或通过"复制＋粘贴"的方法。

　　（2）创建"标注"工具选项板的方法　　将光标放置在亮显标注上，同时确保光标没有直接放置在任何夹点之上。用鼠标左键单击标注并拖放到"我的作图工具"工具选项板上，或通过"复制＋粘贴"的方法。"尺寸标注"工具上的黑色小箭头表示该工具包含弹出（嵌套的工具集）。

　　（3）创建"块"工具选项板的方法　　将光标放置在亮显的块上，同时确保光标没有直接放置在任何夹点上。用鼠标左键单击块并拖放到"我的作图工具"工具选项板上，或通过"复制＋粘贴"的方法。

　　2. 创建命令工具板

　　可以通过绘制的实体创建命令工具选项板。方法是：将光标放置在亮显实体上，同时确保光标没有直接放置在任何夹点之上。用鼠标左键单击实体并拖放到"我的作图工具"工具选项板上，或通过"复制＋粘贴"的方法。在拖放的"实体"工具上的黑色小箭头表示该工具包含弹出（嵌套的工具集）。

　　3. 将设计中心中的内容添加到工具选项板

　　使用设计中心可以方便地浏览计算机和网络上任意图形的内容，

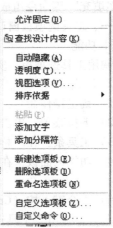

图15-12　"工具选项板"
窗口空白处快捷菜单

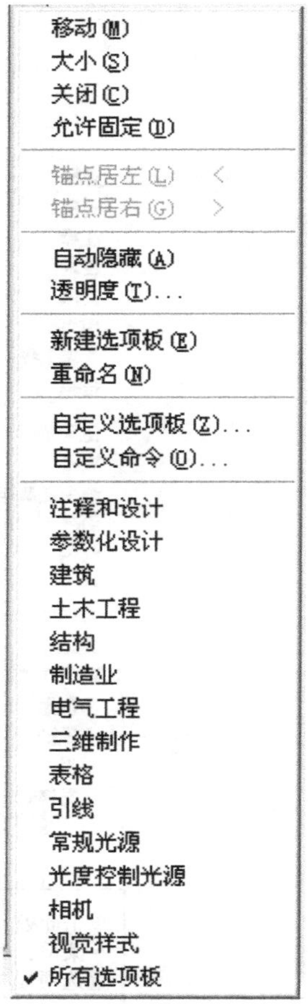

图15-13　"工具选项板"
标题栏上快捷菜单

包括块、标注样式、图层、线型、文字样式和外部对照等。将工具选项板和设计中心一起使用，可以快捷地创建自定义工具选项板。

（1）通过鼠标左键拖动创建自定义工具选项板　在"设计中心"窗口的项目列表中，选中某一图形文件或某一块，用鼠标左键拖动至工具选项板上，此时该文件或块工具显示在工具选项板中，可以使用此工具绘制插入图形或块。

（2）通过"复制＋粘贴"创建自定义工具选项板　在"设计中心"窗口中，选择某一图形文件或块，采用"复制＋粘贴"的方法也可以完成创建自定义工具选项板。

（3）通过快捷菜单创建自定义工具选项板　在"设计中心"窗口中选择某一文件夹、图形文件或块，单击鼠标右键，弹出一快捷菜单，单击"创建块的工具选项板（当选择文件时）"或"创建工具选项板（当选择图形文件或块时）"，将选择的文件夹、图形文件或块创建为工具选项板。例如，选择"设计中心（DESIGNCENTER）"文件夹，创建的工具选项板。

4．工具选项板上各操作选项的特性设置

（1）工具选项板上对象选项的特性设置　将光标放置在工具选项板上的对象选项上并单击鼠标右键，弹出一快捷菜单，如图 15-14 所示。在该快捷菜单中选择"特性"选项，弹出选择对象的"工具特性"对话框，如图 15-15 所示。在该对话框中，可以设置修改工具选项板上对象选项的特性。

（2）工具选项板上命令选项的特性设置　将光标放置在工具选项板上的命令选项上并单击鼠标右键，弹出一快捷菜单（见图 15-14）。在该快捷菜单中选择"特性"选项，弹出命令选项的"工具特性"对话框，用于设置修改工具选项板上命令选项的特性，如图 15-16 所示。

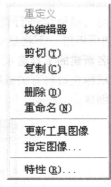

图 15-14　在"工具选项板"上选择某一对象的快捷菜单

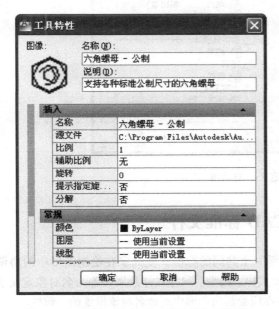

图 15-15　选择对象的"工具特性"对话框

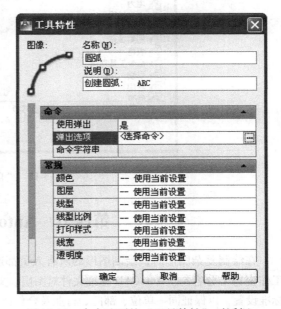

图 15-16　命令选项的"工具特性"对话框

在该对话框中的"命令"选项组中的"弹出选项"列表框中选择"是"选项，在"弹出选项"显示框的右侧显示一"弹出选项"按钮，单击该按钮，弹出"弹出选项"对话框，如图 15-17 所示。在该对话框中显示一个命令列表，通过选中复选框，确定嵌套的工具集中包含的命令（即决定命令工具的弹出按钮），单击"确定"按钮，完成对话框操作。

三、在"工具选项板"窗口中创建工具选项板组

可以使用工具选项板组将工具选项板组织为逻辑集。可以通过仅显示所需工具选项板组来节省屏幕空间，并且可以随时轻松切换到另一个工具选项板组。

通过选择"工具"→"自定义"→"工具选项板"、命令"Customize""工具选项板"窗口相应的快捷菜单中的"自定义"选项，或在功能区面板上的"管理"选项卡中的"自定义设置"面板中单击"工具选项板"按钮，弹出"自定义"对话框，如图15-18所示。

在该对话框的"选项板组"显示框中的某一选项板组名称上单击右键，弹出一右键快捷菜单（见图15-18）。通过该快捷菜单，可以对选项板组进行管理。当新建组时，选择"新建组"选项，在"选项板组"下将显示一个新文件夹，可在亮显的文本框中输入要命名新建的工具选项板组（如"用户"），在"选项板"显示框中用鼠标左键将有关选项板拖入工具选项板组中，完成工具选项板组的创建。

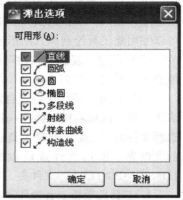

图 15-17 "弹出选项"对话框

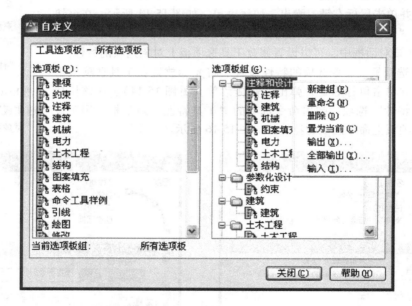

图 15-18 "自定义"对话框

第四节 AutoCAD 标准文件

在绘制复杂图形时，绘制图形的所有人员都遵循一个共同的标准，使大家在绘制图形中的协调工作变得十分容易。AutoCAD 标准文件对图层、文本式样、线型、尺寸式样及属性等命名对象定义了标准设置，以保证同一单位、部门、行业及合作伙伴在所绘制的图形中对命名对象设置的一致性。

当用 CAD 标准文件来检查图形文件是否符合标准时，图形文件中的所有命名对象都会被检查到。如果确定了一个对象使用了非标准文件，那么这个非标准对象将会被清除出当前图形。任何一个非标准对象都会被转换成标准对象。

一、创建 AutoCAD 标准文件

AutoCAD 标准文件是一个扩展名为 DWS 的文件。创建 AutoCAD 标准文件的步骤：

1）新建一个图形文件，根据约定的标准创建图层、标注式样、线型、文本式样及属性等。

2）保存文件。在弹出的"图形另存为"对话框中的"文件类型（T）"下拉列表框中选择"AutoCAD 图形标准（∗.dws）"，在"文件名（N）"文本中输入文件名，单击"保存（S）"按钮，即可创建一个与当前图形文件同名的 AutoCAD 标准文件。

二、配置标准文件

1. 功能

为当前图形配置标准文件，即把标准文件与当前图形建立关联关系。配置标准文件后，当前图形就会采用标准文件对命名对象（图层、线型、尺寸式样、文本式样及属性）进行各种设置。

2. 格式

1）键盘输入命令：Standards↓。

2）下拉菜单：单击"工具（T)"→"CAD 标准（S)"→"配置（C)"。

3）工具条：在"CAD 标准"工具条中单击"配置标准"按钮，如图 15-19 所示。

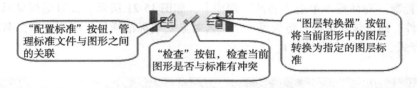

图 15-19　"CAD 标准"工具条及其说明

4）功能区面板：在功能区的"管理"选项卡中的"CAD 标准"面板中单击"配置"按钮。

此时，弹出"配置标准"对话框。在该对话框中有"标准"和"插件"两个选项卡。

3. "标准"选项卡

在"配置标准"对话框中单击"标准"选项卡，如图 15-20 所示。在该对话框中把已有的标准文件与当前图形建立关联关系。

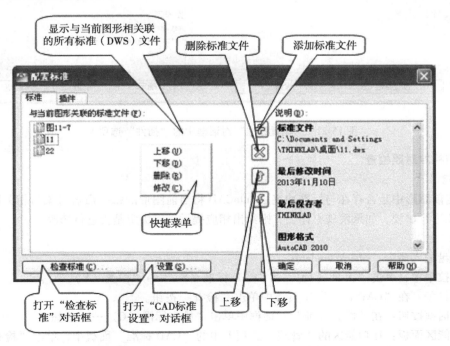

图 15-20　"配置标准"对话框中的"标准"选项卡

（1）"与当前图形关联的标准文件（F）"显示列表框　列出了与当前图形建立关联关系的全部标准文件。可以根据需要给当前图形添加新标准文件，或从当前图形中消除某个标准文件。

（2）"添加标准文件（F3）按钮"　给当前图形添加新标准文件。单击该按钮，弹出"选择标准文件"对话框，用来选择添加的标准文件。

（3）"删除标准文件（Del）"按钮　将在"与当前图形关联的标准文件（F）"显示列表框中选中的某一标准文件删除，即取消关联关系。

（4）"上移（F4）"和"下移（F5）"按钮　将在"与当前图形关联的标准文件（F）"显示列表框中选择的标准文件上移或下移一个。

（5）快捷菜单　在"与当前图形关联的标准文件（F）"显示列表框单击鼠标右键，弹出一个快捷菜单（见图 15-20）。通过该菜单，完成有关操作。

（6）"说明（D）"选项组　对选中标准文件的简要说明。

4．"插件"选项卡

在"配置标准"对话框中单击"插件"选项卡，如图 15-21 所示。该对话框显示了当前标准文件中的所有插件。通过该对话框，将为每一个命名对象安装标准插件，可为这些命名对象定义标准（图层、标注样式、线型和文字样式）。

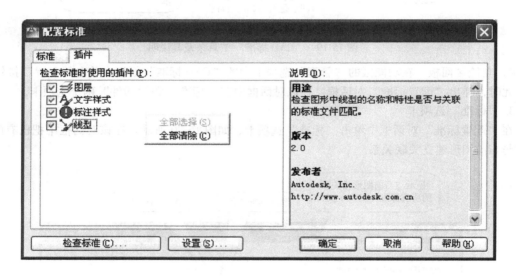

图 15-21　"配置标准"对话框中的"插件"选项卡

三、与标准对照检查

1．功能

检查当前图形中是否存在与标准冲突。AutoCAD 将当前图形的每一命名对象与相关联标准文件的同类对象进行比较，如果发现有冲突，则给出相应提示，以决定是否进行修改。

2．格式

1）键盘输入命令：Checkstandards↓。

2）下拉菜单：单击"工具（T）"→"CAD 标准（S）"→"检查（K）…"。

3）工具条：在"CAD 标准"工具条中单击"检查"按钮。

4）对话框按钮：在"配置标准"对话框中单击"检查标准（C）…"按钮。

5）功能区面板：在功能区的"管理"选项卡中的"CAD 标准"面板中，单击"检查"按钮。

此时，弹出"检查标准"对话框，如图 15-22 所示。

3. 对话框说明

（1）"问题（P）:"列表框　显示检查的结果，实际上是当前图形中的非标准的对象。单击"下一个（N）"按钮后，该列表框将显示下一个非标准对象，而不对前一个非标准对象进行修复。

（2）"替换为（R）:"列表框　显示了 CAD 标准文件中所有的对象，可以从中选择取代在"问题"列表框中出现的有问题的非标准对象，单击"修复"按钮进行修复。

（3）"预览修改（V）:"列表框　显示了将要被修改的非标准对象的特性。

（4）"将此问题标记为忽略（I）"复选框　可以忽略与标准冲突出现的问题。

（5）"修复（F）"按钮　使用"替换为"列表中当前选定的项目修复非标准对象，然后前进到当前图形中的下一个非标准对象。如果推荐的修复方案不存在或"替换为"列表中没有亮显项目，则此按钮不可用。

（6）"设置（S）…"按钮（包括"配置标准"对话框中的"设置（S）…"按钮）　单击该

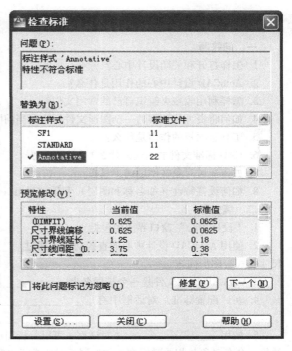

图 15-22　"检查标准"对话框

按钮，弹出"CAD 标准设置"对话框，如图 15-23 所示。利用该对话框对"CAD 标准"的使用进行配置。"自动修复非标准特性（U）"复选框用于确定系统是否自动修改非标准特性，选中该复选框后自动修改，否则根据要求确定。"显示忽略的问题（I）"复选框，用于确定是否显示已忽略的非标准对象，"建议用于替换的标准文件（P）"下拉列表框用于显示和设置用于检查的 CAD 标准文件。

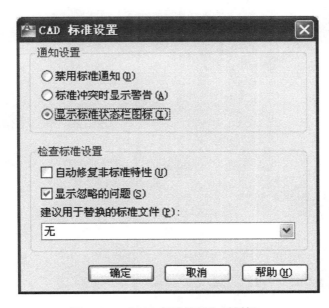

图 15-23　"CAD 标准设置"对话框

思 考 题

一、问答题

1. 怎样打开和关闭设计中心?

2. AutoCAD 设计中心的作用是什么?

3. 怎样利用收藏夹组织自己的常用文件?

4. 如何将资源管理器的一个图形文件插入到当前图形文件中?

5. 工具选项板的作用是什么?

6. CAD 标准文件的用途是什么? 如何使用?

7. 如何通过对象样例创建工具板?

8. 如何设置特性(如名称和图层)和添加弹出(嵌套的工具集)自定义命令工具板?

二、填空题

1. "设计中心"窗口界面中包括_____、_____和_____3 个选项卡。

2. 使用 AutoCAD 设计中心的查找功能,通过_____对话框可以快速查找诸如图形、块、图层及尺寸样式等图形内容。

3 AutoCAD 标准文件是一个扩展名为_____的文件。

4. 在"配置标准"对话框中有_____和_____两个选项卡,它们分别用于_____。

5. 使用_____对话框,可以分析当前图形与标准文件的兼容性,并将发生冲突的当前图形的每一命名对象与相关联标准文件的同类对象进行比较,如果发现有冲突,则给出相应提示,以决定是否进行修改。

第十六章　参数化绘图

参数化绘图（即图形数字化）是一项用于具有约束的设计的技术，为几何图形添加约束，以确保设计符合特定要求。

有以下两种常用的约束类型。

几何约束：控制图形对象相互之间的关系。

标注约束：控制对象的距离、长度、角度和半径值大小。

通过约束图形中的几何图形来保持设计规范和要求，通过更改变量值可快速进行设计更改。

在创建或更改设计时，图形会处于以下3种状态之一：

1）未约束。未将约束应用于任何几何图形。

2）欠约束。将某些约束应用于几何图形。

3）完全约束。将所有相关几何约束和标注约束应用于几何图形。完全约束的一组对象还需要包括至少一个固定约束，以锁定几何图形的位置。

一般，首先在设计中应用几何约束以确定设计的形状，然后应用标注约束以确定对象的大小。

调用约束的操作的方法：

1. 工具条

通过"参数化""几何约束"和"标注约束"工具条上的按钮，调用各相关约束操作，如图16-1～图16-3所示。

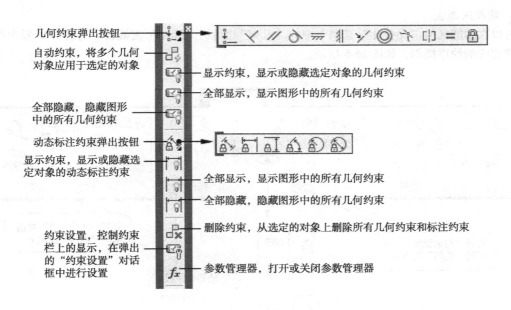

图16-1　"参数化"工具条及其说明

2. 下拉菜单

在下拉菜单中选择"参数"选项，在弹出的下拉菜单及级联菜单中选择相应的选项，调用相应的约束操作，如图16-4所示。

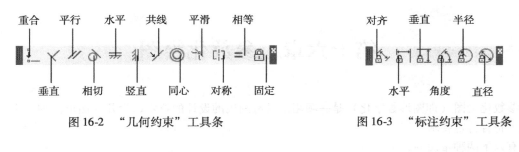

图 16-2 "几何约束"工具条　　　　　　　图 16-3 "标注约束"工具条

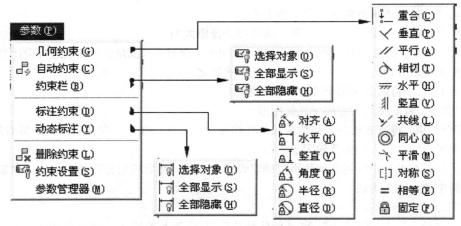

图 16-4 "参数"下拉菜单

3. 功能区面板

可以在功能区的"参数化"选项卡中的"几何"面板、"标注"面板和"管理"面板中单击按钮完成相应的约束操作，如图 16-5 所示。

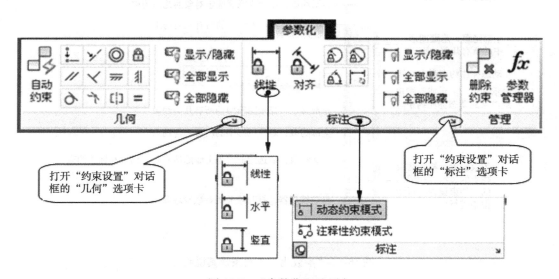

图 16-5 "参数化"选项卡

4. 键盘输入

通过键盘输入命令，完成相应的约束操作。

第一节　添加几何约束

一、添加几何约束介绍

几何约束确定二维几何对象之间或对象上的每个点之间的关系，如平行、垂直、同心或重合等，可添加垂直约束使两条线段垂直，添加重合约束使两条线段端点重合等。在修改受约束的几何图形时，图形将保留约束关系不变。在添加几何约束时，与选择对象的顺序有关系，通常选择的第二个对象会根据第一个对象进行调整。

几何约束的名称及说明，见表 16-1 所示。

表 16-1　几何约束的名称及说明

名　称	操作过程	功能说明
重合约束 （Gccoincident）	提示：选择第一个点或［对象（O）/自动约束（A）］〈对象〉 （1）点　指定要约束的点 第一点：指定要约束的对象的第一个点 第二点：指定要约束的对象的第二个点 （2）对象　选择要约束的对象 点：指定约束的点 多选：可连续选择多个约束点 （3）自动约束　选择多个对象	约束两个点使其重合或者约束一个点使其位于对象或对象延长部分的任意位置。第二个选定点或对象将设为与第一个点或对象重合
垂直约束 （Gcperpendicular）	提示：选择第一个对象 选择第二个对象	约束两条直线或多段线使其相互垂直。第二个选定的对象将设为与第一个对象垂直
平行约束 （Gcparallel）	提示：选择第一个对象 选择第二个对象	使选定的直线相互平行。第二个选定的对象将设为与第一个对象平行
相切约束 （Gctangent）	提示：选择第一个对象 选择第二个对象	将两条曲线约束为相互相切或其延长线保持相互相切
水平约束 （Gchorizontal）	选择对象或［两点（2P）〕〈两点〉 （1）选择对象　直接选取对象 （2）两点　选择两个约束点 选择第一个点 选择第二个点 以对象上第一个选定点为基点，第二个选定点与第一个选定点水平	使直线或点对位于与当前坐标系的 X 轴平行的位置。对象上的第二个选定点将设定为与第一个选定点水平
竖直约束 （Gcvertical）	选择对象或［两点（2P）〕〈两点〉 （1）选择对象　直接选取对象 （2）两点　选择两个约束点 选择第一个点 选择第二个点 以对象上第一个选定点为基点，第二个选定点与第一个选定点垂直	使直线或点对位于与当前坐标系的 Y 轴平行的位置。对象上的第二个选定点将设定为与第一个选定点垂直

（续）

名称	操作过程	功能说明
共线约束 （Gccollinear）	提示：选择第一个对象或［多选（M）］ （1）对象　选择要约束的对象。 选择第一个对象或［多个（M）］：（选择要约束的第一个对象） 选择第二个对象：（选择要约束的第二个对象） （2）多选　拾取连续点或对象以使其与第一个对象共线	约束两条直线，使其位于同一无限长的线上。应将第二条选定直线设为与第一直线共线
同心约束 （Gcconcentric）	选择第一个对象 选择第二个对象	将两个圆弧、圆或椭圆约束到同一个中心点。第二个选定对象将设为与第一个对象同心
平滑约束 （Gcsmooth）	选择第一条样条曲线：（选择要约束的第一条样条曲线） 选择第二条曲线：（选择要设为与第一条样条曲线连续的第二条曲线）	约束一条样条曲线，使其与其他样条曲线、直线、圆弧或多段线彼此相连并保持 G2 连续性。选定的第一个对象必须为样条曲线。第二个选定对象将设为与第一条样条曲线 G2 连续
对称约束 （Gcsymmetric）	提示：选择第一个对象或［两点（2P）］〈两点〉 （1）对象　选择要约束的对象 第一个对象：选择要设为对称的第一个对象 第二个对象：选择要设为对称的第二个对象 对称线：指定一条轴，相对于此轴将对象和点设为对称 （2）两点　选择两个点和一条对称直线 第一点：选择要设为对称的第一个点 第二点：选择要设为对称的第二个点 选择对称线：选择对称线	使选定对象相对于选定直线对称的对称约束
相等约束 （Gcequal）	提示：选择第一个对象或［多选（M）］ （1）对象　选择要约束的对象 第一个对象：选择要约束的第一个对象 第二个对象：选择要设为与第一个对象相等的第二个对象 （2）多选　拾取连续对象以使其与第一个对象相等	约束两条直线或多段线使其具有相同长度，或约束圆弧和圆使其具有相同半径。使用"多个"选项可将两个或多个对象设为相等
固定约束 （Gcfix）	提示：选择点或［对象（O）］〈对象〉 （1）选择点　直接选择一点 （2）对象 选择对象：选择固定的对象	约束一个点或一条曲线，使其固定在相对于世界坐标系的特定位置和方向上
自动约束 （Autoconstrain）	提示：选择对象或［设置（S）］ （1）选择对象　选择约束对象 （2）设置　弹出"约束设置"对话框，用于设置可在指定的公差集内将几何约束应用至几何图形的选择集	根据对象相对的彼此关系将多个几何约束应用于选定对象

二、添加几何约束举例

绘制平面图形，尺寸任意，如图 16-6 所示。

1）绘制平面图形（尺寸任意），如图 16-7a 所示。修剪多余线条后的图形，如图 16-7b 所示。

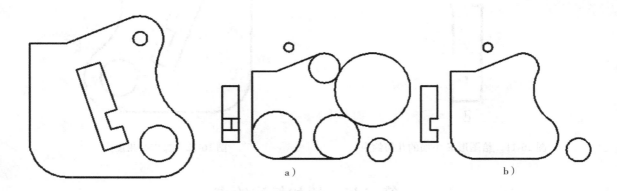

图 16-6　平面图形

图 16-7　绘制平面图形
a）作图过程一　b）修剪后

2）添加自动约束。选择"自动约束"，然后选择相关图形，系统自动对已选对象添加几何约束，如图 16-8 所示。

3）添加几何约束。

①固定约束：选择"固定"约束，捕捉 A 点。

②相切约束：选择"相切"约束，先选择圆弧 B，再选择线段 C。

操作结果，如图 16-9 所示。

4）给两个圆添加同心约束，如图 16-10 所示。

5）给图形 E 添加几何约束，如图 16-11 所示。

6）移动图形 E，并在线段 C、F 间添加平行约束，结果如图 16-12 所示。

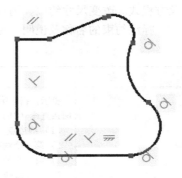

图 16-8　自动添加几何约束

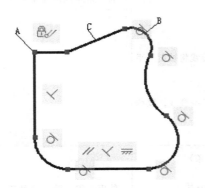

图 16-9　添加固定、相切约束

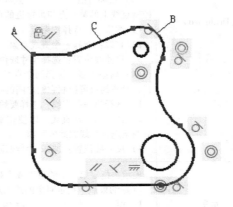

图 16-10　添加同心约束

图 16-11　给图形 E 添加的几何约束

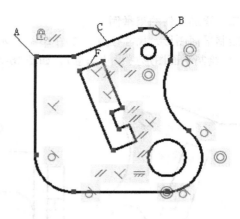

图 16-12　操作结果图形

第二节　添加标注约束

一、添加标注约束

标注约束控制二维对象的大小、角度及两点间的距离等，此类约束可以是数值，也可以是变量及方程式。改变尺寸约束，则约束将驱动对象发生相应变化。

标注约束的名称及说明，见表 16-2 所示。

表 16-2　标注约束的名称及说明

名　称	操作过程	功能说明
对齐 （Dcaligned）	提示：指定第一个约束点或［对象（O）/点和直线（P）/两条直线（2L）]〈对象〉 （1）约束点　指定对象的约束点 1）第一个约束点：指定要约束的对象的第一个点 2）第二个约束点：指定要约束的对象的第二个点 3）尺寸线位置：确定尺寸线在受约束对象上的位置 （2）对象　选择对象 尺寸线位置：选择尺寸线位置 （3）点和直线　选择一个点和一个直线对象。对齐约束可以控制直线上的某个点与最接近的点之间的距离 1）约束点：选择约束点 2）直线：选择一个直线对象 3）尺寸线位置：选择尺寸线位置 （4）两条直线　选择两个直线对象。这两条直线将被设为平行，对齐约束可控制它们之间的距离 1）选择第一条直线：选择要约束的第一条直线 2）选择第二条直线，以使其平行：选择第二条直线，以约束两条选定直线之间的距离 3）尺寸线位置：选择尺寸线位置	约束对象上两个点之间的距离，或者约束不同对象上两个点之间的距离
水平 （Dchorizontal）	提示：指定第一个约束点或［对象（O）]〈对象〉 （1）约束点　指定对象的约束点 1）第一个约束点：指定要约束的对象的第一个点 2）第二个约束点：指定要约束的对象的第二个点 3）尺寸线位置：确定尺寸线在受约束对象上的位置 （2）对象　选择对象	约束对象上两点之间或不同对象上两个点之间 X 方向的距离

（续）

名　称	操作过程	功能说明
竖直 （Dcvertical）	提示：指定第一个约束点或［对象（O）］〈对象〉 （1）约束点　指定对象的约束点 　1）第一个约束点：指定要约束的对象的第一个点 　2）第二个约束点：指定要约束的对象的第二个点 　3）尺寸线位置：确定尺寸线在受约束对象上的位置 （2）对象　选择对象	
角度 （Dcangular）	提示：指定第一条直线或圆弧或［三点（3）（3P）］〈三点〉 （1）直线　选择一个直线对象 　1）第一条直线：指定要约束的第一条直线 　2）第二条直线：指定要约束的第二条直线 　3）尺寸线位置：确定尺寸线在受约束对象上的位置 （2）圆弧　选择圆弧并约束角度 　尺寸线位置：选择尺寸线位置 （3）三点（3）　选择对象上的 3 个有效约束点 　1）角顶点：指定角顶点，该点位于约束的中心点处 　2）第一个角度约束点：指定圆弧的第一个角端点 　3）第二个角度约束点：指定圆弧的第二个角端点 　4）尺寸线位置：选择尺寸线位置	约束直线线段或多段线线段之间的角度，由圆弧或多段线圆弧扫掠得到的角度，或对象上三个点之间的角度
半径 （Dcradius）	提示：选择圆弧或圆 尺寸线位置：确定尺寸线在受约束对象上的位置	约束圆或圆弧的半径
直径 （Dcdiameter）	提示：选择圆弧或圆 尺寸线位置：确定尺寸线在受约束对象上的位置	约束圆或圆弧的直径

标注约束分为两种形式：动态约束和注释性约束。默认情况下是动态约束，系统变量 CCON-STRAINTFORM 的值为 0；将该值设置为 1 时，标注约束为注释性约束。

1）动态约束：标注外观由固定的预定义标注样式决定，不能修改，且不能被打印。

2）注释性约束：标注外观由当前标注样式控制，可以修改，也可以打印。在缩放操作过程中，注释性约束的大小发生变化。可把注释约束放在同一图层上，设置颜色及改变可见性。

通过功能区的"参数化"选项卡中的"标注"面板，可以选择"动态约束模式"和"注释性约束模式"来确定标注约束是动态约束还是注释性约束。

二、添加几何约束和标注约束举例

绘制平面图形，添加几何约束和标注约束，使图形完全处于约束状态，如图 16-13 所示。

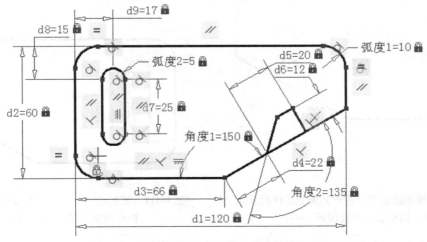

图 16-13　添加几何约束和标注约束的平面图形

1）设定绘图区域 200×180，并命名该区域充满整个图形窗口，显示图形。

2）打开精确绘图设置，如极轴追踪、对象捕捉、自动追踪、动态输入等。

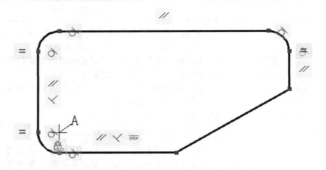

3）绘制图形并添加几何约束，尺寸任意，采用"自动约束"为图形添加几何约束，对圆心 A 添加固定约束，对所有圆弧添加相等约束，结果如图 16-14 所示。

4）添加标注约束。添加"水平"约束、"竖直"约束或直接采用"线性"约束，为水平线和垂直线输入数值，添加标注约束；添加"角度"约束，为倾斜线输入倾斜角度，添加标注约束；添加"半径"约束，为圆弧输入半径值，添加标注约束，结果如图 16-15 所示。

图 16-14　添加部分几何约束和标注约束的平面图形

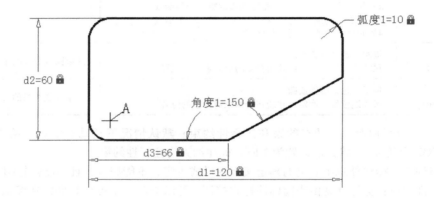

图 16-15　添加部分标注约束后的平面图形

5）增加绘制部分图形，添加几何约束，添加标注约束，结果如图 16-16 所示。

6）增加绘制部分图形，添加几何约束，添加标注约束，结果如图 16-17 所示。

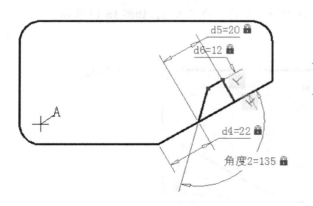

图 16-16　增加绘制部分图形并添加几何约束和
标注约束后的平面图形（一）

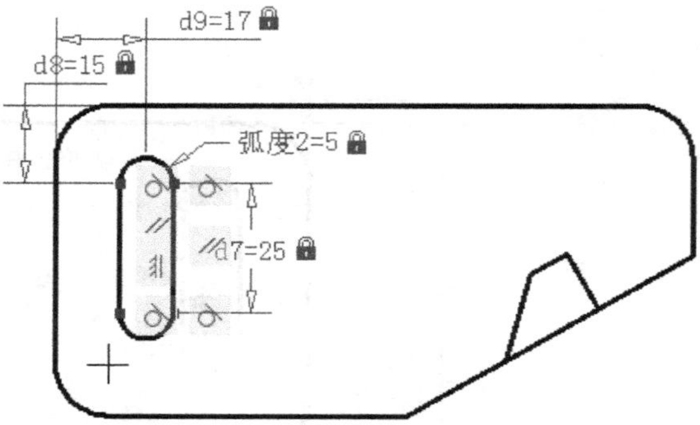

图 16-17　增加绘制部分图形并添加几何约束和
标注约束后的平面图形（二）

完成图形及添加的约束（见图 16-13）。

第三节 编 辑 约 束

一、编辑约束

在图形对象上添加约束后，在对象的旁边会出现约束图标。将光标移动到图标或图形对象上，AutoCAD 系统将亮显相关的对象及约束图标。此时，可以对添加到图形对象中的约束进行显示、隐藏、修改和删除等管理。

1. 编辑约束的名称及说明

编辑约束的名称及说明，见表 16-3 所示。

表 16-3　编辑约束的名称及说明

类型	名称	操作过程	功能说明
几何约束	显示约束 （Constraintbar）	提示：选择对象 输入选项［显示(S)/隐藏(H)/重置(R)］〈显示〉 （1）显示　为应用了几何约束的选定对象显示约束栏 （2）隐藏　为应用了几何约束的选定对象隐藏约束栏 （3）重置　为应用了几何约束的所有对象显示约束栏，并将这些约束栏重置为其默认位置（相对于其所关联的参数）	显示或隐藏对象上的几何约束（即显示或隐藏约束栏）
	全部显示		显示图形中的所有几何约束，可以针对受约束的几何图形的所有或任意选择集显示约束栏
	全部隐藏		隐藏图形中的所有几何约束，可以针对受约束的几何图形的所有或任意选择集隐藏约束栏
标注约束	显示约束 （Dcdisplay）	提示：选择对象：（选择要显示或隐藏标注约束的对象） 输入选项［显示（S）/隐藏（H）］〈显示〉 （1）显示　显示对象的任何选择集的动态标注约束 （2）隐藏　隐藏对象的任何选择集的动态标注约束	显示或隐藏选定对象的动态标注约束
	全部显示		显示图形中的所有动态标注约束
	全部隐藏		隐藏图形中的所有动态标注约束
	删除约束 （Delconstraint）	提示：将删除选定对象的所有约束 选择对象	删除对象上的所有约束，即从选定的对象上删除所有几何约束和标注约束
	约束设置 （ConstraintSettings）		控制约束栏上的显示，即打开"约束设置"对话框，控制几何约束、标注约束和自动约束设置
	参数管理器 （Parameters）		打开和关闭参数管理器，即打开"参数管理器"选项板，它包括当前图形中的所有标注约束参数、参照参数和用户变量

2. 快捷菜单

（1）几何约束快捷菜单　将光标放置在图形对象中的几何约束的图标上，单击鼠标右键，弹出一快捷菜单，用于几何对象约束的编辑操作，如图 16-18 所示。

（2）标注约束快捷菜单

1）将光标放置在图形对象中的标注约束的图标上，单击鼠标右键，弹出一快捷菜单，用于标注对象约束的编辑操作，如图 16-19 所示。

2）用光标选择一标注约束，单击鼠标右键，弹出一快捷菜单，用于标注对象约束的编辑操作，如图 16-20 所示。

图 16-18　几何约束快捷菜单

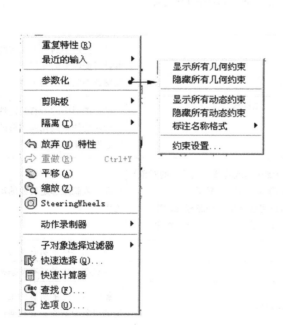

图 16-19　标注约束快捷菜单（一）　　　　图 16-20　标注约束快捷菜单（二）

在该快捷菜单中选择"特性"选项，打开"特性"选项板，如图 16-21 所示。在该选项板中的"约束形式"下拉列表中指定标注约束要采用的形式，以实现动态约束和注释性约束之间相互转换。

3. 标注约束数值修改

1）在状态栏上单击"快捷特性"状态按钮，用光标单击某一标注约束，弹出该标注约束"快捷特性"选项板，在表达式文本框中输出新数值，如图 16-22 所示。

2）在某一标注约束上双击鼠标左键，可在该标注约束的数值框中输入新数值。

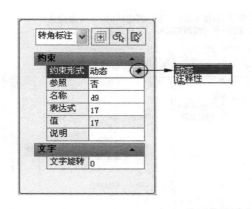

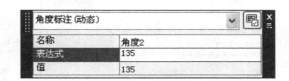

图 16-21　标注约束快捷菜单的"特性"选项板　　　图 16-22　某一标注约束"快捷特性"选项板

二、约束设置

打开"约束设置"对话框，在该对话框中有 3 个选项卡，用于进行几何约束、标注约束和自动约束设置。

1）单击"约束设置"对话框的"几何"选项卡，如图 16-23 所示。

2）单击"约束设置"对话框的"标注"选项卡，如图 16-24 所示。

3）单击"约束设置"对话框的"自动约束"选项卡，如图 16-25 所示。

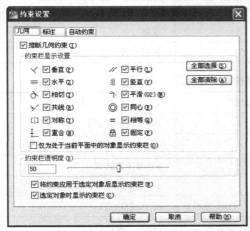

图 16-23　"几何"选项卡　　　　　　　　　　图 16-24　"标注"选项卡

三、用户变量及方程式

标注约束一般是数值型，但也可以采用自定义变量或数学表达式。打开"参数管理器"选项板，如图 16-26 所示。该"参数管理器"选项板显示所有标注约束及用户变量，因此可对约束和变量进行管理。

1）单击标注约束的名称以亮显图形中的约束。

2）双击名称或表达式以进行编辑。

3）选择一参数并单击鼠标右键，在弹出的快捷中可以选择"删除参数"选项，以删除标注约束或用户变量。

4）单击列标题名称，对相应的列进行排序。

5）单击各按钮可进行相应的操作。

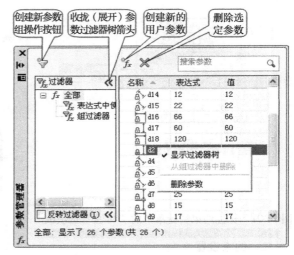

图 16-25 "自动约束"选项卡   图 16-26 "参数管理器"选项板

表达式常用运算符及数学函数，见表 16-4 和表 16-5。

表 16-4 表达式中使用的运算符

运算符	说明	运算符	说明
+	加	/	除
−	减	∧	求幂
*	乘	（ ）	圆括号或表达式分隔符

表 16-5 表达式中可使用的函数

函数	语法	函数	语法
余弦	cos（表达式）	反余弦	arccos（表达式）
正弦	sin（表达式）	反正弦	arcsin（表达式）
正切	tan（表达式）	反正切	arctan（表达式）
平方根	sqrt（表达式）	幂函数	pow（表达式 1；表达式 2）
对数，底数为 e	ln（表达式）	指数函数，底数为 e	exp（表达式）
对数，底数为 10	log（表达式）	指数函数，基数为 10	exp10（表达式）
将度转换为弧度	d2r（表达式）	将弧度转换为度	r2d（表达式）

四、参数化绘图的一般步骤

一般在绘图时，输入准确的数据参数和位置关系，绘制完成的图形是精确无误的。若要改变图形的形状及大小，则要重新绘制图形。利用 AutoCAD 系统提供的参数化绘图功能，创建的图形对象是可以变化的，其形状及大小由几何及标注约束控制。当修改这些约束后，图形就发生相应变化。对于一些形状不变而尺寸变化的图形，或部分尺寸变化的图形，采用参数化绘图十分方便快捷。

参数化绘图的主要作图过程：

1）根据图样大小设定绘图区域大小，并将绘图区域充满绘图窗口，这样就能直观地了解绘制的草图轮廓的大小，而不至于使草图形状失真太大。

2）将图形分成由外轮廓和多个内轮廓组成，按先外后内的顺序绘制。

3）绘制外轮廓的大致形状，创建图形对象的大小是任意的，相互间的位置关系是近似的。

4）根据绘图要求，对绘制的外轮廓中的图形元素添加几何约束，确定它们间的几何关系。一般先采用"自动约束"创建约束，然后加入其他约束。一般为使外轮廓在 xy 坐标面的位置固定，应对其中某点添加固定约束。

5）对绘制的外轮廓添加标注约束，确定外轮廓中各图形元素的精确大小和位置。创建的尺寸包括定形及定位尺寸，标注顺序一般为先大后小，先定形后定位。

6）采用相同的方法依次绘制各个内轮廓图形，并添加约束，要特别注意与外轮廓的约束。

思 考 题

1. 参数化绘图中有哪几类约束？分别包括哪些约束？
2. 参数化绘图中编辑约束分哪几类？
3. 如何进行约束设置？
4. "参数管理"的用途是什么？
5. 进行参数化绘图一般有哪些步骤？

第十七章 动 态 块

第一节 动态块的基本知识

一、动态块基本概念

动态块是指将一般图块创建成可以自由调整其参数和属性的图块，因此动态块具有灵活性和智能性。可以通过自定义夹点或自定义特性来操作动态块参照中的几何图形。这使得用户可以根据需要在位调整块，可以大大减少块制作数量。

在制作块时，可以对块定义添加几何约束和标注约束，当块插入到图形之后，通过使用特性管理器，约束参数可以作为特性进行编辑；也可以为块定义添加动作和参数，通过自定义夹点或自定义特性来调整插入动态块中的几何图形。

例如，如果在图形中插入一个门块参照，编辑图形时可能需要更改门的大小。如果该块是动态的，并且定义为可调整大小，那么只需拖动自定义夹点或在"特性"选项板中指定不同的大小就可以修改门的大小，如图 17-1a。根据需要还可以改变门的打开角度，如图 17-1b 所示。还可以为该门块设置对齐夹点，使用对齐夹点可以方便地将门块与图形中的其他几何图形对齐，如图 17-1c。

动态块可以具有自定义夹点和自定义特性。根据块的定义方式，可以通过这些自定义夹点和自定义特性来操作块。默认情况下，动态块的自定义夹点的颜色与标准夹点的颜色不同，可以使用 Gripdyncolor 系统变量来修改自定义夹点的显示颜色。

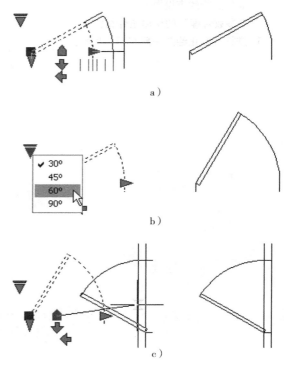

图 17-1　动态块插入
a）改变大小　b）改变角度　c）对齐夹点

动态块中不同类型的自定义夹点，见表 17-1 所示。

表 17-1　动态块中不同类型的自定义夹点

夹点类型	图　例	夹点在图形中的操作方式	关联参数
标准	■	平面内的任意方向	基点、点、极轴和 XY
线性	▷	按规定方向或沿某一条轴往返移动	线性
旋转	●	围绕某一条轴	旋转

（续）

夹点类型	图　　例	夹点在图形中的操作方式	关联参数
翻转		单击以翻转动态块参照	翻转
对齐		平面内的任意方向；如果在某个对象上移动，则使块参照与该对象对齐	对齐
查寻		单击以显示项目列表	可见性、查寻

某些动态块被定义为只能将块中的几何图形编辑为在块定义中指定的特定大小。使用夹点编辑块参照时，标记将显示在该块参照的有效值位置。如果将块特性值改为不同于块定义中的值，那么参数将会调整为最接近的有效值。例如，块的长度被定义为 2、4、6。如果试图将距离值改为 10，将会导致其值变为 6，因为这是最接近的有效值。

二、创建动态块的步骤

可以使用块编辑器创建动态块。块编辑器是一个专门的编写区域，用于添加能够使块成为动态块的元素。可以从头创建块，也可以向现有的块定义中添加动态行为。向块中添加参数和动作可以使其成为动态块，这也就为块几何图形增添了灵活性和智能性。

创建动态块的步骤如下。

1. 在创建动态块之前规划动态块的内容

在创建动态块之前，应当了解其外观以及在图形中的使用方式。确定当操作动态块参照时，块中的哪些对象会更改或移动，以及还要确定这些对象将如何更改。这些因素决定了添加到块定义中的参数和动作的类型，以及如何使参数、动作和几何图形共同作用。

2. 绘制几何图形

可以在绘图区域或块编辑器中绘制动态块中的几何图形，也可以使用图形中的现有几何图形或现有的块定义。通过使用可见性状态，可以确定几何图形在动态块参照中的显示方式，即在整个图形中，可以使部分图形不显示。

3. 了解块元素如何共同作用

在向块定义中添加参数和动作之前，应了解它们相互之间，以及它们与块中的几何图形的相关性。在向块定义添加动作时，需要将动作与参数以及几何图形的选择集相关联。

向动态块参照添加多个参数和动作时，需要设置正确的相关性，以便块参照在图形中正常工作。例如，要创建一个包含若干个对象的动态块，其中一些对象关联了拉伸动作，同时还希望所有对象围绕同一基点旋转，在这种情况下应当在添加其他所有参数和动作之后添加旋转动作。如果旋转动作没有与块定义中的其他所有对象（几何图形、参数和动作）相关联，那么块参照的某些部分可能不会旋转。

4. 添加参数和动作

1）添加参数：向动态块定义中添加适当的参数。

2）添加动作：向动态块定义中添加适当的动作，确保将动作与正确的参数和几何图形相关联。

按照命令行上的提示可以完成添加参数和添加动作操作，使用块编写选项板的"参数集"选项卡可以同时添加参数和关联动作。

5. 添加约束

向动态块中添加几何约束和标注约束。为动态块定义添加约束时，可以选择添加可编辑的特性，这些特性可在插入到图形中后控制参数。

6. 定义动态块参照的操作方式

通过自定义夹点和自定义特性指定在图形中操作动态块参照的方式。在创建动态块定义时，将定义显示哪些夹点以及如何通过这些夹点来编辑动态块参照。另外，还指定了是否在"特性"选项板中显示出块的自定义特性，以及是否可以通过该选项板或自定义夹点来更改这些特性。

7. 保存块后在图形中进行测试

保存动态块定义并退出块编辑器，然后将动态块参照插入到一个图形中，并测试该块的功能。

三、使用块动态编辑器

在动态块定义中大部分工作都是在块编辑器中完成的，可以使用块编辑器向块中添加动作、参数以及约束，它提供了为块增添智能性和灵活性所需的全部工具。在"块编辑器"中，可以完成定义块、添加几何约束或标注约束、添加动作参数、定义属性、管理可见性状态、测试和保存块定义等动态块的制作，以及对块参照的编辑修改。

块编辑器的调用方法如下。

1）键盘输入命令：Bedit↓。

2）下拉菜单：单击"工具"→"块编辑器"。

3）功能区面板：在功能区的"常用"选项卡中的"块"面板中单击"块编辑器"按钮。

4）工具条：在"标准"工具条中单击"块编辑器"按钮。

此时，弹出"编辑块定义"对话框，如图17-2所示。

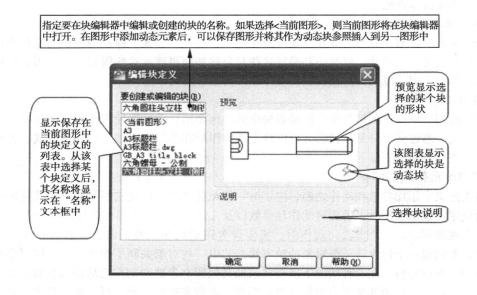

图17-2 "编辑块定义"对话框

通过该对话框，可以从保存在图形中的块定义的列表中选择已有的块，从而在块编辑器中进行编辑，也可以在"要创建或编辑的块"文本框中输入要在块编辑器中创建的新块定义的名称。完成该对话框操作后，单击"确定"按钮，进入"块编辑器"选项卡。

5）"块定义"对话框：在"块定义"对话框中，选定对话框左下角的"在块编辑器中打开"复选框，完成块定义操作后，单击"确定"按钮，进入"块编辑器"选项卡。

6）快捷菜单：选择一个块参照后，单击鼠标右键，在弹出的快捷菜单中选择"块编辑器"选项，进入"块编辑器"选项卡。

在不同的工作空间，其"块编辑器"界面也不尽相同。

1）在"AutoCAD 经典"界面中的"块编辑器"选项卡，如图 17-3 所示。在该界面中可以完成动态块的创建。

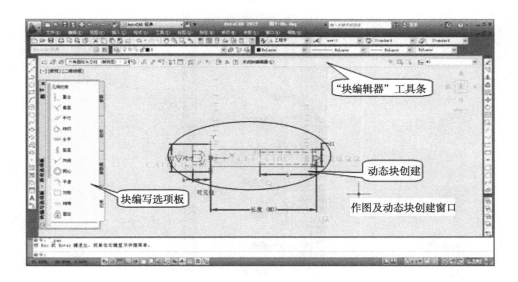

图 17-3　"AutoCAD 经典"界面中的"块编辑器"界面

2）在其他的工作空间中，在功能区选项卡上增加了一个"块编辑器"选项卡，用于创建动态块。在"草图与注释"界面中的"块编辑器"选项卡，如图 17-4 所示。

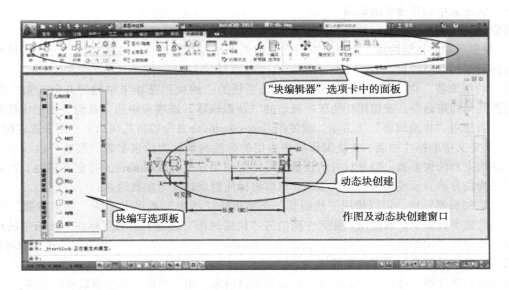

图 17-4　"草图与注释"界面中的"块编辑器"选项卡

在块编辑器中提供了一个"块编写选项板"，包括"参数""动作""参数集"和"约束"4 个选项卡，可用来制作动态块时添加参数、动作和约束。"块编写选项板"的"参数"选项卡，如图 17-5 所示。

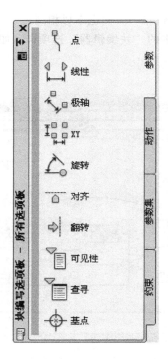

图 17-5 "块编写选项板"的"参数"选项卡

第二节 向动态块中添加约束

一、块定义中约束命令的调用

可以向动态块中添加几何约束和标注约束。

1）块定义中的几何约束 与在绘图时向几何图形添加几何约束的方法相同，可在块编辑器上向几何图形添加几何约束。

在"块编辑器"中，可以使用"块编写"选项板的"约束"选项卡中的"几何约束"选项组中的有关几何约束命令，或使用功能区中新增的"块编辑器"选项卡中的"几何"面板中的约束参数命令，或使用"块编辑器"工具条，或使用 Geomconstraint 命令等将几何约束应用于选定的对象。

2）块定义中的标注约束 在块编辑器中应用的标注约束称为约束参数。虽然可以在块定义中使用标注约束和约束参数，但是只有约束参数可以为该块定义显示可编辑的自定义特性。约束参数包含可以为块参照显示或编辑的参数信息。可以将标注约束转换为参数约束。

在"块编辑器"中，可以使用"块编写"选项板的"约束"选项卡中的"约束参数"选项组中的有关约束参数命令，或使用功能区中新增的"块编辑器"选项卡中的"标注"面板中的约束参数命令，或使用"块编辑器"工具条，或使用 Bcparameter 命令等将约束参数应用于选定的对象。

二、使用参数管理器控制约束的块

通过参数管理器，可以从块编辑器中显示和编辑约束、用户参数、动作参数和块属性。

在块编辑器中，参数管理器将显示和控制以下类别：动作参数、标注约束参数、参照参数、用户参数和属性。

对于每种类别，均可以显示和控制以下各项：名称、表达式、值、类型、显示或隐藏信息、显示次序和说明。

通过"参数管理器"选项板，可以完成控制约束的块，如图 17-6 所示。

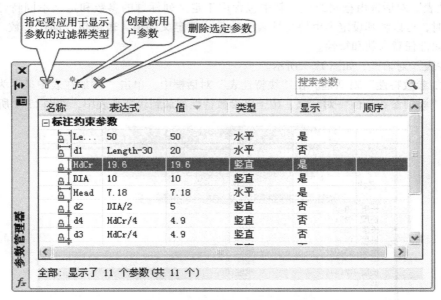

图 17-6 "参数管理器"选项板

三、使用块特性表

使用块特性表可以在块定义中定义和控制参数和特性的值。

图 17-7 "块特性表"对话框及其说明

"块特性表"对话框由栅格组成,其中包含用于定义列标题的参数和定义不同特性集值的行。选择块参照时,可以将其设定为由块特性表中的某一行定义的值,表格包含动作参数、用户参数、约束参数和属性任意参数和特性。

"块特性表"对话框,如图17-7所示。

1)"添加参数特性"对话框。在"块特性表"对话框中,单击"添加在表中显示为列的特性"按钮,弹出"添加参数特性"对话框,用于将参数特性添加到块特性表中,如图17-8所示。

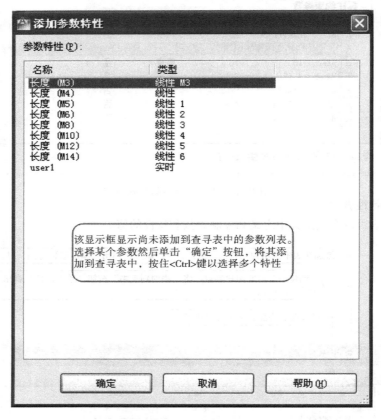

图17-8 "添加参数特性"对话框

2)"创建一个新的用户参数并将其添加到表中"按钮。在"块特性表"对话框中,单击"创建一个新的用户参数并将其添加到表中"按钮,弹出"新参数"对话框,用于将创建一个新的用户参数并添加到块特性表中,如图17-9所示。

四、标识完全约束的对象

当对象被完全约束时,则所有相关几何约束和标注约束将应用于几何图形。在包含约

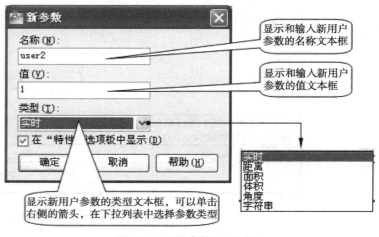

图17-9 "新参数"对话框

束的动态块定义中的几何图形应为完全约束。如果块定义未完全约束，则将块插入到图形中时可能会出现错误。可以使用不同标识来指示块的约束情况。

通过"块编辑器设置"对话框，可以设置块约束的不同情况的标识以及动态块定义时的其他设置，如图 17-10 所示。

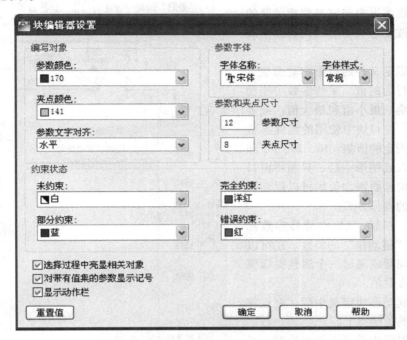

图 17-10 "块编辑器设置"对话框

第三节 向动态块中添加动作和参数

可以将动作和参数添加到动态块，以确定将块插入到图形中时，该块应采用何种操作方式。

一、动作和参数概述

在动态块中，除几何图形外，通常包含一个或多个参数和动作。

1）参数。通过指定块中几何图形的位置、距离和角度来定义动态块的自定义特性。

2）动作。定义在图形中操作动态块参照时，该块参照中的几何图形将如何移动或修改。向动态块定义中添加动作后，必须将这些动作与参数相关联，也可以指定动作将影响的几何图形选择集。

参数和动作仅显示在块编辑器中。将动态块参照插入到图形中时，将不会显示动态块定义中包含的参数和动作。

参数添加到动态块定义中后，夹点将添加到该参数的关键点。关键点是用于操作块参照的参数部分。例如，线性参数在其基点和端点具有关键点，可以从任一关键点操作参数距离。

添加到动态块中的参数类型决定了添加的夹点类型。每种参数类型仅支持特定类型的动作。

二、动态块中的参数

向动态块定义添加参数可以定义块的自定义特性，指定几何图形在块中的位置、距离和角度。

可以在块编辑器中向动态块定义中添加参数。在块编辑器中，参数的外观与标注类似。参数可定义块的自定义特性，也可以指定几何图形在块参照中的位置、距离和角度。向动态块定义添加参数后，参数将为块定义一个或多个自定义特性。

动态块定义中必须至少包含一个参数。向动态块定义添加参数后，将自动添加与该参数的关键点相关联的夹点，必须向块定义添加动作并将该动作与参数相关联。

在图形中操作块参照时，通过移动夹点或修改"特性"选项板中自定义特性的值，可以修改用于定义块中该自定义特性的参数值。如果修改参数值，则将影响与该参数相关联的动作，从而修改动态块参照的几何图形或特性。

参数还可以定义并约束影响动态块参照在图形中的行为的值。某些参数可能会具有固定的值集、最小值和最大值，或者增量值。例如，窗口块中使用的线性参数可能具有下列固定的值集：10、20、30 和 40。块参照插入到图形中后，只能将窗口改为这些值。向参数添加值集可以限制块参照在图形中的操作方式。

点、线性、极轴、XY 和旋转参数都具有一个名为"链动作"的特性。还可以通过属性提取向导或通过一个属性提取模板文件来提取参数值。

参数添加到动态块定义中后，夹点将添加到该参数的关键点上。

当动态块编辑中需要添加参数时，通过选择"块编写选项板"上的"参数"选项卡上的选项，完成参数添加（见图 17-5）；也可以通过在"草图与注释""三维基础"和"三维建模"工作空间中的功能区选项卡上增加的一个"块编辑器"选项卡中的"操作参数"面板上的"参数"

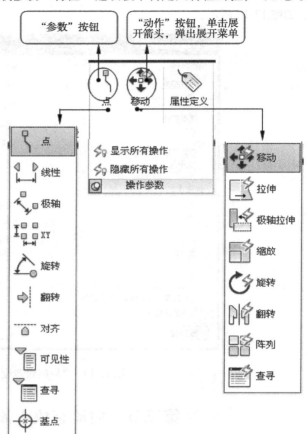

图 17-11 "操作参数"面板

展开菜单中选择参数，完成参数添加，如图 17-11 所示；或通过命令 BParameter，并根据命令提示，完成参数添加。

动态块中参数、夹点和动作之间的关系，见表 17-2。

表 17-2 动态块中参数、夹点和动作之间的关系

参数类型	夹点类型		可与参数关联的动作	说　明
点	■	标准	移动、拉伸	在图形中定义一个 X 和 Y 位置。在块编辑器中，外观类似于坐标标注
线性	▷	线性	移动、缩放、拉伸、阵列	可显示出两个固定点之间的距离。约束夹点沿预置角度的移动。在块编辑器中，外观类似于对齐标注
极轴	■	标准	移动、缩放、拉伸、极轴拉伸、阵列	可显示出两个固定点之间的距离并显示角度值。可以使用夹点和"特性"选项板来共同更改距离值和角度值。在块编辑器中，外观类似于对齐标注

（续）

参数类型	夹点类型		可与参数关联的动作	说　　明
XY	■	标准	移动、缩放、拉伸、阵列	可显示出距参数基点的 X 距离和 Y 距离。在块编辑器中，显示为一对标注（水平标注和垂直标注）
旋转	●	旋转	旋转	可定义角度，在块编辑器中，显示为一个圆
翻转	⇨	翻转	翻转	翻转对象。在块编辑器中，显示为一条投影线。可以围绕这条投影线翻转对象。将显示一个值，该值显示出了块参照是否已被翻转
对齐	▷	对齐	无（此动作隐含在参数中）	可定义 X 和 Y 位置以及一个角度。对齐参数总是应用于整个块，并且无需与任何动作相关联。对齐参数允许块参照自动围绕一个点旋转，以便与图形中的另一对象对齐。对齐参数会影响块参照的旋转特性。在块编辑器中，外观类似于对齐线
可见性	▽	查寻	无（此动作时隐含的，并且受可见性状态的控制）	可控制对象在块中的可见性。可见性参数总是应用于整个块，并且无需与任何动作相关联。在图形中单击夹点可以显示块参照中所有可见性状态的列表。在块编辑器中，显示为带有关联夹点的文字
查寻	▽	查寻	查寻	定义一个可以指定或设置为计算用户定义的列表或表中的值的自定义特性。该参数可以与单个查寻夹点相关联。在块参照中单击该夹点可以显示可用值的列表。在块编辑器中，显示为带有关联夹点的文字
基点	■	标准	无	在动态块参照中相对于该块中的几何图形定义一个基点。无法与任何动作相关联，但可以归属于某个动作的选择集。在块编辑器中，显示为带有十字光标的圆

三、动态块中的动作

动作用于定义在图形中操作动态块参照的自定义特性时，该块参照的几何图形将如何移动或修改。动态块通常至少包含一个动作。

通常情况下，向动态块定义中添加动作后，必须将该动作与参数、参数上的关键点以及几何图形相关联。关键点是参数上的点，编辑参数时该点将会驱动与参数相关联的动作，与动作相关联的几何图形称为选择集。

例如，定义的动态块中包含表示书桌的几何图形、带有一个夹点（为其端点指定的）的线性参数以及与参数端点和书桌右侧的几何图形相关联的拉伸动作。参数的端点为关键点，书桌右侧的几何图形是选择集，如图 17-12 所示。

在图形中使用并修改块参照时，可以通过移动夹点来拉伸书桌，如图 17-13 所示。

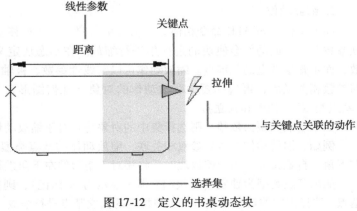

图 17-12　定义的书桌动态块

可以将多个动作指定给同一参数和几何图形。但是，如果两个动作均影响同一几何图形，则不应将两个或两个以上同一类型的动作指定给参数上的同一关键点。

可以在动态块中使用的动作类型与每种动作类型相关联的参数，见表 17-3 所示。

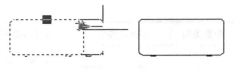

图 17-13　动态块的使用

表 17-3　可以在动态块中使用的动作类型与每种动作类型相关联的参数

动作类型	参　　数	动作类型	参　　数
移动	点、线性、极轴、XY	旋转	旋转
缩放	线性、极轴、XY	翻转	翻转
拉伸	点、线性、极轴、XY	阵列	线性、极轴、XY
极轴拉伸	极轴	查寻	查寻

当动态块编辑中需要添加动作时，可通过选择"块编写选项板"上的"动作"选项卡上的选项，完成动作添加（见图 17-14）；也可以通过在"草图与注释""三维基础"和"三维建模"工作空间中的功能区选项卡上增加的一个"块编辑器"选项卡中的"操作参数"面板上的"动作"展开菜单中选择动作，完成动作添加（见图 17-11）；或通过命令 BActionTool，并根据命令提示，完成动作添加。

1. 移动动作

移动动作与 MOVE 命令相似，在动态块参照中，移动动作可以使对象移动指定的距离和角度。

将移动动作与参数相关联后，可以将该动作与几何图形选择集相关联。在编辑动态块中，移动动作与点参数、线性参数、极轴参数和 XY 轴参数相关联。

如果将移动动作与 XY 参数相关联，则该移动动作将具有一个名为"距离类型"的替代特性。此特性指定了应用于移动动作的距离是参数的 X 值、Y 值，还是距参数基点的 X 和 Y 坐标值。

例如，可以在动态块定义中指定"X 距离"作为移动动作的"距离类型"。此时，块只能沿 X 轴移动；如果沿 Y 轴移动块，则块不会移动。

点参数夹点移动椅子块参照情况，如图 17-15 所示。

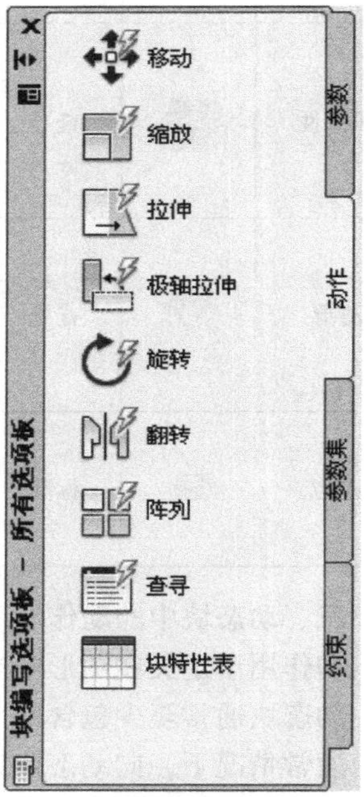

2. 缩放动作

图 17-14　"块编写选项板"的
"动作"选项卡

缩放动作和 SCALE 命令相似。在动态块参照中，通过移动夹点或使用"特性"选项板编辑关联参数时，缩放动作会使块的选择集进行缩放。在动态块定义中，与缩放动作相关联的是整个参数，而不是参数上的关键点。缩放动作可以与线性参数、极轴参数和 XY 参数相关联。将缩放动作与参数相关联后，再选择要关联的动作的对象（几何图形），然后可以选择基点的类型（有两种"基点类型"：依赖和独立）。

如果基点类型为依赖，则选择集中的对象将相对于缩放动作关联的参数的基点进行缩放。

例如，缩放动作与 XY 参数相关联，缩放动作的基点类型为依赖，XY 参数的基点位于矩形的左下角，自定义夹点用于缩放块时，将相对于矩形的左下角进行缩放，如图 17-16 所示。

如果基点类型为独立（在块编辑器中显示为 X 标记），则指定与缩放动作关联的参数相独立的基点。选择集中的对象将相对于用户指定的独立基点进行缩放。

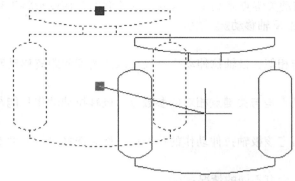

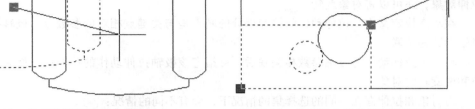

图 17-15　动态块的移动（点参数）　　　　图 17-16　动态块中基点类型为依赖的缩放

例如，缩放动作与 XY 参数相关联。缩放动作的基点类型为独立，独立基点位于圆心，自定义夹点用于缩放块时，将相对于圆心进行缩放，如图 17-17 所示。

如果将缩放动作与 XY 参数相关联，该缩放动作将具有一个名为"比例类型"的替代特性。此特性指定了应用的比例因子是参数的 X 距离、Y 距离，还是距参数基点的 X 和 Y 坐标值距离。

例如，可以在动态块定义中指定"X距离"作为缩放动作的"比例类型"。如果在图形中仅沿 Y 轴拖动 XY 参数上的夹点以编辑块参照，则相关联的几何图形将不进行缩放。

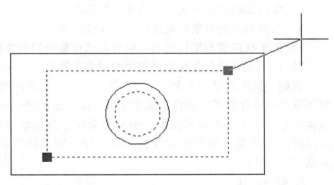

图 17-17　动态块中基点类型为独立的缩放

3. 拉抻动作

在动态块参照中，拉伸动作将使对象按指定的距离和位置进行移动和拉伸。可以与拉伸动作相关联的有点参数、线性参数、极轴参数和 XY 参数。

将拉伸动作与某个参数相关联后，可以为该拉伸动作指定一个拉伸框，可以为拉伸动作的选择集选择对象。拉伸框决定了框内部或与框相交的对象在块参照中的编辑方式。它与使用 Stretch 命令指定交叉选择窗口类似：

1）完全处于框内部的对象将被移动。

2）与框相交的对象将被拉伸。

3）位于框内或与框相交但不包含在选择集中的对象将不拉伸或移动。

4）位于框外且包含在选择集中的对象将移动。

例如，拉伸框显示为虚线，选择集为粗显。顶部的圆被拉伸框包围但未包含在选择集中，因此将不移动。底部的圆完全位于拉伸框中且包含在选择集中，因此将移动。矩形与拉伸框相交且包含在选择集中，因此将拉伸，如图 17-18 所示。

如果将拉伸动作与 XY 参数相关联，则该拉伸动作将具有一个名为"距离类型"的替代特性。此特性指定了应用于拉伸动作的距离是参数的 X 值、Y 值，还是距参数基点的 X 和 Y 坐标值。

例如，可以在动态块定义中指定"X 距离"作为拉伸动作

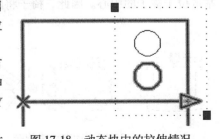

图 17-18　动态块中的拉伸情况

的"距离类型"。如果在图形中通过仅沿 Y 轴拖动关键点来编辑块参照，则关联的几何图形将不移动，因为已添加了"距离类型"替代，仅允许沿 X 轴移动。

4. 极轴拉伸动作

在动态块参照中，极轴拉伸动作与拉伸动作相似，极轴拉伸动作不仅可以按角度和距离移动和拉伸对象，还可以将对象旋转。

在动态块定义中，拉伸动作的拉伸部分的基点是与关键点相对的参数点。极轴拉伸动作只能与极轴参数相关联。

将极轴拉伸动作与极轴参数相关联后，可指定该极轴拉伸动作的拉伸框，然后选择要拉伸的对象和要旋转的对象。

当对象和拉伸框在不同的选择集的情况下，会有不同的情况：

1）完全处于框内部的对象将被移动。

2）与框相交的对象将被拉伸。

3）动作选择集中指定为仅旋转的对象将不会被拉伸。

4）框内部的对象在旋转后将被线性移动。

5）与框相交的对象在旋转后将被线性拉伸。

6）位于框内或与框相交但不包含在选择集中的对象将不拉伸或旋转。

7）位于框外且包含在选择集中的对象将移动。

例如，拉伸框显示为虚线，选择集为粗显，顶部的圆被拉伸框包围但未包含在选择集中，因此将不移动；底部的圆完全位于拉伸框中且包含在拉伸选择集中，因此将移动；矩形与拉伸框相交且包含在选择集中，因此将拉伸；矩形完全位于拉伸框中且包含在旋转选择集（而不在拉伸选择集）中，因此将仅旋转，如图 17-19 所示。

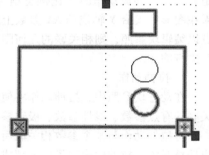

图 17-19　动态块中极轴拉伸

5. 旋转动作

旋转动作和 ROTATE 命令相似。在动态块定义中，只能将旋转动作与旋转参数相关联。与旋转动作相关联的是整个参数，而不是参数上的关键点。

在动态块参照中，当通过夹点或"特性"选项板编辑相关联的参数时，旋转动作将使其相关联的对象进行旋转，如图 17-20 所示。

将旋转动作与旋转参数相关联后，可将该动作与几何图形选择集相关联。

旋转动作具有一个名为"基点类型"的特性，可以指定旋转基点是参数的基点，还是在块定义中指定的独立基点。

默认情况下，"基点类型"设置为"依赖"。此时，块围绕关联旋转参数的基点进行旋转。

例如，椅子块包含了一个旋转参数和一个关联旋转动作，旋转动作的基点类型为依赖，参数的基点位于椅子的中心。因此，椅子将围绕中心点进行旋转，如图 17-21 所示。

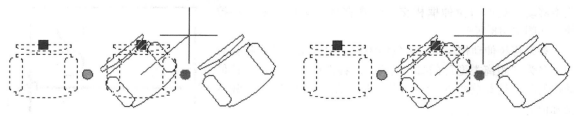

图 17-20　动态块中旋转　　　　　　　图 17-21　动态块中基点类型为依赖的旋转

如果将"基点类型"设置为"独立"，则可以指定旋转动作的基点，而不是指定相关联的旋转参数的基点。这种独立基点在块编辑器中显示为 X 标记。可以通过拖动独立基点或编辑"特性"选项板"替代"区域中的"基准 X"和"基准 Y"值来更改该基点的位置。

例如，椅子块包含了一个旋转参数和一个关联旋转动作，旋转动作的基点类型为独立，独立基点位于椅子的左下角。因此，椅子将围绕左下角进行旋转，如图 17-22 所示。

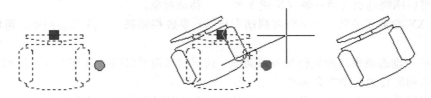

图 17-22　动态块中基点类型为独立的旋转

例如，要达到动态块参照中的 3 个矩形均围绕位于各矩形左下角的独立基点进行旋转的效果，可以指定一个旋转参数，然后添加 3 个旋转动作，每个旋转动作都与该旋转参数相关联，然后将每个旋转动作与不同的对象相关联，并指定不同的独立基点，如图 17-23 所示。

使用依赖基点也可以达到相同的效果，这时需要为每个旋转动作指定不同的基点偏移。但是，如果需要在块参照中分别移动各个矩形（如关联了极轴（或 XY 参数）和移动动作），则应当在旋转动作中使用独立基点，否则对象就不会正确旋转。

6. 翻转动作

使用翻转动作可以围绕指定的轴（称为投影线）翻转动态块参照。

在动态块参照中，翻转动作将使其相关联的选择集围绕一条称为投影线的轴进行翻转，如图 17-24 所示。

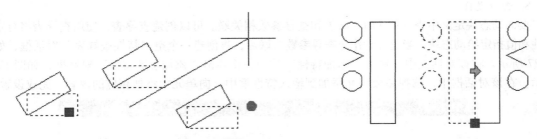

图 17-23　动态块中的各个图形均围绕位于
各图形的独立基点进行旋转

图 17-24　动态块中翻转

在动态块定义中，只能将翻转动作与翻转参数相关联。与翻转动作相关联的是整个参数，而不是参数上的关键点。将翻转动作与翻转参数相关联后，可以将该动作与几何图形选择集相关联。只有选定的对象才会围绕投影线进行翻转。

7. 阵列动作

在动态块参照中，通过夹点或"特性"选项板编辑关联参数时，阵列动作会使其关联对象进行复制并按照矩形样式阵列，如图 17-25 所示。将阵列动作与参数相关联后，可将该动作与几何图形选择集相关联。在动态块定义中，阵列动作可以与线性参数、极轴参数和 XY 参数中的任意一个相关联。

（1）与线性参数相关联　如果将阵列动作与线性

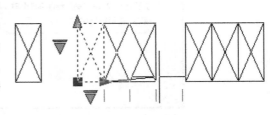

图 17-25　动态块中阵列

或极轴参数相关联，则可以指定阵列对象的列偏移，即阵列对象之间的距离。编辑块参照中的参数时，参数距离（从基点到第二点）将除以列偏移来确定列数（对象数）。

例如，可以将阵列动作与一个线性参数相关联。指定阵列动作的列偏移为 2，如果在动态块参照中将线性参数的距离改为 10，则块参照中的列数就是 5。

（2）与极轴参数关联　如果将阵列动作与极轴参数相关联，在阵列参照中，不仅可以偏移对象，而且也可以围绕基点在另一轴（X 或 Y 轴）上移动对象。

（3）与 XY 参数相关联　如果将阵列动作与 XY 参数相关联，在阵列参照中，可以执行列偏移和行偏移。

（4）在同一动态块中使用旋转和阵列动作　相同选择集可以同时具有阵列动作和旋转动作。块参照进行阵列和旋转的次序将会影响块的显示。

如果先旋转后阵列块，则阵列对象的所有实例将分别围绕各自的基点进行旋转，如图 17-26a 所示；如果先阵列后旋转块，则阵列对象的所有实例将围绕一个基点进行旋转，如图 17-26b 所示。

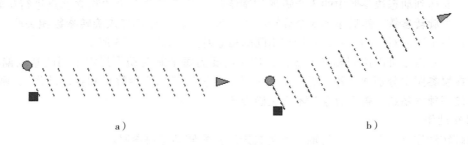

a）　　　　　　　　　　　　　　　　b）

图 17-26　动态块中阵列和旋转
a）先旋转后阵列　b）先阵列后旋转

8. 查寻动作

要向动态块定义中查寻动作时，必须和查寻参数相关联。可以创建查寻表，使用查寻表将自定义特性和值指定给动态块。当查寻动作与查寻参数关联后，将创建一个空"特性查寻表"对话框，如图 17-27 所示。在该对话框中，单击"添加特性"按钮，将弹出"添加参数特性"对话框，如图 17-28 所示。在该对话框中，选择参数特性添加到输入特性框中，向单元中添加相应的内容，完成设置。

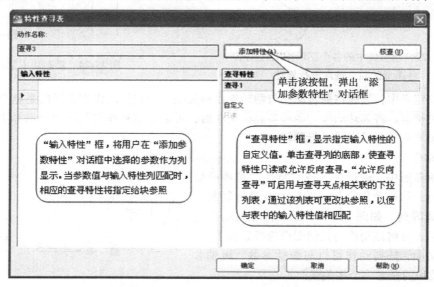

图 17-27　"特性查寻表"对话框

图 17-28　"添加参数特性"对话框

9. 使用链动作

点、线性、极轴、XY 和旋转参数都具有一个名为"链动作"的特性。如果参数属于某个动作的选择集，则此特性将影响参数行为。

例如，用户可能会将点参数包含在与线性参数相关联的拉伸动作的选择集中。在块参照中编辑线性参数时，其关联拉伸动作将触发其选择集的改变。由于点参数包含在选择集中，因此可以通过修改线性参数来编辑点参数。

例如，在块编辑器中的块定义中，点参数（标有"位置"）包含在拉伸动作的选择集中，如图17-29 所示。

如果将点参数的"链动作"特性设置为"是"，则修改线性参数会触发与该点参数相关联的移动动作，就像通过夹点或自定义特性在块参照中编辑点参数一样，如图 17-30 所示。

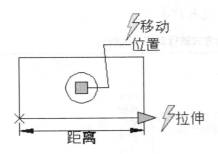

图 17-29　在块编辑器中的块定义

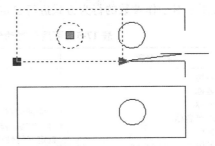

图 17-30　将点参数的"链动作"特性设置为
"是"时相关参数的移动动作

如果将"链动作"特性设置为"否"，则修改线性参数不会触发与该点参数相关联的移动动作。因此，圆不会移动，如图17-31所示。

四、动态块指定特性

使用特性选项板控制参数的显示方式。

1. 自定义属性

在块编辑器中，可以为动态块定义中的参数指定特性。动态块参照位于图形中时，其中的某些特性可以显示为动态块参照的自定义特性。这些特性显示在特性选项板的"自定义"下。

其他参数特性（如"数值集"特性和"链动作"）定义了块参照在图形中的作用方式。

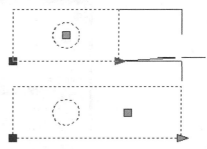

图17-31　将点参数的"链动作"特性
设置为"否"时相关参数不移动

2. 参数指定标签

在图形中选择动态块参照时，参数标签将分配给特性选项板中的自定义特性。可以指定在图形中选择块参照时是否显示该块参照的这些自定义特性。这些特性也可以使用"属性提取"向导来提取。

3. 距离乘数替代

使用距离乘数特性可以按指定因子更改参数值。例如，如果将拉伸动作的距离乘数特性设定为2，那么块参照中的关联几何图形将会按夹点移动距离的2倍增大。

4. 角度偏移替代

使用角度偏移特性可以使更改的参数值的角度增加或减少指定的量。例如，如果将移动动作的角度偏移特性设定为90，那么块参照将会移动超过夹点移动角度值90°的角度。

向动态块定义中添加动作时，可以按照命令行上的提示指定这些动作的替代特性。在块编辑器中选择动作时，也可以在"特性"选项板中指定这些特性。

各种动作类型可使用的替代特性，见表17-4所示。

表17-4　各种动作类型可使用的替代特性

动作类型	可用的替代特性	动作类型	可用的替代特性
移动	距离乘数、角度偏移	旋转	无
缩放	无	翻转	无
拉伸	距离乘数、角度偏移	阵列	无
极轴拉伸	距离乘数、角度偏移	查寻	无

5. 动作参数的特性列表

可用于对动作参数的行为方式进行自定义的特性，见表17-5。

表17-5　可用于对动作参数的行为方式进行自定义的特性

特性名称	说明	关联参数
角度名称 距离名称 翻转名称 水平距离名称 查寻名称 位置名称 垂直距离名称 可见性名称	为参数定义一个标签。当选择了夹点时，在块编辑器的绘图空间和块参照的自定义特性中显示	点 线性 极轴 XY 旋转 翻转 可见性 查寻

（续）

特性名称	说明	关联参数
角度描述 距离描述 翻转描述 水平距离描述 位置描述 垂直距离描述 可见性描述 查寻描述	定义进一步解释参数用途的描述。当鼠标指针在位置名称上悬停时，将在工具提示中显示一串文字	点 线性 极轴 XY 旋转 翻转 可见性 查寻
基态名称 翻转状态名称	在翻转参数中，显示当指定对象随着绘制（基态）或操作（翻转状态）而显示时所要显示的标签。当选择夹点时，在块参照的自定义特性中显示	翻转
基点类型	在旋转动作中，指定旋转的基点是取决于参数的基点，还是取决于在块定义中指定的独立基点	旋转
距离类型	指定应用于移动的距离是参数的 X 值、Y 值，还是距参数基点的 X 和 Y 坐标值	移动 拉伸
显示特性	指定自定义特性是否会在选定的块参照的特性选项板中显示	点 线性 极轴 XY 旋转 翻转 可见性 查寻

五、动态块指定值集

可以为线性、极轴、XY 和旋转参数指定已定义好的值集。

值集是参数指定的数值范围或列表。可以为块参照将这些值在"特性"选项板中"自定义"下的参数标签旁边显示为一个下拉列表。为参数定义值集后，在图形中操作块参照时该参数就被限定为这些值。例如，如果为表示窗口的一个块定义了一个具有值集 20、40 和 60 的线性参数，则此窗口只能拉伸到 20、40 或 60 个单位。

在为参数创建数值列表时，参数在定义中的值会自动添加到该值集中。此值为块参照插入到图形时的默认值。

如果在块参照中将参数的值改为不同于列表中的值，那么参数将会调整为最接近的有效值。例如，为某个线性参数定义的值集为 2、4、6，如果试图将块参照中该参数的值改为 10，将会导致参数值变为 6，因为这是最接近的有效值。

为动态块中的参数指定值集后，图形中对块参照进行夹点编辑时将会显示勾号标记。勾号标记表明有效参数值的位置。

为动态块指定值集，如图 17-32 所示。

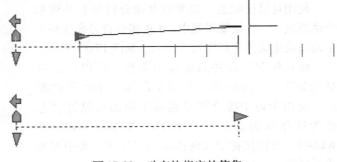

图 17-32　动态块指定的值集

六、动态块指定夹点

向动态块定义中添加参数时，会自动向块中添加与该参数的关键点相关联的自定义夹点。可以在图形中使用这些自定义夹点来操作动态块参照中的几何图形。

除了对齐参数之外（因为对齐参数始终显示一个夹点），所有参数都具有一个名为"夹点数"的特性。在块编辑器中选择参数后，"夹点数"特性将显示在"特性"选项板中。使用此特性可以从预置列表中指定希望为参数显示的夹点数。

如果指定参数的夹点数为0，则仍可以通过"特性"选项板（如果该块是这样定义的）来编辑动态块参照。

如果动态块定义中包含可见性状态或查寻表，则可以将块定义为只显示查寻夹点。在块参照上单击此夹点时，将显示一个下拉列表，如图17-33所示。如果从该列表中选择一个选项，则块参照的显示可能会更改。

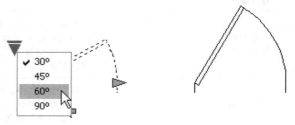

图 17-33　夹点的下拉列表显示

系统会自动在参数上的关键点处添加夹点。可以将夹点相对于参数上与其相关联的关键点重新定位在块空间中的任意位置。重新定位夹点后，它仍然会和与其相关联的关键点联系在一起。无论夹点显示在块参照中的什么位置，它都可以操作与其相关联的关键点。如果移动或更改参数的关键点，则夹点相对于关键点的位置保持不变。由于要使用夹点来操作图形中的动态块参照，因此应确保每个夹点都被放置在合理的位置。

线性和极轴参数都可以显示两个或一个夹点，或者不显示夹点。如果将线性或极轴参数定义为显示一个夹点，则该夹点会显示在参数的端点处。如果打算仅显示一个夹点，则应当仅将动作指定给这些参数的任一端点。

如果要重新为动态块定位夹点，则可以使用 BGRIPSET 命令将夹点重置到它们的默认位置。

动态块中的夹点具有一个名为"循环"的特性。如果该特性被设置为"是"，那么夹点就成为动态块参照的可选插入点。可以使用 BCYCLEORDER 命令打开和关闭动态块中的夹点循环以及指定夹点的循环次序。将动态块参照插入到图形中后，可以使用 Ctrl 键在可选的夹点之间循环，以便选择要作为块的插入点的夹点。

七、动态块中创建可见性

可以使用可见性状态来使动态块中的几何图形可见或不可见。一个块可以具有任意数量的可见性状态。

使用可见性状态是创建具有多种不同图形表示的块的有效方式。可以方便地修改具有不同可见性状态的块参照，而不必查找不同的块参照以插入到图形中。

4 种不同的接合符号，如图 17-34 所示。

使用可见性状态可以将这些接合符号合并到单个动态块中。在块编辑器中，4 种接合符号合并到一个动态块定义的几何图形的显示，如图 17-35 所示。

将几何图形合并到块编辑器后，可以添加可见性参数。只能向动态块定义添加一个可见性参数。可以为每个接合符号创建不同的可见性状态并为这些状态命名（如 WLD1、WLD2、WLD3 和 WLD4），可以使特定几何图形在对每种状态中可见或不可见。

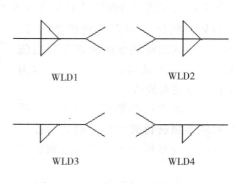

图 17-34　4 种不同的接合符号

例如，在块编辑器中显示的 WLD1 可见性状态，以较暗状态显示的几何图形在 WLD1 可见性状态中是不可见的，如图 17-36 所示。

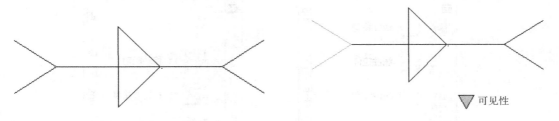

图 17-35　4 种接合符号合并到一个动态块
定义的几何图形的显示

图 17-36　可见性状态中显示是否见

可见性参数中包含查寻夹点。此夹点始终显示在包含可见性状态的块参照中。在块参照中单击该夹点时，将显示块参照中所有可见性状态的下拉列表。从列表中选择一个状态后，在该状态中可见的几何图形将显示在图形中，如图 17-37 所示。

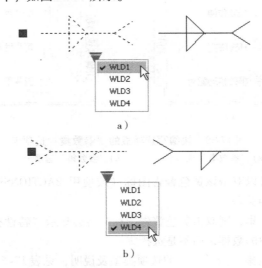

图 17-37　动态块的可见性显示设置
a）WLD1 显示　b）WLD4 显示

在"块编辑器"工具栏的右侧显示了当前可视性状态的名称。所有块都至少有一个可见性状态。不能删除当前状态。工具栏的这一区域还提供了几个用来设置可见性状态的工具。

设置可见性状态时，可以使用"可见性模式"按钮（BVMODE）来显示或隐藏不可见的几何图形（在较暗状态中）。如果 BVMODE 系统变量设置为 1，则在给定状态中不可见的几何图形将以较暗模式显示。

八、使用参数集

使用参数集可以向动态块添加成对的动作与参数。添加参数集与添加参数所使用的方法相同。参数集中包含的动作将自动添加到块定义中，并与添加的参数相关联。同时，必须将选择集（几何图形）与各个动作相关联。

使用块编写选项板上的"参数集"选项卡可以向动态块定义添加一般成对的参数和动作，如图 17-38 所示。

首次向动态块定义添加参数集时，每个动作旁边都会显示一个黄色警告图标。这表示需要将选

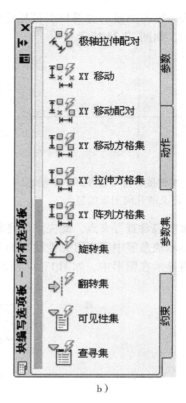

a)　　　　　　　　　　　　　b)

图 17-38　块编写选项板的"参数集"选项卡

a)"参数集"选项卡（一）　b)"参数集"选项卡（二）

择集与各个动作相关联。可以双击该黄色警告图标（或使用 BACTIONSET 命令），然后按照命令行上的提示将动作与选择集相关联。

如果插入的是查寻参数集，则双击黄色警告图标时将会显示"特性查寻表"对话框。与查寻动作相关联的是添加到此表中的数据，而不是选择集。

块编写选项板的"参数集"选项卡上的选项类型及说明，见表 17-6 所示。

表 17-6　块编写选项板的"参数集"选项卡上的选项类型及说明

参数集选项类型	说明
点移动	向动态块定义中添加带有一个夹点的点参数和相关联的移动动作
线性移动	向动态块定义中添加带有一个夹点的线性参数和关联移动动作
线性拉伸	向动态块定义中添加带有一个夹点的线性参数和关联拉伸动作
线性阵列	向动态块定义中添加带有一个夹点的线性参数和关联阵列动作
线性移动配对	向动态块定义中添加带有两个夹点的线性参数和与每个夹点相关联的移动动作
线性拉伸配对	向动态块定义中添加带有两个夹点的线性参数和与每个夹点相关联的拉伸动作
极轴移动	向动态块定义中添加带有一个夹点的极轴参数和关联移动动作
极轴拉伸	向动态块定义中添加带有一个夹点的极轴参数和关联拉伸动作
环形阵列	向动态块定义中添加带有一个夹点的极轴参数和关联阵列动作
极轴移动配对	向动态块定义中添加带有两个夹点的极轴参数和与每个夹点相关联的移动动作
极轴拉伸配对	向动态块定义中添加带有两个夹点的极轴参数和与每个夹点相关联的拉伸动作

（续）

参数集选项类型	说明
XY 移动	向动态块定义中添加带有一个夹点的 XY 参数和关联移动动作
XY 移动配对	向动态块定义中添加带有两个夹点的 XY 参数和与每个夹点相关联的移动动作
XY 移动方格集	向动态块定义中添加带有 4 个夹点的 XY 参数和与每个夹点相关联的移动动作
XY 拉伸方格集	向动态块定义中添加带有 4 个夹点的 XY 参数和与每个夹点相关联的拉伸动作
XY 阵列方格集	向动态块定义中添加带有 4 个夹点的 XY 参数和与每个夹点相关联的阵列动作
旋转集	向动态块定义中添加带有一个夹点的旋转参数和关联旋转动作
翻转集	向动态块定义中添加带有一个夹点的翻转参数和关联翻转动作
可见性集	添加带有一个夹点的可见性参数。无需将任何动作与可见性参数相关联
查寻集	向动态块定义添加带有一个夹点的查寻参数和查寻动作

思 考 题

1. 创建动态块需要有哪些步骤？
2. 简述"块编辑器"界面的主要组成。
3. 动态块中有哪些约束？
4. 动态块中有哪些动作？
5. 动态块中有哪些参数？
6. 如何创建动态块值集？
7. 动态块中可见性有什么优点？如何创建？

第十八章　AutoLisp 语言

AutoCAD 系统提供了 AutoLisp 语言编程，它是广泛应用的人工智能语言（Common Lisp）的简化版本。AutoLisp 语言是使用 Lisp 语法并加入 AutoCAD 系统命令而编成一体的高级程序设计语言。因此，AutoLisp 语言为 AutoCAD 系统提供了二次开发的功能。AutoLisp 语言实际上是一组 AutoCAD 命令，利用这些命令可以建立自己的应用程序。AutoCAD 命令和 AutoLisp 之间唯一的区别是，在使用 AutoLisp 时，必须遵循一些特定的规则，但这些规则是十分容易学习和掌握的。学习 AutoLisp 语言不需要有很多的计算机编程方面的知识，只需要知道 AutoCAD 系统命令的基本规则即可。AutoLisp 语言，除 Lisp 的语法及习惯用法外，还加入了一些配合 AutoCAD 系统使用的特有函数。

第一节　AutoLisp 语言基础知识

AutoLisp 语言作为比较完整的编程语言，提供了强大的二次开发工具，利用 AutoLisp 编制各种程序，可以为 AutoCAD 系统增加新的命令，也可以为各专业编制图形数据库。随着版本的提高，AutoLisp 语言处理功能得到更进一步的增强，它可以充分利用高档微机具有的扩展内存（EXTEND DRAM）来运行更大 AutoLisp 的程序、使用更大的数据量，为开发运行在 AutoCAD 环境下的绘图应用软件提供了更强有力的支持。

在 AutoCAD 采用了 Common Lisp 最相近的语法和习惯约定，它仅是一个很小的子集，有许多特定的函数。

一、AutoLisp 语言的数据类型

AutoLisp 语言的数据有表、符号、字符串、实型数、整型数、子程序 Subrs（builtfunctions）等。

1. 整型数

整型数是一个不带小数点的数字，它由"0，1，2，…，9，+，−"共 12 个字符组成，其值在 −32768 ~ +32767 之间。

2. 实型数

实型数是带有小数点的双精度浮点数，有十进制表示法和科学表示法两种表示方法。应注意绝对值小于 1 的实型数的小数点左侧必须有前导 0，不能直接以小数点开始，也不能以小数点结尾来直接表示实数，如实数 5.0 不能写成 5.。

3. 字符串

字符串由一对双引号（""）括起来的字符序列组成，这对双引号是字符串的定界符。

在 AutoLisp 中，"符号"和"变量"这两个词的意义相同，用于存储数据。一般以字母作为符号的开头。例如，XX、Point1、y − 1 等，都是合法的符号。

4. 表

表是指一对相匹配的左、右圆括号之间的有序集合。表中的每一项称为表的元素，表中的元素可以是整数、实数、字符串子符，也可以是另一个表。各元素之间用一个空格来分隔。

二、AutoLisp 程序的一般知识

1. AutoLisp 语言的特点

AutoLisp 采用的是"前缀表示法"，即把运算符号放在表的第一个元素的位置，后面为其他的参数。这一点与其他高级语言（如 BASIC、C 等语言）不同。例如，算式 5 + 4 在 AutoLisp 中要写成：

（ + □5□4）

把 6×8 的值赋给变量 X 要写成：

（setq□X□（ * □6□8））

其中，□代表一个空格，以下含义相同。

2. 求值

每个 AutoLisp 程序的核心是求值程序，求值程序读入输入行，对其进行计算，然后返回计算结果。下面是 AutoLisp 的求值过程：

1）整型数、实型数、字符串、子程序以它本身的值作为结果。

2）符号以其当前约束值作为计算结果。

3）表是根据其第一个元素的类型进行计算。

3. 表达式

AutoLisp 程序由一系列符号表达式组成，最简单的程序可以只有一个符号表达式。一个符号表达式可分写在多行，也可将多个表达式写在一行。例如：

（DEFun plus （X□Y）

　　　　（setq□Z□（ + □X□（ * □X□Y）））

）

就是三行构成一个符号表达式。

所有表达式都以左小括号"（"开始，最后以右小括号"）"结束。每个表达式都有一个返回值。表达式的参数可以是一个表达式，它的返回值将被外层表达式使用。

可以直接用 AutoLisp 表达式去响应 AutoCAD 的"Command："以获得该表达式的值。要检验一个表达式是否正确，这也是最简单的方法。

一旦输入不正确的表达式或从文件中读入不正确的表达式，系统会提示出错信息。较多的情况是右括号不够，这时会显示提示：n > ，这里 n 为整数，意思是缺少 n 个小括号，只要输入 n 个右小括号即可。

4. 变量

AutoLisp 的变量有 4 类：整数、实数、字符串和表。变量的类型由它所赋的值自动确定，在赋值之前其值一直保持不变。变量名的第一个字符必须是字母。

在 AutoLisp 中，用 setq 函数给变量赋值。

例如：

（setq□X□6）　　变量 X 的值是整数 6。

（setq□X1□8.0）　　变量 X1 的值是实数 8.0。

（setq□st□"Hello！"）　　变量 st 的值是字符串 Hello！。

（setq□point□´（68□86）或（setq□point□（LIST□68□86）　　变量 point 的值是表（68□86）。

5. 说明

1）为使 AutoLisp 不对表求值，要在表的左小括号前加单引号"´"或在表内最左边加 LIST。

2）在 AutoLisp 中，一个二维点用一个两个元素的表来表示，三维点用一个三维表来表示。

3）AutoLisp 语言采用一对"（）"表示一个表格，表中有表，从里到外，处理每一个表，直到全部的表格处理结束，得出处理结果。

4）AutoLisp 语言可以在提示符 Command：下直接输入执行，也可以在文本编辑器或字处理软件中建立好，存为扩展名为 . LSP 的文件，再在 AutoCAD 中运行。后一种方式预先用 Appload 命令将文件装载进 AutoCAD 系统中。

5）一对空的引号""表示一次回车。

6）符号";"后面的内容为提示内容，程序不执行。

第二节　AutoLisp 语言常用函数介绍

AutoLisp 提供一些预先定义的若干函数，每一个函数都是将函数名（大写或小写）作为表中的第一元素，把函数中的变量作为表中后面的元素，这样就可以调用该函数。下面是一些常用的简单函数介绍。

一、数值运算函数介绍

1. 加函数（+）

表达式为（+□元素（数）□元素（数）…）

该函数返回所有数的总和，数可以是整型或实型。例如：

（+□1□2）　返回 3

（+□1□2□3□4.5）　返回 10.500000

2. 减函数（-）

表达式为（-□元素（数）□元素（数）…）

此函数是第一个数减去第二个数返回差，如果数多于两个，则其返回值是用第一个数减去以后各数之和。例如：

（-□50□40）　返回 10

（-□50□40.0□2）　返回 8.000000

3. 乘函数（*）

表达式：（*□元素数）□元素（数）…）

此函数返回所有数的积。例如：

（*□2□3）　返回 6

（*□2□3□4.0）　返回 24.00000

4. 除函数（/）

表达式：（/□元素（数）□元素（数）…）

此函数第一个数被第二个数除，返回其商，若数多于两个，则其返回值是用第一个数除以其余各数之积。例如：

（/□50□2）　返回 25

（/100□20□2.0）　返回 2.500000

（/1□2）　返回为 0（因为是整型数相除）

5. 返回加 1

表达式：（1+□元素（数））

此函数返回加 1 的结果。

例如：

（1+□5）　返回 6

（1+□-17.5）　返回 -16.500000

6. 返回减 1

表达式：（1-□元素（数））

此函数返回数减 1 的结果。例如：

（1-□5）　返回 4

（1-□-16.5）　返回 -17.500000

二、关系函数介绍

1. 等于关系函数（ = ）

表达式：（ = □参数□参数…）

此函数为等于关系函数。如果数值相等返回 T，否则返回 Nil（T 表示"真"或"不空"，Nil 表示"假"或"空"）。例如：

（ = □4□4.0）　　返回 T

（ = □50□30）　　返回 Nil

2. 不等于关系函数（ ∕ = ）

表达式：（ ∕ = □参数□参数…）

此函数为"不等于"关系函数。如果数值不相等返回 T，否则返回 Nil。例如：

（ ∕ = □10□20）　　返回 T

（ ∕ = □5□5）　　　返回 Nil

3. 小于关系函数（ < ）

表达式：（ < 参数□参数…）

此函数为"小于"函数。如果靠后的参数数值大于靠前的参数数值返回 T，否则返回 Nil。例如：

（ < □10□20）　　返回 T

（ < □5□5）　　　返回 Nil

（ < □20□15）　　返回 Nil

4. 大于关系函数（ > ）

表达式：（ > 参数□参数…）

此函数为"大于"函数。如果靠后的参数数值小于靠前的参数数值返回 T，否则返回 Nil。例如：

（ > □50□30）　　返回 T

（ > □12□80）　　返回 Nil

5. 大于等于关系函数（ > = ）

表达式：（ > = 参数□参数…）

此函数为"大于或等于"关系函数。如果靠后的参数数值小于或等于靠前的参数数值返回 T，否则返回 Nil。例如：

（ > = □100□10）　　返回 T

（ > = □50□50）　　　返回 T

（ > = □3□17）　　　　返回 Nil

6. 小于等于关系函数（ < = ）

表达式：（ < = 参数□参数…）

此函数为"小于或等于"关系函数。如果靠后的参数数值大于或等于靠前的参数数值返回 T，否则返回 Nil。例如：

（ < = □100□10）　　返回 Nil

（ < = □50□50）　　　返回 T

（ < = □3□17）　　　　返回 T

三、标准函数介绍

1. 绝对值函数（abs）

表达式：（abs□变量（数值））

此函数返回绝对值，数可以为整数型或实型。例如：

（abs□ - 100）　　返回 100

（abs□ - 11. 15）　　返回 11. 15

（setq□a□ - □1□5）

（abs□a）　　返回 4

2. 正弦函数（sin）

表达式：（sin□〈角度〉）

此函数为正弦函数，其角度值为弧度。例如：

（sin □1. 0）　　返回 0. 841471

3. 余弦函数（cos）

表达式：（cos□〈角度〉）

此函数为余弦函数，角度值为弧度。例如：

（cos□0. 0）　　返回 1. 0000

4. 反正切函数（arctan）

表达式：（arctan □〈数 1〉□［数 2］）

此函数为反正切函数，返回角度从 $-\pi \sim +\pi$。例如：

（arctan□1. 0）　　返回 0. 785398

（arctan□1. 0□ - 1）　　返回 2. 35619

5. 平方根函数（sqrt）

表达式：（sqrt □变量（数））

此函数返回数的平方根，其结果为实型数。例如：

（sqrt□4）　　返回 2. 0

（sqrt□（ * □8□8））　　返回 8. 0

6. 幂函数（exp）

表达式：（exp□变量）

此函数返回幂函数值。例如：

（exp□1）返回值 2. 71828

7. 对数函数（log）

表达式：（log□变量）

此函数返回一个实数的自然对数。例如：

（log□64）　　返回值 4. 15888

8. 取最大值函数（max）

表达式：（max□变量□变量…）

此函数为取最大值函数。在所有的变量数值中取最大的变量参数值。例如：

（max□64□90□101）　　返回值 101

（max□88□（ + □1□20□（ * □9□10）　　返回值 90

9. 最大公约数函数（gcd）

表达式：（gcd□变量□变量…）

此函数为取最大公约数函数。在所有的变量数值中取最大的公约数，为整型数。例如：

（gcd□8□（ + □4□8）返回值 8

四、赋值函数（setq）

表达式：（setq□〈符号〉□〈表达式〉）

此函数把表达式的值赋给符号。例如：

（setq□a□5.0）   返回 5.0

五、求值函数介绍

1. 求距离函数（distance）

表达式：（distance□〈点 1〉□〈点 2〉）

此函数算出点 1 与点 2 的距离，点为两个实型数。例如：

（distance □ ′（1.0□2.0）□′（3.0□4.0））或

（distance□（list□1.0□2.0）□（list□3.0□4.0））   返回 2.82843

2. 确定点函数（polar）

表达式：（polar□〈点〉□〈角度〉□〈距离〉）

此函数返回一个点，此点是以离〈点〉的距离为长度，其方向为〈角度〉的一个点，其中〈角度〉为弧度。例如：

（polar□′（1.0   1.0）□0.785398□1.414214）此函数返为一个点，其值为（2.0   2.0）

3. 确定角度函数（angle）

表达式：（angle□〈点 1〉□〈点 2〉）

此函数返回由〈点 1〉和〈点 2〉确定的角度（弧度）。该角度从当前作图的 X 轴正向起 逆时针计算。例如：

（angle □′（5.0□1.33）□′（2.44□1.33）返回角度为 3.14159

六、交互性输入函数介绍

1. getangle 函数

表达式：（getangle□〈角提示〉）

此函数暂停下来，等待输入一个角度。例如：

（setq□A1□（getangle□"Enter□Angle:"））

输入一个角度并把该角度值赋给 A1。

2. getdist 函数

表达式：（getdist□〈距离提示〉）

此函数暂停下来，等待输入一个距离值。例如：

（setq□d□（getdist□"How long:"））

输入一个距离值并把该距离值赋给 d。

3. getpoint 函数

表达式：（getpoint□〈点提示〉）

此函数暂停下来，等待输入一个点。例如：

（setq□p（getpoint□"point:"））

输入一个点并把该点值赋给 p。

4. getreal 函数

表达式：（getreal□〈提示〉）

此函数暂停下来，等待输入一个实型数。例如：

（setq□a□（getreal□"input the value of A:"））

输入一个实型数并把该数赋给 a。

5. getint 函数

表达式：（getint □〈提示〉）

此函数暂停下来，等待输入一个整型数。例如：

（setq□in□（getint□"input□a□numger"））

输入一个整型数并把该数赋给 d。

七、表处理函数

在 Lisp 语言中，表是建立数据库和程序结构的主要工具。表处理函数主要对表进行构造、分离、访问与修改。

1. list 函数

表达式：（list〈表达式〉…）

此函数将任意数目的表达式串连在一起，返回由它们组成的表。例如：

（list□（+□2□6）□（*□8□6））　返回（12□48）

2. quote 函数（'函数）

表达式：（quote□（变量□变量…））

此函数将表返回。例如：

（quote□（2□4□5□–1□"ABC"））　返回（2□4□5□–1□"ABC"）

使用（'）：

（setq□AAA□'（2□4□5□–1□"ABC"））　返回（2□4□5□–1□"ABC"）

3. append 函数

表达式：（append〈表〉□〈表〉…）

此函数取所有的表放置在一起，作为一个表返回。例如：

（append□'（A□B）□'（C□D））　返回（A□B□C□D）

4. car 函数

表达式：（car〈表〉）

此函数返回〈表〉的第一元素。例如：

（car□'（A□B□C））　返回 A。

5. cdr 函数

表达式：（cdr□〈表〉□〈表〉…）

此函数返回一个包括除第一个元素以外的所有元素的表。例如：

（cdr□'（A□B□CD□E））　返回（B□CD□E）

6. cadr 函数

表达式：（cadr□〈表〉）

将表的第二个元素返回。例如：

（cadr□'（A□B□C□D））　返回 C。

7. caddr 函数

表达式：（caddr□〈表〉）

此函数将表的第三个元素返回。例如：

（caddr□'（a□b□c□d）　返回 c。

8. nth 函数

表达式：（nthn□〈表〉）

此函数将表的第 N + 1 个元素返回。例如：

（nth3□'（A□B□C□D□E□F））　返回 D。

9. last 函数

表达式：（last□〈表〉）

此函数将表的最后一个元素返回。例如：

（last□'（A□B□C□D□E□F））　　返回 F。

10. length 函数

表达式：（Length□〈表〉）

返回表中元素的个数。例如：

（Length□'（A□B□C□D□E□F））　　返回 6。

11. number 函数

表达式：（number□指定元素□〈表〉）

此函数返回表中从指定元素开始起的所有元素，如果表中不包含指定元素，则返回 nil。例如：

（number□'B□'（A□B□C□D□E□F））　　返回（B□C□D□E□F）

12. reverse 函数

表达式：（reverse□〈表〉）

此函数将表中所有元素顺序颠倒后返回。例如：

（reverse□'（A□B□C□D□E□F））　　返回（F□E□D□C□B□A）

13. conse 函数

表达式：（conse□〈表〉或元素□〈表〉）

此函数将两个表合成一张表，或将元素添入表中，作为第一个元素。

表达式：（conse□非表元素□非表元素）

将两个元素合成一个点对表，能够用 car、cdr 提取出来。

例如：

（conse□'1□'（A□B□C□D□E））　　返回（1□A□B□C□D□E）

（conse□'A□2）　　返回（A.2）

（car□（cons□'A□2））　　返回 A

（cdr□（cons□'A□2））　　返回 2

（1□A□B□C□D□E）

八、逻辑运算函数

1. and（逻辑与）函数

表达式：（and□〈表达式〉□〈表达式〉…）

此函数返回对所列出的表达式进行逻辑"与"（and）的结果。当所有表达式都为真时，则返回值为"T"，否则返回值为"nil"。例如：

（setq□a□10）

（setq□b□nil）

（and□a□b）　　返回 nil

（and□2□4）　　返回 T

2. or（逻辑或）函数

表达式：（or□〈表达式〉□〈表达式〉…）

此函数返回所列出的表达式进行逻辑"或"的结果，只有当所有表达式的结果都是"nil"时，才返回 nil，否则返回"T"。例如：变量 a、b、c 的值分别为 nil、b、nil。

（or□a□b□c）　　返回 T

（or□a□c）　　返回 nil

3. not（逻辑非）函数

表达式：（not□〈表达式〉□）

此函数对表达式进行"非"运算，若表达式为"nil"，则返回"T"；若表达式为"T"，则返回

"nil"。

例如：变量 a、b 的值分别为 12、nil。

（not□a）　　返回 nil

（not□b）　　返回 T

九、比较函数

1. equal 函数

表达式：（equal□参数□参数［精度］）

在指定精度内两个参数相等返回 T，否则返回 nil。例如：

（equal□0.567□0.568）　　返回 nil

（equal□0.567□0.568□0.001）　　返回 T

2. eq 函数

表达式：（eq□参数□参数）

两个参数相等返回 T，否则返回 nil。例如：

（equal□0.567□0.567）　　返回 T

十、判别函数

1. cond 函数

表达式：（cond□（〈条件 1〉□〈表达式〉）□（〈条件 2〉□〈表达式〉）…）

此函数逐个计算表达式并分别返回结果。即该函数先计算条件 1，若条件 1 为"T"，则计算表达式 1，并返回表达式 1 的值；若条件 1 不成立，则计算条件 2，若条件 2 为真，则计算表达式 2，并返回表达式 2 的值；若条件 1、2 不成立，则计算条件 3…；若所有条件都不成立，则返回 nil。例如：

（cond（（>□X□0）□（setq□Y□5））

　　　（（=□X□0）□（setq□Y□10））

　　　（（<□X□0）□（setq□Y□15））

）　　返回 15

2. if 函数

表达式：（if□条件表达式〈检测式〉□〈条件为真的表达式 1〉□〈条件为假的表达式 2〉）

这个函数根据检测式的结果，决定对表达式 1 还是表达式 2 求值，当检测式为"T"时，计算表达式 1，否则计算表达式 2。例如：

（if□（=1□3□"YES"□"NO"）　　返回 NO

十一、循环函数

1. repeat 函数

表达式：（repeat□n□（表达式）□（表达式）…）

此函数将各个表达式重复计算 n 次。例如：

（seqt□a□10□b100）

（repeat□4

（seqt□a□（+a□10）

（seqt□b□（+b□100））　　返回 a 值为 50，返回 b 值为 500

2. while 函数

表达式：（while□条件□（表达式）□（表达式）…）

当条件为真时，此函数计算各个表达式，直到条件表达式为假。例如：

（seqt□a□2）

（seqt□test□1）

（while□ （ < = test3 ）

（seqt□a□ （ * a□a ）

（seqt□test□ （1D + test ）） ）   返回值 256

十二、字符函数

控制函数可以对单个 ASCII 码字符进行操作。

1. chr 函数

表达式：（chr□〈整型变量〉）

此函数返回一个变量对应的 ASCII 码字符设置。例如：

（chr□88）返回"X"。

2. ASCII 函数

表达式：（ASCII□〈字符串变量〉）

此函数将一个 ASCII 码字符转换为一个十六制的整数。例如：

（ASCII□"Z"） 返回 90

十三、字符串函数

1. strcat 函数

表达式：（strcat□〈字符串变量〉□〈字符串变量〉…）

此函数将多个字符串拼接在一起。例如：

（strcat□"I"□"LOVE"□"YOU"） 返回"I LOVE YOU"

字符串的字符最多可为 132 个。

2. strcase 函数

表达式：（strcase□〈字符串〉□〈标志〉）

标志为空时，返回字符串为大写形式；标志不为空时，返回字符串为小写形式。例如：

（strcase□"Sample"） 返回"SAMPLE"

（strcase□"Sample"□T）返回"sample"

3. strlen 函数

表达式：（strlen□〈字符串〉□〈字符串〉…□）

此函数计算字符串的长度，当字符串为空时，返回 0。例如：

（strlen□"ABC"□"CDEFG"） 返回 8

4. substr 函数

表达式：（substr□〈字符串〉□［起始点位置］［长度］）

此函数用于截取字符串从起始点位置起的指定长度字符。不指定长度时，则默认到字符的结尾。例如：

（substr□"ABCDEFG"□3） 返回 CDEFG

（substr□"ABCDEFG" >□3□3） 返回 CDE

十四、数据与文字处理

在应用 AutoLisp 程序时，要特别注意数据类型的匹配，对于不匹配的数据类型要强制转换。同时，为了保证程序运行时数据处理的正确性，经常使用有关数据类型转换操作函数。

（一）数据类型转换

1. atof 函数

表达式：（atof□字符串）

此函数将一个字符串转换成一个实数。例如：

（atof□ "78"） 返回 78.0

2. atoi 函数

表达式：（atoi□字符串）

此函数将一个字符串转换成一个整数。例如：

（atoi□ "78.8"） 返回 78

3. itoa 函数

表达式：（itoa□〈整数〉）

此函数将一个整数转换成一个字符串。例如：

（itoi□78） 返回 "78"

4. rtos 函数

表达式：（rtos□〈实数〉□〈模式〉□〈精度〉）

此函数将一个实数转换成一个字符串。它有 5 种转换模式，见表 18-1 所示。

表 18-1 rtos 的 5 种转换模式

模式代码	计数方式	举例	说明
1	科学计数法	1.55E + 01	
2	十进制计数法	16.5	
3	工程计数法	1′3.50″	单位为英尺、英寸
4	建筑计数法	1′3 1/2″	单位为英尺、英寸
5	分数计数法	15 1/2	

例如：

（rtos□78.867□1□2） 返回 "7.89E + 01"

1 表示选用科学计数法，2 表示小数点后保留两位。

（rtos□78.867□2□2） 返回 "78.87"

2 表示选用十进制计数法，2 表示小数点后保留两位。

（rtos□78.867□3□2） 返回 "6′ -6.87″"

3 表示选用科学计数法，2 表示精度为 2。

（rtos□78.867□4□2） 返回 "6′ -6□3/4″"

4 表示选用建筑计数法，2 表示精度为 2。

（rtos□78.867□5□2） 返回 "78□3/4"

5 表示选用分数计数法，2 表示精度为 2。

5. distof 函数

表达式：（distof□〈字符串〉□〈模式〉）

此函数将一个字符串转换成实数。它的模式与 rtos 相同。例如：

（distof□ "78.987"□2） 返回 78.987

6. fix 函数

表达式：（fix□〈实数〉）

此函数将一个实数转换成一个整数。例如：

（fix□11.987） 返回 11

7. float 函数

表达式：（float□〈数〉）

将任何一类数转换为实数。例如：

（float□10）　　返回 10.0

8. angtos 函数

表达式：（angtos□〈角度〉□〈模式〉□〈精度〉）

此函数将角度转换为表示该角度的字符。它的 5 种转换模式，见表 18-2 所示。

表 18-2　angtos 的 5 种转换模式

模式代码	计数方式	描述字符	模式代码	计数方式	描述字符
0	度		3	弧度	R
1	度/分/秒	G	4	测地单位	East，South，West，North
2	梯度	D			

例如：

（angtos□Pi□0□3）　　返回 180.0

（angtos□Pi□3□3）　　返回 3.132r

9. angtof 函数

表达式：（angtof□〈字符串〉□〈模式〉）

此函数将表示角度的字符串转换为表示该角度的浮点值。它的模式与 angtos 相同。例如：

（angtof□"270"□0）　　返回 4.71239

（angtof□"270"□3）　　返回 6.10622

10. read 函数

表达式：（read□〈字符串〉□〈字符串〉…）

此函数读出字符串的第一个值或表。例如：

（read□"READ"）　　返回值 READ

（read□"（123）□READ"）　　返回（123）

11. set 函数

表达式：（set□〈'符号〉□〈表达式〉）

此函数将符号赋予表达式的值。例如：

（set□I□10.2）　　返回 10.2

（二）处理数据类型

1. atom 函数

表达式：（atom□〈参数〉）

如果参数是一个表，则此函数返回 nil；如果参数是一个元素，则返回 T。例如：

（atom□'（123））　　返回 nil

（atom□A）　　返回 T

2. boundp 函数

表达式：（boundp□〈参数〉）

如果参数有一个值约束它，则此函数返回 T；如果参数没有值约束它，则返回 nil。例如：

（setq□ABC□8）

（boundp□'ABC）　　返回 T

（boundp□'　ABC）　　返回 nil

3. type 函数

表达式：（type□〈参数〉）

此函数将参数返回对应的类型。

参数对应的类型，见表 18-3 所示。

表 18-3　参数对应的类型

参　　数	类　　型	参　　数	类　　型
字符串	返回 STR	文件	返回 FILE
实数	返回 REAL	AutoLisp 函数	返回 SUBR
整数	返回 INT	AutoCAD 实体名称	返回 ENAME
表	返回 LIST	函数分页表	返回 PAGETB
符号（变量名）	返回 SYM		

例如：

（type□1）　返回 INT

（type□"1"）　返回 STR

4. listp 函数

表达式：（listp□〈参数〉）

如果参数是表，则此函数返回 T，否则返回 nil。例如：

（listp□'（123））　返回 T

（listp□'（123））　返回 nil

5. minusp 函数

表达式：（minusp□〈参数〉）

如果参数是负值，则此函数返回 T，否则返回 nil。例如：

（minusp□1）　返回 nil

（minusp□ − 1）　返回 T

6. null 函数

表达式：（null□〈参数〉）

如果参数的约束值为空，则此函数返回 nil，否则返回 T。例如：

（setq□A□nil）　返回 nil

（null□A）　返回 T

（setq□A□1）　返回 1

（null□A）　返回 nil

7. numberp 函数

表达式：（numberp□〈参数〉）

如果参数为整数或实数，则返回 T；否则返回 nil。例如：

（setq□A□1.0）　返回 1.0

（numberp□A）　返回 T

（setq□A□'（1□2））　返回（1□2）

（numberp□A）　返回 nil

8. zerop 函数

表达式：（zerop□〈参数〉）

如果参数数值为 0，则返回 T；否则返回 nil。例如：

（setq□A□1.0）　返回 1.0

（zerop□A）　返回 nil

（setq□A□0.0）　返回 0.0

（zerop□A） 　　　返回 T

十五、访问系统变量和图形数据

（一）访问系统变量

1. getvar 函数

表达式：（getvar□〈"系统变量"〉

此函数用于返回该系统变量值。例如：

（getvar□"ORTHOMODE"） 　　返回 1

2. setvar 函数

表达式：（setvar□〈"系统变量"〉［数值］）

此函数返回该系统变量数值。例如：

（setvar□"ORTHOMODE"□0） 　　　返回 0

（二）访问图形数据

1. entlast 函数

表达式：（entlast）

返回图形数据库中最后一个实体名称。在 AutoLisp 中主要用来提取和返回实体以供其他命令使用。例如：

（setq□ABC□（entlast）） 　　返回当前图形最后一个实体

2. entnext 函数

表达式：（entext□〈图形实体名称〉）

无参数时，返回图形数据库中第一个建立的图形实体名称。

当给出实体名称时，则返回图形数据库中该实体名称的下一个建立的图形实体名称。

3. entsel 函数

表达式：（entsel□〈"提示信息"〉）

此函数用于给出屏幕提示，返回屏幕选择图形实体，并返回实体名称和拾取点坐标。例如：

（entsel□"SELECT AN OBJECT："） 　　返回提示"SELECT AN OBJECT："，并用光标拾取一实体后，返回该实体和名称及拾取点的坐标

4. entdel 函数

表达式：（entdel □〈实体名称〉）

此函数用于删除图形中当前指定实体或恢复指定的删除实体。例如：

Command：ERASE

Select objects：ABC 　　删除实体 ABC

Command：（entdel ABC） 　　恢复实体 ABC

Command：（entdel ABC） 　　删除实体 ABC

5. entget 函数

表达式：（entget□〈实体名称〉）

此函数以表的形式返回当前图形中指定实体的数据。

6. entmod 函数

表达式：（entmod□〈实体名称〉）

此函数更新当前图形中指定实体在数据库中的数据信息。

7. entupd 函数

表达式：（entupd□〈实体名称〉）

此函数更新当前图形中指定实体。

8. redraw 函数

表达式：（redraw□〈实体名称〉□［模式]）

此函数重新绘制当前图形中指定实体。

重新绘制有以下几种模式：

1）按标准方式。

2）逆转绘制。

3）增亮绘制。

4）变暗绘制。

例如：

（redraw□ACB□3） 返回 nil，并增亮了 ABC 实体

十六、command（命令）函数

表达式：（command□〈"命令"〉□〈"选择项"或数据〉□〈"选择项"或数据〉…）

用于执行 AutoCAD 命名。例如：

（command□"line"□'（1□1）□'（2□1）□'（2□2）'（1□2）□"C"）

执行结束绘制一矩形。

AutoLisp 语言也有自定义函数。程序中调用自定义函数可以简化程序编制。自定义函数为：

表达式：（defun□〈符号〉□〈变量表〉□〈表达式〉…）

式中〈符号〉是自定义的函数名称，〈变量表〉是函数的变量列表，此表可以是一个空表。在表中可根据需要用一个斜杠（"/"）把变量分成两部分，斜杠左侧变量为形参数，在调用时用以传递参数，斜杠右侧变量为局部变量。各变量之间和变量与斜杠之间用空格分隔。若没有形参数或局部变量，也必须有一对括号。在变量表之后是一个或多个表达式，它们在函数执行时进行运算。例如：

（defun□fct1（X□Y□/□a） 定义函数名为 fct1，变元为 X 和 Y

（setq□a□（+□X□Y） 表达式（X，Y 求和）

）

（setq□X1□b□Y1□8） 给 X1，Y1 赋值

（fct1□X1□Y1） 调用 fct1 函数

返回 14。

18. !（查询）函数

表达式:!□〈参数或变量〉

此函数用于查询参数或变量。例如：

!□KK 对 KK 的查询

第三节 AutoLisp 语言的编程实例

为了更好地掌握 AutoLisp 语言，编制实用程序，作为第二次开发，下面介绍简单的应用实例。

AutoLisp 程序可由文字编辑器（如 DOS 的 EDIT 程序）建立，其文件名与普通文件名的规定相同，但其扩展名为 . lsp。

一、AutoLisp 语言程序开发和使用步骤

1）在文本编辑器或字处理程序中编写好 AutoLisp 语言程序。

2）存盘为扩展名为". lsp"的文件

3）加载编写好的程序。

①键盘输入命令：Appload↓。

②下拉菜单：单击"工具"→"AutoLisp"→"加载应用程序…"。

③功能区面板：在功能区的"管理"选项卡中的"应用程序"面板中，单击"加载应用程序"按钮。

此时，弹出"加载/卸载应用程序"对话框，如图18-1所示。

图18-1　"加载/卸载应用程序"对话框

在该对话框中，选择编写的程序文件名，单击"加载"按钮，将该文件装入 AutoCAD 系统中，单击"关闭"按钮，退出该对话框。

4）在提示符"命令："下输入编写程序时定义的命令名，此时像其他 AutoCAD 命令一样，完成绘图。

二、举例

例 18-1　编制一个 AutoLisp 程序，输入正方形边长 A 及尺寸 B，完成图形，如图18-2所示。

```
(defun c: test12_1 ( )
    (setq pt1 (getpoint " \ n 左下角点:"))
    (setq len (getdist pt1 " \ n 输入边长 A:"))
    (setq dd (getdist pt1 " \ n 输入距离 B:"))
    (setq dd2 (sqrt ( * ( * (/ dd 2) (/ dd 2)) 2)))
    (setq pt2 (polar pt1 0 len))
    (setq pt3 (polar pt2 (/ pi 2) len))
    (setq pt4 (polar pt3 pi len))
    (setq pt1_a (polar pt1 0 dd2))
    (setq pt1_b (polar pt1 (/ pi 2) dd2))
```

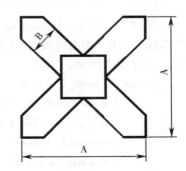

图18-2　编制 AutoLisp 程序图形

```
        (setq pt2_a (polar pt2 (/ pi 2) dd2))
        (setq pt2_b (polar pt2 pi dd2))
        (setq pt3_a (polar pt3 pi dd2))
        (setq pt3_b (polar pt3 ( * pi 1.5) dd2))
        (setq pt4_a (polar pt4 ( * pi 1.5) dd2))
        (setq pt4_b (polar pt4 0 dd2))
        (setq pp1 (inters pt1_a pt3_b pt2_b pt4_a))
        (setq pp2 (inters pt1_a pt3_b pt2_a pt4_b))
        (setq pp3 (inters pt3_a pt1_b pt4_b pt2_a))
        (setq pp4 (inters pt4_a pt2_b pt1_b pt3_a))
        (setq cen (inters pp1 pp3 pp2 pp4))
        (command "pline" pp4 pt1_b pt1 pt1_a pp1 "")
        (command "array" (entlast) "" " p" cen 4 "" "")
        (command "polygon" 4 cen "c" pp1)
)
```

例 18-2　编制一个 AutoLisp 程序，输入直径 D 自动完成图形，如图 18-3 所示。

```
(defun c：test9_1 ()
        (setvar "cmdecho" 0)
        (setq cen (getpoint " \ n 中心点："))
        (setq dd (getdist cen " \ n 直径："))
        (command "circle" cen "d" dd)
        (setq ang_90 (polar cen (/ pi 2) (/ dd 2)))
        (setq ang_a (polar cen (/ ( * 330 pi) 180) (/ dd 2)))
        (setq ang_b (polar cen (/ ( * 210 pi) 180) (/ dd 2)))
        (command "polygon" 6 cen "i" ang_90)
        (command "pline" ang_a ang_90 ang_b "")
        (command "mirror" (entlast) "" cen (polar cen 0 10) "n")
        (setq int (inters cen (polar cen (/ pi 4) dd) ang_90 ang_a))
        (command "polygon" 4 cen "i" int)
        (setq dd2 (distance cen int))
        (setq rr ( * (cos (/ pi 4)) dd2))
        (command "circle" cen rr)
)
```

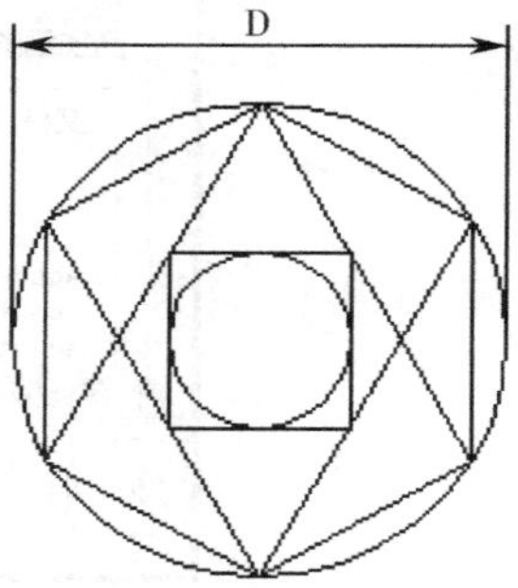

图 18-3　编制 AutoLisp 程序图形

例 18-3　编制一个 AutoLisp 程序，已知尺寸 DD1、DD2、DD3、HH、H2 与倒角 = 1（45°），将实体放在 STR、中心线放在 CEN、尺寸线放在 DIM、剖面线放在 HAT 层，自动完成绘图与尺寸标注，如图 18-4 所示。

```
(defun c：test6_2 ()
        (setvar "cmdecho" 0)
        (setq baspt ′(148 105))
        (command "vslide" "bas52")
        (setq dd1 (/ (getdist " \ nDD1：") 2))
        (setq dd2 (/ (getdist " \ nDD2：") 2))
```

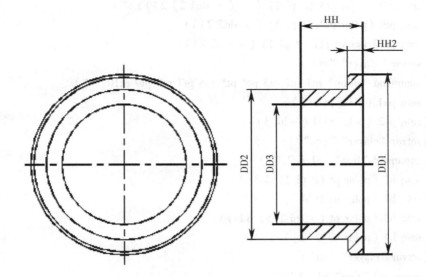

图 18-4　编制 AutoLisp 程序图形

```
(setq dd3 (/ (getdist " \ nDD3: ") 2))
(setq hh (getdist " \ nHH: "))
(setq h2 ( - hh (getdist " \ nH2: ")))
(redraw)
(layset)
(setq cen (polar baspt pi ( * dd1 1.4)))
(setvar "clayer" "str")
(command "circle" cen dd1)
(command "circle" cen dd2)
(command "circle" cen dd3)
(command "circle" cen ( - dd1 1))
(setq pp1 (polar cen pi ( + dd1 3)))
(setq pp2 (polar cen 0 ( + dd1 3)))
(setq pp3 (polar cen (/ pi 2) ( + dd1 3)))
(setq pp4 (polar cen ( * pi 1.5) ( + dd1 3)))
(setvar "clayer" "cen")
(command "line" pp1 pp2 "")
(command "line" pp3 pp4 "")
(setq pt (polar baspt 0 h2))
(setq pt1 (polar pt ( * pi 1.5) dd2))
(setq pt2 (polar pt1 0 h2))
(setq pt3 (polar pt2 ( * pi 1.5) ( - dd1 dd2 1)))
(setq pt4 (polar (polar pt3 ( * pi 1.5) 1) 0 1))
(setq pt5 (polar pt4 0 ( - hh h2 1)))
(setq pt6 (polar pt5 (/ pi 2) ( * dd1 2)))
(setq pt7 (polar pt4 (/ pi 2) ( * dd1 2)))
```

```
        (setq pt8 (polar pt3 (/ pi 2) (- (* dd1 2) 2))))
        (setq pt9 (polar pt2 (/ pi 2) (* dd2 2)))
        (setq pt10 (polar pt1 (/ pi 2) (* dd2 2)))
        (setvar "clayer" "str")
        (command "pline" pt1 pt2 pt3 pt4 pt5 pt6 pt7 pt8 pt9 pt10 "c")
        (setq pa1 (polar pt pi 3))
        (setq pa2 (polar pt 0 (+ hh 3)))
        (setvar "clayer" "cen")
        (command "line" pa1 pa2 "")
        (setq b1 (polar pt (/ pi 2) dd3))
        (setq b2 (polar b1 0 hh))
        (setq b3 (polar pt (* pi 1.5) dd3))
        (setq b4 (polar b3 0 hh))
        (setvar "clayer" "str")
        (command "line" b1 b2 "")
        (command "line" b3 b4 "")
        (draw_hat)
        (draw_dim)
)
; 绘制剖面线副程序
(defun draw_hat ()
        (setq mid1 (polar pt2 (angle pt2 pt5) (/ (distance pt2 pt5) 2)))
        (setq mid2 (polar pt9 (angle pt9 pt6) (/ (distance pt9 pt6) 2)))
        (setvar "hpname" "u")
        (setvar "hpang" (/ pi 4))
        (setvar "hpspace" 3)
        (setvar "clayer" "hat")
        (command "bhatch" mid1 mid2 "")
)
; 执行标注尺寸副程序
(defun draw_dim ()
        (setvar "clayer" "dim")
        (command "dimlinear" pt8 pt6 (polar pt6 (/ pi 2) 8))
        (command "dimlinear" pt10 pt6 (polar pt6 (/ pi 2) 16))
        (command "dimlinear" b1 b3 "t" "%%c<>" (polar b1 pi 8))
        (command "dimlinear" pt1 pt10 "t" "%%c<>" (polar b1 pi 16))
        (command "dimlinear" pt5 pt6 "t" "%%c<>" (polar pt5 0 8))
)
; 执行设定图层副程序
(defun layset ()
        (command "layer" "n" "str, cen, hid, hat, txt, dim" "c" 1 "str" "c" 2 "cen" "c" 4
        "hid" "c" 5 "hat" "c" 6 "txt" "c" 3 "dim" "")
```

（setq key（tblsearch "ltype" "center"））

（if（ = key nil）（command "linetype" "l" "center" "acadiso" " "））

（setq key（tblsearch "ltype" "hidden"））

（if（ = key nil）（command "linetype" "l" "hidden" "acadiso" " "））

（command "layer" "lt" "center" "cen" "lt" "hidden" "hid" " "）

）

　　程序编辑好后，以扩展名".lsp"为文件名将其存到磁盘上。若要运行此程序，必须先将其装入。在提示符"命令："下输入程序名称，即可运行该程序。

<h2 style="text-align:center">思 考 题</h2>

问答题

1. 了解 AutoLisp 语言的常用函数及编程规定。

2. 编写图 18-5 所示的图形的 AutoLisp 语言程序，要求选取圆心，输入直径值 A 自动完成图形。

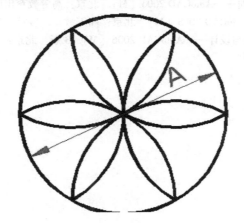

图 18-5　思考题 2 图

参 考 文 献

[1] 张曙光，傅游，温玲娟. AutoCAD 2008 中文版［M］. 北京：清华大学出版社，2007.

[2] 程绪琦，王建华. AutoCAD 2007 中文版［M］. 北京：电子工业出版社，2006.

[3] Ellen Finkelstein. AutoCAD 2008 宝典［M］. 黄湘情等译. 北京：人民邮电出版社，2008.

[4] 李海慧，等. 中文版 AutoCAD 2011 宝典［M］. 北京：电子工业出版社，2011.

[5] 史宇宏，史小虎，陈玉蓉. 中文版 AutoCAD 2009 从入门到精通［M］. 北京：科学出版社，2009.

[6] 李善锋，姜勇，李原福. AutoCAD 2012 中文版完全自学教程（多媒体视频版）［M］. 北京：机械工业出版社，2012.

[7] 潘岚. AutoCAD 2000 高级用户指南［M］. 北京：机械工业出版社，2000.

[8] 赵国增. 计算机绘图及实训——AutoCAD 2006［M］. 北京：高等教育出版社，2006.

[9] 赵国增. 计算机绘图——AutoCAD 2008［M］. 北京：高等教育出版社，2009.

[10] 赵国增. 计算机辅助绘图与设计——AutoCAD 2006［M］. 3 版. 北京：机械工业出版社，2006.